다원주의 사회에서의 현대건축의 재발견

Rediscovery of MaCA in Pluralist Society

Modern architecture, Contemporary Architecture

사랑하는 아내 금옥에게

虛靜 길성호는 한양대학교, 서울대학교 대학원 건축학과에서 수학하고 서양 현대건축에 나타난 건축적 사고의 변화현상을 주제로 한 논문으로 공학박사학위를 취득하였다. (주)종합건축사사무소 아키플랜에서 다년간 실무에 종사한 후, 1993년부터 한밭대학교 건축학과 교수로 건축이론과 설계를 가르치고 학생처장, (사)도시건축연구원장 등을 역임하였다. 주요 작품으로 〈부천대성교회〉, 〈인천한샘성결교회〉, 〈충북과학교육원신축 현상설계(우수상)〉, 〈KAIST 캠퍼스마스터플랜 현상설계(1등 당선)〉 등이 있으며, 『현대건축사고론, 1997』, 『수용미학과 현대건축, 2003』을 저술하였다.

다원주의 사회에서의

현대건축의 재발견 vol.02

Rediscovery of MaCA in Pluralist Society

Modern architecture, Contemporary Architecture

虛靜 길성호 지음

1판 1쇄 2013년 10월 15일

발행인 **김기현**

발행처 **시공문화사*(Spacetime)***

등 록 1993년 3월 12일

주 소 서울시 서대문구 독립문공원길17 극동프라자 5층(120-796)

전 화 02) 3147-1212, 2323

전 송 02) 3147-2626

ISBN 978-89-5592-275-2

http://www.spacetime.co.kr, spacetime@korea.com

편 집 Design_Battery

인 쇄 예림인쇄사

제 본 (주) 서정바인텍

용 지 대림지업(주)

정가 28,000원

Rediscovery of MaCA
in Pluralist Society

Modern architecture, Contemporary Architecture

다원주의 사회에서의

현대건축의 재발견

Vol.2

虛靜 길성호 지음

Spacetime

Contents

Vol.2

목차

〈근간 예정 목차〉

Vol.3

〈기출간도서 목차〉

Vol.1

Geometrical Order and the Architecture of Concept

03 기하학적 질서와 개념의 건축

031 기하학과 수학적 질서의 탐구

"건축의 효과는 빛에 의해 야기되는 것이다." 에띠엔느 - 루이 불레(Étienne-Louis Boullée)
"건축은 빛 속에서 훌륭하고 올바르며 웅장한 매스의 연출이다." 르 꼬르뷔지에(Le Corbusier)
"텍스트로서의 건축은 대상의 미적이거나 기능적인 실재 속에 존재하지 않는다.
오히려 행간(틈)의 상태 속에 존재한다." 피터 아이젠만(Peter Eisenman)

기하학과 수학은 사고의 출발점이다

18세기에 근대사회의 출현은 인간 스스로가 '이성적 존재' 임을 발견하면서 비롯되었다. 이 시기에 이성의 힘을 자각한 합리주의의 계몽사상, 자연과학 분야의 발전과 산업혁명의 도래, 개인의 자유와 민주적 사회를 향한 시민혁명 등을 통해서 이성적으로 사고하고 합리적으로 판단, 행동하려는 인간의식이 급격히 확산되었기 때문이다. 이러한 분위기 속에서 싹튼 자연과 기하학적 질서의 합리성에 대한 믿음이 모든 담론에 있어서 보편적인 가치로 받아들여졌다. 20세기 초 모더니즘 건축에서 대상을 인식하는 방법이 근본적으로 변화한 것은 이성의 중요성을 강조한 계몽적 합리주의의 영향에 그 기원을 두고 있다. 이 시기에는 건축을 역사적 의미가 제거된 순수 오브제로서 인식하는 새로운 흐름이 태동하였다. 콜훈은 예리한 통찰력으로 모더니즘의 기능주의에는 이와 같은 역사적 변혁을 수용하려는 사고의 양면성이 발견된다고 아래와 같이 지적한다.

> "... 그러나 통시적 상대주의 – 건축 형태의 연속적인 진화를 신봉하는 믿음 – 는 또다른 관점에서 보면 18세기에 시작된 건축의 기원에 대한 탐구를 계승하는 것으로 간주될 수 있다. 거기에는 여전히 메타포(은유)의 역사적인 퇴적으로 인해 더럽혀지지 않은 원시적인 상태로의 회귀라는 감각이 존재한다. 우리는 근대 기능주의의 기원은 건축을 상대적이고 진화론적인 관점으로 보는 것과 건축을 자연의 법칙에 기반을 둔 것으로 보는 두 견해가 매우 복합적으로 상호간 혼합된 상태에 기원하고 있다는 것을 알게 된다." (Alan Colquhoun, 1981, p.12)

콜훈의 지적처럼 20세기 모더니즘 건축은 19세기에 시작된 실증주의라는 역사적 발전과 시대정신이라는 관점에서 건축을 포함한 예술을 외부 세계의 투명한 묘사로 파악하였다. 뿐만 아니라, 예술을 그 자체의 본질과 내적인 법칙에서 생성된 '리얼리티의 상징(symbol of reality)' 으로 간주한 전위적 예술운동을 자극한 양면성을 지니고 있었다. 모더니즘 건축에서 "엔지니어의 아름다운 작품들 배후에 존재하는 것은 기하학과 수학" 이라는 사실을 강조한 스티븐스(G. Stevens, 1990, p.300)는 19세기의 건축 이론가들은 명료하게 질서 잡힌 합리적 사고를 과학에 연상시켜 사고하였을 뿐 이들이 실제 건축 디자인에 도입한 것은 과학적 방법론이 아니라 과학이 주는 이미지에 불과했다고 지적한다. 이러한 사실들은 기하학에 기반을 둔 수학적 질서와 단순명료한 기하학적 형태미학에 대한 탐구 작업이 모더니즘 시대에 부합되는 새로운 양식을 찾고자 했던 건축가들에게 중요한 탐구 과제였다는 점을 말해 주고 있다.

도3-1a, b
(a) 우주를 구성하는 이상 고형체, J.케플러(1571-1630) 이후
(b) 5가지 이상 고형체들, 레오나르드 다 빈치 그림(출전 ; Lucapaciolo's Divina Proporsione Venice, 1509)

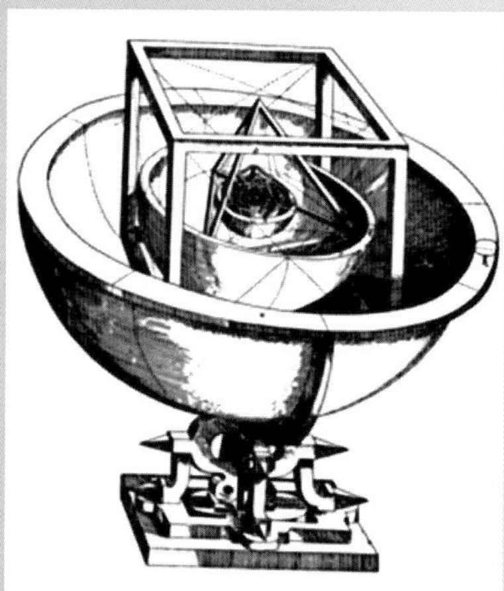

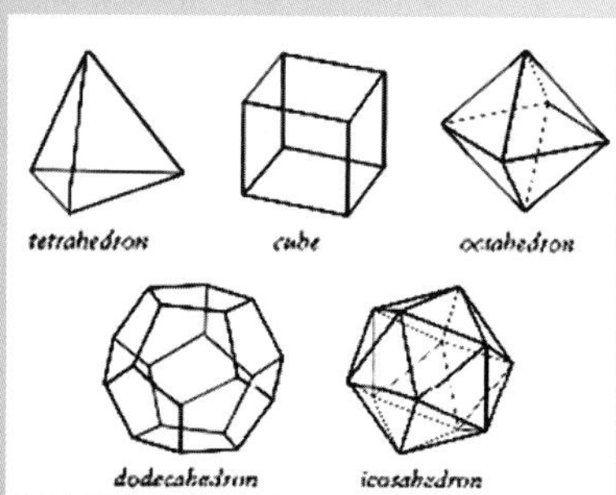

역사적으로 수와 기하학은 완전한 건축을 구현하기 위한 이상적 기준으로 간주되어 왔다. 미의 원리를 수(數)에서 찾으려는 사고는 고대 그리스에서 유래된 합리주의 사상을 반영하고 있으며, 서양 예술사상에서 고전주의의 전통을 형성하여 왔다. 그리스 시대 이후, 수학에 바탕을 둔 건축 형태의 기본적 원리가 수리적 원리나 기하학적 원리였기 때문에, 건축가들은 기하학과 관련된 비례에 근거하여 미적 법칙을 탐구하여 왔다는 점은 널리 알려진 사실이다.(주1) 무엇보다도 수학과 수학적 사고는 기하학과 마찬가지로 건축 디자인을 위한 창조적 사고에서 매우 중요한 역할을 담당하여 왔다. 건축가에게 있어서 수학적 원리의 발견은 훌륭한 건축을 디자인하는 데 요구되는 필수적인 과제였다. 건축이 자연의 본질적인 기하학적 질서를 드러내는 데 있어서 수학은 질서의 이론을 구축하기 위한 유일한 도구였기 때문이다. 스나이더(A. Snyder, 1979, p.39)는 수와 기하학을 건축 창조의 중요한 근거로 삼는 '수학적 유추(mathematical analogy)' 방식은 역사적으로 많은 건축가들의 사고에서 개념적 모형이 되어 왔다고 지적한다. 건축가들은 디자인 문제해결을 위한 해(解)의 원천을 "입방체, 구, 원통형, 피리밋 등처럼 '내적 통일성' 을 지닌 기하학 형태나 상징적 수와의 조화"(T. Hamlin, 1952, p.23) 속에서 발견하려고 시도하여 왔다. 이것은 기하학적 개념

과 수학적 원리를 바탕으로 디자인된 건축이 보편적 질서와 조화를 인간의 의식 속에 형성시킬 수 있는 잠재력에 대한 믿음 때문이었다.(도3-1a, b)

그러므로 오늘날에도 많은 건축가들은 수와 비례에 기초한 기하학적 형식 개념과 그것이 주는 질서의 감각을 디자인 사고의 출발점으로 삼고 있다. 이들이 기능과 프로그램의 새로운 해석, 재료와 구조 방식의 혁신을 통해 새로운 과제를 탐구하는 것보다 기하학을 디자인 사고의 출발점으로 삼는 이유는 기하학이 절대적이고 확실한 지식기반을 제공하기 때문이다. 이 점에서 코완(Henry J. Cowan, 1990)은 "기하학은 역사의 오랜 기간 동안 건축 디자인과 건설(구축)의 기반이었다"고 지적한다. 또 건축과 기하학을 공생의 관계로 파악한 블랙웰(W. Blackwell, 1984, pp.38-40)은 기하학이 건축에 기여하는 부분에 대해 기능적, 기술적, 미적 관점에서 언급하였는데 이를 다음과 같이 정리할 수 있다. 기능적 측면에서, 기하학은 구조물의 경제성과 인간적인 편의성 및 에너지 보존을 위한 이점을 제공한다. 기술적 측면에서, 기하학의 개념과 형태는 다양한 형상들의 제작과 조립을 용이하게 해주며 구조 역학 및 기하학 법칙에 바탕을 둔 형상 탐구의 가능성을 제공한다. 미적 측면에서, 기하학은 명료성, 통일성, 조화 등의 미적 특질을 얻기 위한 도구로 사용되어 왔을 뿐만 아니라, 역사를 통해서 단순한 형태개념이 아닌 사고와 인식의 개념으로 건축 디자인과 구조 기술의 기반이 되어 왔다.

기하학과 대상의 본질에 대한 탐구는 서양 철학사에서 플라톤의 지식이론 체계인 '형식이론(theory of form)'의 전통에까지 거슬러 올라간다. 기하학에 대한 훈련을 형식을 연구하는 하나의 방법으로 간주한 플라톤은 지식의 기저(基底)가 되는 불변적인 것이 존재한다고 생각하였다. 그는 모든 만물은 항상 변화한다고 주장한 헤라클레이토스(Heraclitus of Ephesus B.C 540? - B.C 480?)의 논리 속에서는 실질적으로 어느 것도 확실한 지식을 얻을 수 없다고 비판하였다. 플라톤의 관점에 따르면, 우주에 존재하는 모든 사물들은 두 종류의 그룹, 즉 이데아로서의 '형식(form)'과 그것의 모방인 질료로서의 '특칭(特稱, particulars)'으로 구분된다.(주2) 이러한 사유의 전통은 경험적이고, 가시적이며, 감지 가능한 현세의 특칭, 즉 존재하여 성장하고 소멸되는 '사물의 세계'를 비가시적이고, 감각이 아닌 지성에 의해서만 이해할 수 있는 '형식의 세계'와 구분하려는 서양의 사유체계에 지대한 영향을 끼쳤다. 플라톤의 형식 이론은 형식이 확고하게 인지 가능한 가치의 기준을 제공하기 때문에 현세의 사물은 그것(형식)으로 측정할 수 있다는 전제를 바탕으로, 하나의 모형으로서의 이데아인 형식을 모사한다는 '모형론(theory of model)'의 토대가 되었다. (모형론의 영향은 훌륭한 고전 건축의 미적인 언어를 불변적인 속성의 규범으로 중시

하는 고전적-인본주의적 패러다임의 건축가들에게서 찾아볼 수 있다. 이에 대해서는 05를 참조할 것)

이러한 플라톤적 사유 방식의 전통은 모더니즘 시기에 미의 개념과 속성을 이분법적으로 구분하는 여러 담론들에서도 발견된다. 계몽주의 시대의 수학자 푸앵카레(Henri Poincare)는 수학적 지식과 이성에 의해 인식되는 '지적인 미(intellectual beauty)' 와 '감각적인 미(beauty which strikes the senses)' 를 구분하였으며, 철학자 로크(John Locke)는 대상의 인식과 관련된 대상의 속성을 '1차적 성질' 과 '2차적 성질' 로 구분하였다. 로크의 사상에 심취하였던 꼬르뷔지에가 1차적 성질과 2차적 성질의 개념을 차용하여 건축적 대상(object)에 대한 감각의 영역을 '1차적 감각(primary sensation)' 과 '2차적 감각(secondary sensation)' (주3)으로 구별하였다는 사실은 매우 흥미롭다. 이러한 해석들은 모두 본질적인 영속성의 미에 대한 탐구를 중시하였던 플라톤의 전통을 따르는 것이다. 따라서 자연 속에 내재한 아름다움의 본질을 형식 표현의 1차적 목표로 삼는 것은 기하학적 질서를 추구하는 건축가들에게서 공통적으로 발견할 수 있는 현상이다.

그러므로 수와 기하학적 질서의 개념을 중시하는 건축가들은 건축을 역사적이고 인과론적인 관점이 아니라 작품의 내적 영역의 관점에서 해석한다. 이러한 사고방식은 기하학을 모든 형태의 기본적 토대로 삼는다. 따라서 수학적 도형을 미적으로 표현하는 근거를 기하학에서 발견하려고 한다. 이러한 태도는 절대 미의 개념과 객관적 질서를 바탕으로 보편성을 지닌 건축적 표현만이 이성으로 확실하게 인식될 수 있다는 것을 중시하는 것이다. 브리랜드(Tim Vreeland)는 이것은 이상 고형체와 유클리드 공간 구성을 바탕으로 하는 '개념의 건축(Architecture of Concept)' (C. Ray. Smith, 1977, p.77 재인용)을 추구하는 것으로, 20세기 모더니즘 건축에서 발견되는 현상이라고 지적한다. 이러한 개념의 건축은 자연에 존재하는 법칙과 질서를 반영하는 대상의 형식구조에 대한 미적 지각의 특성을 중시하는데, 이 점에서 푸코가 말한 호모토피아적 사유 체계의 특성을 지니며, 형식주의적-심미적 패러다임의 범주에 속하는 기하학적 사고유형에 해당된다.

기하학적 질서와 자율적 미학의 개념은 모더니즘 건축의 미학이었다

기능과 프로그램, 구조와 재료의 구축적 논리 등과 같은 건축의 합목적성의 측면보다 미의 자체의 영역과 관련된 측면을 강조하는 사고의 전통은 칸트의 관념론적 미학에까지 거슬러 올라간다. 칸트가 제기한 미의 자율성의 선언은 근대 미학에서 '예술을 위한 예술' 과 자율적 구성 원리의 담론에 지대한 영향을 끼쳐 왔다. 예술의 자율적 구성원리를 중시하는 태도는 (01, 02에서 살펴본 것처럼) 예술성과 합목적성의 상호관계를 과학적, 실증적 관점에서 접근하고, 대상의 미를 외적인 물적 조건들의 관점에서 해석한 젬퍼의 유물론적 견해와는 대치점을 이룬다. 왜냐하면 칸트의 관점에서 볼 때, 미란 과학과 윤리적 판단과 같은 객관적이고 목적론적인 판단과는 무관하며 '목적없는 합목적성' 이 미적 판단으로 이루어지는 주관적인 관념으로 간주되기 때문이다. 여기서 자연의 세계는 예술의 원형으로 질서의 법칙을 부여하는 것으로 간주되고 있다. 20세기 초 모더니즘 시기에 자율적 미적원리의 미학을 추구한 건축가들은, 인간이 사물을 단순화, 추상화하여 인식하는 것을 본질적인 것으로 생각하였다. 이들에게 단순성을 전제로 한 미의 본질은 자연의 법칙과 기하학적 질서 속에 존재하는 것으로 간주되었다. 우리는 자연의 탐구에서 발견되는 질서에 대한 인식과 합리성을 강조한 사고의 전통을 18세기 계몽주의 시대에 자연과 기하학의 형상을 탐구해 온 건축가뿐만 아니라 모더니즘 건축가들에게서도 찾아 볼 수 있다. 이러한 사실에 주목한 카우프만(E. Kaufmann)은 『르두에서 르 꼬르뷔지에까지 Von Ledoux bis Le Corbusier, 1933』에서 건축의 자율성을 향한 건축적 사고의 전통을 '빛 속에서 드러나는 매스의 효과' 와 기하학이라는 그 형태적인 유사성뿐만 아니라 '새로운 이상주의' 라는 이념적 유사성을 근거로 서술하고 있다.

그러므로 우리는 인간의 지각의 보편성에 근거한 새로운 형식관계와 구성수법을 탐구해 온 20세기 모더니즘 건축에서 기하학적 질서와 개념의 건축을 중시하는 사고의 전통을 발견할 수 있다. 이 시기에 건축가들은 자연의 질서에서 발견되는 기하학과 수학적 구성개념을 바탕으로 한 기하학적 설계방법을 중요하게 인식하였다.(주4) 우리는 이러한 사실을 꼬르뷔지에를 축으로 되스버그(Theo Van Doesburg 1883-1931), 리트벨트(Gerrit Thomas Rietveld 1888-1964)와 같은 드 스틸 운동, 그리고 타틀린, 멜리코프 등과 같은 러시아 구성주의 건축가들이 탐구해 온 새로운 조형원리와 반(反)-입방체 공간구성 개념들에서 발견할 수 있다. 이들은 모두 디자인 접근방식의 다양성에도 불구하고 공통적으로 건축 형식의 자율성, 기하학적 질서의 새로운 개념들을 디자

도3-2a, b
(a) 꼬르뷔지에, 모듈라의 비례시스템
(b) 원시시대 신전의 규제선 분석(출전: Le Corbusier, 1923, p.66)

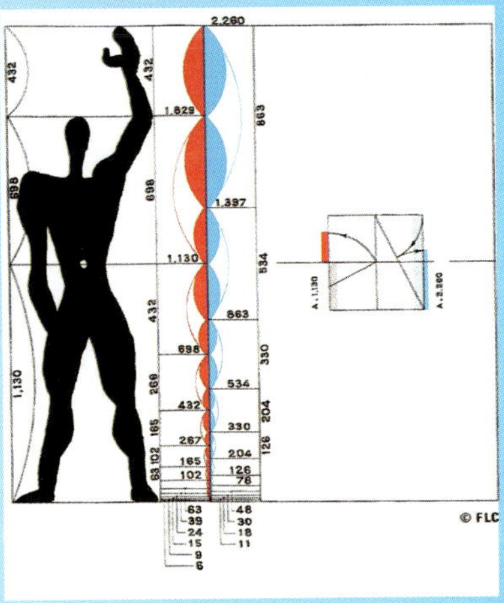

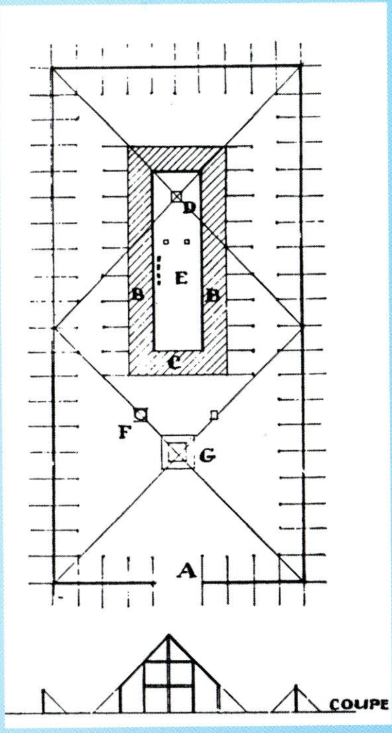

인의 출발점으로 전제하고 있으며, 무엇보다도 개념적 이미지로 재현되는 건축을 탐구하여 왔다.(도3-2a, b) 오늘날 건축을 하나의 자율적 구성 원리를 지닌 텍스트로 간주하는 태도(아이젠만)에서도 우리는 기하학적 질서의 논리를 바탕으로 한 개념적 건축의 사고를 찾아 볼 수 있다. 아이젠만이 통사론적 방법으로 건축의 생성원리를 전개하는 프로세스 중심의 생성논리는 그 방법상의 차이점에도 불구하고 모더니즘의 데 스틸(De Stijl)의 해체적 구성논리와 많은 점에서 유사성을 공유한다는 점은 흥미로운 사실이다 .

여기서 우리는 19세기 근대사회 이후, 왜곡된 공간(curved space)의 개념을 유도해내는 쌍곡기하학과 같은 비(非)-유클리드 기하학(non-Euclidean geometry)의 발견은 이제까지 유클리드 기하학, 해석 기하학이라는 틀로 인식해 온 3차원적인 텅빈 공간과는 다른, 다차원적인 연속적 변형의 개념과 집합적 위상기하학적 관계로 파악되는 장(場, field)으로서의 공간을 인식하는 계기가 되었다는 점을 주시할 필요가 있다. 이러한 인식은 20세기 초에 시·공간의 연속체에 대한 개념을 따르는 상대성 이론에 의해 더욱 가속화 되었다. 공간은 더 이상 뉴튼적인 절대적 공간이 아니라 공간의 3가지 차원(점, 선, 면) 이외에 시간 차원이라는 매개변수에 의존한다는 사실은 많은 예술가들과 건축가들이 전통적으로 이해해 온 3차원의 유클리드적인 공간에서 탈피해 4차원의 무한공간의 개념을 탐구하게 되는 기반을 제공하였다. (이것은 각 부분의 개별적 형상들이 그것이 속한 형상의 체계와 전체성의 관점에서 2차원 평면과 3차원 공간 상호간의 관계를 다차원적인 위상 기하학적으로 해석하는 것과 관련된다.)

공간을 하나의 장(場)으로 해석하는 이와 같은 새로운 인식의 변화는 1960년대 이후 현대건축에서 건축과 자연과 관계를 랜드스케이프라는 개념으로 확장하여 인식하는 흐름에서도 발견된다. 여기서 우리는 개념적 이미지로서의 구성 원리를 중시하는 접근방식뿐만 아니라, 기하학적 질서의 원천으로서 자연에 대한 새로운 인식과 그 의미가 확장되어 온 사실에 주목할 필요가 있다. 왜냐하면 오늘날 현대 건축가들은 (건축을 '공원 속의 기념비적인 오브제' 로 인식한 모더니즘의 건축가들과는 달리) 오브제로서의 건축과 배경으로서의 랜드스케이프 사이의 관계를 새로운 방식으로 해석하고 있기 때문이다. 이러한 현상은 형상-배경(figure-ground) 이론이 아니라 형상-형상(figure-figure) 이론으로 건축과 도시적 맥락의 새로운 관계를 구축하려는 시도(아이젠만)에서 발견된다. 뿐만 아니라, 지형학 개념을 착상의 출발점으로 랜드스케이프의 건축을 탐구하거나(페로), 건축과 도시공간의 일체화를 통해 도시의 공공성 회복을 위한 인공적 랜드스케이프 건축을 탐구(하디드)하는 흐름에서도 찾아 볼 수 있다.

| 기하학과 매스로서의 건축 : 에띠엔느-루이 불레, 끌로드-리콜라스 르두

건축미는 자연의 탐구에서 나온다

기하학과 수학의 개념은 이성과 과학이 지배하는 18세기 계몽주의 시대에 활동한 건축가 불레(Étienne-Louis Boullée, 1728-1799), 르두(Claude-Nicolas Ledoux, 1736-1806) 등에게 중요한 역할을 하였다. 불레와 르두는 건축 형태의 보편적인 법칙을 자연에서 이끌어 내고자 하였으며, 빛에 드러난 기하학 형태라는 미적 개념을 중시하였다. 따라서 이 두 사람은 그 자체로 자율성을 지닌 기본적 기하학 형태인 입방체, 3각추, 원통형, 구체 등으로 구성된 건축 형태를 수학적, 기하학적, 미학적 관점에서 탐구하는 작업을 중시한다. 그리하여 이들은 계몽주의 시대에 적합한 새로운 미의 원리와 건축적 특성은 고전건축 오더를 장식적으로 사용하는 데서가 아니라 건물의 매스(mass) 형태로 기능을 표현하는 데서 나오는 것이라고 주장하였다.

블롱델(Jacques-François Blondel)의 제자였던 불레는 '시적이고 설명적인 건축의 유형, 즉 작품의 성격(character)을 드러내는 건축' 을 탐구하였다. 불레는, 건축의 성격이 그 건축물의 기능을 표현하고 상징하는 매스의 효과적인 조합에 의존한다는 점을 강조한다.(이 점은 설리반이 기능은 성격을 표현하는 것이라고 주장한 것과 매우 흡사하다.) 그는 "건축의 효과는 그 건축이 관찰자에게 제공하는 적절한 성격에서 나오는 것" 이며, "매스의 효과는 무엇이든 어떤 작품에 성격을 제공하는 예술"(E. R. de Zurko, 1957, p.162 재인용)이라고 말한다. 건축을 생성원인의 측면(구축성의 개념)보다는 결과의 측면(구성의 개념)에서 이해한 불레에게 참된 건축은 제작기술 프로세스의 문제가 아니라 '정신의 창조' 결과였다. 이러한 이유때문에 그는 비트루비우스(Marcus Pollo Vitruvius, B.C 1)가 건축의 시학을 무시하고 건축의 제작기술에만 지나치게 관심을 쏟았다고 비난하였다.

그러므로 불레의 주 관심은 기하학에 바탕을 둔 건축의 형식성의 개념과 빛의 효과로 연출되는 기하학적인 순수 형태의 탐구에 있었다. 그는 정육면체, 피라미드, 구 등 규칙성과 대칭을 갖는 기하학적인 기본 형태를 디자인의 1차적 원리로 간주하였다. 특히 구(球) 형태는 완벽한 규칙성과 단순성을 지닌 것으로 인식되기 때문에 가장 이상적인 형태로 간주하였다. '빛에 의해 야기되는 건축의 효과와 이상적인 매스 형태의 중요성을 강조한

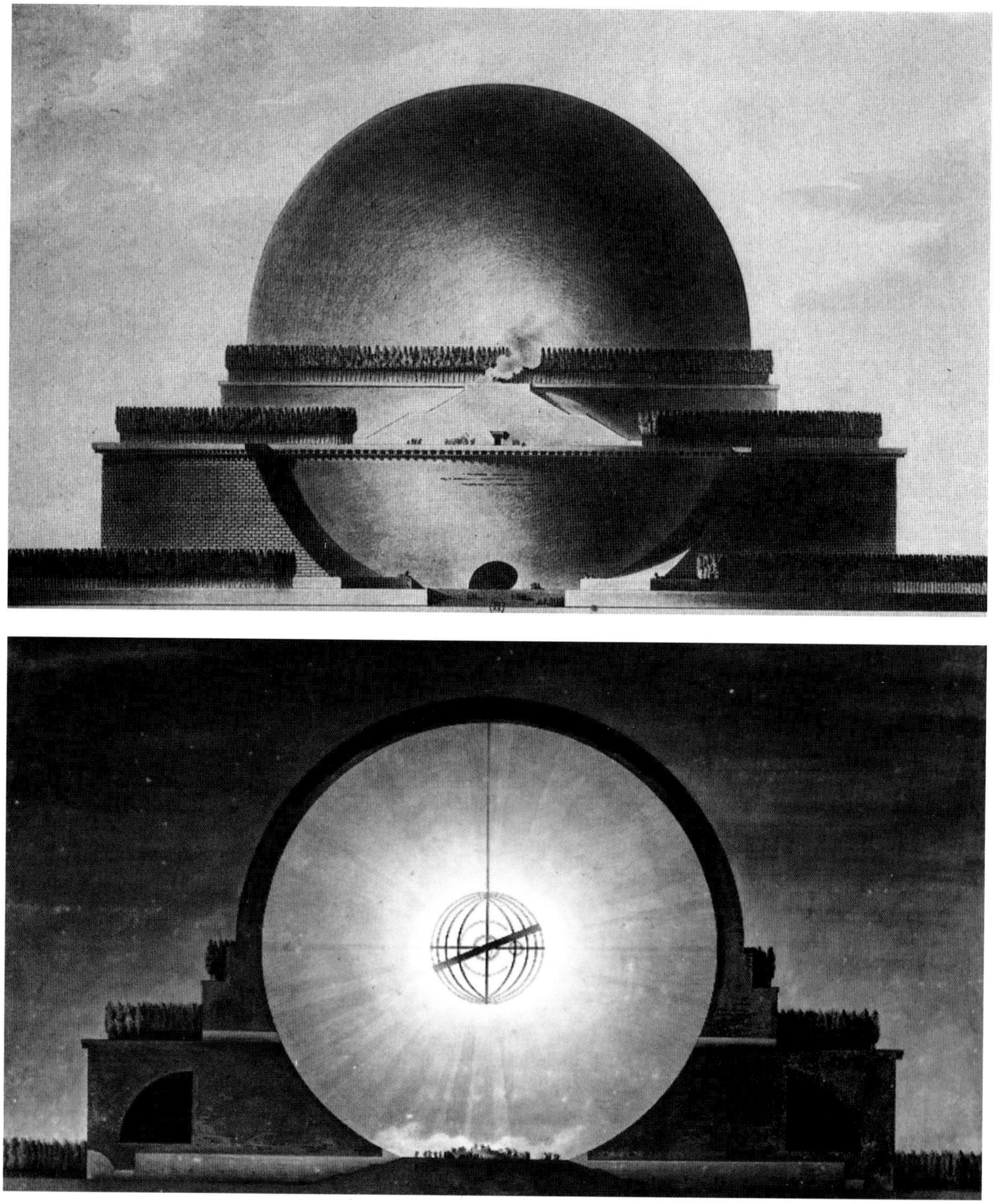

도3-3a, b E-L. 불레, 뉴턴 기념비 계획안, 1784

불레의 매스이론(mass theory)은, 본질상 자연에 대한 탐구에서 출발한 것이다.

> "순수 상상의 예술인 건축은 순수한 창조의 영역에 속하는가, 아니면 그 기본적 원리들이 자연으로부터 유도되는가?...만일 인간의 정신과 그것이 고안한 다양한 기법들로 우리가 자연에서 경험하는 감각을 예술을 통해서 상기시키는 예술가가 있다면, 그의 예술은 어떤 것보다도 더 우월한 것이 될 것이다... 한때 내가 기하학적 볼륨의 형상은 규칙성, 균제, 다양성에 의해 결정된다는 것을 관찰한 이후, 나는 비례가 이러한 특성들의 조합이라는 것을 알게 되었다...규칙성은 기하학적 볼륨에 미적인 형상을 부여한다. 균제는 그것에 질서와 비례를 부여한다. 다양성은 그것에 우리가 관찰함에 따라 다양화 되어 나타나는 면들을 부여한다. 그러므로 이러한 특성들의 결과인 조합과 일치성은 입체적인 조화(volumetric harmony)를 만들어낸다."(G. Stevens, 1990, p. 253에서 재인용)

불레는 자연과 건축의 숭고함을 애호한 건축가였다. 뿐만 아니라 그는 기념비적인 기하학적 형태의 순수성과 회화풍을 조화시켜 웅장한 효과와 강렬한 인상을 부여하고자 하였다. 프램톤은 이것을 "전망의 무한함과 기념비적인 형태의 장식되지 않은 기하학적 순수성을 통해 상쾌함과 불안을 촉진시키는 '공포영역(genre terrible)' 을 탐구한 것" (K. Frampton, 1980, p.15)이라고 지적한다. 지름 500피트에 이르는 거대한 구 형태의 **뉴턴 기념비 계획안**(Design for a Cenotaph to Sir Issac Newton, Project, 1784)(도3-3a, b)은 기능이나 기술적인 내용에 대한 고려가 배제되고 순수하게 기하학의 개념으로 구성된 것이다. 여기서 밤에는 불빛이 태양을 나타내도록 매달려 있고, 낮에는 구멍 뚫린 구의 벽체들을 통해 빛나는 일광이 만들어내는 창공의 환상을 나타내도록 불빛이 소멸된다. 이러한 원초적인 기하학적 형태의 개념은 자연의 신전 계획안(Project for a Temple of Nature,1793), **원뿔형의 전몰자 기념비 계획안**(Design for a Conical Cenotaph, 1786)(도3-4) 등에서도 반복적으로 나타나고 있다.

도3-4 E-L. 불레, 원뿔형의 전몰자 기념비 계획안, 1786

빛으로 드러나는 기하학 형상이 아름답다

빛에 드러나는 정육면체나 구의 매스 형상이 지닌 단순한 기하학 형태에 대한 탐구는 불레의 제자인 르두에게 계승되어 나타난다. 그는 불레처럼 원통형, 구, 입방체, 피라미드와 같은 이상 고형체(platonic solid)의 조합을 바탕으로 '순수하고 표현적인 기하학적 형태의 창조, 건축에 있어서의 단순성, 본질에의 복귀' 등을 탐구하였다. 특히 르두는 건축 형태의 기하학과 사람들의 관습이나 이상을 서로 연관지어 해석하였다. 그가 입방체와 구와 같은 단순한 기하학적 형태에서 유용성뿐만 아니라 피타고라스와 플라톤 전통을 추종하여 도덕성, 사회적 이상, 자연과의 형이상학적 연관성을 발견하고자 하였다. 드 쥐르꼬(E. R. de Zurko, 1957, p.166)는 '르두가 우주의 기하학적 구조, 그리고 미와 미덕의 기하학적 기반 상호간의 연관성을 강조한 것은 플라톤에 그 기원을 둔 것'이라고 지적한다. 이러한 태도는 인간 의식의 본질에 있어서 이성과 과학에 기반을 둔 계몽주의 시대의 합리적이고 과학적인 지적 혁명의 사고를 반영한 것이다. 르두는 『건축, Architecture』에서 정신적 의미를 전달하는 능력을 지니며, 순수하게 미덕을 상징하는 기하학 형태에 대해 다음과 같이 언급한다.

> "입방체의 형태는 불변성의 상징이다. 신이나 영웅은 입방체 위에 앉아 있다... 그리스인들은 미덕이나 의무를 결코 어기지 않는 사람을 정직한 방형(方形) 인간이라 부르고 있다."
>
> "가장 간단한 계획안조차도 그것을 생각해 낸 영혼으로 장식되어 있다"(E. R. de Zurko,1957, p,166 재인용)

도3-5. C-N. 르두, 쇼의 이상도시 계획안, 알크-에-스낭, 1775-1779

르두도 불레처럼 인간 정신의 표현인 예술은 자연에 바탕을 두어야 한다고 생각하였다. 그는 "예술이 자연에서 멀어질 때, 예술은 더 이상 마음에 호소하지 않는다. 그것은 정신에 괴로움을 주며, 우리는 정신만으로는 어떻게 잘못된 길을 가는가를 알고 있다"(E. R. de Zurko, 1957, pp.166-167 재인용)고 주장한다. 따라서 그는 자연의 기초가 되는 기하학을 관찰한 후, "자연 속에서 모든 것은 원(圓)"이며, "원과 정방형은 최상의 작품을 구성할 때 사용하는 알파벳"이라고 주장한다.

도3-6. C-N. 르두, 농장 관리인을 위한 주택 계획안, 1792

또 르두는 기계나 공학기술의 법칙과 수단을 이해하고, 그 속에서 건축가를 위한 교훈을 발견할 필요가 있다고 보았다. 그는 건강성(salubrity), 다양성, 편의성, 비례, 경제성의 개념을 오랜 세월동안 존속해 온 비트루비우스적인 불변의 법칙이라고 주장하였다. 그러나 그는 건축 예술에서 유용성뿐 아니라 아무런 목적을 제공하지 못하는 예술 원리도 경멸해서는 안 된다고 한다. 르두는 지엽적인 것보다 본질적인 것에 더 주목하였으며, 장식없는 기본 형태가 평면과 입체 형태에 채용된 그리드라는 기하학적인 체계를 통해 통일된 구성을 이루도록 의도하였다. 그리고 이러한 입체 형태는 궁극적으로 빛의 효과에 의해 연출되도록 다루었다. **쇼의 이상도시 계획안**(Ideal City of chaux, Roya; Salt Work Arc-et-Senans, France, 1775-1779)(도3-5)은 르두가 중심의 상징성을 지니는 이상적인 기하학 형태를 바탕으로 자급자족적인 정주지의 반원형의 평면구성을 태양의 경로를 따라 배치하여 실용주의적 원리와 사회적 이상을 구체화 한 작품이다. **농장 관리인을 위한 주택 계획안**(design of a house for guardian of the fields, project, 1792년경)(도3-6)에서는 4면에 입구를 가진 완전한 구형(球形) 안에 모든 기능들을 담아내고 있다.

032 대상의 1차적 의미와 새로운 재현방식

독일의 사상가 하버마스(Jürgen Habermas, 1982)는 "근대 시대를 위한 건축을 양식화하려는 모든 담론에서, 이들이 실제적으로 추구한 것은 근대 시대를 위한 미학이었다"고 언급함으로써, 모더니즘 건축가들에게 근대적 테크놀러지에 대한 관심 못지 않게 대상의 표면적인 외양(外樣)에 대한 탐구 또한 지대한 관심사라는 점을 예리하게 지적한 바 있다. 실제, 20세기 모더니즘 시기에 기하학적 형식구성의 관계와 대상의 객관화 된 이미지를 표현하는 새로운 재현방식이 주된 탐구 과제의 하나였다는 사실이 이를 뒷받침해 준다. 특히 기하학적 질서와 개념의 건축 영역을 추구한 건축가들은 형태 심리학(Gestalt Psychology)이 주장하는 보편적인 원리뿐 아니라 입체파(Cubism), 신조형주의(Neo-Plasticism), 순수파(Purism) 등과 같은 전위적 예술운동, 그리고 러시아 형식주의 문예이론 등이 제기해 온 '수법'과 지각의 '생소화' 개념을 바탕으로 형식관계의 새로운 영역을 탐구하여 왔다.

모더니즘 건축은 형식과 지각의 보편성을 중시하였다

특히 모더니즘 건축이 추구해 온 단순 명료한 기하학적 형태 미학과 구성 원리는 인간의 보편적인 지각 특성과 형태의 구조적 특성들을 규명한 형태 심리학으로 강력하게 뒷받침 되어 왔다. 형태심리학에 따르면, 형태는 물리적 세계에서 폐합된(enclosed), 구조화된(structured) 요소로 존재하며, 인간의 시각은 대상의 요소들을 기계적으로 기록하는 것이 아니라 중요한 구조적 패턴을 파악하는 것이다. 따라서 양호한 형태(good form)는 잘 분절되어 있어서 그 자신의 지각적 특질을 관찰자의 지각 경험에 부여해 주기 때문에 지속적이며 재생적인 속성을 지닌다. 이처럼 지각의 단순성, 대칭성, 폐합성 등과 같이 보편적 지각원리를 과학적으로 규명해 온 형태심리학의 개념과 원리들은 20세기 모더니즘의 시기에 건축을 포함한 예술분야의 조형이론에 지대한 영향을 끼쳤다. 이러한 사실은 그로피우스가 이끄는 바우하우스 교육과정에서 건축에의 합리적이고 객관적인 접근방법뿐만 아니라 형태 심리학에서 건축미학의 근거를 이끌어내야 한다는 사실을 강조한 데서 잘 나타난다. 그로피우스는 이 점을 다음과 같이 역설한다.

> "디자인의 기본적 질서는 무엇보다도 만인에게 공통된 공약수를 필요로 하는데, 이것은 (객관적인) 사실로부터 유도된 것이어야 한다... 오늘날 새로운 시각 언어가 취향이나 감정 등과 같은 개인주의적인 용어를 객관적 타당성을 지닌 용어로 서서히 대체되고 있다. 이것은 생물학적 사실-물리적이며 심리적인-에 기초해 오랜 세월 동안 누적된 비개인적인 경험을 표현하는 것을 추구하는 것이다."(W. Gropius, 1956 / Stevens, 1990, p.300 재인용)

그로피우스의 이와 같은 주장은 '미적 감각이 생물학에 뿌리를 두고 있다' 는 사실에 근거한 것이다. 그것은 우리가 탐구하는 미적 감각이 궁극적으로 보편적, 비역사적, 비문화적인 호소력을 지니기 위해서는 만인의 감각이 공통적으로 이해할 수 있는 단순한 형태에 기초해야 한다는 미학적 개념을 전제한 것이다. 비슷한 시기에 바우하우스의 교육과정에서 형태의 순수하고 보편적인 질서에 대한 지식 교육을 강조해 온 나기(Moholy Nagy)도 '시지각 언어(language of vision)' 의 개념을 탐구하여 개인적인 기호와는 무관한, 독립적으로 존재하는 객관적, 보편적으로 유효한 디자인 언어를 강조하였다.(주1) 보편적인 기본 형태요소들의 형식관계와 보편적 지각원리에 대한 새로운 개념들은 오늘날 대상의 형식 관계의 특성을 중시하는 규범적 관점의 해석들(T. Hamlin: 1952, R.Arnheim: 1975, F. Wilson: 1984)에서 중요한 미학적 해석의 기반을 이루고 있다.

대상의 객관화된 이미지를 표현하는 새로운 재현방식은 중요하다

곰브리치는 20세기 모더니즘 시기에 전개된 추상미술(abstract art)의 흐름은 '사물을 눈에 보이는 대로 재현하는 것이 아니라, 색채와 형상의 실험을 통해 새로운 형태를 구축하는 방향으로 전개되었다' (E. H. Gombrich, 1950, 1995, 백길승 외 역. 2005, pp.570-574)고 지적한다. 이러한 미술의 흐름은 19세기 후반 예술가 자신이 본 인상을 단순하고 명료한 형태의 입체감과 색채로 표현한 세잔(Paul Cézanne)의 인상파를 효시로, 이후 20세기 초에 전개된 입체파, 추상회화(abstract painting) 등에서 예술가들이 신체의 눈으로 본 대로 모사하는 구상(figurative)이 아니라, 마음의 눈으로 대상의 형상을 구축하는 비구상(non-figurative), 비대상(non-objective)적 표현방법에 주목하기 시작한 데서 알 수 있다. 특히 피카소(Pablo Picasso, 1881-1973)가 이전 화가들이 자연의 형태를 묘사한 평면성을 피하면서 사물을 단순하게 그리고 동시에 입체감과 깊이감을 부여하기 위해 자연을 구, 원추, 원통과 같은 기본적인 입체 형태의 견지에서 보라고 충고한 세잔의 방식을 재도입해 발전시킨 다시점(多視點)의 독특한 수법은, 사물을 보고 인식하는 방식을 바꾸어 놓음으로써 예술사의 시형식(視形式)(주2) 에서 하나의 혁명적인 분수령을 이룬 것으로 평가된다. 입체파는 르네상스의 투시도 화법을 부정하고 대상을 상대적으로, 즉 위, 아래, 안, 밖의 여러 시점에서 동시에 관찰하는 방식으로 지각된 대상을 표현하는 방식에서 패러다임의 근본적인 전환을 야기하였기 때문이다.

입체파 화가들은 대상의 진실한 실체를 파악하는 방법은 전체를 단일 관점으로 보는 것을 포기하고 동시에 모든 관점으로 사물을 바라보는 것이라고 생각하였다. 이러한 방식은 본질상 눈에 보이는 내용뿐만 아니라 대상의 객관화 된 다수의 이미지를 재현하는 '개념적 예술(conceptual art)' 의 방법으로 관찰자의 시각적 기억에 근거한 것이었다. 따라서 입체파는 '기하학적 형상으로 화면을 구성하는 것, 대상을 2차원적인 구성요소들로 해체하고 나란하게 혹은 투명하게 서로 관입시킴으로써 3차원적 공간의 실체로 다시 재구성하는 것, 주요 관점을 설정하지 않은 채 대상을 다양한 관점에서 동시에 관찰하고 지각하는 것, 그리고 최종적으로 대상을 그 배경과 융합시키는 것' 과 같은 실험적인 표현양식을 도입하였다. 이러한 관점에서 반 드 벤(Van de Ven, 1980, p.183)은, 입체파의 공간개념은 "동시적으로 침투하는 위치들로 평면상에 표현되어진 물체의 주위에 관찰자를 유도하며, 그 결과 공간에서 관찰자의 운동이라는 개념을 표현하고 있다"고 지적한다. 건축가 꼬르뷔지에는 입체파의 이러한 개념들은 모더니즘 시대의 '기하학적 정신' 을 가장 잘 표현하고 있다고 언급하였다. 입체파의 이러한 원리들은 이후 네덜란드의 신 조형주의와 데 스틸, 러시아 구성주의 등과 같이 추상 예술운동을 전개한 예술가와 건축가들이 대상의 본질을 새롭게 인식하는 방식에 상당한 영향을 끼쳤다.

입체파의 개념을 수용하여 발전시킨 신조형주의의 조형원리는 몬드리안이 수평, 수직선으로 구성된 새로운 기하학적 질서에 기초한 추상화 원리에 플라톤적 인식론 및 신고전주의적 인식론의 전통을 논리적으로 적용하여 확장한 결과였다. 몬드리안은 피상적인 형상 배후에 존재하는 영속적인 형태의 영역이 순수 기하학 안에서 표현될 수 있다는 점을 강조한다. 그는 이 영속적인 형태는 예술가 개인의 외부에 존재하는 세계의 객관적인 특성으로 이해하였다. 따라서 그는 '기하학은 주관적인 해석이나 재현적인 연상에서 자유로운 상태로

도3-7a, b
(a) 피카소, 우는 여인(The weeping woman, 1937)
(b) 오장팡, 흰 항아리(The white pitcher, 1925)

오직 예술의 객관적인 법칙의 지배만을 받는다' (Mark Gelernter, 1995, p.264)고 보았다. 몬드리안에 따르면, 예술이 대상을 재현하는 행위에서 자유로워질 때 비로소 '조형적인 구성의 확고부동한 객관적 법칙' 이라고 불리는 것에 따라 보편적이고 불변하는 것을 성취하게 된다는 것이다. 왜냐하면 이러한 법칙을 사용하는 예술가는 개인적인 감정이나 그가 외부로부터 받은 특별한 인상에서 자유로워질 수 있고, 또 자신의 내부에 있는 개인적인 성향의 지배로부터 벗어날 수 있기 때문이다.

그러나 입체파 미학의 추상적인 관념은 잔느레(Charles Edouard Jeanneret, 르 꼬르뷔지에의 본명)가 화가 오장팡(Amédée Ozenfant)과 함께 『입체파 이후(Aprés le Cubisme), 1918』를 선언한 후 현대문명을 객관적으로 표현하고자 한 순수파 운동에 의해 비판받았다. 순수파는 입체파처럼 개인의 소멸, 기하학, 그리고 철저한 정적인 표현을 추구하였지만, 주로 단순하고 기계적으로 조립된 요소들로 만들어진 순수한 구성으로 시적인 서정성을 표현하는 것을 거부하지 않았다. 무엇보다도 순수파는 합리성과 질서의 인식을 바탕으로 대상의 순수화된 외관, 즉 오브제-유형(object-type)을 지향하였다. 입체파가 4차원성을 통해 내·외부 공간을 동시에 표현하려고 한 반면에, 순수파가 매스와 윤곽이 서로 흘러 들어가고 상호 관입하는 부유하고 투명한 대상을 추구하였지만 자연에 존재하는 3차원적인 공간과 대상의 폐쇄적인 윤곽에 대한 지각을 더 중시하였다.(도3-7a, b) 입체파와 순수파가 탐구한 이러한 수법들은 되스버그, 꼬르뷔지에와 같은 건축가들이 건축의 구성요소를 분해하고 그것을 재구성하는 과정을 통해 독특한 조형성과 공간구성의 개념을 탐구하는 데서 뿐만 아니라, 기하학적 형상을 구성하는 모든 면들의 이미지를 객관적으로 동시에 표현하는 방식에서도 중요한 기반이 되었다.

우리는 여기서 입체파는 예술가들이 공간을 하나의 구성적 요소로 인식하는 데 기여하였다는 점, 그리고 파편화되어 표현된 대상(형상)과 공간(배경)을 구분하는 경계가 실질적으로 사라져 전통적인 형상과 배경으로 구별하는 대상의 인식방법에 일대 혁신을 가져오게 되었다는 점을 주목할 필요가 있다. 입체파 회화에서 공간에 대상과 동일한 색,

질감, 실질성을 부여하고, 또 공간을 대상과 거의 구별할 수 없을 지경에 이르도록 마구 뒤섞어 형상과 배경의 경계를 해체 구성하는 수법은 공간에 대상과 동등한 위계를 부여하고 있기 때문이다. 로우(Collin Rowe, 1977)는 20세기 초 모더니즘 건축에서 발견되는 이러한 공간적 특성을 투명성(transparency)의 개념으로 해석하였다.(주3) 기디온(S. Giedion, 1941)도 모더니즘의 건축에서 발견되는 '시간-공간(time-space)' 개념에서 입체파의 회화 속에 나타난 동시성의 개념과 4차원성이라는 공간 개념의 영향이 발견된다고 지적하고 있다. 그는 이러한 공간 개념이 근대건축의 시기에 내·외부 공간의 연속성을 지니는 유동공간(flowing space)으로 발전되었다고 지적한다.

20세기 모더니즘 시기에 건축을 포함한 모든 예술은 새로운 수법을 통해 지각의 새로운 영역을 확장하여 왔다는 점에서, 형식의 지각과 대상을 생소화 하는 수법은 작품 창조와 해석의 중요한 도구로 간주되었다.(주4) 우리는 이러한 형식의 지각과 수법의 개념을 러시아 형식주의 문학이론이 형식의 개념을 미적 지각까지 확대시키고 예술 작품을 그 수법(devices)의 총합으로 정의하기 위해 사용한 개념에서 발견할 수 있다. 지각과 생소화 수법의 개념을 문학 연구의 주요 개념으로 제시한 쉬클로프스키(Viktor Borisovich Shklovskij, 1893-1984)는 "예술적 대상이란 이 대상들이 최대한의 확률로 예술적이라고 지각될 수 있게 하려는 특수한 수법에 의해 창조된 대상들이다"고 주장하였다. 그의 관점에 따르면, 예술적이라고 지각되는 대상, 즉 습관적이고 자동화된 지각의 대상으로부터의 일탈로 지각되는 대상들만이 '예술적'이라고 할 수 있다. 그러므로 예술의 수법은 대상을 '생소화(defamiliarization)' 하는 수법이며, 난해하게 만들어진 형식의 수법이라고 정의할 수 있다. 다시 말해서, 이것은 지각을 더욱 어렵게 만들고 그 과정을 연장시키는 수법을 의미한다. 그러므로 수법은 우리가 대상을 의식하게 되는 수단이며, 사물을 지각 가능하게 하고 예술적으로 만드는 기법으로 문학작품의 분석에서 가장 중요한 도구로 간주되었다. 특히 생소화 수법은 무엇보다도 독자들이 언어적인 관례와 사회적인 관례를 새롭고 비판적인 안목에서 보도록 하여 그것들을 조명해 내는 기능을 수행한다. 또 그것은 형식 자체에 관심을 집중시키는 역할을 수행한다. 20세기 초 러시아 형식주의 문학이론에서 중요한 개념으로 정립되었던 이러한 지각과 생소화 개념은 20세기 초 러시아 구성주의 건축에서도 발견된다.

| 반(反)-입방체 공간과 개념적 이미지 : 테오 반 되스버그, 게리 리트벨트, 러시아 구성주의 건축

I
새로운 건축은 반(反)-입방체적이다

인간의 이성에 바탕을 둔 객관적 공간지각의 원리, 그리고 기하학의 해체와 조합을 통한 반-입방체(anti-cubic) 공간 구성개념 등은 모더니즘 초기에 데 스틸 운동(주5)이 탐구해 온 주요 당면과제였다. 데 스틸은 입체파의 영향을 받은 시대의 새로운 의식을 표현하는 보편성을 지닌 순수 예술을 추구하였다. 데 스틸 운동의 대표적 인물 되스버그(Theo van Doesburg, 1883-1931)는 초창기(1915년 초)에 3차원의 볼륨을 새로운 조형요소, 즉 면으로 환원시키는 수법을 전개한 신조형주의의 사상을 몬드리안(Piet Mondrian)과 함께 널리 유포시켰다. 그러나 후에 그는 몬드리안이 지향한 2차원적인 평탄면 구성원리에 바탕을 둔 신조형주의 철학에서 탈피하고, 반-입방체 공간과 형태구성의 개념을 직선, 1차적 형태, 원색적인 색채, 평탄면, 직사각형 등을 바탕으로 추상적, 반(反)-자연주의적인 요소주의(Elementalism) 원리를 전개하였다. 여기서 우리는 순수 형태의 기하학적 분해에 의한 구성 개념을 바탕으로 객관성과 명료성을 지닌 기하학인 조형적 건축이 모더니즘의 미학뿐만 아니라 4차원 시간-공간 연속체(time-space continuum)라는 새로운 공간조형을 생성하는 데 기여하였다는 사실을 주시할 필요가 있다.

되스버그는 "예술은 그 자체가 하나의 목적"이라고 인식하였다. 그는 예술가의 임무는 오로지 정신적 성격을 지닌 미학적 욕구를 충족시켜 주어야 한다고 주장하였다. 이것은 그에게 예술작품은 주제가 되는 대상뿐만 아니라 새로운 의식을 표현하여 정신적 만족을 부여하여야 한다는 것을 의미한다. 되스버그는 이성과 기계문명의 가능성을 강조한 모더니즘의 사상가들처럼 기계가 인간을 자연에서 분리시켜 인간의 정신적 삶을 개화시킬 수 있다고 믿었다. 그는 무엇보다도 근대시대의 미적 표현으로 기계의 새로운 가능성이 만들어낸 "기계미학에 기반을 둔 새로운 정신주의 예술의 감수성"을 창조해야 한다고 강조하였다. 정신적 공간의 개념적 관계와 보편적 질서에 대한 되스버그의 관심은 그가 '물질에서 정신으로' 진화하는 시대의 정신을 형태와 색채, 그리고 새로운 공간개념에서 탐구한 데서 잘 나타난다. 따라서 그가 탐구한 조형적 건축은 작품의 내부가 가득한 물질적 실체로서 보다는 정신적 구조로서 존재하며, 그 형태에 있어서 추상적, 반-입체적이고, 색채에 있어서 반-자연주의적, 반-장식적인 특성을 지니는 것이었다.『조형적 건축을 향하여, Tot een beeidende architectur, Toward a Plastic Architecture, 1924』 선언문 11항에서, 그는 새로운 건축의 특성을 다음과 같이 선언한다.

> "새로운 건축은 반-입방체적이다. 다시 말해, 새로운 건축은 서로 다른 기능을 하는 공간 세포들을 하나의 닫혀진 입방체 안에 가두려 하지 않는다. 오히려 새로운 건축은 기능적 공간 세포들(돌출된 평탄면, 발코니의 볼륨 등도 포함하여)을 입방체의 중심핵으로부터 원심적으로 방사한다. 그리고 이러한 수단을 통해서 높이, 넓이, 깊이, 그리고 시간(즉, 가상적인 4차원의 실체) 등은 열린 공간 속에서 전적으로 '새로운 조형적 표현'에 이르게 된다. 이러한 방식으로 새로운 건축은 자연의 중력에 저항하여 작용하는, 소위 부유하는 듯한 특성을 획득하게 된다."(K. Frampton, 1980, p. 145 재인용)

> "신건축은 무정형이며... 그것은 선험적 개념을 거부하고 대칭과 정면성을 인식하지 않는다, 그 대신 시간과 공간 속에서 4 면의 전개라는 조형적 풍부성을 시도한다 ... 신건축은 전/후 좌/우 상/하의 모든 면을 동등하게 가치있는 요소로 간주한다."

그러므로 되스버그는 새로운 시대의 공간 개념으로 기하학적 형태, 중첩하는 공간적 효과를 탐구하는 데 관심이 있었다. 그가 입방체의 모서리와 경계를 해체하여 구성한 요소주의적 구성 수법과 4면의 중요성을 동등하게 인식한 태도는 입체파적 수법에서처럼 다초점을 통해서 인식되는, 균질하고 초점을 갖지 않는 화면 표현의 수법과 많은 점에서 흡사하다. 형상(대상)과 배경(공간)의 경계를 해체하고 이 양자 모두에 비위계적인 동등성을 부여하는 수법은 입체파가 객관적 이미지를 새로운 방식으로 구축하기 위해 탐구해온 방법이기 때문이다.(주6) 되스버그는 (몬드리안의 신조형주의 구성 원리를 추종한 드 스틸의 예술가들처럼) 물질의 감각적인 경험을 표현하기 보다는 비물질화된 공간개념을 표현하는 데 더 관심이 있었다. 그는 새로운 의식은 정신적 개념으로서의 공간개념에서 나오는 것이라는 점을『근대 시각예술의 미학적 원리 The Aesthetic Principle of Modern Visual Art, 1916』에서 다음과 같이 주장한다.

> "공간은 시각적 의식보다 앞선다. 시각 예술가는 공간에 대한 형태와 색채의 조화된 관계들을 배열하거나 배가시키며 측정하고 정의한다. 예술가에게 모든 대상물은 공간과 어떤 관계를 맺고 있다. 이러한 관계는 공간의 이미지이다.... 다시 말하면 연속적으로 변화하는 공간질서 속에서, 만일 대상이 움직이고 있다면 시간-공간의 질서가 창조된다..... 건축의 기초는 공간이다. 그러므로 건축가의 시각적 의식은 공간개념에 그 기초를 두어야만 한다. 형태와 공간에 의해서 확립된 관계는 건물의 리듬과 미학적 가치를 결정한다."(Theo van Doesburg, 1916 / Van de Ven, 1980, p.196 재인용)

여기서 우리는 20세기 초 모더니즘 건축에서 공간구성 원리와 지각방식에 대한 새로운 인식과 함께 시간성과 지속성이라는 4차원 개념이 도입되었다는 점에 주목할 필요가 있다. 되스버그가 지향하는 공간 지각의 개념은 종래의 단일 투시적인 관점에서 벗어나 여러 상이한 지점의 영역에서 다수의 변화하는 이미지를 인식하는 것에 근거한 것이다. 그가 입체파의 4차원이라는 시간-공간 개념을 자신의 공간개념의 기반으로 삼았다는 사실은 그가 『조형적 건축을 향하여, 1924』 선언문 10항에서 "새로운 건축은 건축의 양상으로 공간뿐만 아니라 시간도 고려한다. 시간과 공간의 통합은 건축의 외관에 완전히 새롭고 조형적인 양상(시간과 공간이 형성하는 4차원의 조형적인 측면)을 부여한다" (Van de Ven, 1980, p.200 재인용)고 선언한 데서 잘 드러난다. 여기서 4차원성은 감각에 의해서 경험되는 3차원의 공간에 속하는 것이 아니며 오로지 정신세계에만 속하는 것이다. 이 점에서 반 드 벤은 되스버그가 20세기 모더니즘 건축에서 시간-공간이라는 새로운 공간 개념의 조형적인 실현을 추구하는 데 크게 공헌하였다고 지적한다. 무엇보다도 4차원의 공간과 관찰자의 공간인식에 대한 새로운 개념은 후에 모더니즘 건축 교육의 산실이었던 바우하우스 교육에 많은 영향을 끼쳤기 때문이다.

되스버그는 이러한 새로운 공간개념은 기존의 투시법과는 달리 관찰자에게 대상에 대한

도3-8a, b 되스버그 + 반 에스테렌, 예술가 특수주택의 역구성 습작, 1923

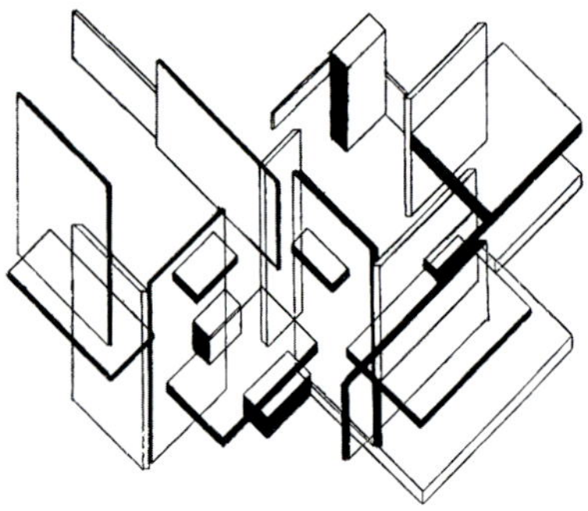

통합적이고 객관적인 이미지를 제공해 주는 '축측투상법(axonometry)' 을 새로운 방식으로 창안하여 표현하였다.(주7) 이 새로운 투영법은 3차원의 공간 중심의 주위에 비대칭적 집합체로 매어달린 듯이 분절된 평면 요소들을 동시에 인식하는 것을 가능하게 해주었다. 따라서 그것은 기존의 투시도법이 제공하는 직접적이지만 부분적인 관점과는 달리, 간접적이지만 총체적인 이미지를 관찰자에게 부여하는 방식으로 대상에 대한 완벽한 이미지를 제공하는 데 유용한 수법이다.(주8) 람뿌냐니는 이러한 표현방법은 "대상의 모든 측면들이 이성에 의한 개념화 과정을 통해서 이해될 수 있는 것"(V. M. Lampugnani, 1982, p.12)이라고 지적한다. 되스버그가 건축가 에스테렌(Cornelis van Eesteren, 1897-1988)과 협력하여 주택의 새로운 개념을 제시한 **예술가 특수주택의 역구성 습작**(House of Artist, 1923)**(도3-8a, b)**은 폐쇄된 건물 매스의 볼륨을 평탄한 벽면으로 분해하여 구성하는 수법에서 발견되는 공간구성개념을 보여준다. 여기서 주택 구성은 수직면과 수평면의 관계로 이루어진 분해도로 표현되었으며, 공간은 교차되거나 중첩되도록 의도되었다. 이것은 신조형주의의 개념에 기초한 2차원적인 회화를 공간적인 것으로 변형하여 회화와 건축의 유기적인 결합을 시도한 결과였다. 되스버그는 이 점을 "이 주택은 그 3차원의 조형 요소로 분해, 해체되었다... 이 주택은 모든 측면에서 접근할 수 있는 하나의 대상이 되었다.... 지면에서 해방되었으며, 천정은 옥상 테라스, 즉 개방되어 덮개가 없는 층이 되었다(V. M. Lampugnani, 1985, p. 50 재인용)"고 설명한다. **되스버그 자택**(Doesburg's own Residence at Meudon-Val-Fleury, France, 1929-1930 **(도3-9)**에서 그는 축측투상법으로 선, 면, 볼륨, 차원 등의 합리적인 요소들로 대상을 단순하게 환원하여 대상의 객관적 특성에 대한 포괄적인 이미지를 관찰자에게 제공하고 있다.

도3-9 되스버그, 자택의 등각투상도, 뫼동 발 플뢰리, 프랑스, 1929-1930

추상 회화가 건축에 미치는 영향에 주목한 되스버그는, 공간과 색채에 대한 개념을 원색의 기하학적 형태의 도입이라는 표현 방법을 통해서 구체화 하고자 하였다. 여기서 색채는 공간을 통해 확산하는 긴장을 부여하여 생명력 있는 공간을 만드는 데 기여하는 것으로 간주된다. 이 점은 그가 『조형적 건축을 향하여, 1924』에서 14번째의 항목으로 건축과 색채의 관계를 "우리는 건축에 있어서 색채의 진정한 위치를 확립하였다. 그러므로 건축적 구성이 없는 회화 (즉, 이젤 위에 그린 회화)는 더 이상 존재의 이유가 없다"(K. Frampton, 1980, p.147 재인용)고 강조한 데서 나타난다. 되스버그가 아르프(Hans Arp)와 타우버-아르프(Sophie Tauber-Arp)와 협력하여 설계한 **카페 오베떼의 시네마 댄스홀**

도3-10 되스버그, 카페 오베떼의 시네마 댄스홀 내부, 스트라스부르, 프랑스, 1926-1928

(L' Aubette Dance Café, Strasbourg, France, 1926-1928)(**도3-10**)은 회화와 건축을 융합하려는 시도를 보여주는 작품으로, 내부에서 나타나는 사선적인 요소주의적 부조와 역수성의 선들, 그리고 백색, 회색, 흑색 등 원색으로 구성된 면들이 공간구조의 경계를 해체하여 깊이가 없는 추상적인 벽면을 만들어내고 있다.

되스버그가 탐구해 온 반(反)-입방체 건축의 개념과 데 스틸의 조형주의적인 형태 언어를 건축적으로 구체화한 사람은 리트벨트(Gerrit Thomas Rietveld, 1888-1964)였다. 그는 근대적 생활의 필요성에 대응할 뿐만 아니라 생활의 조건 자체를 만들어내는 새로운 건축의 개념을 추구하였다. 그는 건축, 회화, 조각은 몬드리안이 언급한 "우리들 환경으로서의 건축(architecture-as-our-environment)" 이라는 것으로 융합되어 생활과 예술의 통합을 지향하는 데 기여하여야 한다고 주장하였다. 이 점을 리트벨트는 "건축이 최근에 겪은 가장 큰 변화는 조형적 차원으로부터의 자유함과 분리이다. 특히 후자(분리)가 점점 더 확산되고 있다. 건축은 이제 환경—그 이상과 이하도 아닌—이 되었다" ((ed.) Peter Gössel, 2007, p.822 재인용)고 강조하고 있다. 특히 그는 새로운 구조법과 재료를 통해 공간을 명확히 규정하고자 하였으며, 무엇보다도 단순한 기능적 공간이 아니라 새로운 방식으로 지각되는 공간을 만드는 데 관심이 있었다. **적/청 의자**(Red/Blue Chair, 1918)(**도3-11**)에서 리

도3-11 G. 리트벨트, 적/청 의자, 1918

트벨트는 의자의 기능성보다는 의자라는 대상 그 자체가 지니는 명쾌한 조형적 표현을 분절, 변위된 요소들로 구체화 하였다. 그가 슈뢰더-슈래더(Truus Schröder-Schräder)와 협력하여 지은 **슈뢰더-슈래더 주택**(Schröder-Schräder House, Utrecht, the Netherlands, 1924)**(도3-12a, b, c)**은 신조형주의 운동의 밑바탕이 되는 철학과 데 스틸의 프로그램을 주택 건축에 적용하여 구체화 한 작품으로 평가되고 있다. 여기서 그는 건물의 주요 본체를 기하학적인 추상적 공간구성 요소로 해체하고 그것을 다시 다른 순서로 조립하는 방식으로 구축하였다. 무엇보다도 슈뢰더 주택의 가장 독특한 특성은 수직면들과 부유하는 수평면들로 구성된 외관에서 나타난다. 이 면들은 철저하게 해체되어 되스버그가 언급한 것처럼 "고정되고 정적인 외관으로부터 도출된 정면성과는 대조적으로 다면적이고 시간 · 공간적인 활동이 지니는 조형적인 풍요로움을 제공"한다는 개념이 구체화되었다.

도3-12a, b, c
G. 리트벨트, 슈뢰더-슈래더 주택,
위트레흐트, 네덜란드, 1924

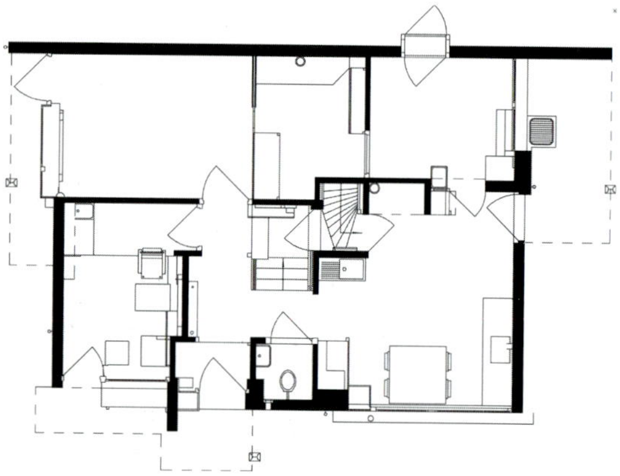

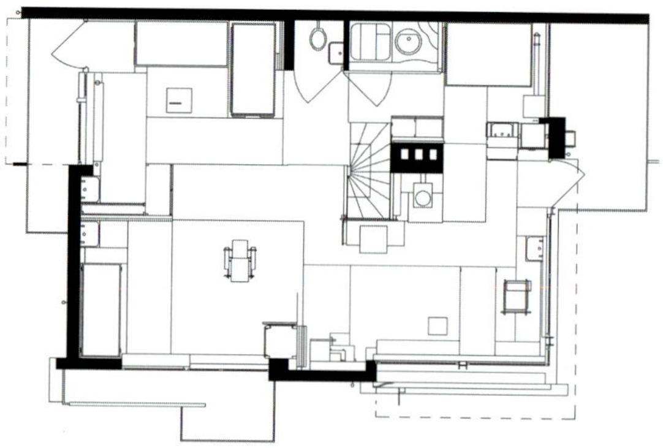

II
러시아 구성주의 건축은 새로운 형태의 구문을 탐구하였다

러시아 대혁명(1917년 11월) 이후, 러시아 건축계에서는 새로운 정치적, 문화적인 분위기 속에서 혁명을 위한 정치적인 프로그램의 일환으로 전위적 건축 운동이 전개되었다. 이 시기에 말레비치(Kasimir Malevich, 1878-1935)를 중심으로 한 러시아 구성주의(Constructivism)는 형식면에서 단순한 기하학 형태의 역동성과 조화를 추구한 절대주의(Suprematism)라는 새로운 추상 예술의 형태언어를 건축 디자인의 영역으로 확장시킨 전위적인 예술운동으로 주목을 받았다. 쿡(Catherine Cooke, 1995, p.99)은 러시아 구성주의 건축이 '사회적 구축(social construction)을 위한 사회적 촉매로서의 건축의 기능에 주로 관심을 보여 온 철학적 담론으로, 또는 건축적 구축(building construction)을 위한 구조적 테크놀러지의 공간-형성의 역할에 대해 탐구' 하거나 단지 '형태적 구축(formal construction)을 위한 형식주의에 대해 탐구' 한 운동으로 다양하게 해석되어 왔다고 지적한다. 그러나 여기서 우리는 반 드 벤(Van de Ven, 1980, p.211)의 지적처럼, 구성주의 건축이 선, 면, 볼륨 등과 같은 시각적인 기본요소들을 물리적으로 뿐만 아니라 개념적으로 '구성(construct)' 하여 '예술적인 공간적 구성주의(artistic spatial constructivism)' 로 발전하였다는 점에 주목할 필요가 있다.

근대 예술을 '시스템' 을 통한 발전으로 인식한 말레비치는 예술가의 역할은 과학의 발견을 단순히 대중적인 예술로 재생하는 것이 아니라 그 자신만의 독자적인 분석과 표현의 양식을 통해서 (과학과 같은) 동일한 영역을 탐구하는 것으로 인식하였다. 따라서 그가 이끌어 온 구성주의의 건축은 디자인 문제를 통합적인 복합체로 인식하고 기계적인 제조방식에 따라 시적 특성을 지닌 작품을 구성하고자 한 '시스템 어프로치(system approach)' 를 중시하였다. 무엇보다 물질적 대상과 비물질적 인자들 모두를 에너지 또는 에너지 장(energic forces)으로 인식한 말레비치는 절대주의 회화의 공간을 '에너지의 공간' 으로 인식하였다. 따라서 그는 '입체파의 2차원적이며 회화적인 평면적 '구성(composition)' 에서 탈피하여 조형적이며 3차원적인 입체적 '구축(construction)' 으로 전환' 하고, 공간을 점유하는 역동성이라는 새로운 조형의 구성원리를 탐구하였다. 그가 '공간적 큐비즘(spatial cubism)' 이라고 부른 새로운 추상화 수법은 모더니즘 시기에 동시대 건축가들뿐만 아니라 오늘날 해체주의적 성향의 현대건축가들(게리, 하디드)에게도 상당한 영향을 끼쳤다. 도던은, 이러한 형태의 새로운 구문(syntax)은 "관찰자의 지각의 생소화 수법과 사회적 구성에 대한 과학적 이해에 근거한 것으로, 구성주의 건축가들이 정치적 혁명, 물질적 진보,

그리고 미학적 혁신이 지닌 가능성을 조합하여 새로운 가능성을 지닌 세계를 약속하기 위한 도구의 역할을 하였다" (D. P. Doordan, 2002, p.111)고 지적한다. 여기에는 생산의 프로세스를 지각할 수 있도록 노출시켜 생소화 하려는 형식주의 구문론인 '수법' 의 개념이 반영되어 있기 때문이다. 미술 비평가 크라우스도 "구성주의 작품들은 관람자가 작품을 지적으로 이해하게 하는 형식적 관계들을 필연적으로 내포하고 있다" (Rosalind E. Krauss, 1977, 윤난지 역, 1997, p.193)고 지적하여 구성주의 작가들이 작품 이해과정에서 내적 투명성의 원리에 따르는 지적인 이해방식을 중시하였다는 점을 강조한다.

러시아 구성주의 건축은 예술과 생활의 분리라는 전통적인 개념을 탈피하고 근대적 공업기술을 영속화하려는 의도로 과거와 단절하고 규격화, 조립화 등과 관련된 기술적 문제를 탐구하였다. 이와 더불어 기계미를 바탕으로 기술과 기하학을 새로운 수법으로 건축형태에 적용하는 다양한 실험들을 시도하였다. 이러한 현상은 생산의 물질적, 문화적 조건에서 새로운 문화적 통일체를 추구한 '기능적인 공리적 구성주의(functional utilitarian constructivism)—생산주의(Productivism)로 불리는—건축가들이 구조적, 기술적인 형태 시스템들(간판, 광고탑, 시계탑, 엘리베이터의 접근 시스템과 순환 시스템 등)을 직접적으로 노출시키는 방법으로 근대 기술의 승리를 미학적으로 상징화하려고 시도한 데서 발견된다. 타틀린(Vladmir Efgrafovich Tatlin, 1885-1953)이 설계한 **제3 인터내셔널 기념탑** (Monument to the Third International, 1919-1920)**(도3-13)**은 말레비치가 언급한 공간적 큐비즘이라는 새로운 추상화에 근거하여 투명하고, 역동적인 형태 언어를 만들어낸 구성주의 건축의 대표적 작품이다. 여기서 나선형 주제를 바탕으로 입방체, 원통형, 각추형 등 3개의 이상적인 입방체가 점점 작아지며 개방된 뼈대 프레임 안에 연속적으로 설치되었다. 뿐만 아니라 철과 유리의 기계화된 움직임은 추상적 조각 형태의 나선형 공간으로 상승하는 양태로 표현되어 공간 속에서 천천히 돌아가는 방 속에 있는 신체의 실제 시간의 경험과 관련되어 있다.(주9) 프램톤은 "이 기념탑은 색채, 선, 면 등과 같은 '지적인 소재' 와 철, 유리, 나무와 같은 '물리적인 소재' 라는 주제를 주제상 동일한 요소로 간주한 생산주의자와 구성주의자의 프로그램을 구체화 한 것으로, 순수한 실용적인 대상으로만 해석될 수 없는 새로운 사회 질서를 위한 기념비적 은유이자 테크놀러지적 상징성을 이상적으로 표현한 것" (K. Frampton, 1980, p.170)으로 평가한다.

도3-13 V.E. 타틀린, 제3 인터내셔널 기념탑, 1919-1920

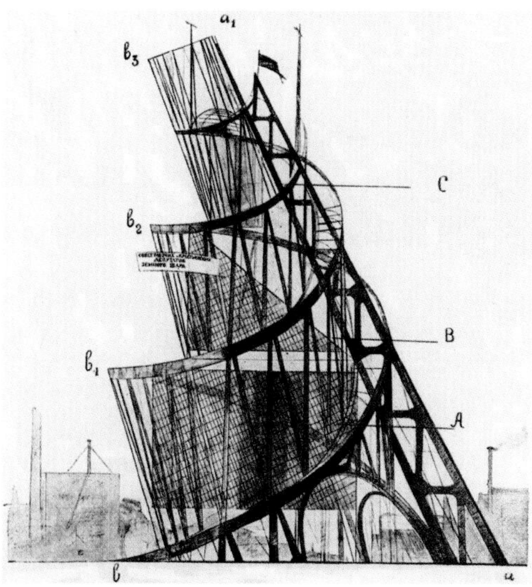

도3-14 C. S. 멜리코프, 루사코브 노동자 클럽, 모스크바, 러시아, 1927-1929

1920년대 이후에 러시아 구성주의 건축은 인간의 지각의 법칙에 바탕을 두고 새로운 조형적 형태의 구문론과 형식주의의 표현성에 관심을 보인 흐름－멜니코프(Constantine Stepanovich Melnikov, 1890-1974)가 이끄는 신건축가협회(ASNOVA, The Association of Architects, 1923)－그리고 이와는 달리 유물론적이고 실용주의적인 기능주의적 접근방법으로 프로그램에 관심을 보인 흐름－긴즈부르그(Moisei Ginzburg, 1892-1946)가 이끄는 현대건축가연맹(OSA, the Union of Contemporary Architects)－등과 같이 다양한 양상으로 분기되었다.(주10) 이들은 모두 전통적인(브루조아적으로 명명된) 형태는 사회주의자의 문화에 적절하게 기여할 수 없다고 보고 이를 거부하였다. 특히 멜리코프가 설계한 **모스크바의 루사코브 노동자 클럽**(Rusakov Workers' a Club in Moscow, Russia, 1927-29)(도3-14)은, 공산주의의 새로운 프로레탈리아 문화의 형성을 위한 '사회적 응축기(social condenser)' 라는 새로운 유형으로 제시된 작품이다. 여기서 내부에 있는 강당의 객석 블록을 건물의 전면으로 돌출시켜 건물이 솔리드와 보이드로 이루어진 조각풍의 구성으로 읽혀지도록 의도한 점은 세인들의 주목을 끌었다. 또 내부에서 이동식 파티션 시스템을 적용하여 내부공간은 마치 '기계와 같이' 다양한 방식으로 재구성이 가능하도록 한 점도 돋보인다.

| 질서의 감각과 오브제로서의 건축 : 르 꼬르뷔지에

I
인간은 기하학적 동물이다

꼬르뷔지에(Le Corbusier, 본명 Charles-Edouard Jeanneret, 1887-1965)는 모더니즘 건축의 거장 중에서 기하학적 사고의 전통을 따라 근대건축 담론의 새로운 지평을 개척한 건축가이다. 그는 자연 환경에서 장식을 유추해내는 교육을 강조한 스승 레플라트니(Charles L' Eplattenier)의 영향뿐만 아니라 호프만(Josep Hoffmann), 가르니에(Tony Garnier), 페레(August Perret), 독일공작연맹과 베렌스(Peter Behrence) 등과의 만남을 통해 모더니즘 시대의 새로운 재료(철근 콘크리트)의 공학기술적인 가능성과 공업화 건축의 문제를 인식하였다. 또한 화가 오장팡(Amédée Ozenfant)과 함께 순수파 운동을 창안하여 기계미학을 표현하는 예술방식을 발전시키는 데 기여하였다.

꼬르뷔지에는 우주와 자연의 본질적인 특성을 기하학으로 파악하고 그 본질을 건축 형태로 구현시키고자 하였다. 그는 "인간은 기하학적 동물이다" (C. Jencks, 1973, p. 83 재인용)라고 주장한다. 따라서 그는 인간의 감각과 정신을 기하학적인 것으로 간주하고, 조형의 세계에 있어서 기하학의 중요성을 다음과 같이 강조한다.

> "인간의 정신은 기하학을 창조했다. 기하학은 질서에 대한 우리의 심오한 욕구에 대응한다. 우리를 가장 감동시키는 작품은 기하학을 확실히 지각할 수 있는 작품이다."(Le Corbusier, 1925 / C. Jencks, 1973, p. 83 재인용)

또 꼬르뷔지에는 기하학의 미와 근대적 기계의 엄밀성을 결합하고자 하였다. 이러한 사실은 그가 '건축 형태의 기하학적 명료성' 이 '표준화와 엄밀성' 이라는 근대적 생산의 요구에 잘 부합된다고 다음과 같이 강조한 데서 알 수 있다.

> "기하학은 우리 스스로가 창조한 수단이며, 이것으로 우리는 외부 세계를 지각하고 우리 안에 있는 세계를 표현한다. 기하학은 초석이다. 그것은 또한 우리가 완벽성과 신성을 (우리에게) 표현해 주는 상징들을 그 위에 세우기 위한 물질적 기반이다.... 기계는 기하학의 결과이다. 그러므로 우리가 살고 있는 시대는 본질상 기하학적인 시대이다."
> (Le Corbusier, 1929, p.xxi)

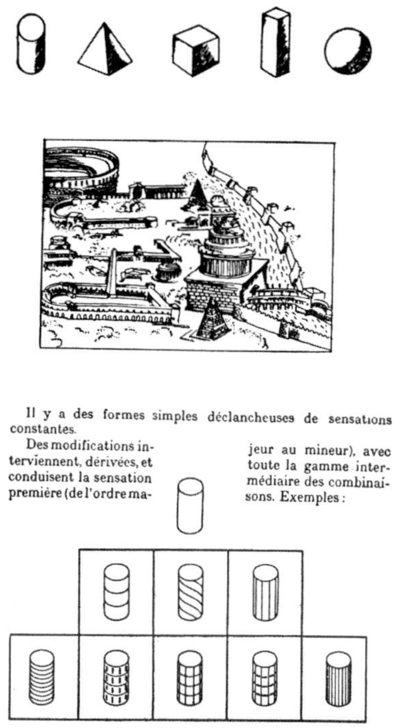

도3-15 꼬르뷔지에, 원초적 형태로서의 기하학 형태들 (출전: Le Corbusier. 1923)

꼬르뷔지에는 자신의 이러한 생각들을 『건축을 향하여 Vers une Architecture, 1923』에서 선박, 자동차, 항공기 등처럼 생산디자인의 대표되는 엔지니어의 미학과 그리스 파르테논 신전에서 발견되는 완벽성의 미학을 유비하여 선언한 바 있다. 여기서 그는 정신의 순수한 창조물로서 새로운 시대의 감성과 요구에 반응하고 동시대의 문화를 상징하는 건축 시스템(architectural system)(주11)을 탐구하였다. 그는 건축을 비투르비우스적 용어인 유용성, 견실함, 미로 정의하기 보다는 계몽시대의 건축가 불레, 르두처럼 빛과 음영이라는 조각적 효과의 관점에서 정의한다. 꼬르뷔지에에 따르면, 건축은 단순히 실용적인 요구의 충족을 넘어 인간의 감각과 시각으로 지각되는 매스로서의 형태적 속성을 지니는 것이다. 그는 인간의 보편적인 심리적 구조에 근거하여 "구, 입방체, 피라밋, 각기둥 등 기하학 형태를 가장 아름다운 원초적 형태" (Le Corbusier, 1923, p. 31)라고 주장하였다. 이러한 원초적 형태들은 단지 형상과 색채에 의해서 결정되는 1차적 감각만을 전제로 하기때문에, 개인적 특성과 문화적인 배경에 따라 다양하게 나타나는 2차적 감각의 속성들은 배제된다. 여기서 그가 추구한 기하학의 개념은 내적 통일성을 지닌 기본형태들과 이것을 지각하는 인간의 보편적 지각 원리를 전제로 한 것이다.(도3-15) 심지어 꼬르뷔지에는 "모든 사람은 누구나 동일한 유기적 조직체, 동일한 기능을 지니고 있다. 모든 사람들은 동일한 요구조건을 지니고 있다"(V. M. Lampugnani, 1985, p. 112 재인용)고 전제하여 인간의 욕구를 결정론적 관점에서 파악하였다. 이것은 인간 욕구의 다양성을 인정하는 유기주의적 개념이나 표현주의적 관점과는 상반된다.(이에 대해서는 1권 01, 2권 04를 참조할 것)

건축에는 플라톤적 특성이 부여되어야 한다

그러므로 꼬르뷔지에는 수(數)의 원리와 기하학이 고대 그리스, 로마 건축에서 발견되는 순수 형태 언어와 질서의 감각을 지닌 예술 형식을 보증한다고 주장하였다. 이러한 이유로 그는 기하학적 질서의 개념과 모듈라(modulor) 등과 같은 수학적 원리를 바탕으로 질서의 미를 성취하고자 하였다. 따라서 그의 건축은 엄격한 비례에 기초를 두고 있으며, 타당성, 질서, 명료함, 조화의 탐구 등과 같은 고전적 특성을 내포하고 있다. 이 질서의 미는 기능이나 구조 등처럼 프로그램에 내재한 본질적인 것에 대한 해석과는 무관하다. 이 점에서 젱크스(C. Jencks, 1974, p. 66)는 꼬르뷔지에가 수학적 질서, 비례에 의한 조화,

기하학 등에 담겨져 있는 플라톤적 특질을 예술적 감동과 공감을 위해서 필요한 충분조건으로 인식하였다고 지적한다.

> "건축은 구조를 드러내거나, 요구(실용성, 쾌적함, 실용적인 설비라는 의미에서의 요구)에 응답하는 것과는 다른 의미와 목적을 갖는다. 건축, 그것은 두드러진 예술이다. 플라톤적인 위대한 상태, 즉 수적 질서, 사변, 영혼을 움직이는 비례에 의한 조화의 지각에 이르기까지 도달하는 예술이다. 여기에 건축의 궁극적인 목적이 있다."(Le Corbusier, 1923, p.86)

꼬르뷔지에는 '건축은 배열에 따른 창조의 경이이며, 배열을 결정하는 자는 누구든지 구성을 결정하는 것' 임을 강조한다. 건축적인 감동은 건축을 구성하는 여러 물리적인 조형요소들의 관계를 통해서 일어나기 때문이다. 이러한 사실은 그가 건축적 경험을 물적 조건의 구현을 넘어 '형식관계' 의 구성에 대한 인식의 관점에서 기술한 데서도 알 수 있다.

> " ...당신은 석재, 목재, 콘크리트를 사용하며, 이 재료들로 주택과 궁전을 세운다. 그것은 건설이다 거기에는 창의성이 작용한다. 그러나 갑자기 당신은 나의 마음을 감동시키고, 나에게 도움이 되며, 나는 행복하여 다음과 같이 말한다. "이것은 아름답다." 그것이 건축이다. 거기에는 예술이 개입된다.... 나의 눈은 어떤 사상을 표현하는 것들을 바라본다. 그 사상은 말이나 소리 없이, 서로의 관계 속에 있는 형상에 의해서만 스스로 드러난다. 이 형상들은 빛 속에서 명확히 드러나는 그러한 것들이다. 그들 사이의 관계는 반드시 실제적이거나 서술적인 것과 어떠한 연결도 되어 있지 않다. 그것들은 당신 마음의 수학적 창조물이다. 그것들은 건축의 언어이다. 다소 실용적인 조건에서부터 출발하고 활성이 없는 재료를 사용함으로써, 당신은 나의 감정을 유발한 어떤 관계를 확립하였다. 이것이 건축이다"(Le Corbusier, 1923, K. Frampton, 1980, p.149 재인용)

이러한 사실은 꼬르뷔지에가 자신의 디자인 원리를 기능이 아니라 '시학(詩學, poetics)' 에 바탕을 둔 것임을 말해 준다. 그는 기능 요소를 분석하거나 정량화하는 작업을 통해서 그에 상응하는 형태요소를 생성하는 것은 근본적으로 불가능한 일로 간주하였다. 왜냐하면 형태는 오로지 자율적인 형식 규범이라는 개념적인 틀을 바탕으로 그 안에 수용되는 기능적 내용들이 조율되면서 비로소 구체화 될 수 있기 때문이다. 그에게 있어서 실용성과 요구조건은 디자인 출발점으로서 필요조건에 불과한 것이었다. 꼬르뷔지에가 공업화 생산의 개념으로 "주택은 살기위한 기계(Machine á habiter)" (주12)라고 언급하였는데, 여기에 담긴 깊은 의미를 간과한 많은 사람들은 그를 기능주의자로 오해하였다. 꼬르뷔지에는 형태적 측면을 프로그램과 같은 합리적 원리의 결과보다 훨씬 더 중요하게 인식한 사람이었다. 무엇보다도 그는 기능이라는 합목적성으로부터 도출되는 미를 초월한 곳에 어떤 순수한 미가 존재한다고 생각하였기 때문이다. 이러한 이유 때문에 꼬르뷔지에는 20세기 초 독일을 중심으로 전개된 신즉물주의나 유물론적 기능주의자들의 주장을 반박한 것이다.

매스, 표면, 평면이 주는 3가지 교훈을 상기하라

꼬르뷔지에의 건축미학은 그가 모든 현상을 매스(Mass), 표면(Surface), 평면(Plan), 그리고 규준선(Regulating line)이라는 4가지 범주로 환원시킨 데서 잘 나타난다. 그가 『건축을 향하여, 1923』에서 언급한 건축가가 상기하여야 할 3가지 교훈들 중에서, 첫 번째 매스에 대한 교훈은 그의 건축적 사고의 본질을 이해하는 데 매우 중요하다. 꼬르뷔지에는 우리의 눈은 빛 속에서 형태를 볼 수 있도록 만들어졌으며, 건축적 감동은 이러한 물리적인 상황에서 표출된다고 다음과 같이 선언하였다.

> "건축은 빛 속에서의 훌륭하고 정확하며 웅장하게 나타나는 매스의 연출이다. 빛 속에서 우리의 눈은 형태를 볼 수 있도록 만들어졌다. 빛과 그림자는 이러한 형태를 드러내 준다. 입방체, 구, 원추, 원기둥, 피라밋 형태 등은 빛에 의해 훌륭하게 드러나는 위대한 기본적인 형태들이다. 이것들의 이미지는 독특하여 우리에게 실체적이며 분명하다. 바로 이러한 이유로 이것들은 아름다운 형태, 가장 아름다운 형태들이다. 어린아이, 야만인, 또는 형이상학자 등 모든 사람들이 그것들에 감동한다. 이는 바로 조형 예술의 본질이다."(Le Corbusier, 1923, p.31)

꼬르뷔지에의 관점에 따르면, 건축의 심원성(深原性)은 원초적인 기하학 형태의 매스가 갖는 객관성과 추상성에 의해서 획득된다. 그는 "원초적인 형태는 그것이 명료하게 인식되기 때문에 아름다운 형태"라고 주장한다. 본타(J. P. Bonta, 1979)가 지적한 것처럼, 그것은 '형태가 지니고 있는 대상의 속성'에서 유래된 것이다. 이것은 대상의 본질적 의미 외에는 어떠한 의미도 부가되지 않은 상태에서 체험되는 조형적 감동을 의미한다. 이 점에서 그는 표현(expression)의 문제보다 '형식(form)'의 문제(주13)를 더 중시하였다. 꼬르뷔지에가 언급한 두 번째 교훈은 매스가 인간의 시각에 강하게 인식되기 위해 지녀야 할 표면처리의 중요성에 관한 것이다. 그는 "건축가의 임무는 매스를 감싸고 있는 표면들에 활력을 불어넣는 일"(Le Corbusier, 1923, p. 32)이라고 주장한다. 따라서 "표면은 항상 이차적이어야 하며, 매스를 잠식하거나 파괴하는 일로 인해서 표면 자체가 지나치게 드러나서는 안 된다"고 그는 경고한다. 그에 따르면, 건축가의 주된 임무는 순수 기하학의 개념에 기초하여 매스를 형태의 풍부함 그대로 빛 속에 놓아두는 것과 이 매스에서 파생된 '규준선'을 바탕으로 표면을 분절하는 것이다. 여기서 규준선은 매스 형태가 지닌 구조로부터 파생된 것이어야 한다.(도3-16) 또 개구부들이 분절되는 표면에는 단순한 형태의 매스에서 파생된 규준선들만이 적용되어야 한다. 그에게 이러한 규준선의 개념

도3-16 꼬르뷔지에 + 피에르 잔느레, 규준선에 의한 주택의 입면분할, 1923 (출전 : Le Corbusier, 1923)

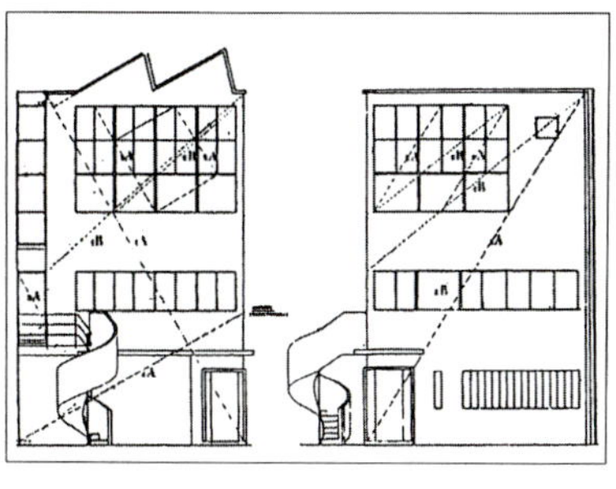

은 질서를 유도하는 3차원 기하학으로서 관찰자의 마음에 질서의 감각을 부여하는 도구였기 때문이다. 이 때 비로소 매스와 표면은 건축이 그 스스로를 표명하는 요소로 작용하게 되는 것이다. 꼬르뷔지에는 이러한 개념을 건축적 대상과 인간의 지각적 반응의 관계를 바탕으로 발전시켰다. 이 점에서 포르피리오스 꼬르뷔지에의 작품에서 나타나는 "평면과 입면상에 설정된 가상적인 선의 기하학적 격자망 구조는 여러 부분들을 구성하는 다양한 요소들을 단일한 전체로 조화시키는 역할을 수행한다" (D. Porphyrios, 1982, p. 117)고 지적하고 있다.

꼬르뷔지에가 언급한 세 번째 교훈은 평면에 관한 것이다. 꼬르뷔지에는 평면을 "매스와 표면을 발생시키는 생성인자(generator)" (Le Corbusier, 1923, p. 45)로 정의하였다. 여기서 평면의 개념은 기능의 수용보다는 올바른 매스의 생성을 위해서 평면과 매스, 즉 건축적 공간이 형태와 맺어야 할 '관계성' 의 측면에서 해석된다. 그에 따르면, 모든 훌륭한 공간 구성과 형태의 기저에는 이것들과 조화되어 일체감을 이루고 있는 평면이 존재한다고 보았다. 그리고 이러한 평면은 그 자체 안에 바로 감각의 본질을 내포하고 있다. 그는 평면은 매스와 공간사이의 관계, 매스의 배치와 동선의 체계를 조정하는 역할을 한다고 보았다. 만일 공간에 대한 매스의 관계가 적절한 비례로 되어 있다면, 우리의 눈은 통합된 감정을 뇌에 전달하고 마음은 이것들로부터 고도의 질서가 주는 만족감을 얻게 되기 때문이다. 건축이 스스로를 표명하도록 하는 매체로서 매스와 표면은, 평면의 구성적 특성에 의해 1차적으로 결정된 후에 그 형태적 자율성을 얻게 된다는 것이 꼬르뷔제가 인식한 형태 생성의 논리였다.

건축 시스템으로서 도미노 시스템, 건축적 산책로, 주거형태의 4가지 구성 —

도3-17 꼬르뷔지에, 도미노 계획안
(Dom-ino project, 1914)

꼬르뷔지에는 자신이 스스로 "고통스런 탐구시기" 라고 불렀던 1917-1927년 사이에 20세기 초 모더니즘 건축의 당면과제의 하나인 건축의 구축 방식을 탐구하여 왔다. 그는 근대사회가 새로운 재료의 구축적 가능성과 이로부터 파생된 새로운 건축미학을 요구한다고 확신하였기 때문에, 자신의 형태언어를 구조적, 기능적, 경제적 관점에서 정당화하려고 끊임없이 실험하였다. 이 시기에 꼬르뷔지에가 건축 시스템으로 제안한 **도미노**(Dom-Ino, 1914)(도3-17), 신건축의 5원칙(Les 5 points d' une architecture nouvelle, 1926) 등은 공업화 생산의 근대적 시스템이 지닌 가능성을 탐구하여 구축(시공)방식을 제안한 것으로 건축에 대한

도3-18 꼬르뷔지에,
시트로앙 주택, 프랑스,
1920-1922

혁신적 사고를 보여준다. 그러나 이러한 독창적인 개념들은 항상 상상력과 비례에 기초한 확고한 미적 감각에 바탕을 두고 전개된 것으로, 1920년대 일련의 전위적인 빌라 작품들을 통해서 실현되었다. 도미노는 그 형태나 조립방식에 있어서 표준화와 대량생산을 위한 것으로 (일찍이 로스(A. Loos)가 근대 사회의 일상적 공업생산품의 새로운 유형으로 언급한) '오브제-유형(object-types)' 을 현실화하기 위해 탐구한 것이다. 이것은 당시의 기술을 자동차, 선박, 항공기와 같은 산업제품의 생산 작업에 적용하는 것과 동일한 방식으로 접근하여 객관적 관점에서 논리적, 합리적인 프로그램에 따라 목적에 적합하게 대량생산된 주택, 즉 '살기위한 기계' 로서의 '주택 기계(House Machine)' 의 개념을 만들기 위한 것이었다. 도미노 시스템을 적용한 도미노 주택(Maison Dom-Ino, 1915)은 **시트로앙 주택**(Maison Citrohan, 1920-1922)(주14)(**도3-18**)으로 발전되었으며, 후에 페삭(Pessac)의 전원도시 단지(1926),) 슈투트가르트의 바이센호프 집합주택단지의 슈투트가르트의 주택(House at Stuttgart, 1927), 유니테 다비타시옹(Unités d' Habitation, 1945-1953)의 집합주거의 유형으로 변형되어 적용되었다.

여기서 우리는 건축 시스템으로서의 도미노가 대량생산의 표준화 부품을 골조의 뼈대구조 안에 조합하기 위한 배경에서 고안된 것이지만, 한편으로 그것은 구축(건설)과 의미(상징, 시학)라는 구축성의 전통이 반영된 것이라는 점에 주목할 필요가 있다. 도미노 시스템－캔틸레버 형식으로 바닥판을 지지하는 6개의 기둥으로 지지되는－은 구조체 벽들이 제거되고 외부 파사드가 전적으로 개방되어 있기 때문에, 사용자의 요구대로 내부를 배열하고 주택에 채광과 자연환기를 유입하는 것이 가능하도록 융통성을 제공한다. 도미노에서 전통적인 벽을 골조와 '자유로운 파사드' 로 분리시키는 개념은 미스가 뼈대(bone)와 피막(skin)으로 이루어진 건축물을 구축성의 전통에서 진척시킨 것과 매우 흡사하다. 도던(D. P. Doordan, 2002, pp.11-12)은 꼬르뷔지에가 『건축을 향하여, 1923』에서 언급한 바처럼 "그 안에서 살기 위한 기계로서의 주택" 의 개념은 기능적인 엄밀성을 성취하는 것에 대한 탐구이며, "빛 속에서 정확하고 웅장하게 드러나는 매스로서의 건축" 의 개념은 영혼을 뒤흔드는 시각예술로서의 건축에 대한 탐구로서 오브제 유형의 '표준화 및 엄밀성' 과 '건축형태의 기하학적 명료성' 이라는 이중적 측면을 담고 있다고 지적한다.

꼬르뷔지에가 철근콘크리트 구조의 새로운 활용과 그 구조적, 미학적 가능성을 탐구하여

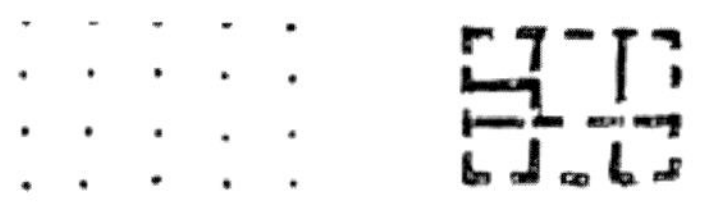

1. Columns, rather than walls.

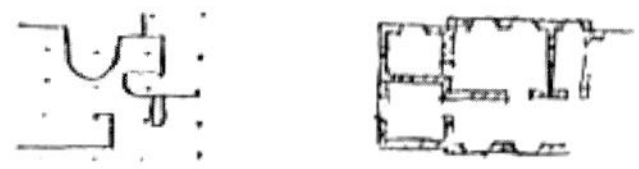

2. Free plan, rather than rooms.

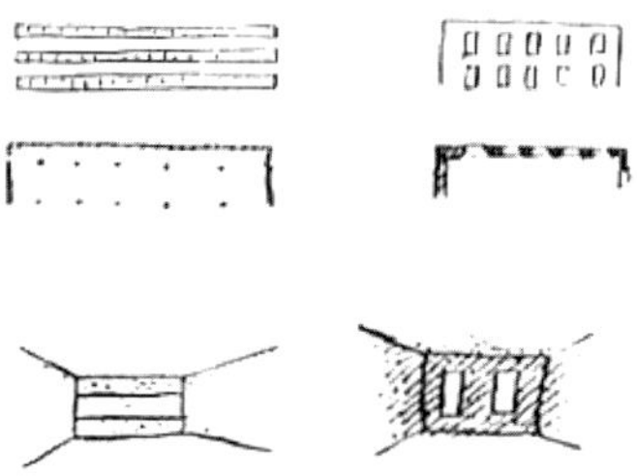

3. Window design freed from structural dependence: permits the long ribbon window.

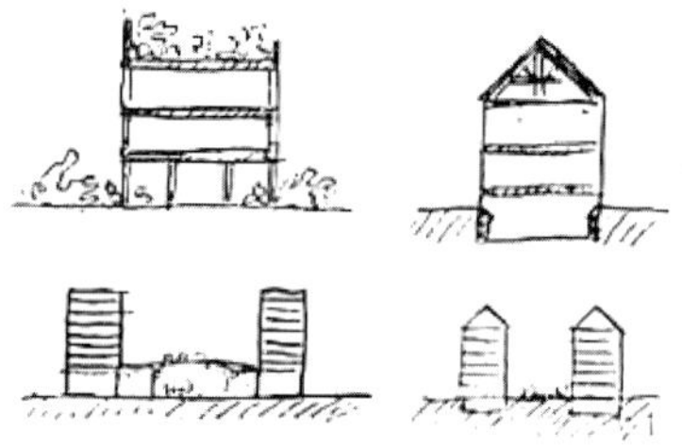

4. Pilotis elevate the building off the ground.

5. Occupiable roof terrace, rather than pithched roof: restores the area of ground covered by the house.

도3-19 꼬르뷔지에, 신건축의 5원칙, 1926

제시한 새로운 건축 시스템은 그가 <신정신 L'Esprit Nouveau, 1920-1925>에서 제시한 **'신건축의 5원칙'** – 필로티(pilotis), 옥상정원(roof garden), 자유로운 평면(free plan), 수평창(continuous window), 자유로운 파사드(free facade) – 에서 발견된다. **(도3-19)** 특히 그는 자유로운 평면을 발전시켜 동시대 국제주의 양식의 건축가들의 작품에서는 찾아볼 수 없는 공간적 복합성과 풍부함을 건축 시스템에 부여하였다. 이러한 사실은 그가 '벽체에서 떨어져 독립적으로 존재하는 기둥들의 그리드를 벽체에 포일(泊, foil)처럼 사용하여 직선이나 곡선의 벽체들이 기둥 구조체가 만들어내는 그리드화된 공간의 내부에 놓여진 조각적인 실체로서 드러나게 하는 방식' 에서 찾아 볼 수 있다. 에틀린(Richard A. Etlin, 1994, p7)은 이러한 수법은 마치 공간 안에서 "자신의 신체공간을 느끼는 움직이는 관찰자가 벽과 기둥들이 만들어내는 조각적인 형태의 장(場, field) 안에서 지속적인 관계를 맺으면서 참여하게 되는 것" 과 같으며, 마치 "역동적인 건축적 발레(ballet)" 를 연상시킨다고 설명한다.

우리는 꼬르뷔지에가 자신의 건축에서 중요한 구성원리의 하나로 동선의 중요성을 강조하였다는 사실에 주목해야 한다. 1929년 아르헨티나의 강연에서 "건축은 동선" 이라고 강조한 그는 훗날 건축과 학생들을 위한 강연(1942)에서 동선과 관련된 '건축적 산책로(architectural promenade)' **(주15)**가 지닌 본질적인 중요성을 무엇보다도 강조하였기 때문이다.

> "건축은 연속적인 이동(sequential movement)의 법칙이 무시되었느냐 아니면 훌륭하게 준수되었느냐의 정도에 따라 죽은 것이거나 살아있는 것으로 분류될 수 있다." (Le Corbusier, 1943 / Richard A. Etlin, 1994, p. 113 재인용)

꼬르뷔지에의 작품에서 건축적 산책로는 '공간의 조직화를 위한 개념적 축' 이었으며, 경사로(ramp)는 신건축의 5원칙을 따라 설계된 건물에서 건축적 산책로를 위한 완벽한 해법을 제공하는 도구였다고 에틀린(Richard A. Etlin, 1994, p.126)은 지적한다. 실제로 3차원 볼륨의 수직적인 차원 안에 도입된 사선 형태인 경사로는 '이동을 유도하는 요소' 로 다양한 공간들을 엮어주는 역할을 수행한다. 이것은 경사로가 구성적 측면에서 '조각적인 형태요소' 로 작용하며, '운동감각적인 경험이라는 역동성' 을 부여함으로써 건축적 산책로를 위한 '물리적이고 개념적인 축' 을 제공하기 때문이다.(주16) 특히 경사로는 각 바닥 층들간을 연속적으로 이동하는 것을 가능하게 해줄 뿐 아니라, 지상에서 필로티로 격리되어 독립적으로 서있는 건물에서 꼬르뷔지에의 표현대로 "인간과 자연의 관계를 확고히 연결해 주는 장치"(Richard A. Etlin, 1994, p.126 재인용)였다.(주17) 통로(route)로서 경사로의 개념을 바탕으로 하는 건축적 산책로는 **라 로슈-잔느레 주택**(Maison La Roche-Jeanneret, Paris, France, 1923)**(도3-20a, b)**의 공간 구성에서처럼 건물의 공간 배열을 조정하는 중요한 디자인 요소이다. 라 로슈-잔느레 주택에서 공간배열과 동선의 요소로 도입된 경사로가 빌라 사보와(Villa Savoye at Poissy, France, 1928-1931)에서는 경사로를 중심으로 주변의 전체 공간들이 통합하는 방식으로 나타나고 있어 건축적 산책로의 개념이 급진적으로 변해가고 있다. 이 시기 이후의 건물들에서 경사로는 "연속적이고 비대칭적으로 균형잡힌 조망

도3-20a, b 꼬르뷔지에, 라 로슈-잔느레 주택의 내부 램프공간, 파리, 프랑스, 1923

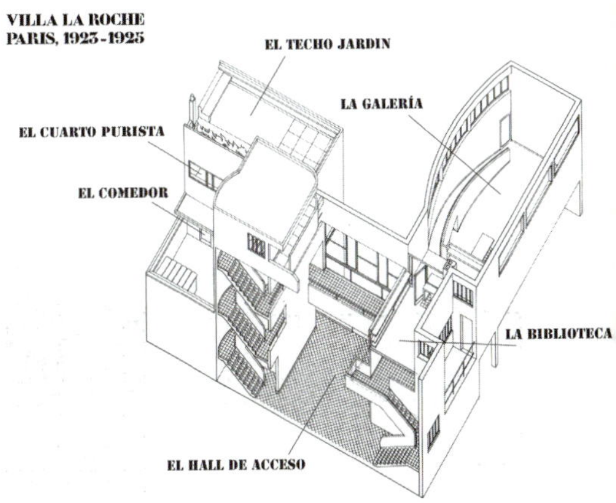

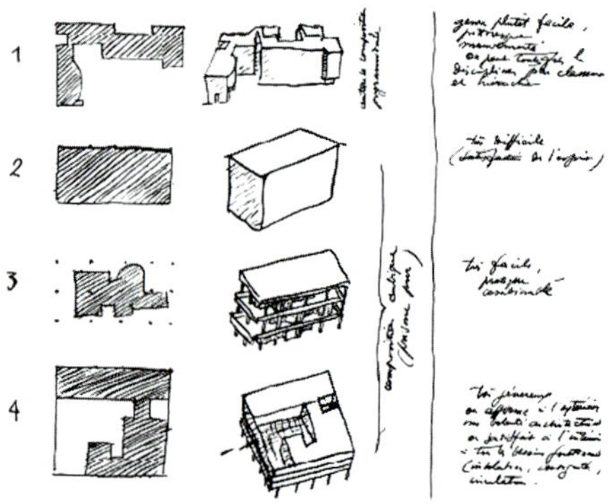

도3-21 꼬르뷔지에, 주거형태의 4가지 구성

들의 공간적 무희(ballet)를 조직화" 하는 역할을 수행하기 시작하였다.

여기서 꼬르뷔지에가 제안한 **주거형태의 4가지 구성**(Les Quatres Compositions, 1929)에 대한 스케치(**도3-21**)는 주거 공간에서 내부의 기능적 구성과 외부의 형태가 명확한 논리적 관계를 바탕으로 전개되는 몇 가지 유형을 보여준다는 점에서 주목할 만하다. 이 4가지 구성의 유형은 꼬르뷔지에가 형태생성의 논리적 과정에서 도달한 최종적인 결론으로 크게 '부가적 구성'과 '입체적 구성'으로 대별된다. 여기서 첫 번째 유형인 부가적 구성은 덧붙여진 형태이다. 이것은 회화풍(picturesque)의 효과와 생동감을 지니며, 또 분류화와 위계에 의해서 온전하게 다루어지는 것이 가능하다. 라 로슈-잔느레 주택이 바로 이 경우에 해당된다. 반면, 입체적 구성은 기하학적 개념으로서 순수파를 전제한 것으로 3가지로 분류된다. 두 번째 유형에 해당되는 순수 입방체의 형태는 우리의 정신을 만족시키기에는 매우 어렵다. 가르슈의 스타인 주택(Villa Stein at Garches, 1926-1927)이 이에 해당한다. 세 번째 유형은 도미노의 골조 시스템 안에 기능적인 부가적 형태를 삽입하여 구성된

도3-22a, b 꼬르뷔지에, 빌라 스타인, 가르슈, 프랑스, 1926-1927

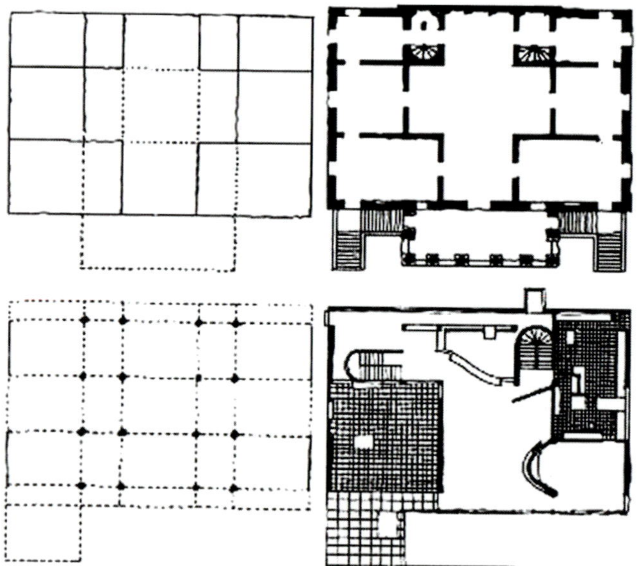

것으로, 내부의 기능과 공간을 편리하게 조합하는 데 매우 용이하다. 슈투트가르트의 주택(House at Stuttgart, 1927)이 이에 해당한다. 4번째 유형은 입방체에서 출발하는 공제적 형태(subtractive form)로 풍요로움을 제공한다. 이러한 경우 외부에는 '건축적 의지' 가 확고하게 나타날 수 있으며, 내부에서는 모든 기능적 요구(빛의 관입, 연속성, 순환동선 등)들이 만족된다. 빌라 사보와가 이에 해당한다.

꼬르뷔지에가 제시한 두 번째 주거유형인 **가르슈의 스타인 주택**(**도3-22a, b**)은 기하학적 순수주의 미학의 형태와 내부 평면의 비형식적인 편리성을 결합시키는 해법으로 (로스가 일찍이 언급한 바 있는) 공적 파사드의 건축적 질서와 근대적 편리성이라는 개인적 영역을 조화시키는 문제를 성공적으로 해결한 작품이다. 이 주택의 3차원적 내부공간은 입체파 화가 그리스(Guan Gris)의 큐비즘 회화와 동등한 구성수법(**주18**)을 보여준다. 여기서 자유로운 평면에서 기둥들을 배열하여 발생시킨 평행한 공간적 면들(spatial planes)의 배후에 곡선이나 직선 형상의 분리된 벽들을 병치하는 수법은 로우(Collin Rowe, 1997)가 분석한 것처럼 현상학적, 즉 개념적인 투명성을 지닌 공간을 만들어내고 있다.

포와지에 있는 **빌라 사보와**(Villa Savoye at Poissy, France, 1928-1931)(**도3-23a, b, c, d, e**)는 도미노 시스템, 신건축의 5원칙, 그리고 건축적 산책로를 위한 경사로 등이 독창적으로 통합된 작품으로, 정방형의 형식 안에서 발생하는 비대칭, 회전, 주변 분산의 나선적인 흐름의 특성을 보여주고 있다. 여기서 대지 위에서 부유하는 듯 추상화된 볼륨으로 구성된

도3-23a, b, c, d, e 꼬르뷔지에, 빌라 사보와, 포와지, 프랑스, 1928-1931

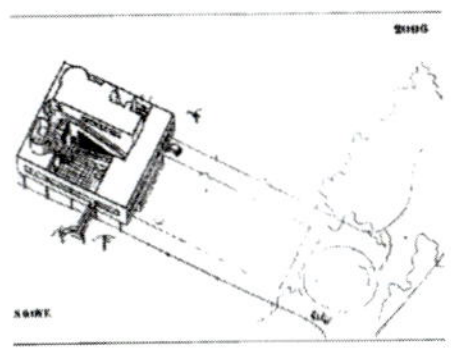

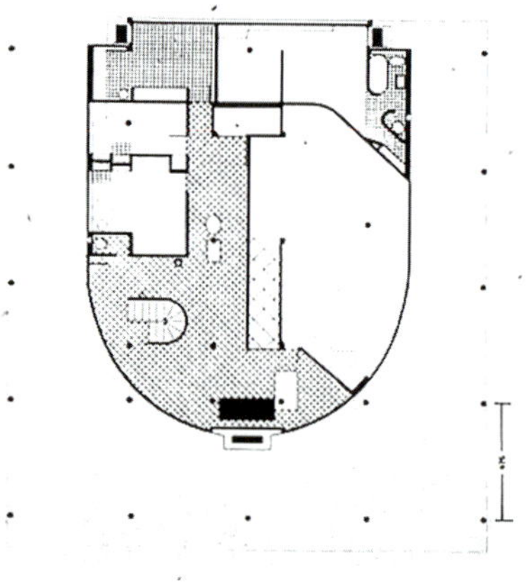

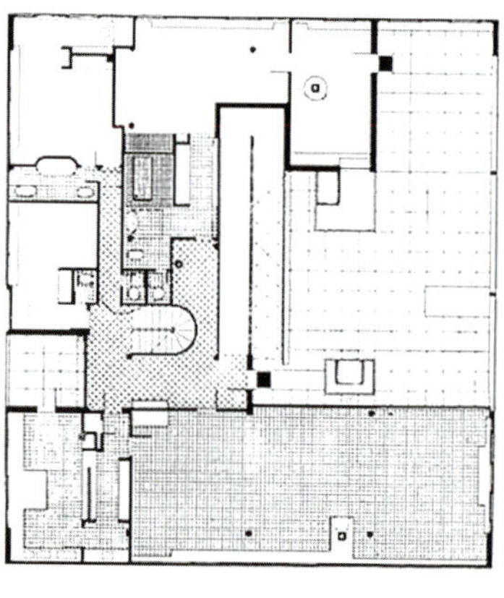

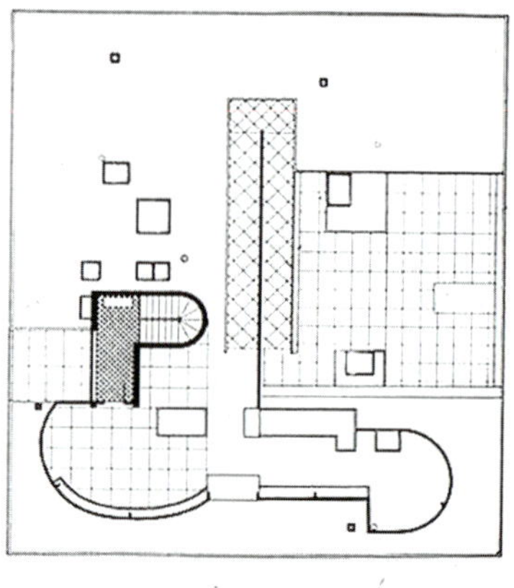

주택의 내부는, 선실(船室)처럼 작고 조밀하게 구성된 침실, 욕실, 부엌 등과 주공간인 커다란 거실공간 등 다양한 기능적 공간들이 비대칭적 구성을 이루고 있다.(주19) 그러나 동일한 4면으로 구성된 개방적인 외관은 건축가의 표현 의지가 확고하게 반영된 입방체의 기하학 형태로 감싸진 "주택은 정면을 가져서는 안 되며 모든 방향으로 열려 있어야 한다"(Le Corbusier, 1923)는 그의 주장을 실현한 것이다. 계단과 경사로는 지상층에서 옥상 정원에 이르기까지 공간 구성의 모든 요소들을 연결하며, 시점의 변화에 따라 다양하고 유쾌한 보행과 조망을 제공해 주는 '건축적 산책로'의 역할을 수행한다. 기디온(S. Giedion, 1941)은 빌라 사보와 공간 구성 단면에서 보이는 공간의 상호 관입을 그가 모더니즘 건축의 새로운 조형 의식이라고 언급한 '시간-공간'을 보여주는 것으로 평가하였다.

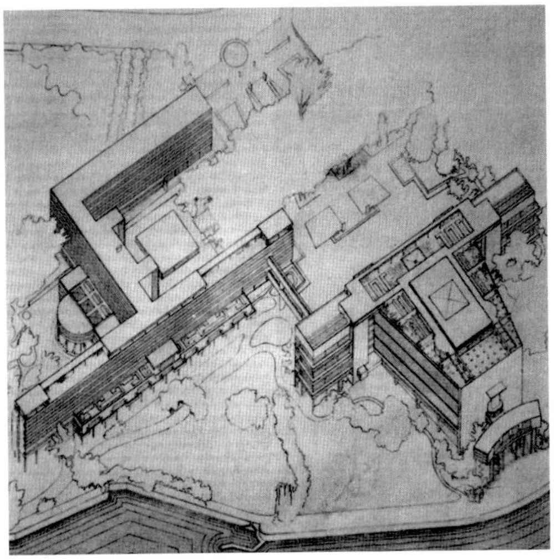

도3-24. 꼬르뷔지에, 국제연맹본부의 국제현상설계계획안, 제네바, 스위스, 1927

꼬르뷔지에가 주거의 4유형을 대규모 공공구조물에 적용한 제네바 소재의 **국제연맹본부의 국제현상설계계획안**(Palace of the League of Nations, Geneva, Switzerland, 1927)(도3-24)은 하나의 유형으로서 고전주의적 '궁전(palace)'이라는 복합성을 다루기 시작한 최초의 작품으로, 이후 꼬르뷔지에의 작품에서 '시적인 정서를 환기시키는 오브제'로서의 건축을 예고하는 분기점을 이룬다. 여기서 그는 (복잡한 공간을 기능 영역에 따라 분할이 자유로운) 빌라 가르슈의 주거유형과 (필로티 위에 기하학적인 압축된 구성을 보여주는) 빌라 사보와 주거유형을 함께 적용하여 프로그램상의 요구—사무국과 회의장이라는 두 건물—를 해결하였다. 그 결과, 고전적 규범의 원리에 따라 '유기체의 기관들'처럼 분할된 여러 기능적 구성요소들은 궁전 건축 유형의 볼륨구성에서 유도해낸 순환동선의 기능에 순응하는 형상으로 결합되었다.(주20)

II
건축 공간은 시적 감흥을 자아내는 오브제로 경험된다

1920년대에 꼬르뷔지에가 탐구해 온 전위적인 빌라들은 근대문명 사회의 일상생활에 새로운 활력을 제공할 뿐만 아니라 시각적 아이덴티티를 제공하는 기계문명의 훌륭함에 대한 그의 낙관주의를 반영하고 있다. 그러나 1930년대 이후 그는 기계의 비인간화라는 측면에 깊은 관심을 보이면서, "기계문명의 두 번째 시기"의 탄생을 선언하였다. 이것은 그가 1920년대에 탐구해 온 건축 시스템에 "전원풍의 '자연적 요소들'을 도입하고 규칙적인 기둥의 그리드와 벽의 고정적인 관계를 보다 유연한 관계로 구성하는 방식"(Richard

A. Etlin, 1994, p.17)으로 나타나기 시작한다. 이러한 변화는 국제연맹본부의 국제현상설계(1927) 당선 이후, 대규모 건물의 프로젝트를 수행해 온 꼬르뷔지에가 1929년에 남아메리카 대륙의 여러 도시들(브라질, 아르헨티나, 우르과이 등)을 방문하였을 때 '광활한 빛'과 '광활한 토지'가 주는 '광활함의 감정(feeling of immensity)' 에 매료되는 색다른 경험을 하게 된 데서 촉발되었다. 특히 열대지역 랜드스케이프의 특별한 장면들을 비행기에서 내려다보며 관찰한 자극적인 경험은 그가 자연과 지역의 풍토성을 새롭게 인식하고 자연을 무한한 공간의 장대함으로 출현하는 존재로 인식하는 데 영향을 끼쳤다. 이러한 경험으로 꼬르뷔지에는 생애의 후반기에 건물과 주변 랜드스케이프를 강하게 결속하는 방식으로 랜드스케이프 속에 놓인 조각적 건축 표현에 관심을 보이기 시작한다. 뿐만 아니라 프로그램, 합리성보다 인간의 심리적 경험을 고양시키는 건축을 추구하였다. 초니스는 1930년대 이후 꼬르뷔지에가 현대 기계문명의 시대에 신중한 계획을 통해 "자연의 통합성, 부지의 정신을 고양시키는 방식으로 지형학과 정위(orientation)에 기반을 둔 지역주의자 건축(regionalist architecture)" (Alexander Tzonis, 2001, p.111)을 추구하였다고 지적한다.

그러므로 꼬르뷔지에는 (그가 1920년대에 추구해 온 순수주의의 기계 미학과 입방체 대신에) 지역의 풍토와 토착적인 재료와 원시적인 공법을 사용하고, 건축과 자연 환경과의 강한 관계를 바탕으로 새로운 유형의 건축을 탐구하기 시작하였다. 이 시기에 그는 지중해 풍토의 기후와 재료로 이루어진, 지역의 토착 건축물을 보편적으로 적용가능한 전형으로 도입하였으며, 궁륭형 천장을 내력벽과 조합하는 방식으로 전통적인 구축과 현대적인 구축공법을 조합해 새로운 유형의 건축 시스템을 발전시켰다. 주택 설계에 대한 생각을 정리한 다음의 글은 자연의 랜드스케이프와 결속되는 건축을 지향하는 그의 사고를 잘 보여준다.

> "지방의 시공업자들에 의해 건설된 이 건물(Mandrot Villa, 1931)은 지방산의 돌로 만들어진 노출된 조적조 벽체와 그것으로 지탱되는 철근콘크리트조 바닥으로 이루어져 있다. 원래의 조적조의 사용에도 불구하고... 바닥을 지지하는 지지체로 여겨지는 내력벽과 빈 공간을 채우는 유리 칸막이를 완전히 구별한다는 것이다..... 구성은 랜드스케이프에 의해 조직되어졌다. 이 주택은 투우룬의 배후지에 평야를 지배하는 작은 갑(岬)에 위치하고 있고 뒤에는 훌륭한 산맥의 실루엣이 있다. 대지는 거대하게 펼쳐지는 장려한 랜드스케이프의 조망을 제공한다. 그리고 이 뜻밖의 자연을 그대로 유지하기 위해서 조망이 좋은 쪽에 중요한 방을 벽으로 한정하고 거기에 문만 설치하여 그것이 베란다로 열리면 조망이 마치 폭발하는 듯 극적으로 나타나게 하였다...." (Le Corbusier, Oeuvre Complete 1929-1934 / K. Frampton, 1980, p. 224 재인용)

이 시기에 꼬르뷔지에의 작품에서 발견되는 보울트 구조방식과 풍토적, 토착적인 재료로의 강한 회귀 현상은 기계문명의 비인간화에 반대하고 "시적 정서를 환기시키는 오브제들(objets á réaction poétique)로서의 건축"과 "고전주의풍의 웅장함을 지닌 기념비성을 지향하는 것"이었다고 프램톤(K. Frampton, 1985, p.159, p.224)은 지적한다. 따라서 1920년대에 그가 추구한 공업화, 표준화, 대량생산의 건축적 생산 시스템의 논리를 바탕으로 한 순수주의와 기계미학의 추상적 형태의 생성논리는 토착적이고 원시적인 공법과 재료를 사용한 '구축 수단 그 자체'로 통합되었다. 그러나 이 시기의 작품에서도 비례와 기하학은 조형화된 감정의 극치 속에서 경험되는, 말로 '형언하기 어려운 공간(L'Espace Indicible)'이라는 정서적 감정을 추구하는 비물질적이며 공간적인 수단으로 간주되었다.

또한 이 시기에 우리는 1920년대의 빌라 작품들에 나타난 '자유로운 파사드'의 얇은 피막은 태양을 차단하기 위한 장치로 고안된 브레이즈 솔레이유(brise-soleil)를 사용하여 깊이감을 지닌 3차원의 파사드로 구성된 것을 발견할 수 있다. 1940년대 이후의 여러 건물들(Dr. Currutcher's House, La Plata, Argentina 1949, / Villa Shodan, Ahemedabad, India, 1952-1956, /Carpenter Center for Visual Arts, Harvard University, 1960-1963)에서 발견되는 이러한 수법은 지역의 국지적 기후 조건을 반영한 결과였다. 뿐만 아니라 이것은 입방체의 폐쇄성을 깨트리고 파사드에 깊은 공간성을 부여하는 (그리고 물리적으로 점유가 능한) 조소적인 볼륨의 형태(주21)로서 '내부와 외부의 관계'에 대한 인식의 변화를 반영하고 있다. 꼬르뷔지에의 작품에서 발견되는 풍토성을 반영한 지역주의적 특성과 조각적인 부르탈리즘(Brutalism) 미학은 1960년대에 지역주의 건축의 탐구와 형태의 표현성을 모색해 온 신표현주의 건축에 상당한 영향을 끼쳤다.

도3-25a, b 꼬르뷔지에, 스위스 학생회관, 파리, 프랑스, 1930-1932

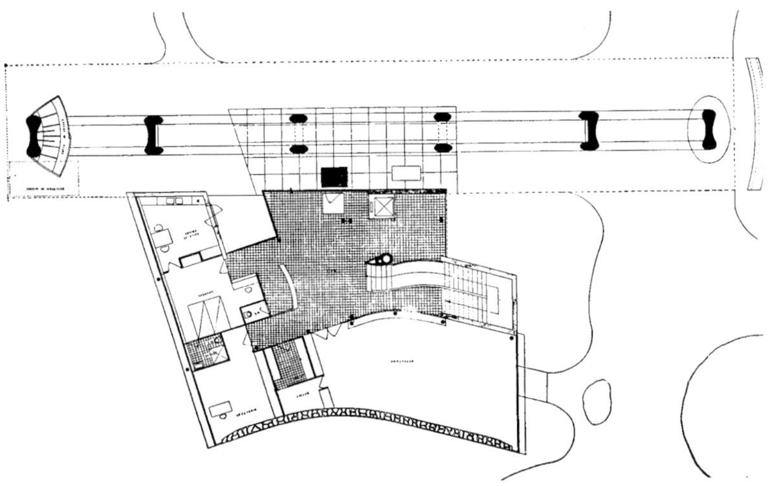

스위스 학생회관(Swiss Student Residence of the Cité Universitaire, Paris, France, 1930-1932)(도3-25a, b)은 자연과 기계문명의 관계에 대한 메타포로 읽혀지는 작품으로 1930년 이후 꼬르뷔지에의 건축적 사고의 변화를 보여준다. 이 건물은 필로티 위에 (도미노 원리에 따라 놓여진) 동일한 유닛을 반복하여 기계미학으로 구성된 학생 주거영역과 이와는 대조적인 유기적 형상으로 구성된 공용의 홀 영역이라는 두 개의 독립적으로 분절된 부분들, 즉 '기관(organs)' 으로 구분되어 결합되었다. 따라서 1920년대 모듈방식, 유리와 강철, 전면유리 등 공업생산품의 구성요소들과 함께 자유로운 기둥 그리드와 곡선 벽의 관계, 다양한 재료(유리, 돌, 콘크리트 등)의 사용, 조소적인 뼈와 유기적인 형상을 연상시키는 조각적인 두꺼운 필로티 등으로 표현된 강한 조형성과 풍토적인 조형언어가 통합된 '유기적' 건축의 특성이 동시에 나타난다.

롱샹의 노트르담-뒤-오 성당(Notre-Dame-du-Haut Church of Pilgrimage, Ronchamp, France, 1950-1955)(도3-26a, b, c, d)에서 꼬르뷔지에는 주변 랜드스케이프의 4개의 지평에 반응하는 건물 형상의 다양한 면들과 부지의 관계를 강화시킨다는 개념으로 접근하였다. 이로부터 모든 형태들이 파동치는 "랜드스케이프에 의한 시각적 음향학(landscape acoustics)" (K. Frampton, 1980, p.228)으로 조율된 독특한 형상을 만들어 세인들의 주목을 받았다. 여기서 개개의 입면은 서로 다르게 구성되었으며, 건물 주위를 이동할 때 지붕 선의 윤곽이 계속적으로 변

도3-26a, b, c, d 꼬르뷔지에, 노트르담-뒤-오 성당, 롱샹, 프랑스 1950-1955

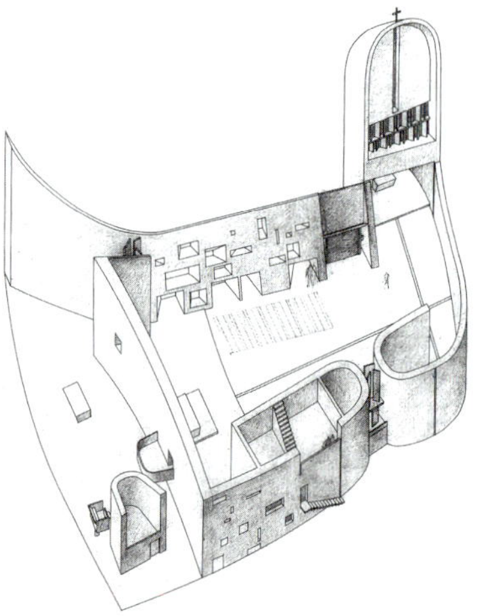

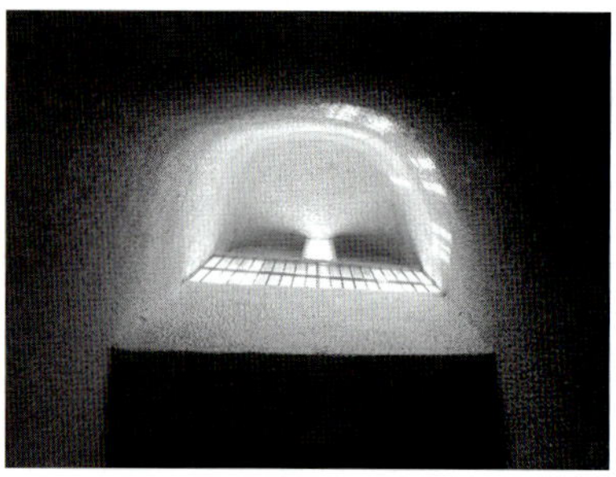

하도록 처리하였다. 이처럼 조소적이며 상징적인 형태와 함께, 내부공간의 극적인 효과와 독창성은 성스러움과 인간성이라는 2가지 측면을 담아내고 있다.(주22) 파상형의 벽체를 통해 들어오는 빛으로 동굴과 같은 이미지를 부여하는 내부 공간은 '시적 감흥을 자아내는 오브제'로 경험된다. (이 건물에서 빌라 사보와의 기하학적 개념에서 보여준 순수주의, 신건축의 5원칙 등이 포기되었지만, 여전히 모듈의 법칙과 형식의 개념을 바탕

도3-27a, b, c, d 꼬르뷔지에, 라 투레트 도미니크 수도원, 리용 근교, 프랑스, 1957-1960

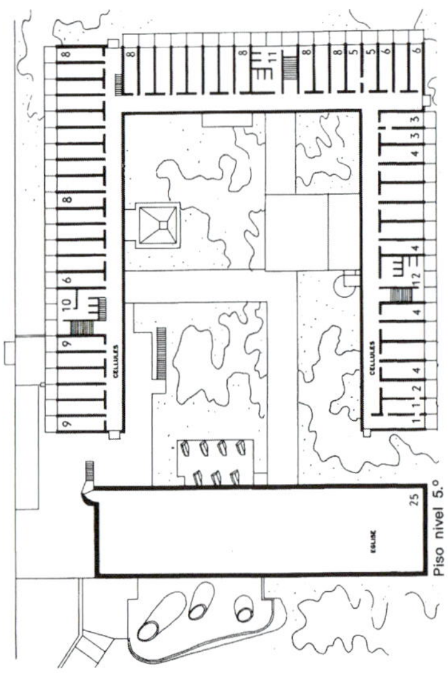

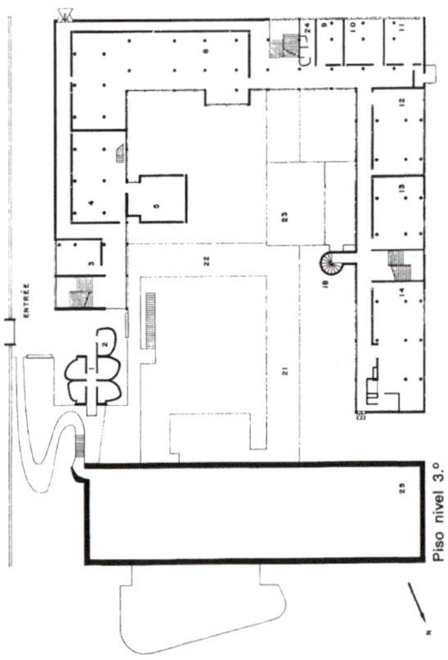

으로 한 매스로서의 건축의 속성은 존속한다.) 따라서 이 건물은 인간 경험의 차원을 경시하였던 모더니즘의 한계를 극복하고, 랜드스케이프에 기반을 둔 독창적인 디자인을 보여주는 작품으로 평가되고 있다. **라 투레트 도미니크 수도원**(La Tourette Dominican Monastery, Éveuxsur l'Arbresle, near Lyons, France, 1957-1960)**(도3-27a, b, c, d)**은 전통적인 중세 수도원의 역사를 자연의 랜드스케이프와 결합하여 기하학적 질서의 건축적 효과를 만들어낸 작품이다.(주23) 여기서 건물은 대지에 단차를 두어 배치되었다기보다는 지상으로부터 들어 올려진 예배당의 수직 볼륨과 회랑의 수평층 사이의 대립을 대지의 경사로 인해 더 극적으로 드러나게 하였다. 커티스(W. J. R. Curtis, 1996)는 이 건물에서 창의 조작, 다양한 강조를 지닌 공간을 이동하는 것, 랜드스케이프를 틀로 한정하는 방식, 부유하는 듯한 수평 레벨에서 수평성의 경험 등이 주는 교훈에 주목할 필요가 있다고 지적한다.

III
기하학과 자연의 질서가 공존하는 현대도시의 정주지를 추구하다

우리는 근대사회의 집합주거와 도시설계라는 과제들을 탐구해 온 꼬르뷔지에의 도시계획안에서 격자그리드 시스템(grid system)인 기하학 개념들과 자연의 랜드스케이프가 공존하여 나타나는 것을 발견할 수 있다. 이 격자 체계는 푸코가 말한 호모토피아적 질서를 추구하는 건축가들에게는 통합을 위한 강력한 기하학적 사고의 도구로서, 소규모 빌라 주택에서 격자형 가로망의 기본구조 속에서 전개된 찬디가르 신도시 배치계획안에 이르기까지 일관성 있게 발견된다. 여기서 건축과 도시는 대지의 맥락과 자연환경에 대비되거나 이러한 환경에 인위적인 기하학적 질서의 개념으로 삽입되는 방식으로 나타난다. 현대 도시에 대한 꼬르뷔지에의 사고는 1920년대에 순수 기하학적 질서체계에서 출발한 도시계획안과 1930년대에 지역의 풍토와 자연의 랜드스케이프를 도입하여 새로운 유형의 지역 및 도시에 대한 아이디어를 탐색한 시기로 구분된다. 그가 초기의 계획안들인 파일(pile) 위에 세워지는 것으로 계획된 필로티 도시(Villes Pilotis, 1915), 인구 300만명을 위한 **현대도시계획안**(Ville Contemporaine, 1922)**(도3-28a, b)**, 파리 도시의 개조안인 보우잔 계획(Plan Voisin, 1925), **빛나는 도시계획안**(La Ville Radieuse, 1930-1935)**(도3-29)** 등에서 우리는 기하학적 질서체계의 개념이 빛, 녹지, 동선 등의 요소와 함께 도시적 스케일로 반영되어 있는 것을 발견할 수 있다.

특히 꼬르뷔지에가 행정과 통제의 엘리트를 위한 자본주의 도시로 계획한 현대도시계획

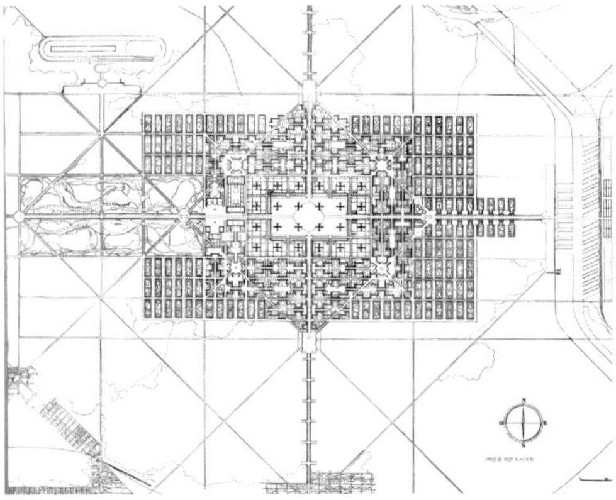

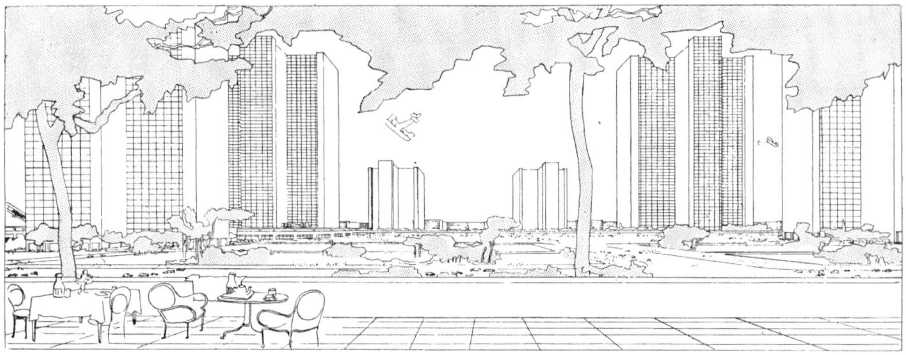

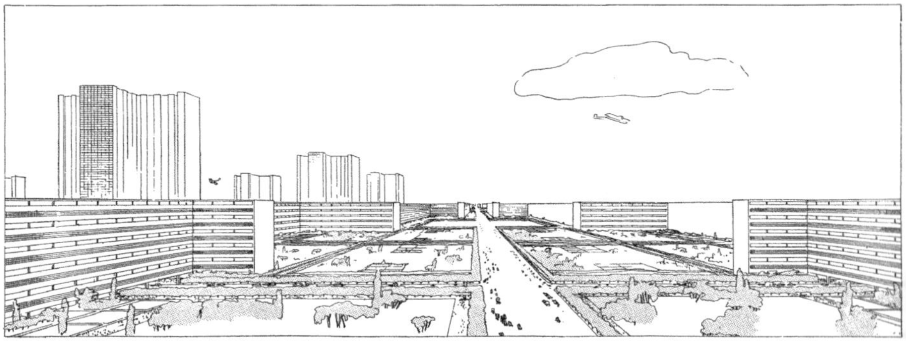

도3-28a, b 꼬르뷔지에, 현대도시계획안, 1922

도3-29 꼬르뷔지에, 빛나는 도시계획안, 1930-1935

안은 태양, 공간, 녹지의 본질적인 즐거움을 제공할 뿐만 아니라 속도를 위한 도시라는 개념을 구체화한 것이다. 여기서 거주, 노동, 휴식, 교통이라는 도시의 주요 기능들은 기하학적인 격자형의 가로 체계, 중심부에 배치한 십자형 고층건물군(24개의 60층 고층사무소), 통풍과 일광이 충분한 집합주거군(10-12층), 충분한 넓은 녹지 공원, 도시 고속도로망과 보행 도로망의 구별 등으로 조닝의 개념을 바탕으로 분리되어 수용되었다. 이 계획안에서 꼬르뷔지에의 주 관심사는 넓은 공원으로 펼쳐지는(중심지구는 95%, 주거지구는 85%) '자연의 상태' 를 회복하는 것이다. 그는 "자연을 도입한 도시는 폐가 설치된 도시이며, 호흡기가 주어진 도시" (Stanislaus von Moos, 1968, 최창길 외 공역, 1995, p.176)처럼 공원에 생물학적 의미를 부여하여 해석하였다. 이러한 개념들은 후에 연속적인 공원의 지면 위에 높여진 밀도 있는 공중도시로서 '빛나는 도시계획안' 으로 발전된다. 빛나는 도시계획안은 후에 주거, 노동, 휴식, 교통의 4개 영역을 (미학적 기준이 아닌) 사회, 경제적인 기능적 준거 틀에 따라 분리한 기능적 도시(functional city)라는 수직도시의 개념으로 발전되어 CIAM(Congrés Internationaux de l'Architecture Moderne, 1928)이 선언한 아테네 헌장(1933)의 기초가 되었다.

빛나는 도시계획안을 마무리하는 시기에, 꼬르뷔지에는 남미를 방문하여 얻은 자연의 랜드스케이프와 선형적인 구조물에 대한 강한 인상을 바탕으로 거대한 다층의, 복합적인 기능의 선형도시(linear city)라는 새로운 유형의 도시개념을 탐구하기 시작하였다. 이 시기에 그는 랜드스케이프와 통합된 대규모 건축물을 탐구하여 새로운 주거형태와 도시유형을 제시하였다. 이를 위해서 그는 1920년대에 발전시켜 온 여러 전형들—아파트형 빌라, 보이쟌 플랜의 지그 재그형 슬래브구조(redent-block), 도미노 주택, 필로티, 공중에 위치한 정원(옥상정원), 자유로운 평면과 자유로운 입면, 로마의 고가수조, 대서양 증기선 등—을 지역의 지형학에 순응하는 방식으로 통합하였다. 이러한 실험은 도시의 지형이 교량도시(viaduct city)를 연상시키는 리오 데 자네이로(Rio de Janeiro)시 계획안(1929)에서 나타난다. 여기서 그는 구조물을 지면에서 아무 방해도 받지 않도록 30미터 이상을 들어올려 장대한 높이의 "바다풍경(seascraper)과 지상풍경(earthscaper)을 이루는 바다와 하늘에 개방된 도시" (Alexander Tzonis, 2001, p.106)를 만들고자 의도하였다. 지역의 풍토적 특성과 자연의 랜드스케이프를 반영한 이와 같은 선형도시의 개념은 자동차, 보행자 등의 개별적인 순환동선의 켜들이 위계적인 시스템으로 구성되어 도로의 하부와 상부에 인공토지를 만들어 내는 교량도시의 구조 형상으로 제안된 **알지에**(Algier) **시를 위한 Plan Obus**(1931)(도3-30a, b)에서도 찾아 볼 수 있다.

도3-30a, b 꼬르뷔지에, 알지에 시를 위한 Plan Obus, 1931

도3-31 꼬르뷔지에, 유니테 다비타시옹, 마르세이유, 프랑스, 1945-1952

마르세이유의 유니테 다비타시옹(Unitè d'habitation in Marseilles, France, 1945-1952)**(도3-31)**에서 꼬르뷔지에는 시트로앵 주택(1920-1922)의 최소한의 주거 유형을 발전시킨 23개의 중층형식 유형(maisonette type)과 현대도시계획안(1922)에서 제안한 도시의 공용시설들(쇼핑센터, 체육관, 식당, 옥상정원 등)을 통합하여 마치 원양 정기선처럼 자기충족적인 수직 전원도시로 새로운 집합주거를 만들어냈다. 이 건물에서 표현된 노출콘크리트의 야수적인 조형성과 기념비적 표현은 1920-1930년대 국제주의 양식을 탈피해 매스, 텍스처, 표면에 대한 다양한 감각을 드러내는 수법으로 후에 브루탈리즘 미학의 출현을 예고하고 있다.

인도 펀잡(Punjab)주에 소재한 수도 찬디가르(Chandigarh) **신도시 배치계획안**(1950-1951)**(도3-32a, b)**에서, 꼬르뷔지에는 인도에 근대적 이미지를 부여하기 위해 '빛나는 도시계획안'을 적용하여 자연의 녹지체계를 도시적 스케일로 도입하고 이것을 비례를 이룬 규칙적인 기하학적 격자체계의 질서와 대비를 이루는 방식으로 통합하였다. 빛 속에서 웅장하게 드러나는 조각적인 기념비 형상의 대법원 건물(Law Couerts, 1951-1955), **행정부와 주의회 건물**(Parliament Building, 1950-1962)**(도3-33)**군들은 멀리 히말라야 산맥을 배경으로 대지를 둘로 분할하고 있는 광로의 축 상에 배치하고, 원근법적인 추상적 조망효과로 인해 사원건축처럼 신성한 경내의 풍경 의식을 환기시키도록 의도하였

도3-32 a, b 꼬르뷔지에, 찬디가르 신도시 배치계획안, 1950-1951

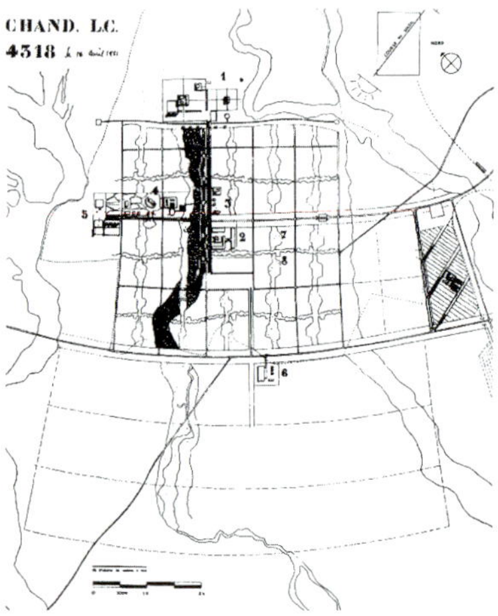

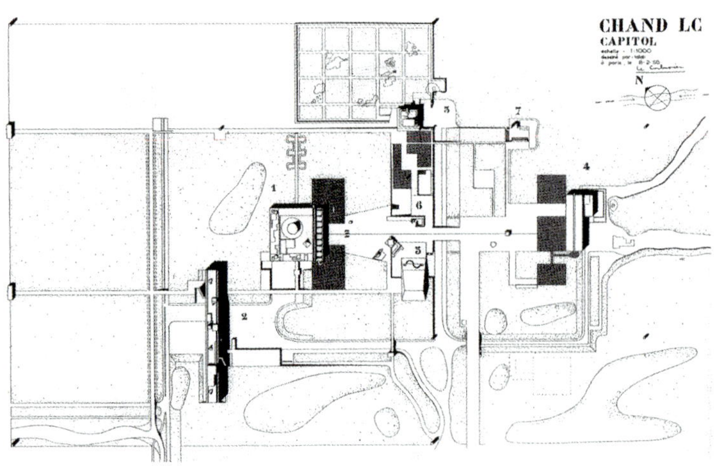

다.(주24) 여기서 인도의 파라솔 지붕의 전통적인 형상을 전도시켜 그림자와 차양가리개의 장치로 활용한 수법이 주의회 건물에 사용되었다.

도3-33 꼬르뷔지에, 행정부와 주의회건물, 1950-1962

033 탈-기능주의와 랜드스케이프의 회복

언어로서의 건축의 영역과 의미, 상징에 대해 탐구하다

우리가 건축을 과학으로서의 건축과 예술로서의 건축이라는 2가지 측면으로 개념상 구분해볼 때, 전자는 건축의 사회성, 즉 실용적 측면을 중시하나, 후자는 조형예술로서의 미학적 측면을 강조한다. 따라서 전자는 프로그램, 기능, 구조, 재료 등에 대해 분석적, 합리적, 정량적 방법으로 접근한다. 이에 반하여 후자는 예술가의 직관에 의해서 창조되는 형태표현의 영역에 속하므로 정성적이고 종합적인 접근을 중시한다.

근대 건축의 시기에 기능주의 건축가들에게 미(Delight)란, 유용함(Commodities)과 견실함(Firmness)의 성취, 즉 기능과 구조의 논리적, 합리적인 해결을 통해서 얻어지는 것으로 인식되었다. 그러나 2차 세계대전 이후 모더니즘 건축의 "형태는 기능을 따른다"는 교의가 흔들리게 되면서 건축의 자율적 형태의 영역과 의미, 상징에 대해 탐구하는 흐름이 전개되어 왔다. 포르토게시(P. Portogeshi, 1982, p.16)는 모더니즘 건축의 시기에 형태에서 그 상징적 가치들이 제거되었으며, 이러한 가치들은 물질 그 자체로 변형되는 결과가 초래되었다고 지적한다. 본타(J. P. Bonta, 1979)는 기호학적 측면에서 근대건축의 거장들이 사회적 의미를 갖는 시그널(signal)의 사용을 거부하였다고 지적한다. 오히려 이들은 대상 그 자체의 속성에 의해 만인에게 공통적으로 인식되어지는 형태로서의 인덱스(index)에 근거한 형태표현을 추구하였다는 것이다.(주1) 따라서 본타는 근대건축이 추구해온 것처럼 대상 자체의 물성에서 이끌어낸 순수 형태는 사회적 관례의 용인이 없어도 대상이 무엇인지를 스스로 나타내는 인덱스였다고 비판한다.

그러므로 1960년 이후, 의미와 상징의 회복이라는 과제를 탐구하기 시작한 건축가들은 형식주의 접근뿐만 아니라(주2), 건축을 언어라는 기호체계로 해석하여 접근하기 시작하였다. 이 시기에 언어학자 소쉬르(Ferdinand de Saussure, 1857-1913)가 주창한 언어 구조주의 사상은 건축가들이 건축을 하나의 기호 언어라는 관점에서 해석하는데 중요한 이론적 기반을 제공하였다.(주3) 구조주의는 문화적 시스템을 하나의 텍스트로 읽어낼 수 있다고 전제한다. 따라서 의미가 텍스트 자체 안에만 존재한다고 보고 이 텍스트의 관찰을 통해서 의미를 발견하는 작업을 중시한다. 무엇보다도 전체와 부분의 관계성이라는 구조의 개념을 바탕으로 한 구조주의적 해석방법은 건축 디자인의 본질과 문제를 총체적이고 역동적인 관점에서 파악하는 데 영향을 끼쳤다. 특히 이 시기에 건축가들은 언어학자 촘스키(Noam Chomsky)는『통사론의 제 국면 aspects of theory of syntax, 1965』에서 문장 형성에 잠재한 문법적 법칙, 즉 언어의 음성 체계와 의미 체계간의 언어학적 관련성을 분석하기 위해 중립적인 개념으로 도입한 '통사론적 기술(Syntactic description)' 방식을 채용하여 건축을 언어작용으로 해석하기 시작하였다. 촘스키는 의미의 해석과정을 결정하는 통사론적 기술을 그 문장의 '심층구조(deep structure)' 로, 그리고 음성해석을 결정하는 통사론적 기술을 그 문장의 '표층구조(surface structure)' 로 정의하였는 데, 이러한 기술방식은 건축가들이 형태발생의 1차적 인자와 그 의미의 생성과정을 탐구하는데 유용한 틀을 제공하였다.

언어 기호학적인 관점에서, 하나의 메시지가 전달되고 그것이 해석됨으로써 갖게 되는 의미작용은 1차적 의미와 2차적 의미의 2가지로 구분이 가능하다. 마찬가지로 건축의 형태언어를 구문론적인 관점에서 해석할 때, 건축적 메시지에 있어서 1차적 의미는 건물의 효용(referent)을 표현하는 메시지로서의 건물을 의미한다. 2차적 의미는 메시지의 발송자, 수신자, 규약(code)에 관계된 것이다. 그러나 이는 실제적으로는 추상적인 개념이기 때문에 거의 인식되는 일이 없다. 건축을 언어작용으로 해석하고 접근한 뉴욕 5(New York 5)(주4)와 같은 건축가들은 1차적 의미, 즉 기능의 영역에만 몰두하였던 근대건축의 개념을 거부하고 건축의 2차적 의미의 영역을 탐구하는 데 관심을 갖기 시작하였다. 이들의 건축작품에서 발견되는 형태주의적 구성수법은 건축의 사회적, 기능적, 공학 기술적인 측면보다는 건축가들의 표현 의지와 보편적인 원리에 의해 형태를 창조하려는 태도와도 무관하지 않다.

그러나 구조주의적 접근이 텍스트 자체 안에서 존재하는 의미를 찾고자 텍스트의 형식구조만을 중시한 점은 J. 데리다(Jacques Derrida), M. 푸코(Michel Foucault), J-F. 료타르(Jean-François Lyotard) 등과 같은 후기 구조주의자들에 의해 결정론적인 관점이라고 비판을 받았다. 이들은 구조주의가 발견하려고 한 객관적 구조는 실체로 존재하는 것이 아니라고 이의를 제기한다. 구조주의적 해석 태도가 기능주의처럼 환원주의는 아닐지라도 객관적 실체를 전제하고 이를 발견하려고 한다는 점에서 실증주의와 다름없다는 것이다. 따라서 해체주의 담론을 촉발시킨 데리다는 언어와 같이 기호 체계는 실제 세계 내의 사물을 참조하여 그 의미가 발생되는 것이 아니라 다른 기호와의 관계성(시니피앙과 시니피에의 관계)에 의해 그 의미가 발생된다는 점을 주목하여야 한다고 주장하였다. 개별적인 기호는 다른 기호들과의 관계로부터 그 의미를 획득하기 때문에, 그리고 이러한 기호들이 서로 간에 어떻게 관계 지어지는가 하는 방식을 우리에게 말해 줄 어떤 다른 사실도 존재하지 않기 때문에, 우리는 텍스트—기호의 집합체로서—를 우리가 좋아하는 방식으로만 해석할 수 있다고 데리다는 주장한다. 여기서 데리다의 목적은 해석학적으로 저자의 의도를 발견하여 텍스트를 재구성하는 것이 아니라, 텍스트의 의미가 끊임없이 불확실성과 모호성의 층으로 어떻게 확산되고 있는가를 알기 위해서 텍스트를 '해체' 하는 것이다.

이러한 해체주의 사상과 해석방법은 해체주의 건축이라고 불리는 현대건축 운동에 영향을 끼쳐 왔다. 데리다가 글쓰기라는 언어에 부과된 형이상학적 체계에서 고정된 중심은 없다고 제기해 온 '탈중심화' 의 개념은 작품의 중심에 작가가 존재한다는 사실과 숙련된 관찰자(독자)가 작가의 의도, 감정, 욕망을 읽어내어 작품의 역사를 서술할 수 있다는 확신을 무너뜨리는 데 기여하였다. 존슨(P. Johnson)과 함께 MOMA에서 <해체주의자 건축 Deconstructivist Architecture> 전시회(1988)(주5)를 조직한 위글리(M. Wigley, 1993, pp.291-292)에 따르면, 해체주의는 텍스트의 의미가 하나의 권위에 근거해서 해독될 수 없다고 강조하지만, 그것은 의미를 부정하기 보다는 의미를 다수화하고 있다는 것이다. 해체주의는 모든 철학적 담론을 이루는 견고한 형이상학의 기초의 해체를 시도한다는 점에서, 이들이 시도하는 전통적인 철학 개념의 재구성은 단순한 부정이 아니라 긍정을 위한 부정이다. 위글리는 해체주의 건축이 단순히 건축적인 해체가 아니라, "건축에 대한 전통적인 사고의 전치(displacement)" (M. Wigley, 1993, p.36)라고 언급한다. 이러한 변위의 감각은 안정된 구조의 내부로부터 고정된 의미와 특성을 파괴한다. 이러한 이유는 그것이 형태 내부에서만 일어나는 것이 아니라 형태와 그 형태의 맥락 사이에서도 발생하기 때문이다. 그 결과, 내부와 외부의 분리는 여기서 해체된다. 그러므로 해체주의 건축가들은 "건축은 항상 감염되었고, 순수 형태는 항상 오염되었다는 것을 보여주기 위해서 전통의 중심에 거하여 전통 내부에 있는 딜레마를 발견"하려고 시도한다. 이 점에서 해체주의 건축은 전통을 포기하지 않는다고 위글리는 지적한다. 해체주의 건축은 외관상 안정되어 보이는 구조 안에 내포되어 있는 어떤 구조적 결함을 끊임없이 제기한다. 이 구조적 결함은 구조 자체에 내재한 본질적인 것이기 때문에 구조를 파괴하지 않고서는 제거할 수 없다. 위글리는 해체주의 건축이 건축언어의 안정된 구조로 간주되어 왔던 통일성, 안정성 등과 같은 그 가치에 의심을 품고, 모순성과 대립의 다의성을 인정하면서 새로운 구조의 관점을 제기하는 것은 바로 이러한 이유 때문이라고 지적하였다. 그는 해체주의 건축가들의 작품에서 발견되는 부정형의 기학학은 역동적인 형태 미학이라기보다는 구조적 조건으로 이해해야 한다고 주장한다. 이러한 관점에서 위글리는 해체주의 건축의 이론적 개념들을 러시아 구성주의 건축의 급진적인 형태와 일부 관련지어 해석하고 있다.

그러므로 해체주의 건축이 제기하는 의미의 미확정성의 개념은, 완벽한 의미의 해독은 존재하지 않으며 모든 것은 불안정한 구조 속에서 그 의미가 끊임없이 읽혀지는 것을 말한다. 해체주의적 성향을 가진 건축가들은 건축의 텍스트성을 인지하고, 건축 자체의 내재적 질서의 본질에 심층적으로 접근하여 왔다. 아이젠만(Peter Eisenman), 하디드(Zaha Hadid) 등과 같은 소위 해체주의적 성향을 가진 전위적 건축가들의 건축 작품에서 우리는 기존의 안정된 구조와 개념에서 일탈된 대상의 새로운 내재적 질서를 찾으려는 지각과 생소화 수법을 발견할 수 있다. 그러나 이들에게서 텍스트를 해석하는 수용자의 지각적 속성들, 즉 야우스가 말한 기대지평보다는 건축의 텍스트성 자체가 야기하는 효과구조의 속성이 여전히 중요한 전제가 되고 있다는 사실에 주목하여야 한다.

장소-특정성 담론은 주체, 대상, 자연에 대한 새로운 인식을 제시한다

우리는 예술분야에서 자기참조적 대상으로 장소와의 연결이 단절되거나 무관심했던 모더니즘에 대한 반성으로 1960 - 70년대에 미국, 영국, 독일을 중심으로 주도적으로 전개된 미니멀리즘, 개념 미술 등에 이어 장소의 실제성을 중시한 '장소-특정성(site-specificity)' 담론(주6)은 주체(관찰자)와 대상, 인공과 자연에 대한 새로운 인식을 촉발하였다. 미니멀리즘과 대지 미술(land art) 등 개념미술이 제기해 온 새로운 담론들은 추상화 작업을 통해서 자연이 갖고 있는 본질적인 구조에 접근하는 데도 영향을 끼쳤기 때문이다. 이러한 현상은 미니멀리즘의 맥락 중심적 사고에 자극을 받아 '물질'로서의 예술을 부정하려는 경향과 반문명적인 문화현상이 뒤섞여 탄생한 다양한 전위적인 미적 실험들-대지미술, 프로세스 미술, 설치미술, 개념미술, 퍼포먼스 / 신체 미술 등—에서도 발견된다.(주7) 특히 미술을 화랑과 문명사회로부터 떼내어 자연 한 가운데 설치하려고 시도한 대지 미술 운동은 자연물을 소재로 하거나 혹은 자연에 인공적인 표현을 함으로써 자연과 인공의 관계 탐구를 중시하였다. 대지 미술은 랜드스케이프를 전체적인 주변 환경과의 관계 속에서 변화하는 '물질의 장(場, field)' 으로 해석하고, 작품과 그것을 바라보고 체험하는 '관찰자와의 관계' 에 새로운 인식을 제공하여 왔다. 그러므로 개념 미술에 대한 새로운 인식과 장소-특정성 담론 등은 이 시기에 활동한 현대 건축가들에게도 대상의 추상화에 대한 새로운 지각방식과 자연에 대한 새로운 해석의 기반을 제공하였다. 이러한 사실은 아이젠만이 개념 미술을 모델로 차용하여 개념 건축의 새로운 탐구영역을 규정하려고 시도한 데서 알 수 있다. 뿐만 아니라 페로, 하디드 등과 같은 건축가들이 랜드스케이프를 과거의 풍경이나 조경개념이 아니라 자연, 문화, 사회를 통합하는 도구로 인식하고, 건축과 도시적 맥락의 환경과의 역동적인 관계를 강조해 온 것도 이러한 흐름과 무관하지 않다. 이들에게 랜드스케이프는 20세기처럼 시골풍경과 같은 향수어린, 목가적인 장면의 자연개념이 아니라 시각적이고 회화적인 개념으로 간주되었다. 따라서 건축과 랜드스케이프가 통합되어 만들어진 형상인 건축적 랜드스케이프(architectural landscape)로서의 랜드스케이프 건축(landscape architecture)은 인위적인 자연 속에서의 건축 작업을 통해 그 상황을 추상화, 일반화함으로써 '현대성' 을 획득한다. 또 그것은 불확정하고 변화하는 현대 사회에서 변화를 수용할 수 있는 유동적인 틀로 작용한다. 이처럼 과거에 비해 다양하게 확장된 개념은 장소, 건축물, 주변 환경을 형상/배경의 이분적이며 종속적인 관계로 인식하는 것을 거부한다. 그 대신 이것은 상호 소통하는 통합적이고 동등한 관계를 갖는 것으로 인식하려는 태도를 반영하는 것이다.

최근에 아이젠만, 페로, 하디드와 같은 건축가들은 자연, 지형학, 랜드스케이프 개념을 새로운 방식으로 해석하고 장소의 기억과 도시의 랜드스케이프를 구성하는 건축을 탐구하여 왔다. 이들은 건축 구성요소의 해체를 통한 자율적 프로세스를 따라 의미를 생성하는 텍스트로서의 건축이 지형의 맥락과 통합적 관계를 맺는 방식(아이젠만)을 지향한다. 또 자연과 랜드스케이프 개념을 인공과 자연의 통합된 랜드스케이프의 개념으로 확대하여 대지에 침입하는 건축(페로)을, 그리고 지형학 개념을 바탕으로 인공적 랜드스케이프로서의 건축을 만들어 도시성을 회복(하디드)하려고 시도해 왔다는 사실을 주목할 필요가 있다

| 자율적 구성원리와 텍스트로서의 건축 : 피터 아이젠만

I
건축은 언어처럼 생성되는 프로세스이다

1960년대 이후, 기하학적 질서와 개념의 건축을 추구하는 사고의 전통은 건축 이외의 영역과 관련지어 건축을 새롭게 해석하는 방법으로 전개되어 왔다. 이러한 실험적 방법의 대표 주자는 건축 이론 및 비평적 사고와 건축실무 영역에서 오늘날 두드러진 영향력을 끼치며 활동하고 있는 아이젠만(Peter Eisenman, 1932-)이다. 그는 자신의 여러 저술과 작품을 통해서, "건축가는 사회적 제도와 문화적 신념을 정당화 하는 대신에 건축물이 이러한 것들을 의문시할 수 있도록 건축을 재창조하여야 한다"는 점을 주장하여 왔다. 아이젠만은 1960-70년대에 촘스키의 통사 구문론의 언어 이론, 그리고 대지 미술과 개념 미술을 모델로 차용하여 자율적인 건축의 생성원리를 탐구하여 왔다.『해체주의 건축 전시회, 1988』이후에 아이젠만은 데리다의 해체 사상, 러시아 구성주의의 수법, 들뢰즈의 사건 개념, 신과학의 프랙탈 이론 등 후기구조주의 담론과 과학 사상을 차용하고, 프로젝트 '구축'의 도구로 컴퓨터를 활용하여 비선형적인 기하학 형태구성에 대한 다양한 실험을 하고 있다.

아이젠만은 뉴욕 5의 일원으로 활동하던 초창기에 장소, 기능, 시스템 등의 외적 상황에 구속되지 않고 자유롭게 생성되는 자기 참조적인 순수건축을 추구하였다. 이 시기에 그는 포스트-모던 건축이 추구한 형상과 이미지를 거부하고 그 대안으로 20세기 초 모더니즘의 순수 언어인 점, 선, 면 등 그리드의 추상적 요소를 바탕으로 한 기하학적 구성을 탐구하였다. 이러한 태도는 포스트-모던 건축을 주도한 벤츄리(Robert Venture, 1925-), 무어(Charles W. Moore, 1925-1993) 등과 같은 건축가들이 형상적 표상에 바탕을 둔 상징적 기호 형태의 의미를 중시한 접근과 대조된다. 아이젠만은 이러한 건축 행위만이 기능주의의 한계를 넘어서 모더니즘 건축이 지향한 '현대성(modernity)'의 이상을 실현하는 방법으로 인식하였다. 따라서 그가 추구한 건축은 단순히 양식적, 형태적 변화가 아니라 순수 건축 언어로 이루어진 비표상적(비재현적), 내재적 자율성을 지닌 건축이라는 특성을 지닌다. 이것은 지적 작용에 의해서만 이해되고 판단되는 건축을 의미한다.

이 시기에 아이젠만의 주 관심은 건축에서 형태와 기능이라는 인본주의(기능주의를 포함하여)적인 인식을 탈피하고, 형태 자체의 진화에서 일어나는 변증법적 관계로 전환하는 탈-기능주의(Post-Functionalism)라는 이론적 기반을 제시하는 것이다. 무엇보다도 그는 "건축은 그것이 스스로에게서 자유로워질 때 비로소 존재한다"고 주장하였는데, 이것은 대상 자체로부터 대상의 내부적인 논리, 즉 '건축화'의 프로세스 자체를 재현하려는 것을 의미한다. 아이젠만은 이러한 변증법적 관계를 하나의 형태 내에 잠재적으로 공존하는 것으로 인식하였다.

> "하나의 경향은 건축적인 형태를 기존의 기하학적 입방체나 혹은 플라톤적 입방체로부터 인지가능한 변형을 거치는 것으로 가정한다.... 그러나 여기에 건축적인 형태를 무시간적이고 해체적인 방식으로 이미 존재하지만 규정되지 않은 공간적 실체로부터 단순화된 어떤 것으로 바라보는 두 번째 경향이 추가된다. 여기서 형태는 일련의 단편들로–좀 더 기초적인 조건에 의존하며 의미를 갖지 않는, 그리고 그것을 참조하지 않는 기호들로–이해된다.(P. Eisenman, 1976 (ed.)K. Michael Hays, 1998, p.323)

그러므로 모더니즘을 '언어 자체에 관한 작업'으로 인식한 아이젠만은 건축 통사론이라는 자신의 건축 이론적 바탕을 촘스키의 생성 문법에서 출발한다. 그는 건축을 언어 작용의 체계로 간주하고 건축이 어떻게 구성되는가 하는 원리를 탐구했다. 그는 건축의 낱말에 해당하는 형태 요소들의 개체적 의미보다는 이 요소들 간의 구성 관계를 파악하고, 건축 법칙의 체계로부터 자율적으로 생성되는 의미를 발생시키는 작업을 중시하였다. 따라서 아이젠만은 표상에 의한 상징적 의미의 전달보다는 심층 구조와 표면 구조의 생성 과정에 더 주목한다. 그는 외적 참조와 의사 전달에는 무관한 근본적인 건축의 법칙들, 즉 '심층 구조'를 실, 공간, 질서 등을 발생시키는 인자로 간주하였다. 이 심층 구조는 물리적 공간에서 어떤 개념 속에도 존재하는 추상적이고 보편적인 형태의 규칙성을 의미한다. 그것은 건축이 그 스스로를 표명하는, 형태의 외관을 의미하는 '표층 구조'와는 다르다. 따라서 아이젠만의 주 관심사는 건축 작품을 통해서 텍스처, 색채, 형태와 같이 대상의 감각적 인지를 통해 나타나는 건축의 '표층적 부분'과, 감각적으로는 인지되지 않고 사고를 통해 인지되는 정면성, 경사도(obliquity), 후퇴, 연장, 압축, 전환 등 '심층적 부분'을 구별하여 드러내는 데 있다. 여기서 그는 형태 생성의 요소인 그리드, 회전된 그리드, 전단된 그리드 등과 같은 2-3개의 상이한 심층 구조가 표상되어 나타나는 것이 표면 구조의 흔적에서 파악될 수 있어야 한다고 강조한다.

모네오는, 아이젠만의 작품에서 발견되는 추상 공간은 '이상적인 그리드(ideal grid)'를 넘어 부가와 삭제, 솔리드와 보이드, 회전과 병치 등의 개념으로 구체화 된 것으로, 그의

"건축적 사고가 투사되는 배경, 즉 스크린으로 작용하는 것" (R. Moneo, 2004, p. 150)이라고 지적한다. 그러나 스턴(R. Stern, 1977, p.125)은 아이젠만의 일련의 초기 주택 작품에서 나타나는 통사론적 접근이 포섭적, 지각적 과정이라기 보다는 귀납적, 환원적 과정이라고 지적한다. 스턴은 아이젠만의 통사론적 접근이 프로그램, 기능, 구조, 사용자의 요구, 역사, 문화적 맥락 등과 같은 건축의 외재적 조건에 구속받지 않고 건축의 자율성만을 강조한 탈-기능주의적 태도라고 비판하였다. 실제로 아이젠만의 초기 작품들은 대상과의 의사소통이나 주변 환경 및 도시적 맥락에의 대응이라는 측면이 결여되어 있으며, 현실 세계에 대해 어떠한 참조도 없는 '예술을 위한 예술', '형태를 위한 형태'를 추구하는 자기 참조적인 기호로서의 추상적 건축을 대변한다. 이것은 형식의 논리성과 수법에 의한 작품 자체의 효과 구조만을 중시하는 형식주의적-심미적 패러다임을 바탕으로 한 건축적 사고의 특성을 보여주는 것이다.

아이젠만은 논문 <개념 건축에 대한 소고 : 정의를 향하여 Notes on Conceptual Architecture: Towards a Definition, 1971>에서, 개념 미술을 모델로 건축을 재구성 할 때 고려해야 할 매개 변수를 규정하고자 시도하였다. 여기서 그는 "건축에서는 실용적, 기능적 대상의 개념없이 생각할 수 있는 개념적 측면이 있을 수 없다. 그렇지 않으면 건축적 개념이 아니다"고 주장한다. 이것은 미술과 달리 건축은 기능과 '대상적 존재의 개념'에 부응해야 한다는 그의 태도를 분명하게 보여주는 것이다. 미술과 건축의 구분을 확고히 하고자 했던 이러한 사고는 다음의 글에서 잘 나타난다.

> "개념 미술과 상반되게, 개념 건축의 임무는 각각의 형식이 특정한 맥락에서 정해진 의미를 지니는 그러한 기호 체계나 코드화 장치를 찾으려는 것이 아니라, 오히려(.....) 어느 형식이나 형식적 구성에 내재하는 (.....) 형식적 보편자(.....) 의 성격을 탐색하는 것일 것이다. 이들 심층적 구조는(.....) 건축의 기능적 요건에 일차적인 개념적 국면을 부여하고 새로운 의미의 잠재력을 모색해 나갈 것이다.(.....) 더욱 어려운 과제는 단지 형식과 공간의 조작만으로 더욱 정교하고 복합적인 의미를 생산할 수 있는 능력을 이들 개념적 구조에게 부여할 방법을 찾는 일이다. 이러한 과제는 어떤 변형적인 방법을 요구할 것이다. 즉 어떤 장치를 이용해 개념적 구조의 보편자를 구조의 표면에 변형시킴으로써 의미를 수용할 수 있도록 하는 방법이다. 개념 건축의 중심 문제는 그러한 변형적 방법을 개발하고, 그와 동시에 새로운 기호체계를 개발하지 않고도 새로운 의미의 구조를 생산하기 위해 기존에 건축이 갖고 있는 의미론적, 문화적 맥락을 환원시키는 것이 가능한지의 여부가 될 것처럼 보인다."(Peter Eisenman, 1971, pp.54-55)

그러므로 아이젠만에게 형식과 공간의 변형과 조작을 통해서 제기되는 '개념 건축'은 자율적인 실천으로서의 건축을 의미한다. 이러한 개념 건축은 내부적인 프로세스 자체가 대상 속에서 일종의 비재현적인 형상을 생성할 수 있다는 은유의 개념을 전제한다. 아이젠만은 『다이어그램 다이어리즈, Diagram Diaries, 1999』에서, 자신의 이러한 작업방식을 '내재성의 다이어그램'에 충실한 건축을 만들어내는 것이라고 언급하였다. 여기서 그는 순수 시각적, 형태적인 구성 다이그램이나 모더니즘의 기능주의적인 다이어그램의 의미를 확장하여 다이어그램이 기원으로서 모든 건축의 생성적 매트릭스라고 강조한다. 또한 "다이어그램은 사물 그 자체가 아니라는 점에서 무언가의 재현"이며, "사건 발생 후 무언가에 대한 설명일 뿐 아니라, 실제 공간과 시간을 만들어내는 과정 중에서 매개수단으로 작용하는 것"(Peter Eisenman, 1999, pp.27-28)이라고 주장한다. 여기서 그는 "생성자(generator)로서의 다이어그램과 결과물로서의 다이어그램간의 일대일 대응이 꼭 성립되지는 않는다"는 사실을 인정한다. 그러나 여전히 전자를 더 선호한다.

이러한 관점에서, 아이젠만은 실제 지어진 대상보다 이것이 형성된 과정의 다이어그램을 보여주는 '프로세스'를 건축의 본질로 간주하였다. 따라서 그는 완성된 건물의 이미지는 건축의 본질과는 무관하며, 실제 지어진 건물은 프로젝트를 실현가능하게 만든 시간의 프로세스에 의해 읽혀져야 한다고 보았다. 무엇보다도 그가 형태생성의 프로세스가 기록된 변형도(transformational drawings)를 실제 완성된 건물보다 더 중요하게 취급하는 것은 바로 이러한 이유에서이다. 이것은 건축 작업 행위를 하나의 오브제로 간주하는 태도이며, 건축가의 내적 사고로 상상한 건축 형태를 외적 문제의 조건들과 관련지어 해석하는 것을 거부하는 태도이다. 여기서 건물은 단지 언어의 체계나 회화처럼 의미전달 체계로 간주된다. 그러나 모네오(R. Moneo, 2004, p.194)는 아이젠만의 작품을 이해하는 데 다이어그램 개념보다 '형태적 전략(formal strategy)'의 개념이 더 적절하다고 지적한다. 왜냐하면 건축의 자율적 구성을 위한 그리드, 변위, 입방체 등 구문론적 생성에 근거한 형태적 전략의 개념은 형태적 진화에 대한 기록인 프로세스와 초기 작업을 이해하는 데 필수적이기 때문이다.

도3-34a, b P.아이젠만, 주택 1호, 뉴저지, 미국, 1967-1968

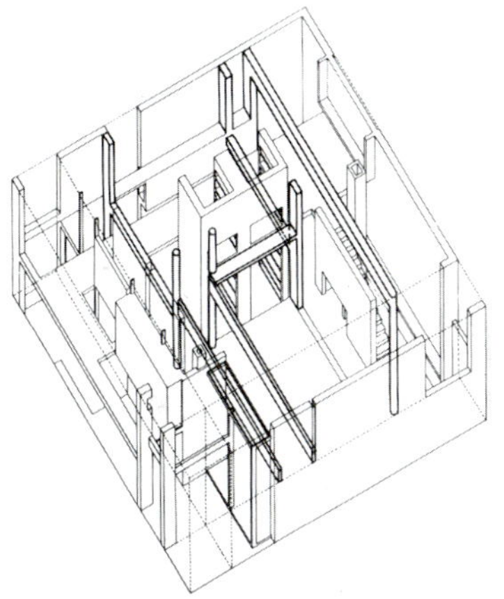

아이젠만이 1960년대 말에서 1980년대 초까지 실험해 온 일련의 주택 작품들은 형태 구성을 지배해 온 여러 가지 법칙들에 대한 지적인 탐구 행위를 보여준다. 초기의 작품들에서 대각선상으로의 볼륨의 이동, 선과 면의 회전과 역전, 공간의 켜(layering) 등과 같은 통사론적 요소들이 표상되어 나타나는 방식이 표면 구조의 흔적에서 인식 가능하다. 아이

젠만은 생성 과정을 전개해 나가는 통사론적 접근이 상당히 지적인 영역에 속하기 때문에 이러한 방법으로 생성된 건축을 개념적인 '판지 건축(cardboard architecture)' 라고 명명하였다. **주택 1호**(House I, Princeton, New Jersey, USA, 1967-1968)**(도3-34a, b)**에서, 아이젠만은 형태와 기능, 형태와 의미의 관계를 초월하여 형태의 구조 그 자체의 생성 과정으로 만들어지는 가상적 보이드(void)를 통해 '부재(absence)의 개념' 을 도입하였다. **주택 2호**(House II, Hardwich, Vermont, USA, 1969-1970)**(도3-35a, b)**는 주변 부지의 여건이나 프로그램, 기능적인 외재적 조건을 무시하고 순수형태로 존재하는 개념의 건축으로 나타난다. 여기서 벽/기둥, 볼륨/기둥, 볼륨/벽 등과 같이 심층 구조의 대립이라고 불리는 3쌍의 관계가 형태 프로세스를 발생시키는 대각선 방향의 변환기법을 통해 순수 기하학 형태로 생성되는 과정이 보여진다. 그 결과 주택 2호는 프로세스 구성의 모든 기하학적 작업을 통합하는 오브제로 인식되고 있다.

아이젠만이 2년의 기간 동안 발전시켰지만 실현되지 못한 **주택 10호 계획안**(House X, 1975)**(도3-36a, b)**은 그가 격자 그리드, 입방체, 변환, 부재 등을 프로세스 과정에 도입하여 형태 생성의 논리를 새로운 방식으로 확장하여 탐구한 실험작이다. 이 주택은 역사, 기능, 인간 신체로부터 독립된 객관적이고 추상적인 개념으로 오브제적인 속성을 강

도3-35a, b P.아이젠만, 주택 2호, 버몬트, 미국, 1969-1970

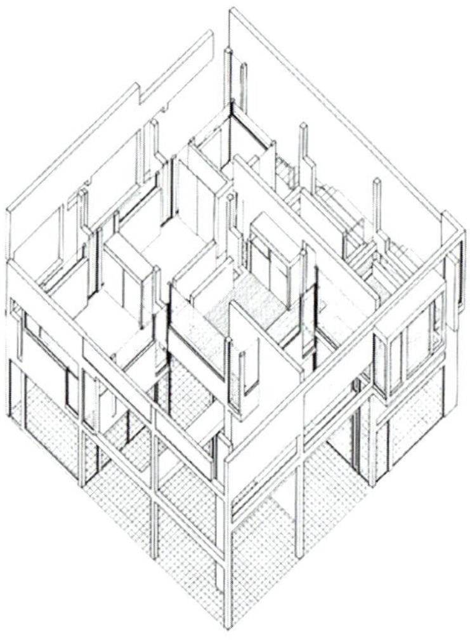

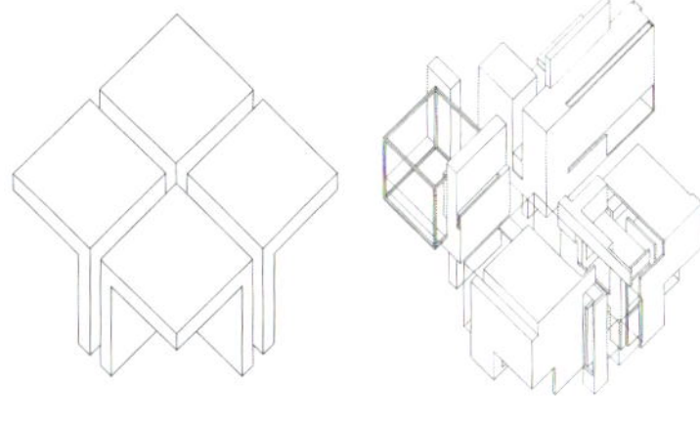

도3-36a, b P.아이젠만, 주택 10호 계획안, 1975

하게 보여주고 있다. 여기서는 자기 충족적 형상인 입방체가 그것을 분할하는 축선 위에 L자 형상으로 모인 4개의 사분면을 합친 결과로 나타난다. 또 보이드의 크기가 변함에 따라 사분면의 볼륨도 변환되어 점진적으로 전체 입방체에 부가되는 형상의 융통성 때문에 다양한 기능을 갖는 사분면을 결합하는 것과 보이드 크기와 사용 재료에 의해 4개 측면의 각기 다른 조건들을 표상하는 것이 가능해진다. 계단과 보조기능들을 갖는 실들은 이 사분면 사잇공간에 배치되었다.

II
건축 작품은 '행간처럼 읽혀지는 텍스트'이다

1980년대 중반 이후, 아이젠만은 푸코, 라캉(Jacqe-Marie Lacan), 들뢰즈(Gilles Deleuze), 데리다 등이 제시한 새로운 담론의 텍스트를 해석하고 이를 건축 창작의 과정에 적용하는 실험을 하여 왔다. 이 시기에 그는 초기 작품에서 통사 구문의 심층적 구조와 내재적 프로세스에 근거해 탐구했던 객관적이고 추상적인 건축 개념을 탈피한다. 그 대신 그는 '역사의 불안정성을 반영하는 이데올로기적인 형태의 은유를 지닌 건축'을 모색하는 방향으로 전환하였다. 이 시기에 "건축은 제2의 언어"라고 정의한 아이젠만은, 건축 작품을 문장의 "행간처럼 읽혀지는 텍스트(the text of between)" (P. Eisenman, 1988, pp.69-73)

로 인식하였다. 건축을 하나의 텍스트로 해석하는 이러한 태도는 건축에서 변위(變位)를 위한 전략, 좀 더 엄밀히 말하면 건축 본래의 1차적 언어라고 생각되는 것들을 변위시키기 위한 전략에 주목하는 것이다. 왜냐하면 건축 텍스트의 개념은 형태와 그 의미의 고정적인 관계가 항상 전치되어 발생하는 다의성(multivalence)의 개념과 밀접히 연관되어 있기 때문이다. 여기서 텍스트는 통상적으로 하나의 단일화된 의미만을 허용하지 않기 때문에, 모든 것은 하나 이상의 것을 의미하는 것으로 해석된다.(주8) 아이젠만은 텍스트로서의 건축은 바로 이러한 행간(틈, between)의 상태에 존재한다는 점을 다음과 같이 설명하고 있다.

> "시간이 건축에 대한 우리의 경험과 관련해서가 아니라 건축 그 자체에 어떻게 도입될 수 있는가 하는 문제는 여전히 대답되지 않은 채로 남아 있었다. 건축은 그것이 지금 현재라는 하나의 시간적 차원만을 갖는 것으로 생각되었기 때문에, 그리고 건축이라는 정태적인 대상은 여러 다차원적인 시간을 연출할 수 없기 때문에, 텍스트적인 것으로 간주되지 않았다.그러나 텍스트로서의 건축은 대상의 미적 또는 기능적인 실재 속에 존재하지 않는다. 오히려 행간(틈)의 상태 속에 존재한다. 그러므로 텍스트적 시간성(textual time)을 건축에 도입함으로써 내적인 시간에 대한 기억뿐만 아니라 존재, 기원, 장소, 스케일 등 모든 측면들도 함께 변위시키는 건축을 만들어내는 것이 가능하다." (P. Eisenman, 1988, p.70)

그러므로 아이젠만에게 있어서 건축을 변위한다는 것은 다른 텍스트들 상호간, 그리고 건축적 텍스트와 다른 텍스트들 상호간의 다양한 관계를 나타냄으로써 그 다차원적인 의미를 드러내는 것이다. 이런 의미에서 텍스트는 항상 변위를 일으킴으로써 대상이 새롭게 읽히고 지각되도록 하는 전략으로 존재한다. 따라서 아이젠만은 건축가는 해석자, 즉 독자(주9)에게 다의성을 제공할 수 있도록 건축 작품을 전위적인 텍스트로 구성해야 한다는 점을 강조한다. 그에 따르면, "새로운 '대상' 은 그 자체를 다른 무엇보다도 하나의 텍스트로, 하나의 독해라는 이벤트로 드러낼 수 있는 능력을 지녀야 한다" ((ed.) K. Michael Hays, 1998, p.715)는 것이다. 이를 위해서 건축 작품은 그것을 해석하는 독자에게 다양한 의미의 켜로 열려 있어야 한다. 따라서 텍스트에 대한 그의 이론에서 '비결정성' 은 매우 중요한 개념이다. 이러한 관점에서 볼 때, 아이젠만은 초기부터 탐구해 온 개념 건축의 영역을 텍스트화 함으로써 '텍스트로서의 대지, 텍스트로서의 프로그램, 텍스트로서의 신체' 로 해석하여 확장해 왔다고 할 수 있다.

따라서 아이젠만은 "예상 가능한 결말을 향하여 본래의 유형에 기초해 작업하기 보다는 해체의 과정을 통해 결말의 발견적 측면, 즉 새로운 대상/프로세스에 내재하는 결말로부터 시작하는 것" (R. Moneo, 2004, p.213 재인용)을 강조한다. 프로젝트를 진행하는 데 있어서 결정성과 비결정성, 형태적인 것과 텍스트적인 것, 구체적으로 현상학적인 것과 개념적인 것들 사이의 차이를 이해하는 작업은 그에게 무엇보다도 중요한 작업이었다. 1980년 중반 이후, 아이젠만은 외부 세계의 조건으로 오염되지 않은 자율적인 순수건축을 추구하는 것을 포기하고, 프로젝트를 둘러싼 외부 세계의 특정한 상황들—장소, 은유, 역사, 기억—을 특이한 방법으로 해석하여 접근해 왔다. 이 시기에 그는 해체주의의 '탈구성decomposition' (주10), '해체deconstruction', '차연difference' (주11) 등의 개념들을 차용해 자신의 건축 창작행위에 적용해 왔다.

아이젠만이 주장한 건축의 텍스트성에 대한 탐구작업은 이미지로서의 건축에 상반되는 것으로 '글쓰기로서의 건축' 이라는 개념을 시사한다. 여기서 '쓰여지고 있는' 것은 대상 자체—그 볼륨과 매스—가 아니라 볼륨과 매스를 만드는 '행위' 이다. 이 때문에 글쓰기로서의 건축 개념은 건축의 행위에 은유적인 실체를 부여한다. 이것은 또 다른 기호들의 시스템을 통해서 그 독해를 암시하는 '흔적들(traces)' (주12)과도 관련되어 있다. 아이젠만에게 이러한 사고의 전환은 그가 베네치아 칸나레지오 지역을 위한 계획안(Project for Cannaregio, Venice, Italy, 1978)에서 자신의 심리적 중심을 "사고에서 감정으로, 머리에서 몸 혹은 부지(site)로 이동시키려는 당시의 심리적 작업" (Peter Eisenman, 1999, p.173)으로 다음과 같이 서술한 시기와 일치한다.

> "나는 건축이 장소성과 관계 맺는 전통적인 방식이 아닌 다른 방식으로 배경(ground)으로 돌아가야 한다는 것을 깨달았다. 내 작업과 배경을 연관 지을 방법을 찾던 중 인공적 발굴이라는 실제 배경이 아닌 상상적인 개념으로서의 배경의 개념을 생각했다. 이 개념을 가장 완벽하게 보여주는 예가 바로 카나레지오 프로젝트이다. 이것은 조각가나 전통적인 건축가가 행하였던 것과는 다른 방식으로 장소성, 즉 건축과 부지의 관계에 대해 고려하는 중요한 방식이다" (공간 2004. 8월호, p.126 재인용)

아이젠만은 칸나레지오 지역을 위한 프로젝트에서 시작된 '인공적 발굴의 장소(places of artificial excavation)' 라는 개념을 구현하기 위해서 외부 맥락의 자극을 수용하고 형태 도식으로 알려진 것을 적극적으로 도입해 적용하기 시작한다. 그가 최근 작품들에서 장소, 텍스트, 수학 및 과학 등과 같은 용어를 차용하여 실험한 작업들은 초창기의 '내재성의 다이어그램' 과 구별되는 '외재성의 다어어그램' 의 과정을 보여준다. 따라서 인공적 발굴, 흔적, 접목(주13) 등과 같은 개념들은 건축과의 맥락을 연관시키는 주요 전략으로 그에게는 매우 중요한 개념들이다. 헤이즈는 이러한 개념들이 "동기의 기록이자 행위의 기록일 뿐 결코 다른 대상-기원의 이미지" ((ed.) K. Michael Hays, 1998, p.715)가 아니라고 지적한다. 여기서 인공적 발굴, 흔적, 접목 등은 건축을 단정짓는 맥락성과는 다르기 때문이다. 오히려 이것은 맥락을 상상하는 인공적인 발굴과 실제 맥락 사이를 보고 주어진 맥락에 다이어그램을 중첩하여 부가하고 그것이 맥락을 방해하거나 맥락으로부터 방해받는 것을 지켜보는 방식과 관련된 것이다. 이러한 방식으로 다이어그램과 맥락 혹은 맥락을 부정하던 아이디어들 사이에 실질적인 관계가 발생하게 된다. 이러한 "과정이나 흔적 같은 프로세스가 흥미로운 이유는 그 결과를 알 수 없기 때문"(공간 2004. 8월호, p.124 재인용)이라고 아이젠만은 언급한다.

베네치아 칸나레지오 지역을 위한 계획안(도3-37a, b, c)은 아이젠만이 부지를 외재성으로 간주한 6개 프로젝트 중 첫 번째 실험으로 외부 텍스트로 지칭되는 것을 사용한 프로젝트이다. 여기서 그는 부지나 장소의 잠재성을 임의적이고 가상적인 읽기를 통해 장소성이라는 특성을 부여하고자 하였다. 따라서 부지에서 지역적 특성이 아닌 형태적 특성, 즉 텍스트적인 비결정성에 대해 탐구한다. 이 프로젝트에서 그는 형상-배경(figure-ground)이라는 고정된 관계를 거부하고, 지역적이거나 현상적인 것이 아닌 개념적인 아이디어를 통해 배경을 형상으로 만들고자 시도하였다. 이것은 그가 형상-배경의 관계를 의도적으로 약화시켜 애매한 관계를 형성하고 형상에 비결정적인 성격을 부여하고자 한 것을 의미한다. 이를 위해서 그는 이 지역에 병원을 계획했던 꼬르뷔지에의 그리드를 참조하여 칸나레지오 부지에 현재와 과거를 중첩시키고, 참조 그리드와 회전된 그리드의 중첩 현상이 교차된 절점(node)에서 발생하도록 하였다.

도3-37a, b, c P.아이젠만, 칸나레지오 지역을 위한 계획안, 베니스, 이탈리아, 1978

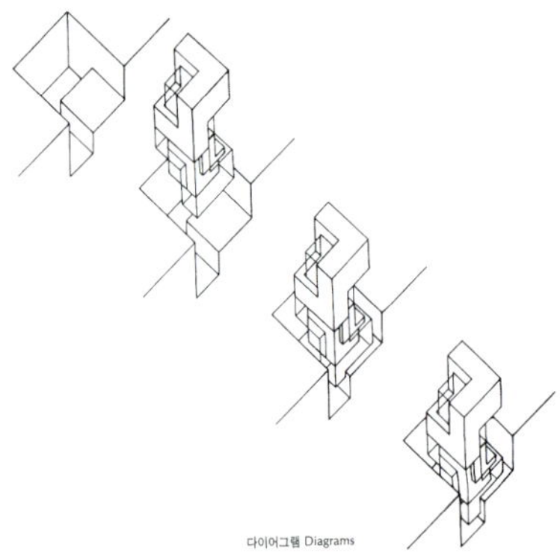

아이젠만이 '인공적으로 발굴된 도시'라는 개념으로 접근하여 디자인한 **오하이오 주립대학교의 웩스너 시각예술센터**(Wexner Center for the Visual Arts and Fine Art Library, Columbus, Ohio, USA, 1983-1989)**(도3-38a, b, c)**는 칸나레지오 프로젝트와 베를린 국제주택전시회 IBA를 위한 프로젝트(Checkpoint Charlie Social Housing for the IBA, Berlin, 1981-1985)의 연장선 상에서 이해할 수 있다. 여기서 그는 지역에 역사적으로 존재해 온 2개의 그리드 시스템－제퍼슨이 계획한 도시의 그리드와 대학 캠퍼스 배치의 그리드 시스템－을 통합하고, 이것을 새로운 축 좌표를 재설정하는 캠퍼스의 도시조직의 요소로 활용하였다. 여기서 그는 질서의 의미와 맥락의 역할에 대한 새로운 해석을 위해서 건축가가 질서와 가독성을 부여하기 위해 사용해 온 모든 인습적인 도구들을 비인습적인 방식으로 사용하였다. 이것은 캠퍼스가 건설된 당시 철거된 옛 군 막사의 탑을 복원하여 맥락을 '재구축'하는 작업을 통해서 단지 기억 속에서만 존재하던 과거를 이데올로기적인 참조물에 포함시켜 재구축된 맥락에 생명을 불어넣은 데서 나타난다. 이 건물의 내부에서, 아이젠만은 추상 요소인 그리드, 판, 바닥에 이르지 않고 매달려 있는 기둥 등 그가 초기 작품에서 도입해 온 형태적 전략을 통해서 시각적 경험과 공간적 경험의 새로운 관계를 보여주는 공

도3-38a, b, c P.아이젠만, 웩스너 시각예술센터, 오하이오, 미국 1983-1989

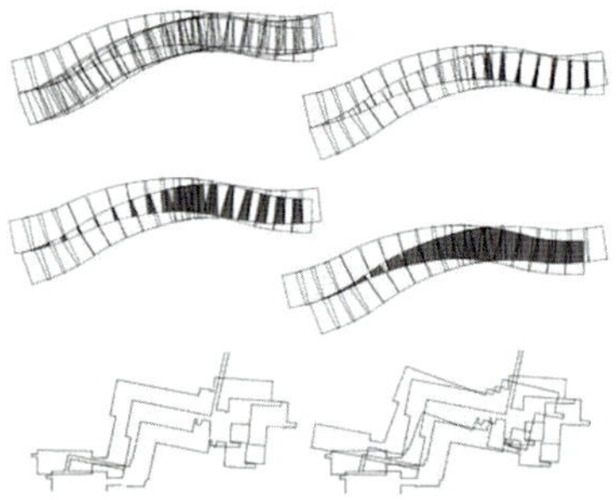

도3-39a, b, c, d P.아이젠만, 아르노프 디자인예술센터, 오하이오, 신시내티, 미국 1988-1996

간의 추상성을 만들어내고 있다. **신시내티 아르노프 디자인예술센터**(Arnoff Center for Design & Art, Cincinnati, Ohio, USA, 1988-1996)(**도3-39a, b, c, d**)에서, 아이젠만은 '장소 그 자체' 에 대한 포괄적인 개념, 즉 물리적 환경, 기존 건물, 대학의 이념 등에 근거하여 계획 부지 안에서 새로운 건물을 발견하는 작업을 실행하였다. 여기서 기존 건물에 새로운 건물을 부가하는 형태적 어휘들은 컴퓨터 툴을 활용해 만곡을 이루는 지역의 랜드스케이프와 기존 건물의 지그재그한 형상에서 도출된 것이다. 아이젠만은 이들 형태 상호간의 역동적인 관계에서 생성된 독특한 '사잇공간' 안에 프로그램 공간을 담아내고 있다.

베를린 유태인 학살 추모공원(Memorial to the Murdered Jews of Europe, Berlin, Germany, 1995-2005)(**도3-40a, b, c, d**)은 아이젠만이 도시 맥락이라는 외재적 상황에서 '기억과 건축' 의 문제를 새롭게 해석하여 세인들의 주목을 받은 작품이다. 여기서 그는 기념비에 대한 사람들의 개인적 경험방식을 베르그송의 '지속성(duration)' (**주14**)의 시간 개념을 차용해 객체의 시간과는 구분되는 '경험의 시간을 통제하는 새로운 해석' 을 제시하였다. 따라서 시간에 대한 개인적 감각과 기억을 건축의 한 요소로 사용하여 하나의 체계(system)로 간주되는 것 안에 내재한 불안정성(합리적인 그리드)과 그것이 시간 속에서 소멸될 가능성이 기념비에 도입되어 규칙적으로 보이는 기둥들의 격자체계의 구성을

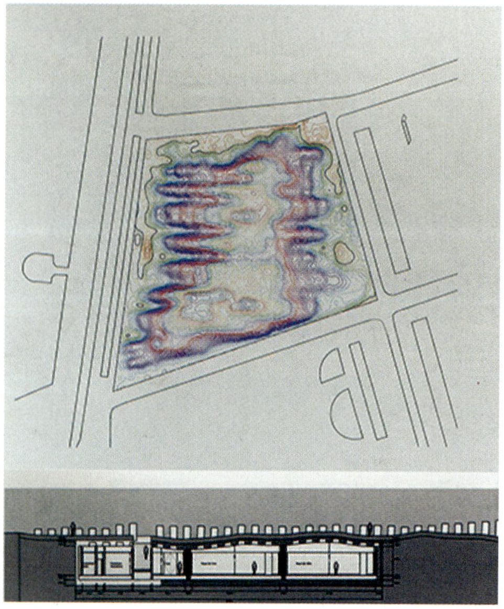

도3-40a, b, c, d P.아이젠만, 유태인 학살 추모공원, 베를린, 독일, 1995-2005

통해서 불규칙성과 잠재적인 혼란성을 드러내는 독특한 방식으로 나타난다. 특히 두 개의 진동하는 그리드들—기둥의 격자 그리드와 베를린의 도시 그리드 라인—사이에서 생성된 두 개의 체계가 상호작용하는 방식은 이들 사이의 불안정성의 영역을 보여준다. 이러한 불안정성, 즉 불규칙성이 대지 지형과 콘크리트 기둥들의 장(場, field)으로 이루어진 상부면 위에 동시에 중첩되어 전개되고 있다. 여기서 바닥면과 기둥의 상단이 서로 다른 것은 우발적이고 임의적으로 보인다. 그러나 실제로 이 개개의 면들은 기둥 격자 사이의 보이드의 교차부분과 베를린이라는 도시적 맥락의 그리드 라인으로 결정된 격자 구성에서 위상학적인 편차를 발생시키도록 의도된 것이다. 바닥면(그라운드)의 지형과 석비(기둥)의 상부면들 사이에서 발생하는 지각적이고 개념적인 불일치가 만들어지는데, 이러한 불일치는 시간에서의 차이, 즉 베르그송이 말한 연대기적(서술적) 시간과 지속으로서의 시간의 차이를 보여주는 것이다. 아이젠만은 이 기념물에 이러한 차이를 각인시킴으로써 기억의 요소, 즉 상실과 명상을 위한 장소를 만들어냈다. 이로 인해 외견상 엄격하게 질서정연해 보이는 기념비의 질서 안에서 생성된 '미확정성의 공간' 은 수축, 팽창되는 모든 지점에서 '다층적인 경험(multilayered experience)' 을 만들어내고 있다.

갈라시아 문화도시(The City of Culture of Galicia, Santiago de Compostéla, Spain, 1999-진행중)**(도3-41a, b, c, d, e)**는 아이젠만이 지속적으로 탐구해 온 흔적과 인공적 발굴의 지형, 중첩 등의 개념을 역사적인 도시 맥락에 있는 대규모 복합 건물에 성공적으로 구체화시킨 작품으로 평가되고 있다. 여기서 그는 흔적과 중첩, 다이어그램의

도3-41a, b, c, d, e
P.아이젠만, 갈라시아 문화 도시, 산티아고 데 콤포스텔라, 스페인, 1999-진행중

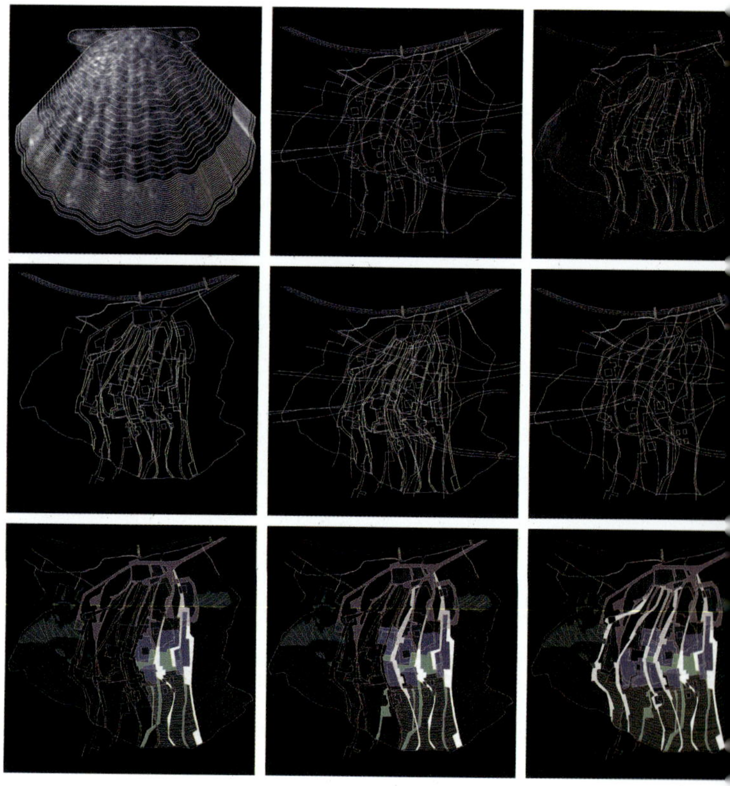

기법을 통해 인공적 발굴의 장소라는 독특한 형상을 제안하였다. 건축가가 예측하지 못한 매트릭스 안에서 새 것과 옛 것이 재배치되어 생성된 독특한 지형 표면은, 역사 도시 산티아고의 '부지의 지형도와 도시가로의 중첩', '직교격자의 배치', '디지털 모델링에 의한 다이어그램의 중첩' 등 3가지 흔적(주15)에서 출발하여 만들어낸 것이다. 여기서 도시의 상징인 가리비 껍질 형상을 이용한 매핑(mapping) 작업을 통해서 형상화된 배경인 동시에 형상화된 형상이기도 한 곡면을 탐구하였다. 아이젠만은 이 프로젝트에서 솔리드로 인식되는 건물과 보이드로 인식되는 가로로 구성된 기존 도시의 형상-배경 어바니즘(figure-ground urbanism)의 특성을 탈피한다. 이와는 반대로 그는 프로젝트를 일련의 개별적인 건물들로 보기 보다는 문자 그대로 건물들을 배경에 새기는 수법으로 건축과 지형이 통합하여 형상을 이루는 형상-형상 어바니즘을 만들어내고 있다.

| 지형학과 랜드스케이프 건축의 탐구 : 도미니크 페로

I
건축은 감각적 경험을 변형시키는 '침입'의 행위이다

오늘날 현대 건축에서 자연과 랜드스케이프의 개념은 풍경이나 조경의 의미를 넘어서 자연, 문화, 사회를 통합하는 새로운 개념으로 인식되고 있다. 자연과 기하학의 질서는 모더니즘 건축가들에게도 인식과 질서의 대상이었다. 자연의 개념은 모더니즘 시대에 라이트, 꼬르뷔지에, 미스와 같은 근대 건축가들의 건축 담론에서도 중요하게 다루어졌다는 사실을 발견할 수 있기 때문이다. 페로(Dominique Perrault, 1953 -), 하디드(Zaha Mohammad Hadid, 1950 -) 등과 같은 현대 건축가들은 건축과 자연, 도시와의 관계를 자신들의 건축적 사고의 출발점으로 설정한다. 이들은 현대사회의 불확정성을 수용하기 위한 건축화 작업의 일환으로 '랜드스케이프 건축'을 탐구해 온 건축가로 주목받고 있다.

프랑스 건축가 페로는 포스트-모던 건축가처럼 건축을 양식이나 형태적 차원에서 접근하여 역사적 재현(표상)이라는 논리에서 생성된 형태적, 장식적인 건축을 거부한다. 마찬가지로 그는 영속성의 신화, 역사의 시뮬라르크, 건축적 오브제의 현존이라는 개념도 거부한다. 그는 이러한 표상의 탐구에 몰입한 작품들은 종국에는 권위주의자로 변질되어버리는 행위의 형식주의라는 딜레마에 빠지게 된다고 주장한다. 페로는 현대의 건축은 포스트-모던 건축이 추구한 것처럼 과거의 역사에서 영감(주16)을 받기보다 자연의 지형학에서 영감을 받아왔다는 사실에 주목한다. 따라서 그는 과거의 역사보다는 '지형(topography)'으로부터 건축 창조의 영감을 이끌어내는 작업을 중시해 왔다. 지형학에는 과거, 장소, 문화뿐만 아니라 현재도 포함하고 있기 때문에, 자신을 포함하여 현대 건축가들은 지형학을 매우 흥미로운 주제로 인식해 왔다. 이들은 지형학이 그 안에 존재하는 것과 그 일부를 형성하는 모든 것을 포함하고 있다는 점에서, 지형학을 창조적 사고를 위한 영감의 원천으로 간주한다. 이러한 사실은 페로가 대지(land)를 건축 작업의 소재로 인식하고, 대지를 사람이 그 안에서 살 수 있는 장소를 창조하기 위한 침입행위(violence)의 기반으로 다음과 같이 설명한 데서 잘 나타난다.

> "건축 작업에서 대지를 소재로 보는 개념은 대지란 사람들이 그 안에서 살 수 있는 하나의 장소를 창조하기 위한 기반이 된다는 생각에서 시작한다. 다시 말하면, 그것은 건물의 뿌리를 이용하는 방식이 될 수도 있다. 그러나 그것은 아주 시적이다. 기억, 죽음 등과 함께 획득됨으로써 그것은 중요한 상징성을 갖게 된다. 지면(ground)과 접촉함이 없이 건물을 구축하는 행위는 건축이 아니며, 그것은 매우 피상적이다. 건축은 피상적인 것이 아니다. 건축은 대지 속으로 침입되어야 한다."(CA, 2006.1. vol.64, p.13)

그러므로 페로는 건축을 사회학적 준거 틀이 아니라 지리학적 준거 틀에 전적으로 반응하는 "물리적인 중재"로 해석한다. 그는 프로젝트의 프로그램들이 지리학적 관점에서 존재하는 방식을 중요한 과제로 간주한다. 페로는 건축 창조행위에 있어서 "구축하는 것은 곧 분리하는 것(to build is to separate)" (EL Croquis vol. 104, 2001, p.7)을 의미한다고 주장한다. 그에게 침입에 의한 구축의 논리는 "소멸에 대한 탐구"이며, "건축의 현존과 부재 사이의 한계에 대한 탐구"를 의미한다. 따라서 구축의 행위는 "현존과 소멸 사이에서 건물의 위치를 조화시키는 도구" (EL Croquis vol. 104, 2001, p.8)이다.

페로는 건축가에게 부여되는 사회적 책임과 권위의 정당성을 과거의 양식, 형태, 표상 등과 같은 외적인 근거에서 찾기 보다는 건축가의 내면적인 책임이 수반되는 권위(authority)라는 행위에서 찾는다. 그는 건축실무 세계에서 표준화 되어 있는 동질화의 원리를 의문시하며 결정론적인 태도를 거부한다. 오히려 그는 아이디어를 개념적인 실험과 경험을 통해서 평가하고 변형하는 창조적인 프로세스를 중시한다. 그는 건축이란 기성의 권위가 강요하는 어떤 원리도 인정하지 않는 직접적인 침입이라는 확신 행위 속에 존재한다고 보았다.

> "나는 침입이 건축의 한 특성이라고 믿는다. 나는 그 안에서 살아있는 급진적인 본질, 즉 요소들의 일차적이고 주된 자기현시(manifestation)를 발견한다. 그것은 복합성을 공개적으로 옹호하는 역설적인 침입이며, 동시에 단순성을 보증하는 것이기도 하다. 침입은 건축을 위한 하나의 특질이다. ....나는 오히려 나의 작품에 대해 더 큰 이해, 더 엄격한 인식을 가지려고 노력한다. 만일 구축하는 것이 금지된 것을 창조하는 것이라는 사실을 가정한다면, 누군가가 한 장소를 다른 장소와 분리하기 때문에, 그것은 우리를 보호하는 건축이 또 한편으로 분리의 도구가 되는 것처럼 역설적인 제스쳐이기도 하다. 나는 이러한 차원을 받아들여 그것을 (선동행위로 일탈하는 것이 아니라) 전적으로 프로젝트의 결정 인자로 수용하려고 한다. 모든 것은 우리가 침입이라고 부르는 것에 의지한다. 그것은 행위를 받아들이는 것에 관한 것이다. 건축가는 그들의 작업의 기반이 되는 이러한 권위를 전적으로 받아들여야만 하며, 이러한 본질적인 차원을 무시하고 그 책임을 계약도급자와 같은 타인들에게 전과시키지 말아야 한다."(EL Croquis vol. 104, 2001, p.9)

페로는 하나의 장소를 창조하고 건물을 짓는 행위는 건물이 위치한 대지를 경작하고 구축하는 난폭한 개입 행위, 즉 침입을 통해서 이루어진다고 주장한다. 그에게 무엇을 구축한다는 창조 행위는 우리의 감각을 변형시키는 건축가의 난폭한 침입을 전제하는 것이다. 침입의 방식으로 한 장소를 적절하게 만든다는 것은 그것을 이전의 순간들과는 다르게 경험하도록 하는 것을 의미하기 때문이다.(주17) 따라서 몇 가지 요소들로 한 장소를 다른 장소로 변형하여 새로운 감각, 느낌, 감흥을 일으키는 장소를 만들어내는 작업으로서 침입은 상징적인 것과는 무관하다. 그것은 기호라는 의미론적인 차원, 맥락 안에서 존재하는 오브제적 차원을 넘어 물리적인 긴밀한 '관계성' 을 갖는 것을 의미한다.

그러므로 페로는 사물의 본질을 수정하여 새로운 관계성을 부여하는 이러한 작업은 건축이 그 스스로를 물리적 긴장감, 지리학적 배치, 미니멀리즘의 절제된 요소들의 조합을 통해 드러나도록 하는 과정으로 실현된다고 보았다. 여기서 미니멀리즘의 추상화된 관념적 프로세스는 그가 "개념적이며, 변형작업의 실행을 탐구하는 것뿐만 아니라 한 장소를 변형하여 창조해내는 행위"(CA, 2006.1. vol.64, p.8)의 원천이다. 그는 미니멀리즘의 미학적 차원, 즉 순수한 오브제들을 최소한으로 설치하는 단순한 형태언어보다는 그 작업 방식과 사고 프로세스에 더 주목한다. 이 점에서 그의 작품에서 발견되는 미니멀리스트의 특성은 단순 형태 어휘에 대한 탐구와 무관하다. 오히려 이것은 물질주의 사고를 통해서 상업 세계의 복잡성을 개방적이고 이용가능한 장(場, field)으로 활용하려는 태도와 관련되어 있다. 따라서 페로는 이러한 프로세스 안에서 모든 대상을 경제성, 효율성, 가시성, 추상화 등의 관점에서 해석한다. 또 그는 지형학적인 특성을 갖는 모든 유형들을 실질적으로 무언가를 창조하고 구축하기 위한 도구로 활용한다.

이러한 사고와 접근태도는 페로가 지형학에서 얻는 영감을 바탕으로 자연과 건축의 단편들이 대지와 접촉하여 구축된 '랜드스케이프' 건축을 탐구한 데서 잘 나타난다. 페로는 랜드스케이프를 "자연과 인간이 창조한 인공의 여러 구성물로 이루어진, 서로 구별될 수 없는 하나의 총체(ensemble)" 로 해석한다.(주18) 이러한 해석은 그가 현대 사회에서 사람들은 강, 산과 같은 '자연적인' 것뿐만 아니라, 입체 교차로, 역, 공장 등과 같이 '인공적인 건축' 과 도시의 구성물들도 하나의 랜드스케이프로 인식한다는 사실에 주목한 결과이다. 여기서 그는 "건축과 도시는 하나" 라는 근본적인 명제를 제시하고 있다. 자연과 랜드스케이프를 해석하는 페로의 관점은 19세기와 20세기의 모더니즘에서 해석되어 온 자연의 개념과는 그 성격을 달리한다.

> "... 그러나 나에게 한층 더 관심을 끄는 것은 어떤 본질로서 기여하는 세계이다. 그것은 랜드스케이프의 본질이다. 그 이유는 랜드스케이프는 분리될 수 없는 모든 것들을 포함하기 때문이다. 랜드스케이프 안에서는 모든 것이 조화를 이루고 있으며, 지면(ground)

은 더 이상 지면이 아니다. 이 지면 아래에는 지하철이 있을 수 있다. 건물 너머에 존재하는 것은 그 뒤로 먼 거리의 조망이나 산이 있는 하늘이 아니다. 도로 아래에는 관통하는 또 다른 도로가 있을 수 있다. 그러므로 실체의 개념은 어떤 것들이 함께 모여 총체를 이루는 것에 있으며, 뿐만 아니라 한 장소에 있는 각 대상 사이에서 이루어지는 관계성의 끈을 제공하는 것과도 연관되어 있다. 궁극적으로 그것은 관계성을 의미하는데, 이것은 개별적인 사물들 자체보다 훨씬 더 중요하다. 이것이 오늘날 현 시대의 위대한 건축이다."(CA, 2006.1. vol.64, p.11)

그러므로 건축과 자연의 새로운 관계성을 기반으로 새로운 유형의 랜드스케이프를 구축한다는 개념은 페로에게 매우 중요하다. 실제로 그는 유리나 시멘트 등을 건축을 구축하는 재료로 사용하는 것처럼, 자연을 이와 같은 동일한 재료로 간주한다. 자연과 건축의 다양한 관계에 대한 이러한 탐구 작업은 자연을 중심으로 주변에 배치된 건축이 돋보이게 하거나, 건물을 자연 속에 묻는 방식을 통해서 건축이 사라지게 하는 다양한 방식으로 나타난다. 페로는 맥락을 지리학적으로 해석하여 얻어진 물리적인 매개변수로 간주한다. 여기서 맥락은 직접적인 물리적 상태를 의미하지만 결정적인 요인으로 간주되지 않는다. 맥락의 개념을 시간의 개념에서 분리시키지 않고 이해하는 페로는 '장소성(genius loci)' 을 하나의 실체이며 인간을 위한 것으로 간주한다.

프랑스 국립도서관(Bibliotheque Nationale de France, Paris, France, 1989-1995)(도3-

42a, b, c, d)은 페로가 자연과 건축을 통합하는 개념을 성공적으로 보여주는 작품이다. 여기서 그는 대지의 중앙에 위치한 선큰 가든을 중심으로 각 모서리에 4개의 책이 펼쳐진 듯한 L자형 타워의 상징적인 형상들을 배치하는 독특한 개념을 제시하여 "자연이 건축을 사라지게 하는 것이 아니라, 반대로 건축이 그 주변으로 드러나게 해주는 역할"을 표현하였다. 이 도서관에서 중앙에 위치한 자연과 정원은 실제 자연이 아니라 나무를 심어 인공적으로 만들어 "문화의 요소로 취급한 것"이다.

도3-42a, b, c, d D.페로, 프랑스 국립도서관, 파리, 프랑스, 1989-1995

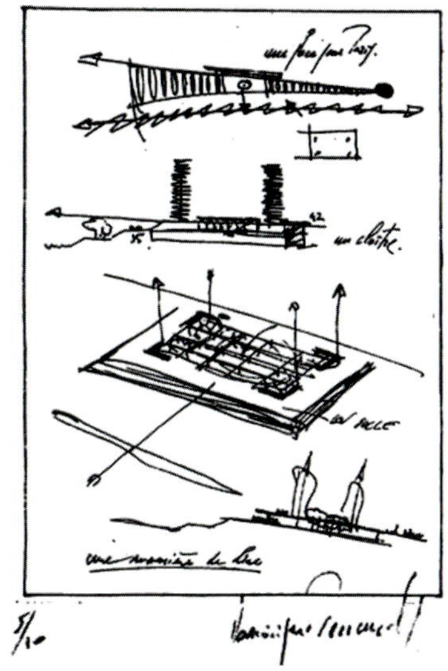

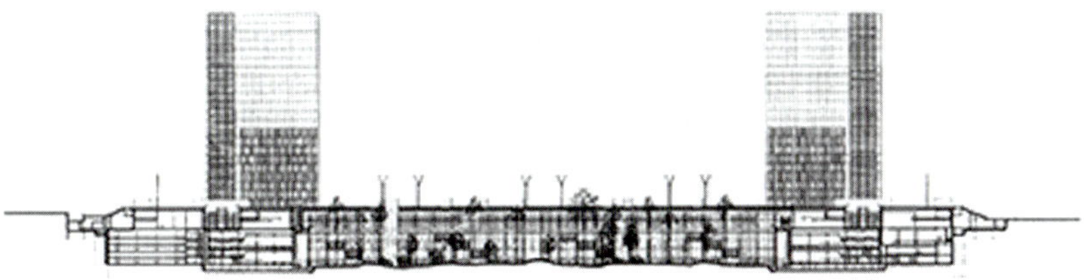

도3-43 D.페로, 올림픽 싸이클 경기장과 수영장, 베를린, 독일, 1992-1999

이 인공적인 자연은 심리적인 관점에서 "경작된 자연(cultivated nature)"이다. 이 건물의 유리 타워는 이중의 외피와 햇빛 여과기로 빛을 반사시킨다는 독특한 개념과 섬유질처럼 다양하게 엮은 금속재료의 물성적 표현으로 미니멀리즘 특성을 보여주고 있다.

베를린 올림픽 싸이클 경기장과 수영장(Velodrome and Olympic Swimming Pool, Berlin, Germany, 1992-1999)**(도3-43)**에서 페로는 건물이 땅속으로 소멸되면서 특정한 용도—직사각형 모양의 올림픽 수영장과 원형모양의 싸이클 경기장—를 지닌 총체적인 공간의 다양성을 위한 여지를 만들어내는 방식을 보여주었다. 이를 위해서 그는 베를린 도시의 도시기반 시설의 특성들과의 관계를 반영하고 지역 주민들에게 개방된, 새로운 '영역적 참여'를 만든다는 개념에서 출발한다. 여기서 자연을 침입하는 건축을 하나로 융합하기 위한 전략으로 지상에 큰 스케일의 녹지공간(약 200*500미터)을 조성하고 중앙에 건물을 심는다는 아이디어를 제시하였다. 건물이 대지에 묻히는 방식으로 소멸하는 개념은 이화여대 캠퍼스 센터(2004-2008)에서도 반복적으로 나타난다.

II

물성에 인간적 차원을 불어넣는 것은 지각적 차원의 '미정성'이다

페로는 건축의 영역에 모호함(uncertainty)과 미정성(불확정성)의 요소들이 통합될 필요가 있다고 강하게 주장한다. 그는 프로젝트를 미완의 상태로 존재하도록 유지시키는 것은 건축가에게 중재할 수 있는 가능성의 여지를 남겨두는 것이라고 말한다. 이러한 맥락에서 페로는 "구축한다는 것은 거의 미완의 건축으로 구축하는 것"(EL Croquis vol.104, 2001, p.16)이라고 강조한다. 그는 "물성에 인간적인 차원을 불어넣는 것은 바로 이러한 미정성"(EL Croquis vol. 104, 2001, p.12)이라고 보았다. 페로에 따르면, 이러한 작업은 조직화된 세계, 랜드스케이프 위에 세워진 대상의 세계에 대치되는 방식으로 상황과 행위 상호간의 관계성에 주목하는 '관계적 침입(relative violence)'을 통해서 가능하다. 여기서 '건설하는 행위, 그 본질적인 침입은 그 환경의 매개변수들을 재정의하는 능력에 의해서 상대적으로 관계를 맺는 것'과 관련된다. 이러한 이유로 작품의 역동성과 융통성을 보존해 주는 오픈 공간, 즉 개방성을 구체화하는 작업은 그에게 매우 중요하게 인식되어 왔다.

도3-44a, b D.페로, 퀸 소피아 아트센터 계획안, 1999

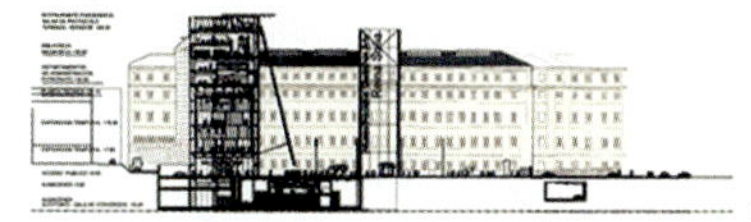

따라서 페로는 건축적 실체를 구성하는 모든 부동성의 매체를 탈피하고 "사물을 지각하는 지각 방식을 다양화하는 방식을 탐구하여 왔다. 그는 건축의 환경적 가치를 변화시키는 민주적 참여 방식의 개입은 "주어진 순간에 건축을 구체화 하는 관찰 주체에 의해서 건축이 실현되어지는 것"(EL Croquis vol. 104, 2001, p.11)을 의미한다고 말한다. 건축이란 항상 역동적인 움직임 속에서만 지각할 수 있는 것이기 때문에 사진이나 이미지로 재현될 수 없다는 점을 그는 강조한다. 특히 페로는 작품 활동을 초창기부터 재료의 현존을 현상학적 측면에 지속적인 관심을 갖고 물성의 새로운 지각방식을 탐구하였다. 그는 "건축은 자연처럼 반응해야 하며, 계절에 따라 스스로를 변화시키고, 상황(situation)에 따라 자신을 변형시키는 것이어야만 한다"고 주장한다. 따라서 물성을 중재의 요소로 간주하고, 이것이 인공적 사물과 맺을 수 있는 관계를 급진적으로 변화시키려는 방식은 그의 주 관심사였다. 페로는 공업생산제품의 제작과정에 참여하여 제품의 스케일을 변화시키고, 물성으로 새로운 파사드를 창조하는 작업을 통해 건축을 지각하는 방식을 변화시키는 다양한 실험 작업을 해 왔다. 그가 고안한 이중 외피 형상의 파사드, 역사적 맥락 속에 놓인 건물의 외피에 금속망(metal net)과 같은 재료를 사용하는 방식은 물성의 새로운 지각방식에 대

한 탐구 결과였다. 특히 금속망 외피는 건물을 보호하거나 혹은 건물과 그 외부 환경사이에 미지의 사잇공간을 만들기 위한 장치이다. 페로는 이것을 "신체와 같이 건물에 옷을 입힌다는 개념으로 형태를 변형시키기 위한 수법"으로 사용하였다. 이와 같은 수법으로 이중의 파사드에서 발생하는 사잇공간은 방문자들이 어느 순간 예상 밖으로 발견하게 되는 "두 개의 오브제 사이에 있는 공간"(CA, 2006.1. vol.64, p.14)이 된다.

퀸 소피아 아트센터 계획안(Extention to Queen Sofia Art Centre, 1999)(**도3-44a, b**)은 역사적 건물이 존재하는 맥락에 대응해 금속망 외피로 독특한 사잇공간을 만들어내는 방식을 보여주는 작품이다. 여기서 광장에 면한 건물의 남측 면에 가리게 마스크처럼 반쯤 들어 올려진

도3-45a, b, c D.페로, 마린스키 오페라 극장, 성 페테르부르크, 러시아, 2003-2009

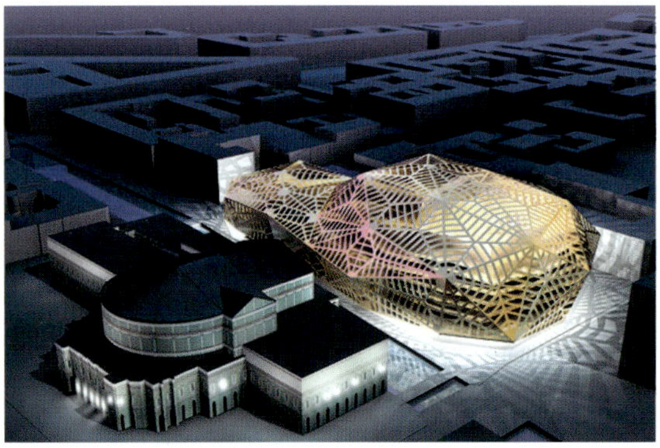

투명한 금색 유리 외피는 도시에 개방된 상징적인 '무대 커튼' 처럼 문화적 정체성을 부여하기 위한 장치이다. 이 금속망의 외피는 '건물에 들어오는 보행자들을 환대할 뿐만 아니라, 박물관에 옷을 입혀 (성인에게 나타나는 것과 같은) 후광(後光)이미지를 부여하고 태양광선에서도 보호되는 역할을 하도록 의도된 것' 이다. 러시아의 성 페테르부르크에 있는 **마린스키 극장**(Marinsky Theater Second Scence, St. Petersburg, Russia, 2003-2009)(도3-45a, b, c)에서, 페로는 도시의 맥락 속에서 지역의 지형학, 그리고 오페라 유령의 마스크에서 유추한 금속망으로 건물의 일부를 가리는 수법을 사용하여 이 외피와 내부의 건물 사이에 새로운 차원의 랜드스케이프를 만들어냈다. 여기서 내부의 대리석 건물을 황금색 그물망으로 감싸는 외피와 유리를 통해 들어오는 빛의 아이디어는 '건물과 환경사이에 미지의 사잇공간을 만들어내는 장치' 이다. 이 두 오브제 사이에 발생하는 공간은 방문객들이 뜻밖의 순간에 접하게 되는 공간으로, 다양함을 발견하기 위한 출발점의 역할을 하고 있다.

도3-46a, b, c D.페로, 산티아고 데 콤포스텔라 문화센터 계획안, 스페인, 1999

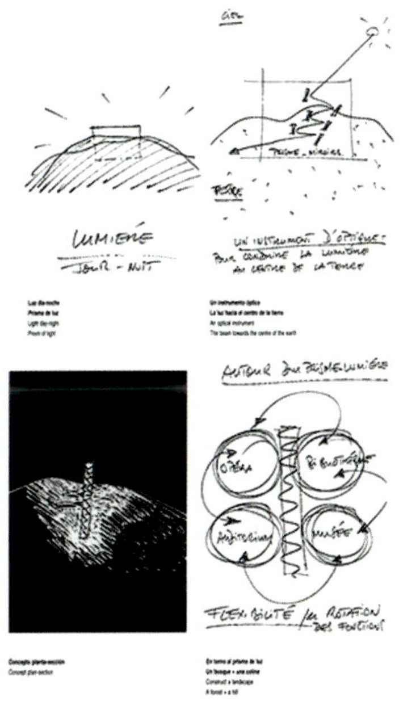

페로는 스페인의 **산티아고 데 콤포스텔라의 문화센터 계획안**(Culture Center, Santiago De Compostela, Spain, 1999) (도3-46a, b, c)에서 랜드스케이프를 건축으로 변형시키고 건축을 랜드스케이프로 변형시킨다는 개념을 추상 기하학적인 방식으로 제안하였다. 여기서 그는 도시의 맥락과 지형학을 바탕으로 대지에 침입하여 새로운 도시의 상징적 오브제를 만들어내는 아이디어의 하나로 "지형을 건축으로 변형시키기 위해 언덕에서 삽입된 광학기구"라는 개념을 도입하였다. 이러한

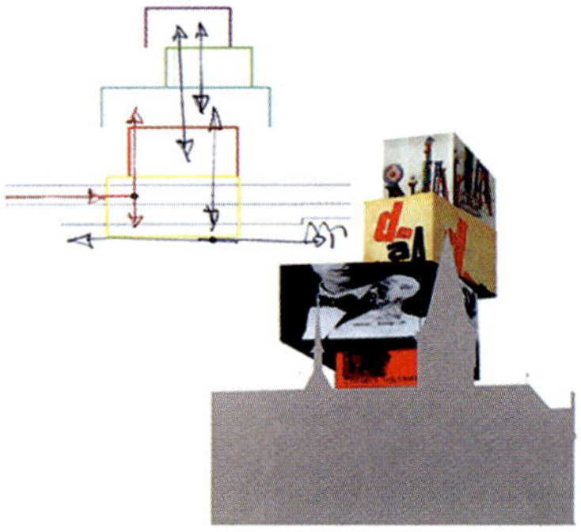

도3-47a, b D.페로, 취리히 랜데스뮤지엄 계획안, 2000

독특한 상징적 오브제는 기하학 형상의 유리 프리즘을 통해서 빛을 연출하고 보여줄 뿐만 아니라 이미지를 만들어낸다. **취리히 랜데스뮤지엄 계획안**(Extension to Zurich Landesmuseum, 2000)(도3-47a, b)에서, 페로는 프로그램의 공간조직에 대응하는 다양한 볼륨과 형상을 갖는 5개의 '박스 더미' 를 적층하여 만든 기하학적인 오브제 형상으로 역사적인 도시맥락 속에서 독특한 도시의 랜드스케이프를 제안하였다.(주19) (프로그램적으로 적층된 이 건물의 형상은 1권 01에서 살펴본 세지마(Kazuyo Sejima)의 뉴욕 현대미술관, 그리고 쿨하스(Rem Koolhas)의 밴쿠버 보자르 미술관 증축건물의 형상들보다 더 파격적인 모습이다.)

이화여대 캠퍼스 센터(EWHA Womans University Campus Center, Seoul, Korea, 2004-2008)(도3-48a, b, c)는 건물을 대지에 묻는 방식으로 접근하여 "자연이 인공적인 것처럼 보이며, 건축은 자연적인 것" 처럼 보이도록 만든 작품이다. 여기서 페로의 의도는 산발적이고 자연적인 캠퍼스의 무질서에 강한 축성을 부여하기 위해 "하나의 건물을 구축하기보다는 랜드스케이프 속의 통행로를 만드는 것" 이었다. 초기 당선안에서는 캠퍼스의 지형을 관통하는 축을 따라 비어진 공간 주변에 다양한 활동을 수용하는 실들을 배치하고, 보이드 상부를 가로지르는 연결 브릿지가 기존 스타디움으로 인해 양분된 동-서 연결로를 회복시켜 주도록 의도하였다. 이러한 3차원 연결 시스템을 통해서 옛 것과 새 것, 건물과 랜드스케이프, 현재와 과거의 경계가 모호하게 되어 주변 건물과 통합된 새로운 캠퍼스 랜드스케이프를 만들어낸다.

도3-48a, b, c D.페로, 이화여대 캠퍼스 센터, 서울, 한국, 2004-2008

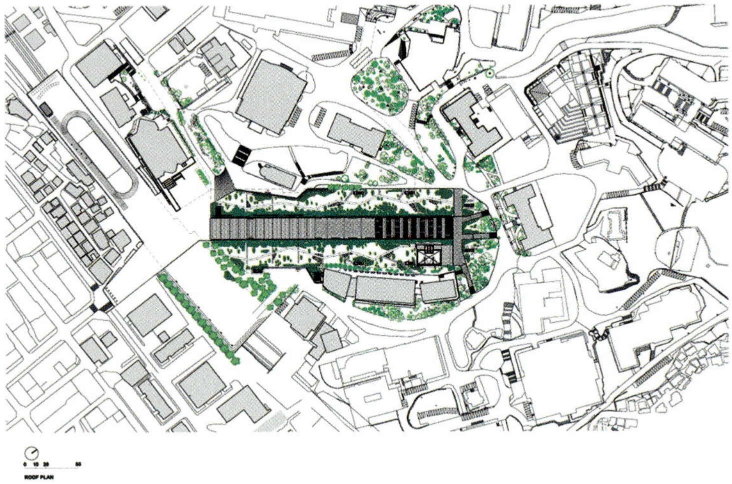

| 인공적 랜드스케이프 건축과 도시성의 회복 : 자하 하디드

I
건축은 '다양한 아이디어의 집합체' 이다

현대 건축에서 독창적인 표현수법과 아이디어를 바탕으로 독특한 '공간적 연속성' 을 탐구해 온 건축가들 중 대표적인 사람은 하디드(Zaha Mohammad Hadid, 1950 -)이다. 해체주의 건축의 성향을 보이는 그녀는 모더니즘의 전통적인 규범과 유형학을 답습하기보다는 파열, 분열, 중첩, 병치 등과 같은 수법을 통해 평면을 자유롭게 함으로써 유동성을 지닌 공간조직화 개념을 탐구하여 왔다. 하디드는 "건축은 지적 프로세스로서의 표현" 이며, "창조를 통한 사고" 라고 주장한다. 그녀는 건축이란 공공성이 강한, 사회적 의도를 지닌 새로운 프로그램과 양식을 담지하고 있어야 한다고 보았다. 따라서 상업주의와 기술지상주의 이미지가 만연한 현대 사회에서, 새로운 프로그램과 양식에 대한 탐구없이 건축 자체의 자율성과 이미지만 탐닉하는 것은 형태주의의 함정에 빠질 수 있다고 경고한다. 건축가의 사회적 역할과 책임은 건축에 사회를 위한 생산적인 기능을 재부여하려는 것이라고 주장한 하디드의 이러한 태도는 모더니즘과 같은 아방가르드적인 성향의 신념을 보여준다.

> "우리의 정신은 놀라울 정도로 복잡한 기계와 유사하다. 그러므로 우리의 목표는 이러한 신비의 일부를 진실로 기억할 만한 양식으로 풀어내는 것이다."((Zaha M. Hadid, (ed.) Peter Gössel, 2007, p.390에서 재인용)

그러므로 하디드는 프로그램과 형태구성을 동시에 고려하면서 접근하는 실험적 방법을 통해서 프로그램이 새로운 형태적 해결을 제공하는 방안을 모색하여 왔다. 이러한 방식은 형태와 프로그램의 관계에서 형태적인 실험을 기능이나 프로그램과 동시에 고려하여 해결한다는 점에서 폐쇄적 구성(closed composition)이 아니라 개방적 구성(open composition)방식을 지향하는 것이다.(주20) 그녀의 작품에서 발견되는 상이한 형태적 체계(system)들은 서로 다른 상황들이 개입된 과정에서 나온 결과들이다. 하디드는 이러한 자신의 건축적 아이디어의 원천을 20세기 초 러시아 구성주의를 이끈 말레비치의 절대주의 회화의 반(反)중력적인 형태구성을 프로그램과 통합하여 새로운 유형의 건축을 만든 아이디어에서 이끌어낸다.(주21) 프로그램과 형태구성을 통합하는 이러한 사고는 하디드 자신의 표현처럼 "서로 다른 시간에 일어난 사건들의 많은 단계들이 하나의 이미지로 압축되어 동시에 나타나게 하는 고고학과 같은 방법"((Zaha M. Hadid, (ed.) Tom Avermaete, 2009, 권영민역, 2011, p.168)을 적용하는 것이다. 그녀는 이러한 고고학적 접근방법을 두 개의 시간들—20세기 초의 옛 것과 현대라는 새 것—을 병치시키는 아이디어를 통해서 파열, 중첩, 융합 등의 수법, 그리고 수많은 다른 각도로 표현 가능한 사선 등의 개념을 재발견하는 수단으로 간주한다.

하디드에게 있어서 '건축구성은 다양한 아이디어의 집합체'를 의미한다. 이러한 사실은 우리가 그녀의 건축담론과 작품 세계를 이해하는 데 매우 중요하다. 그녀에게 아이디어는 혼란스럽지 않고 명쾌하여야 하며, 중첩과 다층화를 통해 연속적인 공간을 만들어내기 위한 원천이기 때문이다. 이러한 아이디어들 중에서 지질학적인 개념에서 유추한, 켜의 구성과 관련된 '공간의 배치에 관한 아이디어'는 하디드의 작품 세계를 이해하는 데 중요한 개념이다. 하디드는 중첩과 다층화를 통한 공간의 배치는 드로잉이나 모델로 측정하는 것이 불가능하며, 이러한 공간은 경제성과 효율성의 측면이 아니라 실제로 보여지는 관찰자의 관점에서 탐구되어야 한다고 강조한다. 왜냐하면 이러한 공간성에는 관찰자가 시각적인 긴장과 경외감을 갖도록 자극하는 형태적, 공간적 유인력이 응집되어 있기 때문이다. 요디케는 하디드가 "추상적인 구성을 바탕으로 공간 내에서 움직이는 것처럼 보이는 평면이 어떻게 개별적인 요소들로 해체되는지를 보여주는 방식으로 표현하는 데 관심이 있다"(Jürgen Joedicke, 1989, p.227)고 지적한다. 이러한 사실은 탈중심적, 탈구성적, 반(反)-중력적인 구성을 통해 분열되고 상호 침투된 공간이 무한으로 확장하는 모호함(ambiguity)을 지닌 새로운 유형의 공간이라는 점에서 확인된다. 이를 위해 하디드는 역동적으로 구조화된 3차원 드로잉을 통해서 무질서와 불규칙성, 반중력적 개념이 담긴 비틀어진 축, 무중력 상태의 기울어진 벽과 표면 등 혁신적인 공간성을 탐구해 왔다.

하디드가 이러한 공간성 탐구를 위해 고안한 드로잉 기법은 (유클리드 공간개념에 기초한 전통적인 투시법과는 달리) 지각과 지각자를 통합하여 지각의 과정, 실제적 감각화, 공간의 초점, 시간의 흐름 등을 표현하는 새로운 건축적 표현의 형식이다. 그녀의 표현처럼 마치 X선의 투사와 같은 '기능의 X-ray 드로잉 방법'으로 그려지는 투상도에 나타난 도면들은 "시간 속에서 멈춰진 순간을 의미할 뿐 아니라 다른 종류의 공간성을 발생시키는 움직임의 아이디어를 보여주는 것"(Zaha M. Hadid, (ed.) Tom Avermaete, 2009, p.168)이다. 그녀는 이 드로잉 수법으로 유동성과 압축이 동일한 공간 내에서 공존이 가능한 방식을 탐구한다. 이러한 관점에서 하디드는 "프로젝트는 하나의 투사된 공간"((ed). Yukio Futagawa, 1995, p.18)이라고 정의한다.(주22) 이 X-ray 드로잉 수법은 하디드가 지각의 요소들을 인지하고, 이것들을 자신의 디자인 프로세스에 반영하는 도구로서 기여해 왔다.

> "내가 X-ray 드로잉이라고 부르는 것은 평면이 대량생산의 형태로 모든 층에 걸쳐 반복적으로 압출 성형되는 것과는 달리 매 층마다 변하는 방식을 보여준다. 20년 전 이것은 나에게 발생 초기 단계의 기법이었다. 이 기법을 통해 나는 모든 평면들을 동시에 보는 것이 가능하다. 그것은 투명성, 즉 모든 층(level)들 사이에 이음새 없는 연속된 공간(seamlessness)을 의미한다. 모든 층들은 복잡한 중첩의 체계 안에서 켜(layers)들이 되고 있다."(EL Croquis vol.103, 2002, p.11)

그러므로 하디드에게 스케치 드로잉은 '건축학적-도시적인 의도를 탐구하기 위한 소재이자 디자인 프로세스의 도구'이다. 그녀의 드로잉에서 발견되는 '투사(projection)의 아이디어'는 전체 프로젝트의 기반을 이룬다.(이러한 아이디어는 월드 드로잉(The World Drawing) 프로젝트에서 89도(eighty-nine degrees)로 지면을 조작하고 이것들의 위, 아래로 합병한다는 아이디어에서 찾아볼 수 있다.) 하디드에 따르면, 투사에 의한 드로잉에서는 "공간뿐만 아니라 시간적인 성분도 고려될 때 공간은 비-동질적으로 되며 왜곡되어 인식된다"(EL Croquis vol.103, 2002, p.241)는 점이다. 따라서 이러한 드로잉 기법을 통해서 지각 과정 그 자체와 주관적이고 상대적인 위치를 표현하는 것, 관찰자가 개입하는 건축적 중재로 인해 야기되는 긴장감의 장(場, field)을 발견하는 것이 가능하다.

평면으로서의 랜드스케이프 개념과 켜의 아이디어

여기서 우리는 하디드의 작품에서 일관되게 발견되는 '지형학과 랜드스케이프의 아이디어'라는 개념에 주목할 필요가 있다. 왜냐하면 이 아이디어는 하디드가 자신의 디자인 착상을 부지와 도시의 맥락, 그리고 다양한 프로그램의 측면에서 해석하는 출발점이기 때문이다. 무엇보다도 이러한 아이디어는 그녀가 도시적 공간과 유동성의 상황을 만들어 프로젝트를 활성화 하는 상황을 발생시키는 데 기여한다. 또 이러한 아이디어는 지질학적 층위(geological strata)의 탐구 작업을 통해서 만들어지는 인공적 랜드스케이프, 내부화된 도시의 공공 공간, 중첩된 연속적인 투명성의 공간을 통한 공간 지각의 다양성 등을 만들어내는 데 매우 중요한 전략적 개념이다. 하디드는 건축이 특정 장소 안에서 특정 프로그램을 지닌 형태로만 존재할 수 있으며, 부지의 구체적 특성을 통해서만 설명되어야 한다는 점을 강조해 왔다. 그녀는 부지의 다층적인 켜들과 지각 과정을 건물 그 자체의 상황이나 그 구체적인 외부 랜드스케이프의 조건으로 간주한다.

따라서 하디드는 "건물 안에서 가로질러 움직이는 방문객들의 지각과정을 통해서 외부의 랜드스케이프는 '내부의' 랜드스케이프로 변하며, 이것이 다시 현실의 랜드스케이프와 조합되어 새로운 건물의 인위적인 맥락 속에서 외부의 랜드스케이프"(EL Croquis vol.103, 2002, p.241)로 변화되는 방식을 탐구해 왔다. 그녀의 건축 작품에 무엇보다도 주변 환경의 내 · 외부의 상황을 새로운 방식으로 수용한 맥락적인 측면이 강하게 나타나는 것은 바로 이러한 이유 때문이다. 특히 하디드의 작품에서 평면이 구성되는 방식과 부지를 가로질러 흐르는 방식에 대한 암시는 매우 중요하다. 왜냐하면 이것은 중력과 어떤 속박에도 구속되지 않는 듯한 자유로운 평면은 추상화와 유동성의 개념, 시간 안에서 발생하는 움직임의 과정을 도입하여 '공간적 연속체'를 만드는 작업에 새로운 아이디어를 제공하기 때문이다. 여기에는 그녀가 새로운 기하학적 구성을 통해서 "생소한 이벤트 공간을 제공하려는 의도"가 깔려 있다. 여기서 우리는 '평면으로서의 랜드스케이프(landscape as plan)' 개념은 (마치 모더니즘 시기에 르 꼬르뷔지에가 평면을 건축의 발생기(generator as plan)로 간주하였듯이) 하디드의 작품을 관류하는 핵심적인 아이디어라는 사실을 알 수 있다.

이러한 평면에서 다양한 켜들이 중첩, 융합되어 나타나는 '켜(layers)의 아이디어'는 지질학적 판형의 층위와 고고학에 대한 관심에서 출발한 것이다. 여기서 면과 볼륨들의 켜들의 조작을 통해서 공간들이 중첩되는 방식, 즉 면들의 위치와 이것들이 볼륨으로 투사되는 방식은 '공간의 특질을 탐구'하는 데 중요한 수법들이다. 하디드는 지질학적 유추와 공간적 중첩, 관통, 병치의 수법을 사용해 이러한 수법들을 보다 유연한 방식으로 구체화하고 있다. 그녀의 초기 작품들에서 발견되는 켜는 수평적으로 중첩된 켜로 된 평탄면(plane)의 속성이 강하게 나타난다. 그러나 1980년대 후반 이후 작품들에서는 평탄면들 사이에 만들어진 공간에 대한 탐구에서 탈피하고, 수평적인 면들에 수직적으로 삽입된 면들을 통해서 이루어지는 볼륨감을 만들어내는 방향으로의 전환을 보여주고 있다. 따라서 점점 개방된, 다양한 공간적 레퍼토리로 복잡하면서 접합부없이 연속된 공간을 탐구하는 방향으로 흐르고 있다.

홍콩의 **피크 레저클럽 국제 현상설계 당선안**(The Peak Leisure Club International Competition in Hon Kong, 1982-1983)**(도3-49a, b, c)**

도3-49a, b, c Z. M. 하디드, 피크 레저클럽 국제 현상설계 당선안, 홍콩, 1982-1983

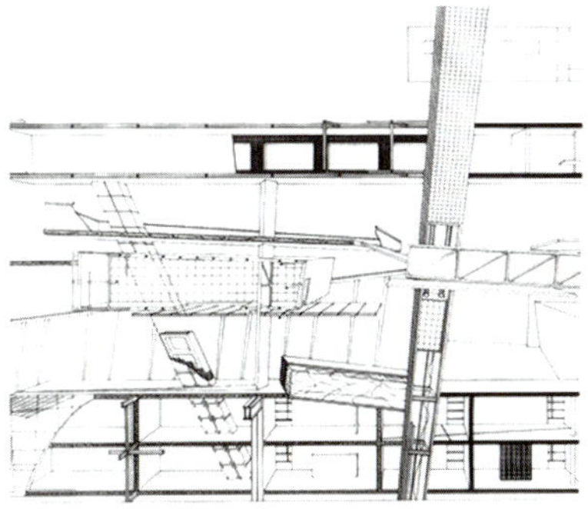

도3-50a, b, c Z. M. 하디드, 비트라 소방서, 바일 암 라인, 독일, 1991-1993

은 프로그램의 관점에서 겹쳐쌓는 켜–여기서 첫 번째 켜는 종합적인 토지이며, 언덕 위의 두 번째 켜는 훨씬 더 혼잡한 것으로 피크(peak) 그 자체가 산의 정점을 의미한다–와 지질학적 발견의 개념을 보여주는 초기의 작품이다. 여기서 랜드스케이프의 아이디어는 지형학적 장(場)의 개념을 도입하고, 압축된 구성의 켜들로부터 도려내어 만든 공간들로 공공의 공간을 구축한 데서 찾아 볼 수 있다.(주23) 이 프로젝트 드로잉에서 수평과 수직의 다소점은 서로 결합되어 자연에 침투하고 있지만, 자연을 파괴하지 않고 그것에 순응하는 방식으로 공간의 수직적 다양성을 만들어내고 있다. 하디드는 바위처럼 절개된 충돌 지점에 지질학적 관점에서 수평, 수직적으로 배치된, 인공적 랜드스케이프로서의 건물이 자연 암반의 기반을 대체하고 수평적으로 겹쳐진 상이한 프로그램들의 중첩을 위한 초점 역할을 하도록 의도하였다. 그 결과, 인공적으로 구축된 부지는 '현실의 랜드스케이프(real landscape)' 만큼이나 통합적이고 창조적인 랜드스케이프 효과를 만들어내고 있다.

독일의 바일 암 라인에 위치한 **비트라 소방서**(Vitra Fire Station in Weil am Rhein, Germany, 1991-1993)(도3-50a, b, c)에서, 하디드는 자신의 사고를 '면에서 볼륨으로' 라는 아이디어로 전환하고 이와 함께 투명성과 가벼움, 움직임과 에너지가 표현되는 새로운 공간구성의 논리를 보여주는 작품을 만들었다. 여기서 하디드는 '공간이 되는 벽들에 관한 아이디어' 를 도입하여 소방대원들의 움직임과 공간의 질을 탐구하기 위해 평면적 구성에서 볼륨적인 구성의 다이어그램으로 전환하여 해석하였다. 이러한 아이디어의 의도는 '건물이 되면서 한편으로 외부로부터 방패 역할을 하는 경계' 를 만드는 개념으로 일종의 통로와 같은 공공공간을 만들고자 한 것이다. 또 큰 공간과 작은 공간들. 확장과 수축–을 구성하는 벽의 연속이라는 아이디어는 새로운 스카이라인을 만들어내고 있다. 여기서 벽들은 '볼륨이면서 또한 구조적인 벽들의 선' 이 된다. 그 결과 선들의 연출이 아니라 볼륨의 연출이 발생하고, 이것들이 함께 연결되어 유동적인 공간이 생성된다. 특히 기울어진 경사면의 투시도적 착시현상으로 예각의 공간들이 물결치듯 흐르는 자유로운 공간으로 지각되면서, 건물 안에 있는 방문객은 그가 어디에 있든지 모든 공간들이 연속적으로 흐르는 것을 경험하게 된다.

II
인공적 랜드스케이프 건축은 도시성의 회복을 중시한다

하디드가 도시적 차원의 맥락적 질서와 부지에 대한 지질학적 해석을 통해 탐구해 온 '인공적 랜드스케이프(artificial landscape)' 의 구축은 두 가지 유형으로 나타난다. 여기서 수평적 방식은 지면을 도시구성의 소재로 간주하고, 새로운 도시의 상황을 만들기 위해 지면을 조작하는 아이디어와 관련된 것이다. 반면에 수직적 방식은 건물의 내부를 복잡한 도시의 내부로 구성하기 위해 수직적으로 켜들을 적층하는 것이며, '스카이라인인의 아이디어' 와도 관련된 것이다. 하디드가 홍콩 피크 레져클럽(1982-1983), 비트라 소방서(1991-1993)에서 탐구해 온 지면에 대한 새로운 생각들과 '지면을 조작한다' 는 아이디어는 새로운 인공적 랜드스케이프, 즉 대지형상(landform)을 창안하기 위한 개념의 토대가 되었다. 하디드는 이 점을 다음과 같이 언급한다.

> "지면, 그리고 지면을 조작한다는 이러한 모든 아이디어들은 아일랜드 수상관저(Residence for the Irish Prime Minister, Dublin, Ireland, 1979-1980)에 까지 거슬러 올라간다고 말하고 싶다. 왜냐하면 이 프로젝트는 이미 인공적 랜드스케이프와 관련된 아이디어를 포함하고 있기 때문이다, 비트라(Vitra Fire Station) 프로젝트의 확장된 장(場)에 대한 연구에서도 마찬가지이다. 그리고 우리가 빅토리아 & 앨버트 뮤지엄 확장계획안(Boilerhouse Extension, Victoria & Albert Museum)에서 시도했을 때 이러한 아이디어는 마치 전원풍의 랜드스케이프가 실제로 내부에 흡수되기 시작한 것처럼 실내에 단형을 이루어 만든 복합체로 전개되었다." (EL Croquis vol.103, 2002, p.6)

그러므로 하디드는 자신의 작품들에 '지면을 중첩시켜 다층화하는 아이디어' 를 도입하여 인공적으로 구축된 많은 지면으로 도시의 공공의 켜들을 만들고자 시도한다. 이것은 도시의 활동을 촉진하려는 의도에서 지면을 랜드스케이프라는 상황으로 취급하는 것이기도 하다. 따라서 그녀는 도시의 일부가 되는 공공의 공간을 만들기 위해서 건물을 지면에서 들어 올려 자유롭게 하고, 이 지상 층에 면하여 오픈 스페이스를 구성하는 방법을 도입한다. 평면에서 발견되는 수많은 단편화 요소들은 도시의 흐름과 관계를 맺으면서 점점 더 유동적이 되어감에 따라 장(場)의 개념 안에서 하나로 융합된다. 그녀는 자신의 프로젝트에서, 장이 만들어내는 선들을 따라 부지를 채워 나가는 연속된 벽들이 서로 교차하면서 생성해내는 "내부이자 외부공간인 오픈 스페이스와 사잇공간" (EL Croquis 103, 2002, p.9)을 의도적으로 배치한다. 이러한 공간들은 방문자들에게 자신의 다양한 경로를 선택할 수 있는 가능성을 제공하기 때문이다. 하디드의 작품에서 발견되는 인공적 랜드스케이프의 구축은 건축의 내부와 외부를 단지 시각적인 투명성의 공간으로 인지시키는 차원을 넘어서 '어반 카펫(urban carpet)' 과 같은 개념으로 도시의 공간을 건축의 내부로 유입하여 '내부화된 도시공간' 을 만들기 위한 것임에 주목할 필요가 있다. 이러한 개념은 (우리가 1권 01에서 살펴본 바처럼) MVRDV의 마스가 수직적 미로의 개념으로 사회적 접촉이 일어나는 보이드 공간을 만들려는 의도와 유사하기 때문이다.

최근에 하디드는 자신이 발전시켜 온 인공적 랜드스케이프를 구축하기 위한 여러 아이디어를 점점 '장 개념' 으로 통합하고 있다. 그녀의 최근 작품들에서 반복적으로 나타나는 픽셀화(pixellation)와 집합체(aggregation), 줄모양의 홈(striation) 등의 아이디어는 장과 장의 힘들이 작용하는 방식과 관련된 것이다. 이러한 아이디어들은 또 지면의 조작이라는 아이디어와도 연관되어 있다. 특히, 픽셀화의 개념은 최대의 유동성을 얻기 위해서 표준적인 모듈 시스템을 이용하는 것으로, 이것은 미시적 차원의 스케일 측면에서 무한 '반복의 아이디어' 로 이어진다. 이 픽셀화 개념은 외적으로는 엄밀하지만 내적으로는 자유로운 형태(free-form)의 유동성을 부여한다. 이는 도시성과 랜드스케이프를 프로젝트의 내부로 흡수한다는 아이디어와도 밀접하게 관련되어 있다.

따라서 하디드는 자신이 초기에 사용해 온 '충돌의 아이디어' 보다는 이러한 공간들을 융합시키는 '파열(explosion)의 아이디어' 를 사용하여 규모가 큰 프로그램을 다루는 새로운 방식을 제안한다. 파열의 아이디어로 중첩된 랜드스케이프를 통해서 흐름과 힘의 장이라는 개념이 공존하기 때문이다. 이러한 수법으로 하디드는 박물관과 같은 프로젝트에서 '오브제' 가 아니라 많은 동시발생적인 시설(장치)들을 지닌 '공간의 장' 을 만들어내고 있다. 하디드는 이러한 힘과 힘의 장을 도시적 맥락에서 외부의 경계를 넘어서 관류하는 "내부화된 흐름(interiorised flow)" (EL Croquis vol. 103, 2002, p.7)을 발생시키는 수단으로 사용한다. 이러한 개념들은 장 개념이 수직적 차원으로 압축된 스케일이 되거나 수평적으로 확장된 장을 의미한다. 이러한 해석은 하디드가 2000년 중반 이후 최근 작품에서 탐구해 온 자유로운 유선형의 형태와 연속성의 공간을 이해하는 데 유용한 틀을 제공한다. 왜냐하면 이러한 형태와 공간들은 단순히 조각적인 무정형의 형태를 추구한 것이 아니라, 그녀가 초기부터 발전시켜 온 수평적 켜와 수직적인 켜의 장들이 융합하여 이음매가 없는 연속된 공간성을 생성하기 때문이다.

하디드는 건축에서 복합성의 개념은 공간을 구성하는 힘으로 작용한다고 주장해 왔다. 이러한 복합성은 (비트라 소방서에서처럼) 볼륨을 절단하고, 하나의 볼륨이 다른 볼륨을 통해서 보여지는 방식으로 생성된 '공간적 연속체' , '연속하는 공간의 투명성' 의 개념처럼 관찰자에게 경험되는 공간의 질적 측면과 관계가 있다. 그녀의 작품에서 공간적 연속체를 이루는 투명성의 공간은 공간의 시퀀스라는 측면에서 관찰자를 위한 '구조화된 구성' 의 성격을 띠고 있기 때문이다. 하디드는 공간을 연속체로 변화시켜 도려내는 데 방해가 되는 동선 코어를 과감하게 제거한다. 그녀는 투명성이 요구되어 동선 패턴을 변경할 필요가 있는 경우에, 경제적인 입장보다는 투명성을 가능케 하는 방식으로 동선체계에 대해 여러 스터디를

도3-51a, b Z. M. 하디드, 랜드스케이프 파운데이션 원, 바일 암 라인, 독일, 1996-1999

통해서 검증한다. 왜냐하면 동선의 효율성보다 공간의 연속된 투명성이 더 중요하다고 생각하기 때문이다. 또 구조적인 가능성을 검토하여 단면을 구조적 제약으로부터 해방시킴으로써 건축을 평면이라는 역할에서 자유롭게 하는 방식을 탐구한다.

따라서 하디드의 작품에서 발견되는 구축의 논리는 미스나 꼬르뷔지에 등 모더니즘 건축가들이 탐구한 구축성의 개념과는 거리가 멀다. 오히려 하디드에게서는 구성의 개념이 더 강하게 나타난다. 그러므로 하디드는 미로와 같은 공간구성의 복합성을 통해서 발생하는 '공간적 발견의 감각(sense of spatial discovery)'을 중시한다. 그녀는 방문객(관찰자)이 공간을 일견하는 것이 아니라 연속된 공간을 가로 질러가면서 다양한 시점에서 중첩되고 연속된 공간을 경험하는 방식에 주목한다. 그녀는 공간들 사이에서 만들어지는 "인공적 거리두기(artificial distance)" (EL Croquis vol.103, 2002, p.69)의 수법과 크기, 비례가 다른 공간들을 중첩시키는 수법을 통해서 관찰자의 공간지각의 효과를 극대화 하고 있다. 이러한 수법들은 작은 시설의 규모로 인해 내부의 공간이 협소한 경우나 지각적 거리가 짧아서 공간적 깊이 감을 강화할 필요가 있는 경우에 매우 유용한 수법이다.

랜드스케이프 파운데이션 원(Landscape Foundation One, LF One, Weil am Rhein, Germany, 1996-1999)(도3-51a, b)에서, 하디드는 새로운 인공적 대지형상을 창조하고 새로운 유동적 공간성을 실험해 온 프로젝트들(예를 들면 비트라 소방서 프로젝트)에서 처럼 볼륨들을 상호직조해 온 수법을 '대지의 형상' 과 관련시켜 전개함으로써 건물 자체의 기능성보다 이동을 암시하는 조각적 건물을 만들어냈다. 여기서 건물을 주변의 정원에 직접적으로 통합시키는 일련의 통로들은 자연환경－강의 삼각주, 산의 능선, 숲, 사막, 협곡, 빙하의 흐름, 대양 등과 같은 자연적인 랜드스케이프－에서 영감을 얻어 계획된 것이다. 테라스와 보행로를 골격으로 구성된 이 건물은 고립된 존재가 아니라 주변 랜드스케이프에 스며들어 조화를 이루며, "전통적인 도시 및 건축적인 공간과는 구별되는 성격의 랜드스케이프 공간을 만들어낸다. 이 공간은 다수의 미묘한 영역적인 경계뿐만 아니라 부드러운 전이라는 특성"

(P. Jodidio, 2009, p.149)을 지닌다. 이 건물에서처럼 건물을 랜드스케이프와 일체화하는 개념은 후에 로마의 국립 현대 예술 센터에서 반복된다.

LF One(1996-1999)이 건축을 랜드스케이프와 일체화하는 개념을 자연환경에서 전개한 반면에, 로마의 **국립 현대 예술 센터**(MAXXI : National Center of Contemporary Arts Center in Rome, Italy, 1999-2009)(도3-52a, b, c)는 역사적 도시 안에서 인공적 랜드스케이프의 개념을 수평적으로 전개한 작품이다. 여기서 하디드는 "덩굴 모양의 보행로와 오픈 스페이스를 중첩시켜 동선 시스템을 도시적 맥락과 상호 직조하여 건물이 그 공공 영역의 차원들을 도시와 공유하는 방식으로 통합적인 공간화"를 의도하였다. 프로그램 측면에서도 이 건물은 비교적 큰 부지의 도시적 맥락의 변화에 대응해 미술뿐만 아니라 건축센터, 도서실, 사회적 이벤트 공간 등의 시설들을 장(場)의 흐름을 따라 분산 배치함으로써 다양한 외부의 도시적 상황들과 연결되어 있다. 여기서 '미완의 구성'이라는 아이디어, 즉 형상이 최종적으로 확정되지 않는다는 개념은 질서나 아이덴티티를 손상시키지 않고 켜들을 부가하거나 확장할 수 있도록 융통성과 유동성을 부여한다. 하디드는 여기서 "내부의 기하학적인 복잡성은 주변 맥락들의 서로 다른 정위(定位, orientations)들이

도3-52a, b, c Z. M. 하디드, 국립 현대 미술 센터, 로마, 이탈리아, 1999-2009

압축된 결과이며, 주변의 맥락 안에서 활동화 되지 않은 상태로 있는 도시 통행로를 발견하는 작업"(EL Croquis vol.103, 2002, p.8)과 관련되어 있다고 설명한다. 또한 공간 이동의 자유로움을 경험하도록 함으로써 "공간을 통해서 표류한다는 아이디어(the idea of drifting through the space)"라는 차별화된 개념과 '유동적인 공간적 연속성' 의 개념 등이 하디드의 최근 작품에서처럼 중요한 테마로 전개되었다.(이 센터는 이러한 테마를 보여주는 전이적인 작품이다.) 미국 신시내티에 위치한 **로젠달 현대미술 센터**(The Lois & Richard Rosenthal Center for Contemporary Art in Cincineti, Ohio, USA, 1997-2003)**(도3-53a, b, c, d)**는 로마의 국립 현대 예술 센터와는 대조적으로 인공적 랜드스케이프의 구축을 수직적으로 구성하여 유연한 연속성의 공간감과 도시풍경을 단일한 오브제 내부에 압축하여 추상화 한 작품이다. 이 건물에는 '어반 카펫' 의 개념이 외부 가로풍경의 도시공간을 센터의 다층화 한 로비공간과 상부에 있는 갤러리에 이르기까지 막힘없는 흐름으로 유도해내는 장치(주24)로 도입되었다. 따라서 이 어반 카펫의 개념은 중첩의 아이디어를 통해서 부분적으로 상부에 있는 갤러리 공간의 틀을 형성한다. 이것은 전시

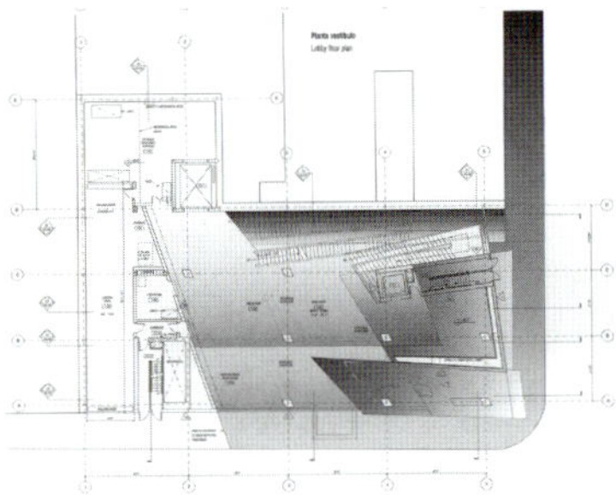

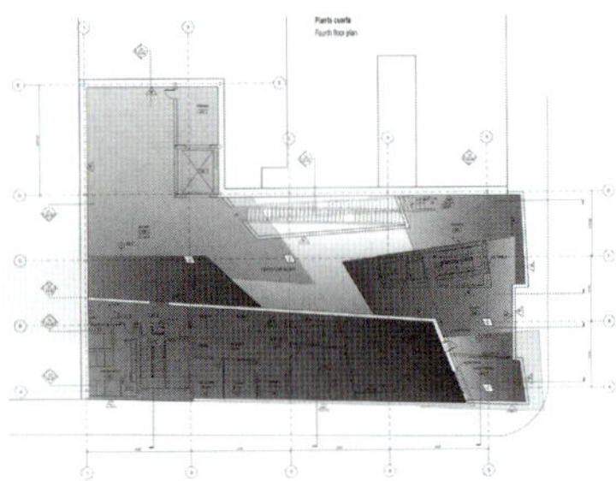

도3-53a, b, c, d Z. M. 하디드, 로젠달 현대미술 센터, 오하이오, 미국, 1997-2003

프로그램에 대응하는 융통성을 갖도록 다양한 크기와 높이의 갤러리 안에 갤러리가 포개져 병치되는 방식으로 나타난다.

하디드가 초기부터 지속적으로 추구해 온 "이음새 없는 연속성(seamless continuity)"의 개념은 2000년 중반 이후 계획된 동대문 운동장 재개발(Dongdaemoon Design Plaza, Seoul, Korea, 2005 -), 두바이 오페라 하우스 및 문화센터(Dubai Opera House and Cultural Center, Dubai, UAE, 2006 -) 등과 같은 작품들에서 개방적, 역동적인 특성을 지닌 "유연한 디자인(fluid design)"이라는 새로운 흐름으로 전개되고 있다. 하디드는 **뉴라직 현대 예술박물관**(Nuragic & Contemporary Art Museum, Cagliari, Rome, Italy, 2006-진행

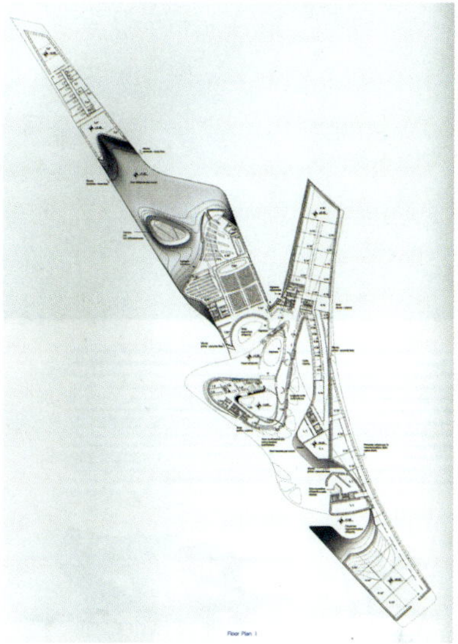

도3-54a, b, c Z. M. 하디드, 뉴라직 현대예술박물관, 로마, 이탈리아, 2006-진행중

중)(**도3-54a, b, c**)은 이러한 디자인 개념으로 독특한 조형과 동굴 같은 내부공간의 이미지를 만든 작품으로 주목받았다. 여기서 하디드는 내부 순환동선을 공공의 통행로와 상호연결하고, 오픈 스페이스와 동굴형상의 공간을 교차시키는 방식을 통해서, 유연한 형상의 건물이 그 공공영역을 도시와 공유하도록 의도하였다.[주25] 따라서 건물 형상의 개방적이고 역동적인 특성은 내부까지 연속되고 있으며, 여기서 전시 통행로, 공공의 정보교환 및 상업적인 통행로 등 방문객의 순환동선들이 공간의 기하학을 결정하는 요인이 되고 있다. 건물을 가로지르거나 서로를 차단하는 공공의 보행로는 '유연한 구조물(fluid structure)' 을 만들어내며 다양한 용도와 형상을 가능하게 한다. 이러한 형상의 동굴 공간은 건물의 '외부 표면' 뿐만 아니라 표면/벽 모두에 다중 활용의 가능성을 부여한다. 특히 간섭과 동요의 영역을 발생시키는 수직 및 사선 방향의 순환동선들은 기존의 수평, 수직 켜들의 중첩을 통해 생성되는 장(場)의 차원을 넘어 건물의 다양한 부분들 사이에 시각적인 연속성을 만들어내고 있다는 점에서 주목된다.

034 다시보기

우리는 기하학적 질서와 개념의 건축을 추구하는 건축가들을 고찰하는 작업을 통해서, 건축 형태생성의 논리적 도구로서 기능과 프로그램의 해석, 또는 구축성의 전통보다 기하학적 질서와 자연(랜드스케이프)의 해석에 대한 새로운 인식을 발견할 수 있었다. 18세기 계몽주의 시대의 이성적, 합리적 사고 논리는 자연세계에서 사물의 질서와 생성논리를 탐구하는 데 지대한 영향을 끼쳤다. 이러한 사실은 20세기 모더니즘 건축에서 오브제의 자율적 구성 원리와 새로운 지각방식에 대한 탐구로 발전되어 온 것에서도 알 수 있다. 이것은 새로운 건축은 기능, 프로그램, 구조 등 외적인 조건뿐만 아니라 오브제의 자율적인 내재적 속성에서 나오는 것이라는 인식에서 출발한 것이다

따라서 자연세계를 구성하는 기하학은 모더니즘 건축과 현대건축에서 착상과 아이디어의 출발이며, 새로운 건축 생성의 논리를 탐구하는 기반이 되어 왔다. 특히 자연의 세계와 관련된 지형학, 지질학적 해석방법은 기하학적 질서를 추가하는 현대 건축가들(아이젠만, 페로, 하디드)에게 자연과 건축의 새로운 관계를 정립하는 기반이 되었다. 이것은 모더니즘의 오브제 지향성에 대한 대안으로 탈-오브제적인 구성과 해체를 통해서, 또 인공적 자연의 개념으로 확장 해석되는 랜드스케이프를 통해서 모더니즘에 의해 상실되었던 도시의 공공 공간과 도시성을 회복하려는 것이다.

'건축과 자연의 통합적 관계' 에 기반한 기하학적 길서와 개념의 건축을 추구하는 현대건축 담론의 흐름에서 우리는 다음과 같이 몇 가지 주목할 만한 특성들을 인식하는 것이 필요하다.

첫째, 기하학적 질서를 중시하는 현대 건축가들의 공간구성에서 발견되는 두드러진 특징 중의 하나는 해체와 중첩의 논리로 생성되는 공간적 질서에서 발견되는 새로운 경험방식이다. 이들은 기능과 프로그램의 제약조건보다는 형태생성의 논리를 중시할 뿐만 아니라, 오브제(대상)의 내재적 질서로부터 새로운 경험을 부여하는 공간구성과 형태를 탐구한다.

해체주의 사상이 제기한 해체의 개념이 현대 건축가들에게 과거 전통과 규범의 해체, 형식과 의미의 해체, 사고의 해체를 위한 기반을 제공하였듯이, 하디드, 아이젠만 같은 현대건축가들은 새로운 형식과 공간 질서를 탐구하는 도구로 해체와 중첩을 중시하고 있다. 하디드는 수평, 수직, 경사면들과 개별요소들의 조작으로 이루어지는 해체와 재구성을 위해 파열, 중첩 등을 보다 파격적인 방식으로 도입한다. 프로그램과 형태구성을 동시에 고려하여 접근해 온 하디드는 프로그램이 새로운 형태적 해결을 위한 가능성을 제공한다고 생각하고 있으며, 이것을 대지의 다층적인 켜와 관찰자의 지각의 프로세스 등과 함께 건물이 다루어야 할 상황조건으로 간주하여 수용한다. 하디드는 이러한 접근으로 자유로운-형태(free-form)를 가능하게 하는 개방적 구성을 추구하였다. 개념 건축을 추구해 온 아이젠만의 형태생성 논리는 그가 통사론적 생성문법을 바탕으로 자신의 주택 연작들에서 1980년대 중반까지 실험하여 왔던 탈-기능주의적인, 내재적 다이아그램 행위로서의 프로세스 디자인에서 분명하게 드러난다. 그의 접근방법은 통사론적인 생성문법에 근거한 것이지만 건축의 구성요소들을 해체하고 기하학적 질서의 논리로 재구성하는 것은 개념적인 지적 행위를 전제한 것이다. 특히 아이젠만의 '행간으로 읽히는 텍스트로서의 건축'의 개념은 텍스트의 비결정성, 즉 변위에 의한 의미의 미정성과 관련된 것(칸나레지오 지역을 위한 계획안)으로 형태적 특성과 관련지어 해석된 것이다.

현대건축 담론에서 우리가 주목하여야 할 점은 개념의 건축이라는 전통을 따르는 건축가들은 기하학적 질서를 지닌 순수 형태구성의 자율성과 형식성을 중시하고 있으며, 또 한편으로 기하학적 질서의 개념이 반영된 유기적인 형상의 '자유로운 형태'를 추구하는 흐름으로 전개되고 있다는 사실이다. 이것은 최근에 지형학과 고고학적 관점에서 옛 것과 새 것, 시간성과 공간성을 중첩시켜 유기적인 비선형의 형태로 표현하는 방식(하디드의 뉴라직 현대예술박물관, 아이젠만의 갈라시아 문화도시와 같은 최근 작품 등)으로 나타난다. 특히 해체주의적 형태구성을 탐구해 온 하디드의 최근 작품들(2005년 이후)에서 발견되는 무정형의 곡선 형상들은 조각적인 형태에 대한 탐구의 결과라기보다는, 그녀가 초기부터 수평 켜의 중첩으로 발생하는 면들(홍콩 피크 레저 클럽), 수평 켜와 수직 켜의 중첩, 충돌에 의해 발생하는 볼륨(비트라 소방서)을 '흐름'과 '장'의 개념으로 통합하여 생성한 결과로 해석하여야 한다는 것이 필자의 생각이다. 이것은 하디드가 초기부터 추구해 온 복합성과 모호성을 지닌 공간개념, 즉 중첩되어 동시에 지각되는 이음매없는 공간의 연속체를 디지털 툴을 사용하여 3차원적인 형상으로 만들어낸 것에 다름 아니다. 우리는 (하디드 뿐 아니라) 아이젠만의 초기 작품의 기하학적 그리드 격자체계가 사라지고 지형학적 해석에서 생성된 유기적 형상으로 전환(갈리시아 문화도시)되고 있는 점, 그리고 모더니즘의 시기에 꼬르뷔지에의 1920년대 순수 입방체의 기하학적 질서가 사라지고 후반기에 조각적인 형상으로 급격히 전환(롱샹의 노트르담-뒤-오 성당)된 현상을 어떻게 해석할 수 있을까? 필자의 관점으로 볼 때, 이들 건축가들은 자신들이 초기부터 추구해 온 건축적 생성논리와 개념들을 확장시킨 것이며, 이러한 과정에는 자연, 지형학, 장이론 등에 대한 새로운 해석과 수용방식을 일관성 있게 탐구해 온 것임이 분명하다.

기하학적 질서와 형태생성의 논리, 건축과 자연의 통합이라는 관점을 중시하는 이러한 사고의 전통은 모더니즘 건축에까지 거슬러 올라간다. 불레와 르두가 추구한 기하학적 매스로서 순수 형태 안에 한정된 기하학적인 구심적 공간적 질서는 20세기 모더니즘 시기에 지각의 생소화와 수법의 개념으로 입체적 공간구축을 실험한 러시아 구성주의, 폐쇄된 입방체를 해체하여 반기하학적 형태를 추구한 데 스틸, 입체파, 꼬르뷔지에 등의 중첩과 병치기법에 의한 건축적 실험을 통해서 해체되었다. 이들은 이성에 근거한 객관적 공간 지각의 원리를 탐구하고, 동시성의 지각을 개념화하기 위한 표현 수단으로 등각투영법으로 대상의 객관적 특성에 대한 이미지를 표현하고자 하였다. 이들이 추구한 것은 기능적 공간이 아니라 반-입방체 질서로 해체되어 새로운 방식으로 지각되는 원심적인 공간구성의 탐구였다. (약 40년 뒤에 탈-기능주의와 건축의 자율적 구성논리를 강조한 현대건축가 아이젠만이 언어학자 촘스키의 통사론을 적용하여 벽, 기둥, 보 등의 구성요소들을 해체하고 조립하는 프로세스를 반복하여 주택구성의 연작 시리즈를 제안한 점은 흥미롭다.)

둘째, 우리는 기하학적 질서를 중시하는 현대건축 담론에서, 오브제의 지각대상과 지각 주체를 통합하여 인식하고 공간경험에서 지속성과 기억의 차원을 수용하려는 태도가 발견된다는 점에 주목할 필요가 있다.

현대건축에서 (공간과 형태를 포함한) 오브제의 자율성과 관찰자의 지각방식에 대한 탐구는 해체와 중첩의 생성논리를 바탕으로 한 공간적 질서와 신체성의 관계로부터 새로운 공간지각의 효과와 수법들을 탐구하는 계기가 되었다. 이러한 사실은 하디드가 면들의 중첩으로 동시적이고 이음매없는 공간의 연속체를 만들고자 한 데서 두드러지게 발견된다. 하디드가 탐구한 공간의 연속체의 개념은 동시성과 투명성뿐 아니라 시간의 연속성과 움직임을 반영한다는 점에서 공간 경험의 주체인 관찰자의 관점에서 공간의 경계인식과 흐름, 모호성의 개념을 내포하고 있기 때문이다. 하디드의 작품에서 미로와 같은 공간구성의 복합성을 통해서 발생하는 '공간적 경험의 감각', 공간들 사이에서 만들어지는 '인공적 거리두기'의 수법(로젠탈 미술관에서처럼) 등은, 물론 건축가 자신의 관점에 근거한 것이지만 공간을 지각하는 방식과 신체성에 대한 인식을 전제한 것이다. 실제 하디드의 작품들에서 내부공간은 많은 시선들을 유도하는 다양한 틈새 공간들의 존재를 감지할 수 있다. 하디드가 이러한 공간의 다층성과 동시성을, 모더니즘 시기에 되스버그가 등각 투영법으로 3차원의 공간을 동시적으로 인식하려 했던 것처럼, 그녀 자신이 개발한 X-ray 드로잉을 통해 탐구하였는데, 이것은 객관화된 공간인식이라는 지적 구조를 전제로 한 것이다. 공간을 경험하는 신체성에 대한 관심은 최근에 아이젠만이 유태인 학살 추모공원에 시간의 '지속성'과 기억의 개념을 도입하여 '미확정성의 공간'과 '다층적인 경험'을 제공하는 장소를 만들고자 한 데서도 발견된다. 오브제로서의 건축형태의 객관적 질서의 표현을 중시하는 건축가(아이젠만, 페로)들은 건물의 구축성의 논리보다 피막의 지각적 효과를 강화하는 물성의 표현방식에 주목하여 왔다. 페로는 사물을 지각하는 방식을 다양화하고 지각적 애매성과 불확정성을 강화하기 위해 물성의 새로운 지각 방식을 실험한다. 페로는 물성의 현상학적 측면에 주목하여 물성에 인간적 차원을 불어넣는 것이 바로 불확정성이라고 주장한다. 그가 상황과 행위 간에 발생하는 관계적인 침입을 강조한 것은 미완의 건축으로 구축된 건축에 지각적 경험의 개방성을 부여하기 위해서였다. 따라서 페로가 사잇공간을 발생시키는 금속망의 외피를 사용한 것은 프로그램적인 차원이 아니라 지각적, 상징적 차원에서 해석되어야 한다.

이러한 오브제의 객관화된 이미지, 새로운 지각방식과 관련된 신체성에 대한 전제 등은 모더니즘 시기에 형언하기 어려운 공간으로서 '시적 감흥을 불러일으키는 오브제'로서의 특성과 기하학적 질서를 추구한 꼬르뷔지에에게도 중요한 탐구과제였다. 격자 그리드의 체계 안에서 중첩되어 발생하는 투명성의 공간—콜린 로우가 말한 바 현상학적, 개념적인 투명성의 막과 함께 관계를 맺는 직선, 곡선의 벽체들로 구성된 공간—은 신체성의 인식과 흐름을 반영한 것과도 무관하지 않다. 이것은 매스의 기하학적 질서 안에 압축된 공간적 구성안에서 실제로 공간을 느끼고 움직이는 관찰자가 벽과 기둥이 만들어내는 형태의 '장' 안에서 관계를 맺는 참여의 한 방식을 전제한 것이다. 그의 건축에서는 건축적 산책로를 공간조직화를 위한 개념적인 축의 개념으로 설정하고 시퀀스 속에서 전개되는 다양한 조망들을 연속적이고 지속적으로 경험시키려는 수법이 중시되었다. 특히 '산보하는 건축'을 실현하기 위해 중요한 램프는 인간과 자연의 관계를 연결해 주는 확고한 장치이다.

셋째, 기하학적 질서의 개념을 중시하는 현대 건축가들에게 자연, 지형학의 개념들은 건축 창조의 영감과 개념의 원천이며, 이것들은 건축의 도시성을 회복하고 새로운 랜드스케이프를 구축하는 데 중요한 개념으로 인식되어 왔다는 점이다.

페로, 하디드, 아이젠만 같은 현대 건축가들에게 지형학의 개념은 건축적 담론과 디자인 착상의 중요한 출발점이다. 페로는 자연과 대지로 '침입'하여 건축을 '분리'하고 궁극적으로는 '소멸'시킨다는 개념으로 자연과 인공의 모든 구성요소들이 포함된 랜드스케이프 건축의 새로운 영역을 탐구해 왔다. 그에게 있어서 침입은 상징적 의미가 아니라 오브제 차원을 넘어 맥락 안에서 물리적인 관계성을 맺는 것이며, 여기에 장의 개념이 도입되는 것을 의미한다. 이러한 태도는 접근이 불가능하지만 시각적으로만 인식가능 하도록 처리한 자연을 문화적 실체로서의 인공적 자연의 개념으로 해석(프랑스 국립도서관의 중정)하거나, 랜드스케이프가 곧 건축이 되고 건축이 곧 랜드스케이프가 되는 방식(이화여대 캠퍼스센터, 스페인 갈라시아 문화도시계획안 현상설계)에서 발견된다. 특히 지형학의 개념을 고고학적, 지질학적 관점에 해석하여 과거와 현재, 그리고 시간과 공간의 측면들이 중첩된, 인공적인 랜드스케이프의 구축이라는 건축적 담론은 하디드의 작품들에서, 그리고 아이젠만의 최근 작품에서도 발견되는 주요 테마이다. 하디드의 작품에서는 중첩된 지형의 지각, 공간의 움직임의 아이디어, 파열과 폭발, 반중력적인 개념, 추상, 지형학의 개념 등으로 실제의 자연이 인공화됨으로써 '추상과 랜드스케이프가 공존'하는 방식으로 전개된다. 따라서 그녀의 작품에서는 실제적인 자연의 요소는 존재하지 않는다. 이것은 하디드가 외부의 자연(랜드스케이프)을 실제 그대로의 모습보다는 이를 내부화된 랜드스케이프로 수용하고 이것을 다시 외부의 현실적인 랜드스케이프와 연계시킴으로써 도시성의 의미를 갖는, 건축화된 인공적 랜드스케이프로 재구성된 '인공적 대지형상(landform)' 를 구축하려는 데서도 알 수 있다. 하디드는 지면을 조작하여 다층으로 중첩시켜 수평적, 또는 수직적인 인공적인 지층을 만드는 수법으로 도시공간의 공공성을 강화하기 위해서 경계를 넘어서는 '내부화 된 흐름' 을 발생시킨다. 여기서 우리는 비(非)유클리드 기하학적 공간구조 개념과 '장(field)' 의 개념에 대한 새로운 인식을 발견할 수 있다. 이러한 해석은 도시의 공공 공간을 건축의 내 · 외부적으로 연계시키는 '흐름과 장의 힘' 의 개념으로 고고학적, 지질학적 층위라는 관점에서 해석한 것이다. 이것은 오브제가 아니라 '공간의 장' 을 만든다는 것을 의미한다.

또한 아이젠만의 최근의 작품들에서 반복적으로 나타나는 흔적, 접힘, 인공적 발굴의 개념 등은 지형학, 지질학적인 해석과 관련된 것이다. 이것들은 그가 기하학적 질서의 형상들과 중첩하여 발생하는 장의 흐름과 시간의 지속성이라는 기억의 차원에서 도시성을 해석(유태인 학살추모공원)하는 도구이다. 인공적 발굴의 도시라는 개념을 지형학적, 지질학적인 관점으로 해석(칸나레지오 지역을 위한 계획안, 갈라시아 문화도시)하여 형상과 배경의 이분법적인 구분의 경계를 모호하게 하는 개념들이다. 여기서 아이젠만은 오브제와 공간이라는 형상-배경 이론의 이분법적 경계의 틀을 타파하고 공간도 오브제의 형상처럼 동등하게 간주하는 형상-형상 이론이라는 새로운 관계를 실험한 큐비즘의 비위계화의 개념을 자신의 작품에 새로운 방식으로 도입하고 있다. (이러한 비위계화의 개념은 1권 01에서 다룬 세지마가 프로그램에 비위계적 질서를 부여하는 방식에서도 발견된다.) 여기서 아이젠만의 초기 작품에서 발견되는 격자그리드 체계의 질서는 표면적으로 드러나기보다는 지질학적, 지형학적 개념과 중첩되어 발생되는 유기적인 형상 안에 통합되는 방식으로 표현된다. 이것은 그가 지형의 흔적을 디지털화 수법으로 중첩하여 형상화(아르노프 미술센터) 한 이후, 부지의 지형도와 역사적 가로를 중첩시키는 맵핑과 같은 다이아그램 기법으로 다양한 층위들을 발생시켜 그 장소의 지형을 물리적이 아니라 개념적, 지각적 차원에서 재발견하여 구성하려는 태도(갈라시아 문화도시) 에서도 찾아볼 수 있다. 여기서 우리는 현대건축에서 지형학, 지질학의 개념 등은 장의 개념을 바탕으로 도시성을 해석하는 주요한 개념적 도구가 되어 왔다는 사실에 주목할 필요가 있다.

자연을 건축화된 자연으로 해석하는 이러한 사고의 전통은 모더니즘 시기에 자연과 기하학적 질서의 통합적 관계를 중시한 꼬르뷔지에의 자연(랜드스케이프)에 대한 해석 태도에서도 발견할 수 있다. 꼬르뷔지에는 불레, 르두처럼 자연 세계의 기하학적 질서를 중시하였지만, 자연의 랜드스케이프 요소를 건축과 관계 짓는 방식에 대해서는 그 이전의 건축가들과 전혀 다른 태도로 접근하였다. 꼬르뷔지에는 자연을 19세기와 20세기 초까지 인식되어 온 것처럼 지상에서 접촉하여 수동적으로 감상하는 목가적인 전원풍경의 이미지를 벗어나, 자연을 능동적으로 지배하는 관점으로 해석하였기 때문이다. 이러한 사실은 자연과 랜드스케이프를 조망하고 건축화 된 틀 안에 재구성하여 관찰자에게 자연을 새로운 방식으로 경험할 수 있는 가능성을 제공(빌라 사보와)한 데서 알 수 있다.(주26) 또 건축과 자연을 통합하고자 했던 꼬르뷔지에의 사고는 기학적인 질서의 개념에서 유도한 원리들을 자연의 랜드스케이프, 지역적인 특성을 지닌 지형과 적극적으로 통합하여 기하학과 자연의 질서가 공존하는 도시환경의 질서를 탐구(1930년대 초 그가 제시한 알지에 시를 위한 선형도시 계획안)한 점, 그리고 그의 생애 후반기에 건축과 자연의 랜드스케이프가 통합된 유연한 조각적 형상의 건축을 추구(롱샹의 노트르담-뒤-오 성당)한 점에서 강하게 발현되고 있다는 점이다. 롱샹의 노트르담-뒤-오 성당은 기하학적 질서를 바탕으로 구성한 1920년대 초기의 오브제 지향적인 순수 형태들과는 달리, 조각적인 형상이 자연의 랜드스케이프에 대응하여 통합하려는 개념에서 출발하여 '랜드스케이프 음향학(landscape acoustics)' 이라는 특성을 구체화한 작품으로 평가되고 있다.

그러므로 우리는 모더니즘과 현대건축 담론에서 건축과 자연의 새로운 관계와 랜드스케이프 건축에 대한 독특한 해석이 탐구되어 왔다는 사실을 인식할 필요가 있다. 이것은 '장소-특정성' 과 '주체-대상-자연에 대한 새로운 관계' 에 주목하고, 자연과 랜드스케이프를 실제적 자연과 인공적 자연 모두 포함하는 의미로 해석해 도시의 공공 공간과 장소성, 도시성을 회복하고자 한 시도라는 점에서 오늘날 현대 건축 담론에 중요한 의미를 부여하고 있다.

Mental Image and the Architecture of Sensuality

04 심상의 표현과 감각의 건축

041 디자인의 출발점 : 직관과 영감

"독창적이라는 말은 자연의 근원으로 돌아가는 것을 뜻한다" 안토니오 가우디 (Antonio Gaudí i Cornet)

"예술이란 결코 소수의 즐거움이 되어서는 안 되며, 대중의 행복이자 삶이어야 한다" 부르노 타우트 (Bruno Taut)

"확실히 제 1의 요소는 기능이다. 그러나 감성 없는 기능은 단순한 구성에 불과하다." 에릭 멘델존(Erich Mendelsohn)

"예술적 표현은 우리의 영혼에 활기를 불어 넣어 주는 것이다" 프랭크 게리(Frank Gerry)

예술작품은 예술가의 내적 자아의 분출이다

콘라드와 슈페리히(Ulirch Conrads & Hans G. Sperlich)의 『환상의 건축 Phantastische Architektur, 1960』, 샤프(Dennis Sharp)의 『근대 건축과 표현주의 Modern Architecture and Expressionism, 1966』, 보로시와 쾨니히(Franco Borosi & Giovanni Klaus König)의 『표현주의의 건축 Architectura dell'espressionismo, 1967』, 펜트(Wolfgang Phent)의 『표현주의 건축가의 건축 Expressionist Architecture, 1973』 등은 모더니즘 건축의 국제주의 양식에 의해 가려진 20세기 초 표현주의 건축과 사조에 대해 분석한 연구들이다. 이러한 연구 문헌들은 건축의 역사적 흐름을 시대정신에 근거하여 구성적 사실(construct fact)의 관점으로만 기술하려고 한 기디온의 관점을 거부한다. 이 연구들이 규명한 중요한 사실은 건축에는 기능, 재료, 구조, 그리고 경제성 등과 같은 측면으로 설명될 수 없는 또 다른 영역, 즉 감성, 감정, 영적인 것들의 역동적 경험과 관련된 내적인 체험(inner experience)의 측면이 존재한다는 사실을 언급하고 있다는 점이다. 샤프는 20세기 초 전위적인 예술운동이 기여해 온 점을 다음과 같이 서술하고 있다.

> ".... (19세기까지 존재하지 못했던; 필자 첨언) 양식적인 일관성은 입체파, 미래파, 표현주의, 신-조형주의, 추상예술 등에서 배태되어 있는, 본질적으로 20세기의 이념들(ideas)과 함께 출현하게 되었다. 기계, 속도, 이동, 공간의 심리학적 인식, 그리고 소통이라는 20세기의 이념들을 예술적인 용어로 전환시킨 것은 바로 이러한 운동이었다."
> (Dennis Sharp, 1966, p.22)

모더니즘 시기에 전개된 여러 전위적인 운동들 중에서 표현주의는 새로운 아이디어와 실험을 결합한 가장 창조적인 예술과 문학운동이었다. 예술가들이 예술 작품을 내적 자아의 표현으로 해석하고, 이것이 관찰자에게 미치는 심리적 효과의 측면에 주목하게 된 점은 표현주의의 기여라는 사실은 의심의 여지가 없을 것이다. 이 점에서 샤프는 독일을 중심으로 20세기 초에 전개된 표현주의를 "예술과 삶에 있어서 하나의 혁명"(Dennis Sharp, 1966, p.11)이라고 평가하였다. 펜트(W. Phent, 1973), 반 드 벤(Van de Ven, 1980) 등도 표현주의 건축이 새로운 공간개념과 형태를 실험하여 근대 건축의 형성기에 중요한 자극제 역할을 수행하여 왔다고 지적한다.

우리가 소위 표현주의, 환상주의, 유토피안 등으로 부르는 건축가들은 예술 작품을 감성적 개념이라는 새로운 형태로 재현한 삶의 표현으로 간주한다. 따라서 이들은 '감정(감성)을 형태의 근원' 으로 간주한다. 과거에 대한 객관적 해석보다 주관적 해석을, 이성보다는 감정을 중시하고 외재화하여 비합리적인 경험의 심층, 그리고 현실의 경계를 넘어선 새로운 지평을 추구한다. 이러한 태도는 예술적 창조성에 의식적인 자기 통제라는 아폴론적 관점이 아니라, 예술가의 내적 에너지의 분출과 원초적인 본능에 열광적으로 심취하는 디오니소스적인 관점을 반영한다.[주1] 따라서 이러한 성향의 건축가들은 디자인 접근방식을 하나의 틀로 해석하기 어려울 정도로 다양한 양상을 보여주고 있다. 그러나 어떤 통합된 단일의 이론적 기반과 형태 표현의 원리가 존재하지는 않지만, 이들은 모두 인간 실존의 감성에 대한 자각을 바탕으로 접근한다는 점에서 공통점을 지닌다.

샤프는 "20세기 초 표현주의 건축가들의 작품에는 건축적으로 표현되어 있는 형이상학적인 이념들이 존재하며, 각 건물들은 의미 있는 상징적 대상이나 이미지가 되었다"(D. Sharp, 1966, p.167)고 지적한 바 있다. 삶의 표현으로서 예술의 표현성과 상징 의미를 탐구하는 건축가들은 "건축적 매체로서의 표현적 요소를 형태 결정의 1차적 인자"(W. Phent, 1973, p.11)로 간주한다. 이러한 디자인 접근방식에서는 통상적으로 건축가의 내적 감성에서 나온 주관적이고 선험적인 형태를 바탕으로 기능적 적합성을 탐구하는 과정이 나중에 진행된다. 이들은 여기서 기능은 단지 형태의 가상곡을 위한 출발점에 불과하며, 좋은 형태의 디자인은 내부의 평면과 단면의 분석 및 조합에서 출발하여 외부의 입면의 단계로 진행해 나가는 기계론적 과정을 통해서는 얻어질 수 없다고 전제한다. 무엇보다도 형태의 표현성과 상징에 대한 탐구를 전통과 역사적 유형에서 출발하는 것을 거부한다는 점에서 표현주의 건축가들은 20세기 초 미래파처럼 역사적 선례의 참조를 경시하는 반(反)-유형학적 태도를 보여주고 있다.

여기서 우리는 표현주의 성향의 건축가들은 디자인 해(解)를 영감과 직관에 의존하며, 마음 속에 떠오르는 내적 경험의 이미지, 즉 심상(心象, mental image)의 표현을 중시한다는 점에 주목할 필요가 있다.(주2) 내적 경험의 표현을 추구하는 건축가들은 샤프가 지적한 것처럼 "개인적 경험의 다양성과 이것들에 대한 자신의 느낌을 외재화 하는 데뿐만 아니라, 생기 없는 오브제의 암시된 내적 의미를 탐구"(Dennis Sharp, 1966, p.11) 하는 데 관심을 보여 왔기 때문이다. 이처럼 내면의 심상 표현을 중시하는 건축가들은 건축의 본질을 인간의 이성적 측면보다는 비합리적 정서, 감정, 영감 등의 측면에서 인식하는 성향이 강하다. 이러한 태도는 인간 내면의 비합리성의 측면을 수용하고 새로운 질서의 세계를 창조하려는 것으로 푸코가 언급한 헤테로토피아적인 사유 체계의 모습을 보여준다. 심상의 표현과 감각의 건축을 추구하는 건축가들은 패러다임의 관점에서 볼 때 앞의 03에서 살펴본 바와 같이 대상의 형식관계와 그것이 생성하는 아우라(aura)를 중시한다는 점에서 형식주의적-심미적 패러다임의 범주에 속한다.

오브제가 지닌 아우라를 통해 미적 감흥을 유발시킨다

그러므로 20세기 초 모더니즘 시기에 표현주의 건축가들은 경직된 기하학적 공간과 형태가 아니라 유기적인 공간구성과 형태가 발현하는 대상 고유의 연상적 분위기, 즉 아우라(aura)(주3)를 통해 인간의 감성과 심리에 호소하는 건축을 추구하였다. 따라서 건축의 매체로서 표현의 가능성뿐만 아니라 그것이 지닌 심리적 작용은 중요한 구성인자로 간주되었다. 이것은 예술에 감정적인 요소와 정신적인 요소들을 부활시키고, 세계에 대한 인간의 경험을 그 중심에 재설정하는 것으로, 외적 세계라는 객체를 인식하는 관찰자로서의 주체에 대한 새로운 인식을 보여주는 것이다. 샤프(Dennis Sharp, 1966, p.12, p.16)는 인간의 영적인 차원―창조적 능력과 종교적 및 반종교적인 의식을 모두 포함한―과 개인적인 차원을 결합시키고, 인간을 그 중심에 설정하는 이러한 태도는 20세기 표현주의 운동이 기여한 점이라고 지적한다.

포르피리오스(D. Porphyrios, 1982, p.117)가 지적하였듯이, 영감과 직관을 바탕으로 접근하는 건축가들은 독특한 아우라로 건축을 보고 경험하는 각 사람들의 마음(정신) 속에 영혼을 분출시키고 상상력에 의한 예술적 즐거움을 유발시키려 한다. 여기서 상징 이미지와 관련된 아우라는 원초적인 감정과 연상에 의해서 경험된다. 펜트(W. Phent, 1973, p.19)도 이러한 행위는 '규범에 의한 조화보다는 다양한 문화의 원천에서 참조해 온 이질적 요소들의 상징적 통합을 통해 건물에 성격(character)을 부여하고자 한 것' 과 관계가 있다고 지적한다. 이러한 이유로 본서 03장에서 살펴본 기하학적 질서와 지각의 건축을 추구하는 건축가들과 마찬가지로, 대상이 지닌 아우라와 이러한 아우라를 발생시키는 변형(deformation)의 수법을 통해 생소화하는 작업은 중요하다. 왜냐하면 아우라는 대상의 형식 구조의 특성이 주는 표현적인 힘과 심리적인 효과를 바탕으로 하고 있기 때문이다.

우리는 특성과 고유한 아우라를 부여하고자 하는 이러한 사고의 전통을 환상적인 공간의 이미지를 탐구한 피라네시(Giovanni Battista Piranesi), 19세기에 전개된 아르누보 운동의 흐름 가운데서 독특한 상징적 조형으로 환상적인 건축을 구축한 안토니오 가우디(Antonio Gaudí i Cornet), 그리고 20세기 초(1910-1923)에 활동한 표현주의 건축가들에게서 발견할 수 있다.(건물 형태에 기능을 암시하는 '성격' 을 부여하는 방식은 우리가 03에서 고찰한 바처럼 이성에 근거한 기하학적 형상의 유토피안적 건축을 탐구한 블레, 르두 등의 작품에서도 찾아 볼 수 있다.) 특히 우리는 피라네시, 가우디 , 펠지히(Hans Poelzig), 휜스터링(Herman Finsterlin) 등과 같은 건축가들의 스케치와 작품들에서 반복적으로 발견되고 있는 '동굴 공간(cavern space)' 의 특성을 주목할 필요가 있다. 이 동굴과 같은 공간 이지미의 개념은 1960년대 이후 모더니즘에 대한 반발로 전개된 신 표현주의 건축에서 뿐만 아니라, 대상의 형식이 부여하는 작품의 효과 구조가 유발하는 심리적 가치를 중시하고 있는 게리(Frank Gerry), 쿱 힘멜블라우(Coop Himmelblau)의 프릭스(Wolf D. Prix) 같은 현대 건축가들의 이론과 작품에서도 찾아볼 수 있기 때문이다.

| 환상적인 공간 이미지의 탐구 : 지오반니 바티스타 피라네시

근대사회가 태동하기 시작한 18세기 중반에, 이탈리아의 에칭제작자, 고고학자, 건축가였던 피라네시(Giovanni Battista Piranesi, 1720-1778)는 로마 건축의 고고학적 유산을 낭만적 시학의 관점으로 해석해 독특한 공간이미지를 탐색하기 시작하였다. 이 시기에 그가 풍부한 상상력을 바탕으로 구성한 '환상적인 공상적 내부공간' 의 이미지는 건축뿐만 아니라 무대 디자인, 화가, 문학, 영화 등 다양한 장르에서 지하 동굴, 갈라진 틈, 공포와 고통의 영역 등을 주제로 표현하는 방식에 상당한 영향을 끼쳤다.(주4) 피라네시는 이 시기 계몽시대의 건축가들처럼 예술적 기반은 질서와 이성의 감각에 근거해야 한다고 주장하였다. 그의 관심사는 건축의 우수성을 고고학적 관점으로 분석하고, 고전 건축의 모든 형태들을 절충적으로 조합하는 방식으로 새로운 근대적 양식을 창조하는 데 있었다. 특히 그는 고대 로마건축을 모델로 상상력을 펼쳐 새로운 건축의 양식을 창조하는 작업을 중시하였다.(주5) 고대 로마의 유물을 절대적 권위가 부여된 강력한 롤 모델로 인식한 그는, 에트루스카와 로마 건축의 발굴 작품에 대한 고고학적인 지식을 통해서 고대 로마의 배치뿐 아니라 건축재료와 건설기법 등을 관심있게 연구하였다.

우리가 피라네시에 주목해야 하는 이유는 그가 에트루스카 건축의 '엄밀성' 뿐 아니라 후기 로마제국의 '판타지가 가미된 예술' ((eds.)Veronica Biermann, 2003, p.166)을 기반으로 환상적인 공간 이미지 수법을 탐구하여 모더니즘 건축가들의 창조적 상상력에 끼친 영향력 때문이다. 특히 피라네시는 생애 후반기의 조사연구 〈Osservasioni, 1765〉에서 알 수 있듯이 에투르스카 양식에 대한 애호에서 벗어나 '창조적인 판타지' 에 더 관심을 보였다. 이러한 사실은 그가 투시도, 비례, 치수의 왜곡과 무대디자인 기법으로 고대와 현대의 로마 도시에 대한 대중적인 심상을 만들어낸 일련의 동판화에 잘 나타난다. 여기서 건물을 웅장하고 크게 보이도록 활용한 스케일 효과, 건물에 극적인 분위기를 부여하기 위한 빛과 그림자의 극적인 대비 등의 기법뿐만 아니라 고대의 유산과 현대의 기계 사슬, 톱니받침, 바퀴, 공포스러운 기계장치 등과 같이 근대사회의 산물인 기계를 초현실적인 수법으로 병치하여 표현하는 방법을 볼 수 있다. 이러한 수법들은 모더니즘 시기에 새로운 공간에 대한 상상력을 자극하는데 크게 기여하였다. 피라네시가 16점의 연작으로 그린 **상상의 감옥 동판화**(Le Carceri d' Invenzione, Imaginary Prisons, 1749-1750, 1761)(도4-1a, b)는 판타지가 넘치는 공상적인 내부를 가장 잘 보여주고 있다. 여기서 그

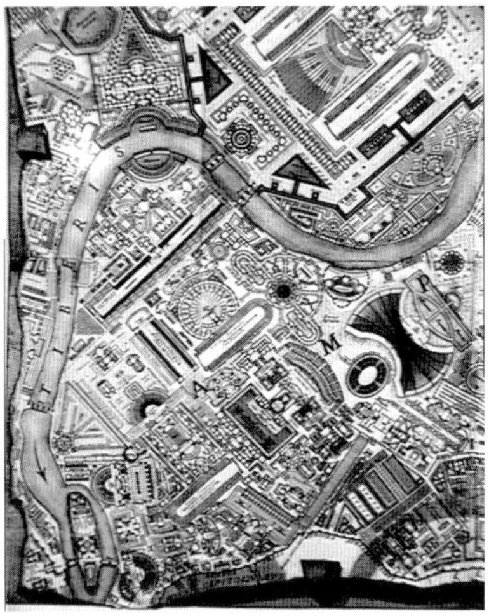

그림 4-1a, b 피라네시,
(a) 고대 로마도시의 재구성(Campo Marzio dell'Antica Rome)
(b) 상상의 감옥 동판화, 카르체리 6판, 두 번째(1761)

는 지하의 궁륭형 천장, 계단, 기계들이 왜곡, 병치되어 있으며, 또 홀과 지하 감옥, 빛과 어둠, 내부와 외부, 궁전과 잔해물, 비개인화된 모호한 인물이 존재하는 무관심적인 공간들, 층층이 쌓여진 계단들과 고문 기구들이 매달려 있는 벽들과 충돌하는 출구 등 대립되는 모든 것들을 동시에 공존시키는 패러독스(paradox) 기법으로 '미로와 같은 동굴 공간의 이미지' 를 만들어냈다.

| 유기적인 조소적 건축의 탐구 : 안토니오 가우디 이 꼬르네트

독창성이란 신이 창조한 기원, 즉 자연으로 돌아가는 것이다

19세기 말 절충주의에 대한 반대로 아르누보 건축운동이 확산되던 시기에, '20세기 레오나르도 다빈치', '건축 분야의 단테' 로 불린 가우디(Antonio Gaudí i Cornet, 1852-1926)는 천재적인 상상력과 표현의지, 그리고 구조적 논리성을 바탕으로 기존 관념을 완전히 바꾸어 버린 독창적인 건축 영역을 개척한 건축가였다. 가우디는 20세기 초 모더니즘 건축이 추구한 기하학적인 순수 양식보다는 '자유롭게 흐르는 선적인 형태들을 진정한 3차원의 표현력을 갖는 건축' (V. Klassen, 1980, p.229)으로 전환시켜 자신만의 모더니즘 건축의 영역을 탐구하였다. 그의 작품은 스페인 카탈루냐의 민족적 정서와 예술적 전통을 바탕으로 아르누보의 유기적 장식, 이국풍의 페르시아 건축과 아랍 건축의 무어 양식의 전통, 그리고 신고딕 양식의 구조적 합리성 등을 독창적으로 융합하여 만든 자신만의 건축 세계를 보여주기 때문에 어느 특정한 건축 양식이나 흐름으로 분류하기가 쉽지 않다. 펜트는 가우디의 건축을 "유기적인 조각적 매스로서의 건축 형태의 특성을 보여주는 것" (W. Phent, 1973, p.58)으로, 도던은 "관찰자에게 정서적 반응을 이끌어내는 형태를 독창적이지만 합리적인 구조로 해결하여 만들어낸 결과" (D. P. Doordan, 2002, p.28)로 평가한다.

가우디는 새로운 문제에 직면할 때마다 시원(始原)으로 돌아가 본질을 찾는 작업에서 시작하였다. 노넬은 "가우디가 '독창성이란 기원으로 되돌아가는 것이다' 라고 말했을 때, 이것은 모든 것들의 근원은 신이 창조한 '자연' 을 의미한 것" (Joan Bassegoda Nonell, 1997, PA, vol. 02. p.25)이라고 지적한다. (이러한 사고는 건축의 기원을 '원시 오두막' 에까지 거슬러 올라가 신성한 자연에서 발견하려고 한 로지에의 사고와도 흡사하다.) 가우디는 자연을 모델로 삼았으며, 상상력을 '위대한 대자연의 책' 으로 간주하였다. 그는 자연의 형태를 모방하는 것이 아니라 자연의 원초적인 모습으로 되돌아가 그것을 재해석하고 형상화하는 작업을 통해 상상력에서 우러나오는 형태를 만들어내는 데 관심이 있었다. 가우디의 재능은 그가 주변의 일상생활을 예리하게 관찰하는 통찰력과 자연으로부터 유추해 낸 많은 형상들－뼈, 근육, 날개, 꽃잎 등은 물론, 심지어 동굴, 별, 구름, 물, 나무 등의 형상들—을 시각적으로 유추하는 방식으로 건축형태를 탐구한 데서 잘 나타난다. 그는 역사 속에서 전승되어 온 인습의 중재없이 자연의 법칙과 형태를 직접적으로 연구하는 것이 신학적으로도 타당하다고 생각하였다.

> " 인간은 끊임없이 창조한다. 하지만 그것은 사실, 창조가 아니라 발견이다. 새 작품을 만드는 데에 기반이 될 자연 법칙을 찾아내어 창조주와 협력하는 것이다." (Gijs van Hensbergen, 2001, p.344 재인용)

> "신은 결코 무익한 법칙을 만들지 않았기에 모든 법칙들은 적용이 가능하다. 이러한 법칙들을 관찰하고 그것들이 적용되는 방식이 곧 신성을 물리적으로 현시하는 것이다." (Juan Antonio Ramírez, 1998, p.37 재인용)

그러므로 가우디는 건축물의 인위성을 탈피하고 점점 더 자연에 근접하는 건축을 탐구하였다. 가우디는 자연에는 수천 년 동안 완벽하게 기능적인 해결책을 제시해 온 감탄할 만한 구조형태가 무궁무진하게 존재한다고 생각하였다. 따라서 "자연의 구조(natural structure)의 본질을 이해하고 이것을 건축물로 전환시키는 작업" (Joan Bassegoda Nonell, 1997, PA, vol. 02. p.13)은 그에게 중요한 탐구 과제였다. 그는 예술가로서 신이 창조한 "곧추선 나무(upright tree)" 가 지닌 가지, 작은 가지, 잎 등과 같은 자연 형태와 패턴을 연구하여 자신의 건물 구조에 대한 영감의 원천으로 사용하였다. 가우디는 창조 행위에 있어서 자연과 인간의 상호작용에 대해 다음과 같이 언급한다.

> "기둥은 나무줄기나 그루터기 같고, 지붕은 산등성이와 산비탈이 있는 산과 같으며, 둥근 천장은 포물선 모양의 동굴이고, 튼튼한 테라스는 산의 절벽 모양이다. 약한 버팀목이 부식된 곳 위에 상인방과 까치발을 만든다." (Gijs van Hensbergen, 2001, p.344 재인용)

자연에서 유추해 낸 유기적인 양식을 탐구하다

따라서 가우디의 주 관심사는 전통적인 고딕 양식의 구조 원리를 단순히 모방하는 데 속박되지 않고 자연에서 유추한 표현의 의지에 따라 자신만의 독창적인 유기적 건축양식을 창조하는 것이다. 그는 '자연의 구조' 의 대부분은 나무, 뼈, 근육이나 힘줄과 같은 섬유질로 구성되어 있다고 보았다. 가우디는 입방체, 반구형태, 피라미드 형태와 같은 규칙적인 형상들은 자연에 존재하지 않으며, 설사 존재한다 하더라도 황철광이나 주석 같은 수정체 구조에서나 볼 수 있는 매우 드문 경우라고 주장한다. 가우디가 자연에 존재하지도 않는 직선이나 평탄면 등과 같은 추상적인 형태에 바탕을 둔 단순한 기하학을 디자인 초기 단계부터 사용하는 행위를 거부한 것은 이러한 이유 때문이다. 그는 이러한 관찰로부터 4가지의 서로 다른 표면에서만 접점되는 나선체(helicoid), 쌍곡면체(hyperboloid), 원추체(conoid), 그리고 쌍곡선의 포물선체(hyperbolic paraboloid)로 정의되는 통제/기질 기하학(regulated/tempered geometry)에 근거하여 새로운 형태를 창안하였다.(주6)

가우디는 고딕건축의 구조적 합리성과 과거의 위대한 유산이 현 시대의 건축 양식을 창조하는 데 유용한 새로운 통찰력의 근원이 된다고 주장한 비올레-르-뒤크(Violet-le-Duc)의 사상을 구현(realization) 하는 데 관심이 있었다. 그가 신고딕 건축의 구조적 특성과 복잡한 구조 문제를 논리적으로 해결해 버트레스와 첨탑 등이 제거되고 지지하는 형상과 지지받는 형상 간의 경계를 없앤 수곡선 아치(catenary arch)를 창안한 것이 그 대표적인 경우이다. 또 그는 장식과 관련해서 "자연은 단색이 아니듯이 건축에서의 색은 짙고, 논리적이며 풍부해야 한다" 고 주장하였다.

> "장식에는 색이 반드시 있어야 한다. 자연이 우리에게 보여주는 것 중에 똑같은 것은 하나도 없다. 식물이나 지형이나 지세나 동물의 세계에도, 항상 색감 대비가 있다. 그러므로 우리는 무조건 건축물에 부분적으로든 전체적으로든 색을 가미해야 한다."(Gijs van Hensbergen, 2001, p.129 재인용)

"장식은 건축의 기원" 이라고 주장한 러스킨(John Ruskin)의 영향을 받은 가우디는 장식 문제를 구조적인 독창성의 관점에서 탐구하였다. 그는 장식을 표면의 근저에서 작용하는 힘들로 구성된 것이며, 표면들은 이러한 내적인 힘들의 표현에 불과한 것으로 간주하였다. 제릅츠(Rainer Zerbst, 1993, p.31)는 아르누보와 가우디를 확실하게 구분하는 것은 자연에 대한 이러한 해석과 친화성이라고 지적한다. 아르누보의 장식적 수법이 자연 형태에 근거하고 있지만 그것은 순수하게 장식적인 차원에 머문 2차원적이며 선적이었기 때문이다. 가우디의 이러한 철학은 그가 이슬람 건축의 이국적인 장식의 아름다움에 탄복하고 장식물의 배치를 결정하는데 다양한 재료들의 색채로 구성된 형상을 선호한 데서도 잘 나타난다. 그는 거친 잡석, 주철, 유리, 세라믹, 벽돌 등 일상적이고 이질적인 재료들을 조합하고, 서로 대비되는 장식을 상상력을 사용하여 만들어내고자 시도하였다.

도4-2 A.가우디, 카사 비센스, 바르셀로나, 스페인, 1883-1888

가우디의 초기 작품 **카사 비센스**(Casa Vicens, Barcelona, Spain, 1883-1888)(도4-2)는 무어 양식의 단순한 모방보다는 이를 그 자신만의 장식화를 창조하기 위한 영감의 원천으로 사용한 작품이다. 여기서 그는 벽

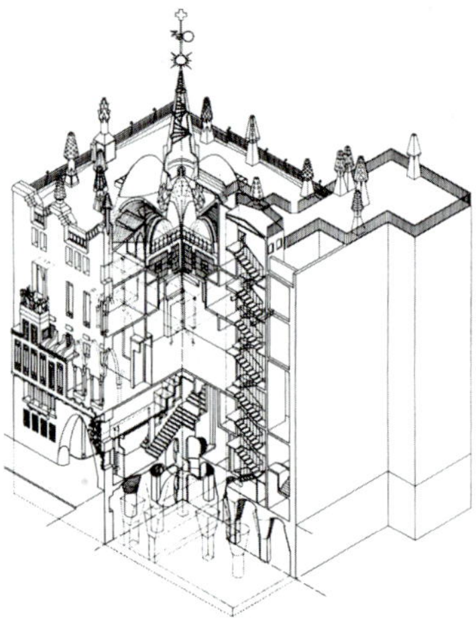

도4-3a, b, c A.가우디, 구엘 궁전, 바르셀로나, 스페인, 1886-1889

돌, 돌, 잡석, 타일과 같이 다양한 재료를 겹쳐 사용하여 질감의 효과를 극대화 하고 신고딕의 요소와 스페인의 세라믹 전통의 요소들이 혼합된 이국적인 분위기를 만들어냈다. 가우디의 후원자 구엘의 저택인 **구엘 궁전**(Gúell Palace, Barcelona, Spain, 1886-1889)(도4-3a, b, c)에서, 가우디는 금속성의 다양한 아르누보적인 장식뿐만 아니라 고딕건축의 흔적을 보여주는 첨두아치 등과 같이 역사적인 양식(주7)을 사용하였음에도 불구하고 환상적이고 상상력이 풍부한 작품을 만들어냈다. 이 건물의 중앙 홀에서 올려다보는 돔은 마치 포물선을 길게 잡아당긴 듯한 수곡선 아치구조 형상으로 세 개의 층이 모두 통하게 되어 있다. 이 원형 돔에 작은 천공을 뚫어 빛이 아래로 투과하여 중앙 홀에 자연 채광을 공급하는, 벌집모양의 형상과 유사한 쿠폴라(cupola)는 마치 그것이 대지에 서있는 벽기둥과 벽으로 지지되는 대신 하늘로부터 내려와 걸려 있는 것처럼 불확정한 공간 안을 부유하고 있는 듯이 보여진다.(주8)

산타 콜로마드 세로벨로에 직물공장의 노동자 공동체를 위해 설계한 **콜로니아 구엘의 채플**(Chaple in Colonia Güell, Barcelona, Spain, 1898-1914)(도4-4a, b, c)은 가우디가 장식이나 구조물 디자인에만 사용해 오던 수곡선을 건물 전체를 포괄하는 원리로 사용해 건물의 구조적 리브를 재현한 늑근(肋筋)을 모델로 계획한 작품이다. 여기서 천장은 포물선을 뒤집어 놓은 아래쪽이 불룩한 모양으로, 외관상 중력의 법칙과 전통 건축의 구축방식에 위배되는 듯이 보여지며, 마치 '살아있는 신체 기관처럼 근육의 장력을 이용한

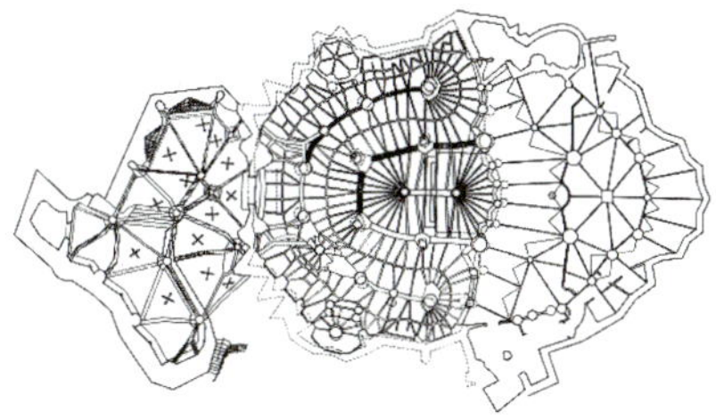

도4-4a, b, c A.가우디, 콜로니아 구엘의 채플, 바르셀로나, 스페인, 1898-1914

효과' 를 연출한다. 여기서 그가 사용한 포물선의 뒤틀린 기하학 형태는 "구조적인 의미뿐만 아니라 삼위일체를 표상하는 상징적 의미를 강조하기 위한 것"(Gijs van Hensbergen, 2001, p.347)이다.(주9) 복합적인 내부공간에서 중앙의 4개의 현무암 기둥들은 버팀목 없이 무게를 지탱하도록 정확한 각도로 기울어져 구축된 것으로 가우디의 천재적인 재료 구성력과 공간감을 보여준다. 벽돌 아치를 따라서 시선이 머무는 다채색 창에서 신비한 공간을 경험할 수 있는 독특한 분위기는 신성에 대한 그의 사고를 건축적으로 표현한 것이다.

II
건축은 빛의 배열이다

가우디는 과학이 아니라 예술을 찬양한다. 그는 "과학은 물건이 잔뜩 들어 있어 아무도 들 수 없는 무거운 광주리이다. 예술이 이 광주리에 손잡이를 붙이고 쓸모 있게 만들어야 들 수 있다"고 주장한다. 그는 기능성을 추구한다면 결국에는 미를 발견하게 될 것이라고 생각하였다. 가우디에게 이상적인 주택은 그 안에서, 그리고 그 스스로 존재하는 것처럼 보여지는 '유기적 신체(organic body)' 와 같은 것이다.(주10) 가우디의 작품이 보여주는 통일성은 외형상 양립 불가능한 유기체적인 다양한 요소들을 그 자신의 개념과 표현 의지에 종속시켜 얻어낸 종합의 결과였다. 이 점에서 제릅츠는 가우디의 작품은 "유기적인 것처럼 보여지는 공간디자인 뿐만 아니라, 공간에 대한 그의 특별한 감성때문에 제도판 상에서 디자인될 수 없었을 것"(Rainer Zerbst, 1993, p.33)이라고 지적한다. 실제로 가우디는 제도판에서 도면을 그리기보다 사전에 드로잉과 모형을 만들어 실험하는, 실용적이고 기능적인 해결책을 추구하는 독특한 작업방식과 건축 현장에서 즉흥적으로 작업하는 방식을 선호하였다. 가우디의 열망은 전통적인 벽들로부터 일탈하는 것이었다. 그에게 최상의 구조물은 세공업자가 시트 메탈(sheet metal)로 몸체를 만들어내는 것처럼 '속이 빈 공간(hollow spaces)' 이다. 이러한 공간 개념은 기본요소로 명확하게 한정되는 면들과 벽들로 구축된 작품들과는 그 차원을 달리한다. 왜냐하면 속이 빈 공간은 인간의 심리적 차원이 배태(胚胎)된 시적이고 형이상학적인 공간의 속성을 지니고 있기 때문이다.

가우디의 작품세계에서 빛은 반복되는 중요한 주제였다. 그는 "건축은 빛의 배열"(Joan Bassegoda Nonell, 1997, PA, vol. 02. p.18 재인용)이라고 주장한다. 가우디는 "인간이 보는 것은 빛과 공간, 조형성이지만, 하나님의 비전(vision)–하나님의 보심–은 존재하는 것뿐 아니라 존재하지 않는 것까지도 포함하는 광대한 공간을 바라보는 것"이라고 신학적으로 해석하였다. 또 그는 "시각(보는 것)은 영광스러움에 대한 감각이요, 청각(듣는 것)은 믿음에 대한 감각"이라고 강조한다. 가우디는 모든 예술작품의 이상적 특질인 조화의 개념을 (특히 시각 예술에서는) 빛에서 생성되는 것으로 인식하였다. 그는 태양의 빛과 카탈루냐의 지리적 요건이 만들어내는 심오한 상징적 관계를 다음과 같이 언급한다.

> " 미덕은 중용에 있다. 지중해(mediterráneo)는 땅(tierra)의 한 가운데(medio)를 의미한다. 지중해변을 45도로 비추는 적당한 빛은 사물의 형태를 최적의 상태로 보여준다. 이처럼 넘치지도 모자라지도 않은 빛의 중용 덕택에 지중해에서 가장 위대한 문화예술이 꽃피었다. 빛이 너무 많거나 또는 너무 적으면 눈을 멀게 하며 볼 수가 없게 된다. 지중해는 사물에 대한 구체적인 시각을 길러주기 때문에 진정한 예술이 자리 잡을 수 있었다. 조형 능력은 감성과 이성 사이의 균형을 말한다.... 지중해의 예술은 북유럽 예술에 비해 항상 우월하다. 왜냐하면 지중해 사람들은 자연을 세심하게 관찰하기 때문이다..."(Gijs van Hensbergen, 2001, p.238 재인용)

태양 빛이 돌에 부딪칠 때 일어나는 이러한 효과는 후에 가우디가 카사 바트요(Casa Battló, Barcelona, Spain, 1904-1906) 건물에 대해 다음과 같이 언급한 데서 잘 나타난다.

> "모서리들은 사라질 것이다. 그리고 재료들은 환상적인 곡면의 풍요로움 안에서 그 자신의 모습을 드러낼 것이다; 태양 빛은 4면을 통과해서 비칠 것이며 그 결과, 그것은 낙원의 환상처럼 보여질 것이다"(Antonio Gaudí i Cornet, / Rainer Zerbst, 1993, p.34 재인용)

여기서 가우디는 20세기에 시작되는 미래의 건축은 이성에 바탕을 둔 합리적이고 durltj 근대건축의 규범이 아니라 전혀 새로운 방식, 즉 모서리가 사라져 해체되고 이음매없는 연속성을 지닌 투명성의 건축으로 예견한다.(이러한 형태와 공간의 이미지는 모더니즘 시기에 표현주의 건축가들이 추구한 동굴공간의 이미지뿐만 아니라, 오늘날 현대 건축가 하디드의 이음매 없는 공간의 연속성과 이를 담기 위한 유연한 조소적 형상, 그리고 게리의 감각적 형상과 파상공간 등에서 재발견되고 있다.)

구엘 공원(Güell Park, Barcelona, Spain, 1900-1914)**(도4-5a, b)**은 계획된 건물 중 단지 2개만이 실현되었을 뿐 미완의 상태이지만 구조, 주제, 장식과 기능이 적절하게 조화를 이룬 가우디의 독창적인 양식을 보여주는 작품이다. 여기서 가우디는 '예술의 종합으로서의 건축' 을 만들고자 하는 자신의 상상력을 현실화시켜 시골과 조화를 이루는 가든시티(garden city)를 구상하였다. 중앙에 있는 거대한 테라스 구조물에서, 그는 벽과 다리를 함께 지지할 수 있는 기울어진 독창적인 형태의 지지물을 창안하였다. 외부 표면과 모서리 단부는 뱀처럼 끊임없이 자유롭게 흐르는 추상적인 구성을 강렬하게 표현하여 앙상블을 이루도록 세라믹과 유리 모자이크의 단편들을 미로(Joan Miró)처럼 초현실적인 수법으로 사용하였다. 특히 구엘 공원 건축물의 포물선 아치와 천장의 곡선을 만들 때 사용된 물고기 비늘 같은 타일—가우디의 고향인 카탈루냐의 미장공들이 아라비아 타일의 표면을 압연하여 만든—은 견고할 뿐 아니라 장식미가 뛰어나 색채로 충만한 건축가의 넘쳐흐르는 상상력을 잘 보여주고 있다.

도4-5a, b A.가우디, 구엘 공원, 바르셀로나, 스페인, 1900-1914

도4-6a, b A.가우디, 카사 바트요, 바르셀로나, 스페인, 1904-1906

카사 바트요(Casa Battló, Barcelona, Spain, 1904-1906)**(도4-6a, b)**와 **카사 밀라**(Casa Millá, Barcelona, Spain, 1906-1910)**(도4-7a, b, c, d, e)**는 인간의 손으로 빚어낸 인공적 창조물로서의 건축이라는 개념이 아니라 "건물이 마치 자연에서 성장해 나온 것과 같이 가우디 자신만의 독특한 유기적 건축 양식"(Rainer Zerbst, 1993, p.29)을 보여주는 작품들이다. 이 건물들에서 보여지는 식물이 무성한 듯한 유기적 형태는, 건물에 입혀진 장식이라기보다는 실제 뼈 같은 형상의 기둥들처럼 구조적인 기능을 담당하는 구성요소들이다. 건물 전체가 인간의 형상과 닮아 '뼈로 된 집'으로 불리는 카사 바트요는 가우디 자신만의 독창적인 작품세계를 보여준다. 다채색의 모자이크 장식으로 덮여 마치 물결치는 듯한 녹청색 계통의 파사드와 아르마딜로(armadillo)의 등 비늘 같은 지붕형상은 구엘 공원의 축소판처럼 보인다. 카사 밀라는 이국적이며 원시적인 느낌을 주는 가우디의 가장 특징적인 걸작의 하나로, 비평가들은 이 건물을 '인간의 손으로 만든 거대한 산', '아주 조용히 숨을 내쉬는 돌로 된 폐', '벌집', '채석장(La Pedrera)' 등 다양한 이미지로

해석한다. 여기서 대, 소 2개의 중정을 에워싸며 유기체적인 벌집 모양의 구조를 보여주는 평면도는 거품 하나하나가 방을 이루고 있는 거품 덩어리 같이 유기적으로 구성되었다. 이 건물의 파사드는 색채가 없음에도 불구하고 전, 후로 물결치는 듯한 수평 외곽선이 만들어 내는 리듬을 가진 하나의 거대한 돌과 같은 유기적 형상으로 표현되었다. 이것은 가우디가 자유로운 독창적 구조디자인 방식을 통해서 마치 꿀벌의 집처럼 원형으로 돌출하여 밖으로 내민창들이 파사드에 매달려 있는 것처럼 표현한 것이다. (각 발코니 단에 무쇠 장식과 석조, 그리고 색 유리창을 돋보이게 하는 공예와 장식으로 인해 모서리 각은 거의 드러나지 않는 방식으로 공간을 둥글게 만들어낸다.) 외부 형태의 유동적인 운동감은 각 실의 크기와 형상들로 다양하게 이루어진 내부에도 연속되어 나타난다. 조각품 같은 굴뚝과 환풍탑으로 지붕을 형형색색으로 장식하고 있는 옥상은 영혼의 세계를 그려놓은 듯 다른 세상으로 들어가는 분위기를 환기시킨다.(주11) 이 건물은 전통적 의미에서 집이라기보다는 하나의 거

도4-7a, b, c, d, e A.가우디, 카사 밀라, 바르셀로나, 스페인, 1906-1910

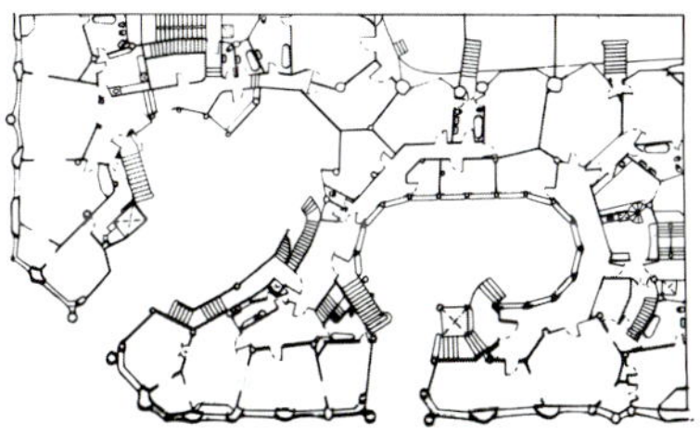

대한 산–카사 밀라의 건물 뒤에 있는 카탈루냐의 성지 몬세라트 산–을 본떠 자연을 재현한 것으로 마치 피안 세계의 '동굴 이미지'를 보여주는 조각과 같다.

가우디 사후(1926)에도 중세 성당 건축처럼 현재까지 오랜 세월동안 지어지고 있는(약 150년 예정, 또는 2030년 예정) **바르셀로나 성 가족 대성당**(Holy Family, Sagrada Familia, Barcelona, Spain, 1882-1926)(도4-8a, b, c, d)은 그의 건축적 상상력으로 영적 세계를 조형적 현실로 만들어낸 걸작이다. 가우디는 성 가족 대성당에서 점차 증가하는 산업화 현상과 옛 가치의 상실을 야기한 세속화에 대항하려는 의지로 하늘과 땅을 연결하는 매개체로서 종교적 꿈의 세계를 완벽히 그려내고자 하였다. 또 그는 이 교회에서 지지하는 벽기둥(supporting pillars)이나 플라잉 버트레스없이 기울어진 벽기둥(slanted pillars)을 적용하여 고딕양식이 완벽하게 실현될 수 있다는 자신의 이론을 입증해 보이고자 하였다. 교회 내부의 회중석은 여러 방향으로 뻗어나간, 대퇴골 형태의 쌍곡선을 활용한 기둥들로 현실 세계의 숲처럼 구성하여 디자인되었다. 외부에 높이 솟아오른 포물선 형상의 아치들은 마치 젖은 모래가 떨어지면서 생기는 형상처럼 거대하고 가늘게 솟아 오른 탑들의 디자인에 반복적으로 나타난다. 특히 '예수의 탄생'에 봉헌된 파사드 전체는 마치 웅장한 오페라를 보는 것처럼 '눈으로 볼 수 있는 신앙'을 구체화 한 것이다. 이 파사드 위에 있는 4개의 원형 종루에 부착된 기묘한 형상의 첨탑들에는 구엘 공원과 같이 대담한 색채가 사용되었다. 이것은 가우디가 허구의 대상을 재현하는 것이 아니라 파사드에 자연을 있는 그대로 옮겨 담고자 한 의도를 보여준다.

도4-8a, b, c, d　A.가우디, 성 가족 대성당, 바르셀로나, 스페인, 1882-1926(현재 공사 진행 중)

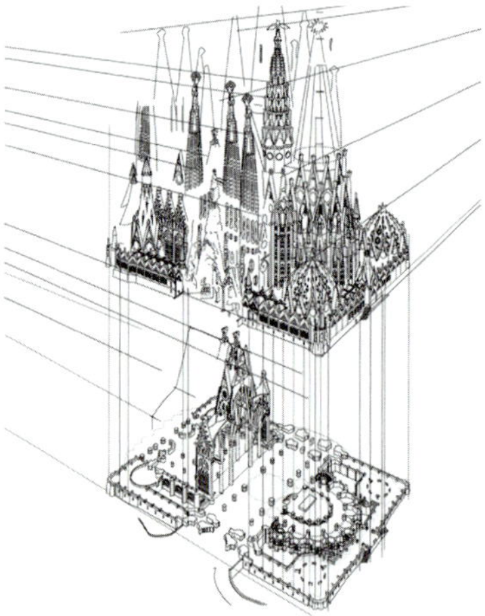

042 감각적 경험과 표현성의 탐구

예술로서의 건축의 표현성과 상징을 탐구하다

20세기 초 모더니즘 시기에 표현주의 건축가들은 상상력이 만들어낸 전례 없는 거의 실현 불가능한 환상적인 계획안들을 통해 새로운 사회적, 경제적, 정치적, 그리고 정신적 질서를 지닌 급진적인 유토피안 모델을 제시하여 왔다. 이러한 태도는 '유토피안적 사회의 비전이라는 개념의 구현'을 추구한 것으로, 여기에는 인간의 정신이 건조 환경의 디자인을 통해 고양되거나 증진될 수 있다는 강한 믿음이 깔려 있다. 이 시기의 건축가들은 판타지, 기념비성, 상징, 유토피안적 이념이 담긴 형상으로 '새로운 비합리성'을 보여주는 형태를 탐구한 것이다. 여기에서는 어떤 법칙이나 명백한 미학적인 교의가 존재하지 않았지만, 표현의 자유분방함, 유토피안적 성향, 그리고 "개개 건물은 종합 예술작품이며 그 자체로 완전한 인공물로 의미 있는 대상, 즉 이미지라는 개념" (Dennis Sharp, 1966, p.167)을 보여주는 종합예술을 지향하는 측면이 강하게 발견된다..(주1)

펜트(W. Phent, 1973, p.35)가 지적하였듯이, 이 시기에 표현주의 건축가들은 감정에 기초한 직관적 추론을 사유의 바탕으로 하는 신비주의 사상에 심취되어 있었다. 따라서 이들은 무한성과 보편성의 감정, 무의 개념(concept of nothing), 절대 타자로서의 절대자 등 초-세속적인 사상을 감각적인 지각의 대상으로 전환하는 예술 행위를 지향하였다. 이러한 태도는 객관적 세계를 개인의 주관적 감정의 배후에서 묘사하는 예술

도4-9 W.루크하르트 (Wassili Luckhardt), 구위의 수정체 : 종교건물을 위한 계획안, 1920

운동으로, 예술가의 가장 내적인 느낌을 직접적으로 표현하고자 한 것이다. 철학자 립스(Theodor Lipps)가 제시한 감정이입, 보링거(Wilhelm Worringer)의 『추상과 감정이입 Abstraktion und Einfuhlung, 1908』(주2) 등과 같이 객관적 세계를 개인의 주관적 감정에 근거하여 탐구한 당시의 미학이론들은 건축가들이 감정이입과 유기적 세계와 비유기적 세계를 해석하는 데 많은 영향을 끼쳤다. 이러한 사실은 립스의 감정이입이 건축의 매스에 인간적인 상징을 투영하는 신인동형론적 공감(anthropomorphic company)이라는 의인화 이론의 기반을 제공하였으며, 또 이를 바탕으로 "변형(metamorphosis)의 개념을 통해 건축을 살아있는 유기체로 간주"(Van de Ven, 1980, p.158)하고 접근한 데서 알 수 있다.

특히 보링거가 언급한 '추상화에 대한 충동' 개념은 20세기 초 표현주의 건축에서 건축가들이 자연에서 발견되는 '다면의 수정체' 에서 영감을 얻거나, 이와는 달리 동식물이나 인체에서 유추한 '유기적인 관능적 형태' 를 탐구하는 2가지 흐름에 이론적 근거를 제공하였다. 여기서 다면의 수정체는 신비한 우주의 정교함과 기하학적인 완전성을 의미하였다. 이 수정체는 그 안에 내재한 핵이 외부형태의 결정면에 그대로 나타나는 속성 때문에, 건축가들은 이것을 빛을 반사, 흡수하는 유리의 투명성을 통해서 표현하고자 하였다. 따라서 이러한 수정체와 같은 형상의 건축은 곧 '우주의 모사(模寫)' 로 해석되었다. 여기서 건축은 질서 있는 입체 기하학적 형태, 예리한 모서리, 폭발적인 광선 등으로 그 형상을 드러낸다. 이러한 형태가 지니는 순수함, 명확함, 투명성, 순결하게 만드는 효과, 구제하는 힘과 같은 상징적 의미는 중요한 것으로 인식되었다.(도4-9) 그러나 이와는 달리 역동적인 형상의 유기적이고 관능적인 형태를 추구한 건축가들은 유클리드적인 기하학을 예술적 표현에 자의적이고 부당한 제약을 가하는 존재로 인식하였다. 따라서 이들은 자신의 내적 경험의 감정을 전달하는 수법으로 천부적 재능을 표현하고자 하였으며, 생명력 있는 형태의 환상과 모든 규칙에서 해방된 역동적인 조형성이 지닌 자유분방함을 추구하였다.

우리는 20세기 초 모더니즘 건축에서 조소적 형태의 상징과 기념비성의 수법을 유리의 투명성이 제공하는 상징과 기념비성(페르지히, 타우트), 콘크리트 가소성을 이용한 조각적 형태의 상징형태(슈타이너, 멘델존, 사리넨), 그리고 동굴 이미지라는 독특한 유기적 개념의 형태와 공간경험(휜스테를린)을 추구하는 건축가들에게서 발견할 수 있다. 특히 휜스테를린의 환상적인 형상의 스케치는 오늘날 컴퓨터 기술의 발달로 가능해진 비선형적 형상의 건축을 예견한 것처럼 보여진다. 이들은 모두 예술 형태로서의 건축의 표현성을 '예술가의 주관적인 내적 감정을 외부로 표현' 하는 데서 출발하여 탐구하였다.

파우스트적 공간개념은 인간의 비합리적 감정을 전제로 한다

반 드 벤은『건축 공간론 Space in Architecture, 1980』에서 20세기 초 표현주의 건축가들의 작품에서 발견되는 공간 개념은 추상적, 기하학적 질서의 합리주의 공간과는 달리 낭만주의 공간의 전통에 속하며, 이것은 스펭글러(Oswald Spengler)가『서구의 몰락 Decline of the West, 1918』에서 언급한 '파우스트적 공간(Faustian space) 개념(주3)이라는 특성' (Van de Ven, 1980, p.154)을 지닌 것이라고 지적한다. 이러한 공간 개념은 칸트의 전통을 따르는 추상적이고 객관적, 이성적인 세계에 속한 공간개념과는 그 성격을 달리한다. 오히려 그것은 실존적, 주관적 사고의 개념을 강조한 키에르케고르, 이성보다 감성이라는 디오니소스적인 예술의 영역을 중시한 니체 등의 언술에서 발견되는 인간의 '비합리적인 감정' 에 기초한 공간개념을 의미한다. 왜냐하면 이러한 공간개념은 논리적 사고와 이성에 기초한 기하학적인 구축적 공간개념과는 다른 질서의 감각을 전제로 하기 때문이다. 여기서 이성의 논리보다는 눈, 촉각, 통합 감각 등 인간의 모든 감각 경험이 동원되어 전체 환경으로 경험되는, 종합 예술(Gesamt-Kunstwerk)로서의 경험이 중시된다.

따라서 표현주의 건축가들은 이러한 작품 형식을 통해서 관찰자를 생소한 상황 속으로 참여시키고자 의도한다. 이들의 작품에서 발견되는 불규칙한 형태, 공간의 극적인 전이

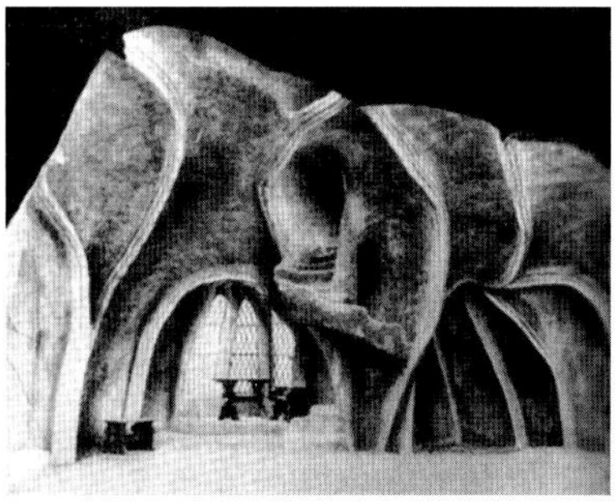

도4-10 H.페르지히, 동굴공간의 이미지를 보여주는 무대디자인(Scene from Der Golem), 1920

와 융합 등의 수법들은 실제적으로 관찰자에게 신비스러운 인상을 주며, 끊임없는 경로 변화를 통해 공간의 각 국면들을 체험하도록 자극하는 심리적인 유인 요소의 역할을 수행한다. 펜트는 이것을 "심리적 강압효과(psychological coercion)를 추구하는 것" (W. Phent, 1973, p.17)이라고 지적한다. 그에 따르면, 이러한 심리적 강압효과는 건축적 수단을 통해 마치 관찰자의 행위가 무대에서 전개되는 행위의 일부처럼 느껴지도록 강한 결속감을 암시하는 경우에 발생한다. 이것은 고형체와 공허부, 빛과 음영 등의 대비를 통해 얻어지는 조각적 효과, 그리고 간접채광, 풍부한 색채 등을 통해 얻어지는 건축 공간과 형태를 만드는 데 중요한 수법의 하나이다.

펜트는 표현주의 성향의 건축가들이 경험 주체인 인간의 감성에 호소하기 위한 심리적 강압 효과의 수법으로 '동굴 공간' (cavern space) 개념과 '타워 형상의 테마(tower-buildings theme)' (W. Phent, 1973, p.18) 개념을 도입하여 왔다고 지적한다. 여기서 '타워 형상의 테마' 는 전체 공간을 거대한 스케일의 단일 공간(monolithic space)으로 처리하고, 크기가 서로 다른 작은 공간에서 큰 공간으로의 극적인 전이가 발생하도록 서로 연계시키는 것을 포함한다. 이것은 건물 내부공간에 나선모양의 운동감을 부여하고, 상 방향의 추력(推力)이 공간 위요감의 감정과 함께 결합하여 동굴 이미지를 지닌 거대한 타워형 공간을 만들어내는 것이다. 이러한 공간 개념은 구축적인 동굴(tectonic cave) 공간의 특성을 갖고 있다.(도4-10) 따라서 그것은 계단식으로 적층되어 기하학적으로 형성되는 구적법적 동굴(stereotomic cave)과 같은 공간과는 그 특성을 달리 한다. 자유롭게 흐르는 유연한 형상의 파사드, 형태의 견고성, 창조적인 구조방식, 건물의 기념비적인 특성과 상징적인 차원들, 그리고 '동굴 공간' 의 특성들은 20세기 초 모더니즘 시대에 표현주의 건축뿐만 아니라, 오늘날 현대건축에서도 반복적으로 나타나는 주제라는 사실에 주목할 필요가 있다.

감각의 건축과 디지털 미학을 탐구하다

20세기 후반에 독특한 아우라를 부여하는 새로운 이미지를 만들고자 시도해 온 현대 건축가들은 새로운 것, 친숙하지 않은 낯선 것을 통한 생소화 수법을 다양하게 실험하였다. 이들은 모더니즘의 합리성과 권위에 의해 강요된 일련의 법칙들과 권력을 상징하는 기념비적인 건물을 비판하고 역사적 유형을 거부하는 비합리성, 반(反)-유형(anti-type)적 태도를 보여준다. 드로잉, 모델뿐만 아니라 글쓰기와 같은 수단을 통해 현대 사회의 새로운 건축의 가능성을 탐구해 온 우즈(Lebbeus Woods)는, 미래의 건축은 모호성과 불확실성 속에서 살아가는 우리 자신들의 경험에 기반을 둔 '감각의 건축(architecture of sensuality)' 을 지향해야 한다고 주장한다. 따라서 그는 "상황에 대한 우리의 직접적인 경험을 통해서 리얼리티를 다루는 방식" (Lebbeus Woods, (ed.)Peter Noever, 1991, p.135)으로 과거에 기여해 온 고전적인 방식과는 급진적으로 다른 공간, 즉 우리가 느끼는 공간을 구성하는 방법을 탐구해야 한다고 강조한다.

20세기 초 표현주의 건축가들은 기술적인 한계때문에 혁신적인 건축 형태를 보여주는 건축적 판타지를 실제 건물로 전환하는 작업이 현실적으로 쉽지 않았다. 오늘날 현대 건축가들은 새로운 컴퓨터 테크놀러지의 비약적인 발전으로 이전에는 불가능했던 새로운 형태를 실현하는 것이 가능해짐에 따라 구축적인 문제보다 시각적인 면의 건축에 더 주목하기 시작한다. 현대 건축가들은 휜스테를린의 스케치처럼 독특한 유기적인 형상들을 자유로운 직관적 상상력으로 구체화하는 데 유용한 컴퓨터 테크놀러지 디자인 툴을 활용한다. 이러한 독특한 형상들의 감각적인 연속성을 경험하는 방식은 "형태의 연속성을 거부하고 그 대신 극단적인 불연속성의 원리에 의거하여 면과 면 사이가 분열되는 단절의 감각을 강조" (Rosalind E. Krauss, 1977, p.191)하는 경향에서 발견된다. 이러한 불연속성으로 작품을 구성하는 각 부분들 간의 일관성이 무너지고, 관찰자가 그것들을 인지가 능한 이미지로 연합하는 것이 불가능하게 된다.(이것은 03에서 살펴보았던 구성주의의 구축방식에 내재해 있는 투명성의 원리에 근거한 개념적인 작품 이해의 방식과는 그 성격이 다르다.) 우리는 비선형적인 조소적 형상을 추구하는 현대 건축가들의 작품에서 이러한 개념과 유사한 형상 이미지를 발견할 수 있다. 3차원 디지털 툴을 활용하여 직관적 형태의 건축을 탐구해 온 게리(Frank Gerry)의 작품에서 발견되는 '감각적 형상과 파상의 공간의 미학' , 그리고 부유하는 듯한 무중력의 화염 이미지로 표상되는 쿱 힘멜블라우(Coop Himmelblau)의 프릭스(Wolf D. Prix)가 지향하는 '해체적 구성의 형상과 공간' 들에서 대상의 독특한 아우라와 경험 주체의 인간의 감성에 호소하는 수법들을 주목할 필요가 있다.

| 동굴공간 이미지와 판타지 건축의 탐구 : 한스 페르지히, 부르노 타우트, 헤르만 휜스테를린

계산된 목적을 지닌 형태는 예술적인 형태가 될 수 없다

1차 세계대전 이전에, 새로운 수공예와 예술의 결합을 추구한 독일공작연맹의 멤버로 활동한 페르지히(Hans Poelzig, 1869-1926)는 계산된 목적보다는 신비의 심연에서 나오는 조각과 같은 기념비적인 형태를 탐구하였다. 페르지히는 "건축은 국가의 정신적 상태를 보여주는 산물"이라고 주장한다. 따라서 판타지(fantasy)와 조각적인 건축 형태를 통해서 건축에 민족성을 상징하는 게르만적 기념비성과 영속성의 가치를 부여하는 작업은 그에게 중요한 과제였다. 건축의 경우 디자인 목적에만 치중한 독일공작연맹의 정신에는 '기계 형태'의 위험성이 잠재되어 있음을 간파한 페르지히는, "기술적 가능성을 활용해야 하겠지만, 그 스스로 건물의 형태를 형상화 할 수 있는 예술적인 요소들이 존재할 필요가 있다"(Dennis Sharp. 1966, p.54 재인용)고 주장하였다. 공학기술과 건축 프로젝트의 차이를 그는 다음과 같이 언급한다.

> " 평범한 엔지니어는 형태에 관한 한 저급한 급수탑이나 공장을 만들 것이다 ; 자신은 단지 외부로부터 작업함으로써 자신의 의무를 다하고 있다고 생각하는 평범한 건축가는 최악의 급수탑이나 공장을 제공한다. 시간이 흐르면 더 진보된 기술적 성취로 대체되어야만 하는, 상대적으로 소멸 가능한 건물은 엔지니어만으로도 디자인 될 수 있다. 그러나 30-50년 이상을 건물로서 존속해야 해야 하는 모든 건물들은 형태를 지녀야 하며, 이것은 기술적 원리들을 엄격히 준수하면서 동시에 예술가의 건축학적 창조의 충동에서 나오는 것이다...."
> (Dennis Sharp. 1966, p.55 재인용)

페르지히는 표준 형식을 중시하는 테크놀러지는 시대의 발달에 따라 변하지만, 건축가의 조형의지와 상상력에 의한 예술적인 작품은 영원한 것으로 인식하였다. 그는 이러한 상상력은 실용성과 목적에 대한 인식에 구속되는 것이 아니라, 창조적인 힘을 이끌어내는 데서 나오는 것으로 보았다. 이러한 태도는 예술로서의 건축의 측면을 더 중시하는 것이다. 따라서 그는 단순히 구축(건설)의 본질에만 일치하는 형태에 몰두하는 것을 경계하였다. 페르지히는 "예술적인 것만이 진실이며, 냉철하게 계산된 목적을 지닌 형태는 예술적 형태일 수가 없다"(Van de Ven, 1980, p.154 재인용)고 강조한다. 그리고 그는 "비실용적인 것을 찬미하고 자신에게 중요한 것은 오로지 형태의 문제에 있다."(W. Phent, 1973, p.16 재인용)고 주장하고, 판타지적인 분위기와 거대한 스케일을 지닌 구축적인 동굴공간의 개념을 탐구하였다.

도4-11a, b H.페르지히, 급수탑과 전시관, 포센, 독일, 1911

20세기 초 표현주의 건축의 시발점으로 평가되고 있는 **급수탑과 전시관**(Water Tower and Exhibition Hall, Posen, Germany, 1911)**(도4-11a, b)**은 페르지히가 산업용 건물에서 통상적으로 연상되는 인습적인 진부함의 이미지를 극복하고 건물의 '목적'과 '판타지'를 독창적으로 결합시킨 작품이다. 여기서 거대한 스케일의 철골 구조 사이에 유리와 벽돌이 내력구조체의 충진물로 채워진 16각형의 결정체 형태로 구성된 건물의 내부 공간은, 트러스형 철골 지지체와 격자형 들보의 비스듬한 부재, 가파른 나선형 계단 등으로 이루어진 기계의 미로처럼 환상적인 동굴 공간의 특성을 보여준다.

급수탑 내부의 공간에 도입된 '공간적 점강(漸降)'이라는 구성과 전후 그의 작품의 특징이 된 형상의 향연(Formenrausch)의 개념은 **베를린 대극장**(Grosse Schauspielhaus, Berlin, Germany, 1918-1919)**(도4-12a, b)**에서 독창적인 형상으로 실현되어 나타난다. 여기서 원형의 극장건물은 내부의 환상적인 공간효과를 제공하는 동굴 공간이라는 주제뿐 아니라, 무대와 객석의 대중이 일체화되는 연극의 공유체험 효과를 촉발하는 '심리적 강압효과'를 위한 장치로 디자인 되었다. 특히 종유석 형상으로 장식된 오디토리엄은 일종의 동굴과 같이 환상적인 공간을 이루고 있으며, 객석의 상부에서 시작되는 연속된 형태의 흐름으로 벽과 천정이 하나로 일체화되는 효과를 만들고 있다. 또 이러한 수법은 주 현관의 천정과 벽이 연속체로 이루어져 있고, 중앙의 단일 기둥을 통해 벽에서 천정으로 연속된 흐름이 이루어지는 데서도 발견된다. 따라서 관람객은 상대적으로 어둡고 좁은 공간(주 현관)에서 넓고 밝은 공간(객석)으로의 전이(轉移)라는 공간의 연결 방식을 통해 공

도4-12a, b H.페르지히, 베를린 대극장, 베를린, 독일, 1918-1919

도4-13 H.페르지히, 잘츠부르크 축제극장 계획안, 오스트리아, 1920-1921

간의 해방감을 경험하게 된다. 거대한 동굴과 같은 신비스러운 이미지는, 실현되지 않은 **오스트리아의 잘츠부르크 축제극장 계획안**(Salzburg Festspielhaus, Austria, 1920-1921)(도4-13)에서도 발견된다. 여기서 페르지히는 자신이 고안한 펜덴티브(pendentive)로 만들어진 프리즘 모양의 내부공간을 독특한 형상으로 스케치하여 제안하였다.

건축은 감정만을 전달하는 지고한 예술이다

독일 표현주의 건축계를 이끌어온 타우트(Bruno Taut, 1880-1938)는 새로운 재료인 유리의 건축적 잠재성을 실험하여 유토피안적인 건축의 여러 측면들을 탐구해 왔다. 그는 전쟁 기간(1차 세계대전) 중에 작업한 『알프스 건축 Alpine Archutektur, 1919』, 『도시의 왕관 Die Stadtkrone, The City Crown, 1919』 등의 저술을 통해서 새로운 사회를 위한 개념으로 유리로 된 '유토피안 건축(utopian architecture)' 을 위한 많은 스케치 안들을 제안하였다. 이것은 표현주의 시인 시어바트(Paul Scheerbart, 1863-1915)가 '유리 건축(Glass architektur, 1914)' (주4) 선언문에서 주창한 바 있는 유리로 된 건물이 가져올 세계의 아름다움, 강철 구조의 발전 가능성, 지구 표면의 개조 등 유리 건축의 이념을 건축에 적용한 것이다.(주5) 타우트에게 유리라는 새로운 재료는 근대 사회에서 건조 환경이 지닌 일상의 열악한 현실을 투명한 파라다이스로 변형시키는 잠재력을 지닌 것으로 간주되었기 때문이다.

이 시기에 타우트는 자유롭게 표현된 '조형의지(kunstwollen)' 를 통해서 위대한 건축의 날개 아래 모든 예술이 협력하여 통합시키는 것을 목표로 하였다. 그는 유리건축을 통해서 실용적 목적보다 미적인 목적을 추구하고, 오로지 "감정만을 전달하는 지고한 예술로서의 건축"(B. Taut, 1919, p.87)을 주장하였다. 타우트는 "예술과 사람은 일체가 되어야 한다. 예술은 더 이상 소수의 즐거움이 되어서는 아니 되며, 대중의 행복이자 삶이어야 한다"(V. M. Lampugnani, 1982, p.8에서 재인용)고 주장하였다. 예술이란 일반 대중들도 이해할 수 있는 표현 양식이어야 한다는 것이 그의 생각이다. 따라서 그는 자신의 건축적 이미지와 개념을 대중들이 쉽게 이해할 수 있는 만화와 같은 비전통적인 드로잉 기법들—구성 순서의 시간적 연속, 세부와 전체의 영화 필름적 치환, 스케일의 변화, 도판에의 문자 삽입, 문자의 시각화(색채, 대문자, 큰문자, 리드미컬한 배열 등)—을 사용하였다. 이것은 건축 비전문가인 초보자들의 이해를 환기시키고 건축이 대중과 밀접하게 관계해야 한다는 당시의 요구를 수용하려는 태도를 보여주는 것(W. Phent, 1973, p.82)이다.

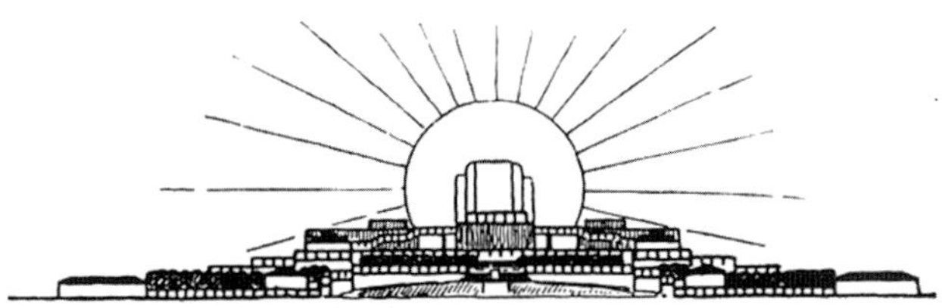

도4-14 B.타우트, 도시의 왕관, 1919

『**도시의 왕관** Die Stadtkrone, The City Crown, 1919』(**도4-14**)에서, 타우트는 아무런 특성없이 계획된 근대 사회의 새로운 도시와 타운들은 마치 머리없는 신체를 생산해내고 있는 것과 같다고 그 위험성을 경고한다. 여기서 그는 도시

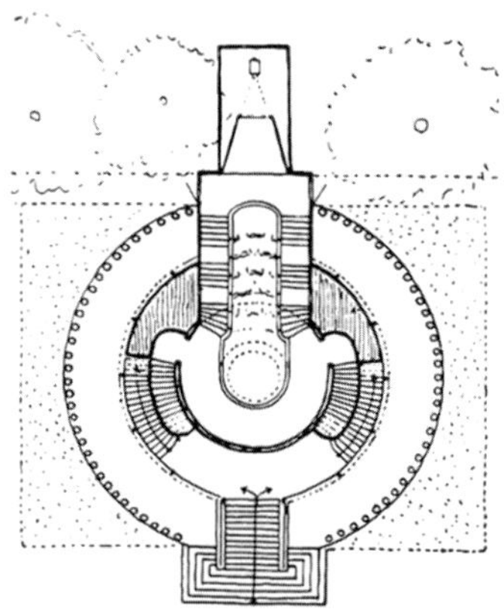

도4-15a, b, c B.타우트, 글라스 파빌리언, 쾰른, 독일, 1914

계획시에 지배적인 중심적 요소를 도입하고, 도시의 다양한 요소들을 그 주변으로 결속시키는 '초점이 되는 건물(focal building)' 을 창조할 필요가 있다고 주장한다. 이것은 전통, 사회적 및 문화적 업적, 그리고 그 도시의 열망이 표현될 수 있는 거대한 수정체와 같은 집, 즉 '도시의 왕관' 을 의미한다. 이러한 도시의 왕관을 역사적 도시의 다양한 사례를 통해 분석하였던 그는 고딕 대성당을 도시의 상징과 기념물이 되는 도시의 왕관으로 간주하였다. 타우트가 제안한 거대한 유리로 된 '도시의 왕관' 의 개념과 수정체와 같은 건축 개념들은 기술적, 경제적으로 실현이 불가능한 유토피안적이지만, 유리건축의 이상향을 건축적으로 구체화한 점에서 후에 모더니즘 건축이 유리로 된 투명성의 미학을 탐구하는 데 영향을 끼쳤다.(주6)

글라스 파빌리언(Glass Pavilion, Cologne, Germany, 1914)(도4-15a, b, c)은 타우트가 근대 산업의 홍보관으로 독일 공작연맹 전람회에 출품한 작품이다. 여기서 그는 철강 산업의 상징으로 외부와 문, 계단 등 모든 부분들을 유리(유리블럭, 반사유리, 채색유리 등)로 구성하여 시어바트의 유리건축의 이념을 구체화 하였을 뿐 아니라 『도시의 왕관, 1919』에서 주장한 바처럼 도시의 상징요소의 전형(prototype)으로 구상하였다. 여기서 콘크리트 기단 위에 14각형의 평면으로 이루어진 건물의 형상은 피라미드 형태를 새로운 사회건설을 위한 도시의 요소로 채용한 것이다. 이 건물의 내·외부에 반투명 또는 투명한 재료인 유리로 마감하여 벽의 한계를 제거하고자 의도하였다. 특히 색유리를 통해서 들어오는 빛, 단형(段型)으로 조성된 분수의 수면 위에서 반사 연출되는 빛의 효과는 각 국면마다 기대감으로 가득찬 방문자들의 경로를 유인하도록 의도한 것이다. **『알프스 건축** Alpine Archutektur, 1919』 **스케치안**(도4-16)에서, 타우트는 알프스의 산과 계곡에 콘크리트, 채색 유리로 이루어진 수정체 형상의 근대적인 새로운 구조물들을 배치하여 유토피안적인 도시를 상징하는 공간도시를 제안하였다. 여기서 산 정상부에는 유리가 주 건물재료로 사용된 거대한 수정체 형상의 돔 구조물이 부각되어 도시의 초점이 되는 기념비성을 상징하며, 주변부에는 유리로 된 보조 건물들이 에워싸고 있다.

도4-16 B.타우트, 알프스 건축 스케치안, 1919

판타지 건축은 유기체의 속성과 조각적인 형태언어를 지향한다

동굴과 같은 공간개념의 테마는 조소적인 환상적 형태와 역동적인 공간의 경험을 탐구한 휜스테를린(Hermann Finsterlin, 1887-1973)의 실현되지 않은 스케치 작품들에서도 찾아볼 수 있다. 그는 건축의 사회적 과제란 새로운 것, 전례가 없는 것, 즉 그 외관 형태의 다양성과 아름다운 미 자체에 있다고 주장한다. 따라서 그는 현실적인 문제인 기능과 구조는 중요한 것이라고 생각하지 않았다. 그의 스케치에 나타난 소재들은 구조적 실현 가능성을 고려하지 않고 단지 시각적, 촉각적인 매혹의 이미지를 반영한 것이다. 휜스테를린은 "건축은 자연의 살아있는 유기체"와 같은 것으로 보았다. 그는 "건축은 인간적 존재라는 생물발생적 현상이며, 그것은 태아의 상태를 넘어서 존재하는 것"과 같다고 주장한다. 따라서 그에게 건축은 새로운 재료와 형태를 이용하는 데서 탄생하는 "우아하게 형상화된 유기체"이다. 그는 이러한 새로운 유기체를 추구하는 디자인 작업은 대지로부터 자연스럽게 성장하여 자연의 한 부분처럼 '유기적이며 연속적인 성장물을 창조하는 것' 이라고 주장한다. 그가 수정체와 같은 기하학적 추상형태를 거부하고 건축에 생명과 새로운 형상의 풍부함을 부여하려고 한 것은 바로 이러한 이유 때문이다.(그러나 휜스테를린이 주장하는 유기성의 개념은 건축물이 자연과 동화(sympathy)되는 현상을 강조한 라이트의 '유기적 건축' 과는 그 성격이 다르다.)

그러므로 휜스테를린은 자연 현상들에서 발견되는 형태들의 다양성과 예술적 가치를 영감의 근원으로 삼았다. 그는 오랜 성장과 침식의 과정을 통해서 자연이 그 자신의 형태와 기념물을 창조해 온 것처럼, 자신의 프로젝트와 스케치에서 이러한 개념들을 구체화하려고 하였다. 특히 그는 '삭제' 라는 프로세스를 통해서 건축형태의 양식적인 특성들을 근본적인 요소들로 환원시켜 자신만의 독창적인 이미지가 부여된 형태를 만드는 작업을 중시하였다. 샤프(Dennis Sharp, 1966, pp.99-100)에 따르면, 휜스테를린은 이러한 작업을 **'빌딩 블록으로 구성되는 세계 건축(**Baukasten der Welt-Architektur, world architecture building blocks)' **(도4-17)**과 '지주형태의 빙하구혈체계(Seelengletscher-mühlensys-tem) 라는 상징적 개념' 의 두 가지 원리에 근거하여 전개하였다. 여기서 Baukasten(빌딩 블록)은 일종의 입방체, 기둥, 피라미드, 원추형, 반구, 돔, 바늘, 양파, 종, 뿔 등과 같이 작은 형상의 목재 블록으로 '중요한 세계 건축 양식' 의 여러 건물 유형들뿐만 아니라 판타지를 구성할 수 있는 도구이다. 휜스테를린은 이러한 빌딩 블록을 (마치 라이트가 사용

도4-17 H.휜스테를린, 빌딩 블록으로 구성되는 세계 건축

한 프뢰벨과 같이) 교육, 유희, 시험의 도구로 간주하였으며, 세계건축 양식을 분석하고 점, 선, 면, 고형체의 미적 가치들을 검토하는 데 필요한 모델로 활용하였다.

빌딩 블록으로 구성되는 세계 건축(Baukasten)과 관련된 조형 개념은 예술에는 생물의 탄생 및 성장과 비슷한 힘이 존재한다고 믿은 휜스테를린의 확신에서 이끌어낸 것이다. 이것은 그가 다윈의 자연계의 진화에 대응한 예술의 발생론을 구축해 유기체적이며 환상적인 형태를 창조하고자 한 것이다. 『세계 건축의 기원, The Genesis of World Architecture』이라는 에세이에서, 그는 세계의 건축을 3가지 위대한 시기로 구별하여 기술한다. 첫 번째 '통합의 시기(the coordinated epoch)' 는 형태의 기본요소들이 복잡한 3차원적으로 잘 비례 잡힌 구조물로 구성되는 시기이다. 이러한 세계 건축 양식은 입방체, 기둥, 피라미드 원추형, 반구 등의 기본 형태 요소의 조합에 의해 이루어진 고대 및 고전 건축 등에서 발견된다. 두 번째 '기하학 및 삼각법의 시기(the geometrical and trigeometrical epoch)' 는 돔 형상이 다면체 돔으로 진화된 표현주의의 유리 건축처럼 기본형태 요소들이 분해되었지만 쌍을 이루어 비례 잡힌 전체 형상으로 조합되는 시기이다. 마지막 세 번째 '유기적 시기(the organic period)' 는 다양한 혼성적인 형태들을 직관적으로 사용하여 '계산 불가능한 유기적 융합체' 를 창조하는 시기이다. 이 3가지 진화 과정에서 그가 추구하는 미래의 건축은 바로 '유기적 시기' 에 해당된다. 지주형태의 빙하구혈체계 개념은 빙하의 침식이나 큰 동굴의 경우처럼 지질학적 원천에서 직접적으로 이끌어낸 개념을 의미한다.(Dennis Sharp, 1966, p.106) 맷돌 모양으로 빙하에 난 구멍(Gletschermühlen)은 빙하수로 수백만 년 동안 그 형상이 만들어진 거대한 돌의 공동(stone hollows)으로, 여기서 낙하한 바위들은 공동의 내부에서 끊임없이 움직이는 과정을 통해 둥글게 다듬어진다. 휜스테를린은 이러한 지질학적 '절구공이와 모르타르(pestle and mortar)' 과정에 대한 지식에서 자신의 건축모델에 바위투성이 모양의 외양과 영속적인 특질을 부여하는 영감을 얻었다. 그는 이러한 개념은 건축을 자연에 근접시키고, 인간의 영혼에 근접하여 정화시키는 판타지를 지닌 '새로운 건축의 상징' 이라고 말한다. 이러한 사실은 그가 기술적인 주제에 속박되기보다는 건축형태에 직관적이고 본질적인 접근을 통해서 '대지를 위해 세우는 작업' 을 추구한 데서도 잘 나타난다.

휜스테를린에게 '건축물은 하나의 거대한 속이 빈 조각(hollow sculpture)으로 외부와 내부를 형상화하는 무한한 가능성, 미적 균형이라는 유일한 요건을 지닌 것' (Dennis Sharp, 1966, p.98)으로 간주되었다. 샤프는 휜스테를린의 작품에서 소상(塑像)용 점토와 같은 시멘트처럼 건물을 에워싸는 재료에 내재한 긴장감과 에너지는 "조소적으로 탐구되어 거주 가능한 공간을 에워싸는 피막과 뼈대를 형성"(Dennis Sharp, 1966, p.97)한다고 지적한다. 이러한 건물의 내부는 구축법이라는 직각의 제약에서 해방되어 마치 '광활한 동굴 공간' 과 같은 특성을 지닌다. 휜스테를린은 건물의 바닥, 창, 가구 등의 구성요소들을 유기체로서의 기관처럼 생각하고, '유기체의 특권을 부여받은 거주자' 가 이것들을 단지 시각뿐만 아니라 촉각으로 체험하는 종합 감각적인 특성을 중시하였다. 따라서 그는 거주자인 인간이 입방체 안에서 생활하도록 강요하는 관습적인 제약과 도식화 된 내부 공간에서 거주하는 것으로부터 자유로워질 필요가 있다고 주장한다. 새로운 주택의 내부는 거주자가 각 기관들(개개의 실들)에서 기관들로 이동하면서 '거대한 동굴처럼 화석화된 모체(母體)안에서 상호간 주고받는 공생자' 임을 자각할 수 있어야만 하기 때문이다.

'판타지 건축 스케치 계획안(fantastic architecture drawing, 1916-1925)(**도4-18a, b, c**)에서, 휜스테를린은 자연의 여러 가지 형태를 새로운 '제2의 인공적 자연' 으로 만들기 위해 조각적이고 전례가 없는 새로운 유기체적인 건축 언어를 사용하였다. 이러한 형태들은 안과 밖이 연속한 면을 이루면서 공간으로 통합되어 있으며, 관찰자에게 독특한 감동을 유발시키는 환상적인 형태의 조각처럼 나타난다.(주7)

도4-18a. b, c H.휜스테를린, 판타지 건축 스케치 계획안들
(a) 대학건물 스터디(study for a university), 1918
(b) 카사 노바(Casa Nova)를 위한 형태의 연구, 1920
(c) 기술고등학교(A technical high school), 1924

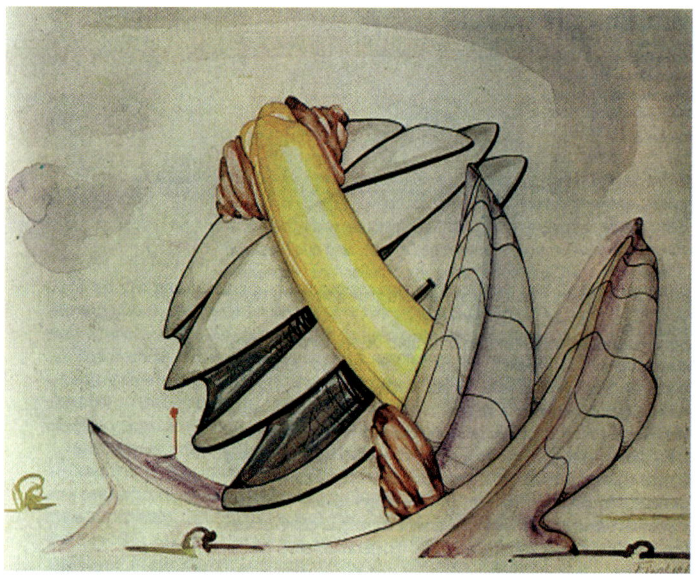

| 조각적인 상징형태와 영혼의 건축 : 루돌프 슈타이너

건축은 인간을 영혼의 세계로 인도하는 매개체이다

건축을 인지학(주8)과 관련하여 해석해 인지학적 건축(anthroposophical architecture)이라는 독특한 영역을 개척한 슈타이너(Rudolph Steiner, 1861-1925)는 역동성과 조각적인 형태로 생명력 넘치는 건축을 탐구하여 왔다. 그는 건축가가 아니었지만 괴테의 자연과학의 영적 원리와 형태학(주9)에 심취해 건축 연구와 미학의 문제를 탐구하였다. 슈타이너는 "건축은 이 지상에 중심적인 존재로 서 있다"(Dennis Sharp, 1966, p.148)고 주장한다. 그에게 건축은 한편으로 인류에게 영감을 부여하는 '영적인 존재'이며, 또 한편으로는 감각적인 세속적 목적에 봉사하도록 벽돌이나 콘크리트로 만들어진 '견고한 구조물'이기 때문이다. 따라서 그가 탐구한 건축 공간은 인간의 외부에 존재하는 '현실적 공간(real space)'이라기보다는 인간의 내부에 존재하며 영적인 이벤트가 실현되는 '영혼의 공간(soul space)'이라는 속성이 강하게 나타난다.

이러한 맥락에서 슈타이너의 건축은 '영혼의 건축(architecture of soul)'이라 불려진다. 그는 건축이란 "영혼의 세계로 인간을 인도하는 매개체"이며, 인간의 정신적 요소는 우주 전체의 정신적 요소로 유도된다고 믿었다. 그는 이것이 외적인 관찰을 통해서가 아니라 내적인 자각을 통해서 경험될 때 강력한 영향력을 지닌다고 주장한다. 슈타이너의 사상과 작품에서 우리는 영적인 측면을 강조하여 새로운 질서를 창조하고자 한 강한 의도를 감지할 수 있다. 그의 이러한 사상은 19세기 말과 20세기 초에 전개된 표현주의자들이 영혼의 판타지와 이러한 판타지의 내적 숭배의식을 중시한 것과도 무관하지 않다.

> "건축물들이 이야기하기 시작할 것이다. 이것들은 현재의 인간이 접속해보지 못한 언어로 이야기하기 시작할 것이다."(Rudolf Steiner, 1914 / Dennis Sharp, 1966, p.145 재인용)

> " 형태의 조화를 경험하는 사람은 또한 그 이웃과 조화 속에서 살아가는 법을 배우게 될 것이다. 평화와 조화는 이러한 형태를 통해 인간의 가슴 속에 스며들 것이다. 이러한 건물은 입법자의 자격을 지닐 것이다"(W. Phent, 1973, p.137 재인용)

그러므로 슈타이너의 주 관심은 현실 세계를 초월해 있는 지고한 진리들을 구현하기 위해 '생명감 넘치는 건축'을 만들어내는 것이다. 슈타이너는 건축이 사람들의 영혼을 흔들어 놓을 수 있다면, 그것은 건축이 지닌 형태가 이미 보는 사람의 벅찬 감동을 그 안에 감추고 있기 때문이라고 주장한다. 그는 물질계의 각 특성에 따라 우리를 감싸고 있는 어떤 정신의 본질과 우호적, 비우호적인 관계가 형성된다고 주장한다. 그는 물질이 지닌 형태를 직관하고 체험할 때 느낄 수 있는 영혼의 감동이 '정신적인 본질' 로의 전이를 좌우하는 '관념 형태' 를 만들어낸다고 보았다. 따라서 그는 "물질이 정신을 반영하고, 정신이 물질 속에 드러나는....그러한 동질적인 세계" (W. Phent, 1973, p.140 재인용)를 만들고자 하였다. 따라서 그는 자연 속에서 발견되는 관능적이고 감각적인 형태를 사용해 어떤 대상에는 상징적 목적을 부여하고, 다른 대상에는 정적인 특성을 부여하고자 하였다.(주10) 또 그는 색채는 정적인 형태의 색채 안에 내재한 내적 운동감과 생동감 있는 경험을 부여하기 때문에 '색채와 형태의 창조적 세계' 가 만들어내는 영적인 측면을 중요하게 생각하였다. 이러한 이유로 그는 색채의 내적 생명력을 경험할 수 있도록 빛과 어두움 속에서 인식되는 색채를 관찰하고 그것을 외적으로 재생산하여야 한다고 강조한다.

도4-19a, b R.슈타이너, 과테나움 1, 도르나흐, 스위스, 1913-1920

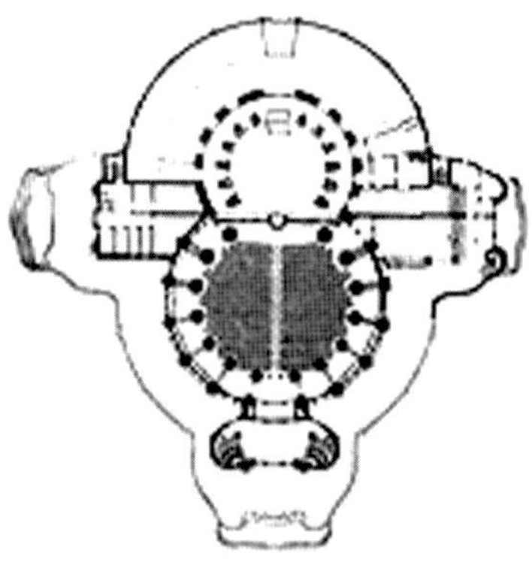

베이스(Kenneth Bayes)는 슈타이너 건축의 특성을 선적인 운동감(movement), 조각적 형태(sculptural form), 형태의 변형(metamorphosis of form)이라는 3가지 관점에서 설명한다. 여기서 끊임없이 흐르는 '운동감' 의 특성은 감각적이며 화려한 형태를 지닌 아르누보 양식의 선적인 특성에 움직임과 생명력을 부여하여 다시 표현한 것이다. 슈타이너는 이러한 "운동감을 조각적 형태라는 두 번째 특성과 결합해 건물을 한 무더기(en masse)의 젤리처럼 주조하여 유연하게 보이도록 만들었다" (Dennis Slarp, 1966, p.148). 그에게 이러한 조각적 특성은 "세상과 우주적 힘이 상호작용한 결과" 로 그의 형이상학적인 개념이 영혼의 건축에 침투한 것을 의미한다.(주11) 형태의 변형은 본질적으로 운동감과 조각적 형태의 개념과 결속된 것으로 그의 작품에서 매우 독특한 방식으로 나타난다.

콘크리트 기단 위에 목조 돔의 형태로 이루어진 **과테나움 1** (Goethenaum I, Dornach near Basel, Switcherlands, 1913-1920)(**도4-**

도4-20a, b R.슈타이너, 과테나움 2, 도르나흐, 스위스, 1922-1924

19a, b)에서, 슈타이너는 두 개의 반구형이 맞물린 두 개의 기하학적인 원을 통해서 물질적인 것과 영적이고 초감각적인 것이라는 대립적 이원성을 표상하는 형이상학적 상징 의미를 탐구하였다. 여기서 객석의 큰 돔 공간은 물질적인 것을, 작은 돔 공간은 영적-초감각적인 것을 상징한다. 외부 형태에는 역동적인 선들과 전체 외관을 지배하는 두 개 돔의 실루엣에 의해 운동의 개념이 표현되었다. 이 건물에서 형태와 비례는 그 내재적 생명에서 나온 것으로, 이것은 예술적 감성에 따른 '창조하는 우주 세계' 원리와의 조화 속에서 포착된 것이다. 단일체의 조각적인 형상으로 상징과 기념비성을 표현하는 방식은 **과테나움 2**(Goethenaum II, Dornach near Basel, Switcherlands, 1922-1924)(도4-20a, b)에서 한층 더 강화되어 나타난다. 슈타이너 자신이 "스피치의 주거(House of Speech)"라고 불렀던 이 건물에서, 그는 선의 운동과 형태의 유기적 변형보다 요소들의 융합과 단일체를 절삭한 형태의 생성과정을 통해 마치 살아있는 듯한 조각물의 형상을 만들었다. 샤프는 "이 건물은 비록 공간 상호간의 미묘한 긴장감은 없지만 사람들이 그 안에서 움직이고 존재감을 느낄 수 있는 거대한, 개방된 동굴과 같은 텅 빈 조각으로 인식될 수 있다"(D. Sharp, 1966, p.164)고 지적한다. 이 건물의 외부형태는 그 내부의 기능 구성을 전혀 보여주지 않는다는 점에서 '형태는 기능을 따른다'는 모더니즘의 기능주의 논리와는 다르다.(주12)

| 기능적 역동성과 건축적 상징의 탐구 : 에릭 멘델존, 에로 사리넨

역동성의 건축은 감성(역동성)과 목적(기능)을 통합한다

건축 형태가 지닌 추상적이고 상징적 표현인 역동성과 기능을 통합하여 '기능적 역동성(functional dynamism)' 의 개념을 진척시킨 대표적인 건축가는 멘델존(Erich Mendelsohn, 1887- 1953)이다. 멘델존은 그의 초기 스케치에서 발견되는 표현주의적인 성향에도 불구하고, 페르지히, 타우트, 휜스테를린 등 공상적 건축가와는 달리 자신만의 독특함을 지닌 건축가로 평가되고 있다. 그는 '역동성의 건축(architecture of dynamism)' 이라는 개념을 니체의 철학에 근거하여 전개해 왔다. 멘델존은 "한 시대의 힘을 표현하는 것이야 말로 항상 예술이 할 수 있는 최상의 과제이다"(Winand W. Klassen, 1980, p.256 재인용)라고 주장한다. 멘델존의 스케치에서 보여지는 '기능적 역동성' 과 더불어 강력한 곡선 형태의 조각적인 구조물로 표현되는 '수평성의 개념' 은 사회의 모든 분야에서 수평적 질서 체계로의 전이를 중시한 그의 사고를 형상화 한 것이었다. 그는 구조와 기능을 역동적인 형태와의 조화라는 개념을 바탕으로 전개하고, 건물의 목적을 그 외부의 형태로 근대적 테크놀러지의 관점에서 상징화하려고 하였다.(주13)

그러므로 멘델존에게 형태는 역동성과 기능, 비합리성과 합리성의 측면을 통합한 결과이다. 그에게 진정한 창조적인 능력은 '역동성' 과 '기능' 이라는 양자의 대립, 즉 정신적인 것과 현실적인 것의 관계를 중재하고 통합하여 감성과 목적을 결합하는 것을 의미하였다. 여기서 기능은 실체, 의식, 이성을 대변하며, 역동성은 비실체, 감정, 상상력을 대변한다. 멘델존은 건축 행위의 모델로서 모더니즘의 기능적인 접근은 기능을 용도, 재료, 구축이라는 조건들의 관점에서만 해석하기 때문에 공간적이거나 표현적이지 못하다고 지적한다. 역동성은 "건물의 재료에 내재해 있는 운동력의 표현이며, 건물에 요구되는 기능의 이미지를 동시에 표출하는 것"(W. Phent, 1973, p.125)을 의미한다. 따라서 멘델존이 통제되지 않은 환상적인 역동성만을 중시하는 경향뿐만 아니라 기능의 분석과 추상화에 대해 지나치게 의식하는 경향(주14) 모두의 위험성을 경고한 것은 바로 이러한 이유때문이다.

여기서 멘델존은 건축을 힘들의 평형을 포함하는 '역동적 조건' 과 관련시켜 접근하였다.

이것은 엄격한 기하학적 규율 아래 원초적인 형태로 구성되는 건축처럼 순수하게 지적인 구성에 내재한 위험성을 인식한 그가 기계론적 의미를 넘어서 상징적인 의미를 지닌 건축을 만들기 위해서였다. 멘델존은 자신이 추구한 새로운 건축을 다음과 같이 언급한다.

> "건축의 살아있는 특질은 촉각과 시각의 수단에 의한 감각적인 포착 즉, 매스라는 세속적인 응집과 빛이라는 초-세속적인 자유에 달려 있다. 이와 같은 자신의 법칙으로부터 건축은 그 실질적인 매스를 지배하는 조건들을 규정한다 : 그 하나는 매스의 윤곽으로 그 선형적인 요소들을 시각화하는 역동적 조건(dynamic condition) - 공간의 움직임 - 이며, 다른 하나는 표면의 투사로 매스들의 관계를 시각화하는 '리듬의 조건(rhythmic condition)' 이다. 그리고 또 하나는 지상층 평면과 단면으로 움직임을 동등화하는 정적인 조건(static condition)이다." (Dennis Sharp, 1966, p.120 재인용)

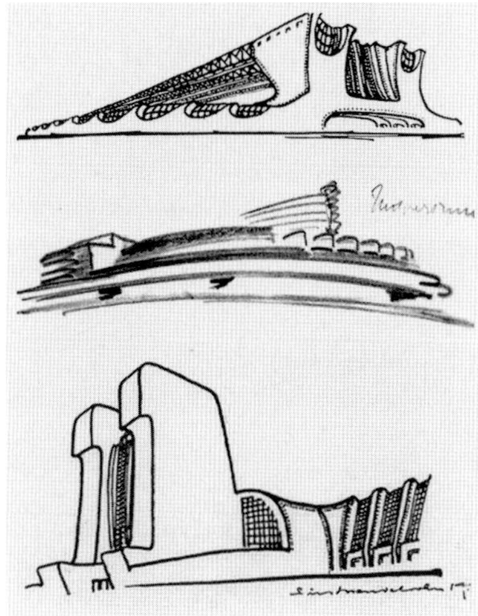

도4-21 E.멘델존, 공공건물을 위한 스케치 계획안(영화관, 철도역사, 자동차 공장, 백화점), 1904

반 드 벤은 멘델존이 "건축적 상징이라는 조소적인 세계를 보여주는 형태의 역동성을 탄성적이며 생명력 있는 구조와 재료에서 만들어지는 유기적 형태에서 탐구" (Van de Ven, 1980, p.169)하였다고 지적한다. 이러한 사실은 멘델존이 "전체성을 파괴하지 않고서는 어느 한 부분—그것이 매스의 일부이든, 운동이든, 그 논리적 주제의 한 부분이든—도 제거할 수 없다" (W. Phent, p.125에서 재인용)고 주장한 데서 잘 나타난다. 그의 스케치와 작품에서 발견되는 건물 형태의 이미지는 동일한 모티브를 수평적으로 중첩해 건축의 연속성과 일체감을 이루는 유기주의적인 조각적 볼륨의 특성을 보여준다.(도4-21) 멘델존에게 스케치는 양식과 표절의 구속에서 건축을 해방시키고, 건축에 독창적이며 창조적인 새로운 생명을 부여하는 창조적인 도구였다. 또한 이러한 스케치는 그가 새로운 재료, 철, 콘크리트의 탄성적 특성인 유연성을 인식하고 이를 바탕으로 프로젝트에서 발전시킬 형태를 탐구하기 위한 도구였다.(주15) 실제로 그의 스케치 안들은 조소적인 표현의 가능성에 대한 시각적인 탐구뿐 아니라 그 상징적인 표현성때문에 심오한 분위기를 담고 있다. 그러나 멘델존은 이러한 상징적 건축을 '유겐스틸(Jugendstil)의 유기적인 자연주의적 형태의 관점이 아니라 미래파와 유사한 기계론적인 관점으로 창조' (Dennis Sharp, 1966, p.100)하고자 하였다.

멘델존은 역사라는 관점에서 볼 때 그 자신의 작품이 '건축 형태의 3차원적 가능성' —벽을 구조의 요소로 간주하는 것—에 관심을 보여 왔던 건축적 전통을 따르는 것으로 생각하였다. 이 점에 대해 그는 다음과 같이 언급한다.

"벽과 전면의 차이는 2차원적인 구분이다. 만일 우리가 이것을 건물 전체에 확대한다면, 다시 말해 이것을 3차원적으로 고려한다면, 그때 우리는 공간과 표면 사이의 대비를 얻게 된다."(Dennis Sharp, p.129 재인용)

여기서 우리는 멘델존이 건축의 본질을 형태가 아니라 공간의 측면에서 정의(주16)하였다는 사실에 주목할 필요가 있다. 그는 작품을 통해서 '세계의 기능을 역동적이며 초감각적인 것으로, 그리고 현실의 여러 조건 속에서 매스와 빛으로 포착하기 어려운 공간' 을 만들고자 하였다. 여기서 그는 순수하고 단순한 공간이 아니라, 공간을 암시하는 것과 같은 감각적인 요소의 존재를 강조한다. 이러한 사실은 그가 건축을 공간의 측면에서, 그리고 빛과 그림자가 건물에 미치는 효과 측면에서 다음과 같이 언급한 데서 잘 나타난다.

"건축은 인간의 정신이 포착할 수 있는 공간을 가시적으로 표현한 것이다..... 건축은 공간을 포착하며, 공간을 에워싸며, 공간 그 자체이다. ... 건축미는 새로운 구조물이 역사와 자기만족적인 창조물에서 이끌어낸 재현적인 형태에 근거한 것이 아니다... 건축미는 평면과 그 형상에서 우리 시대의 요구조건과 인식을 표현해야만 한다. 기능과 형상 사이의 재발견된 통합은 건축 형태를 아카데믹한 학자적인 고립상태에서 해방시켜주며, 그것을 다시 우리 자신의 것인 생명에로 결속시켜 주게 된다."(Erich Mendelshon, 1914, 1944 / Dennis Sharp, 1966, p.110, 123 재인용)

도4-22a, b, c E.멘델존, 아인슈타인 탑, 포츠담, 독일, 1917-1921

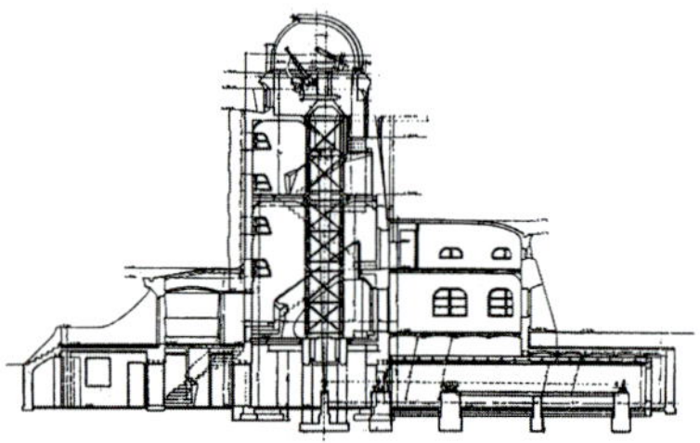

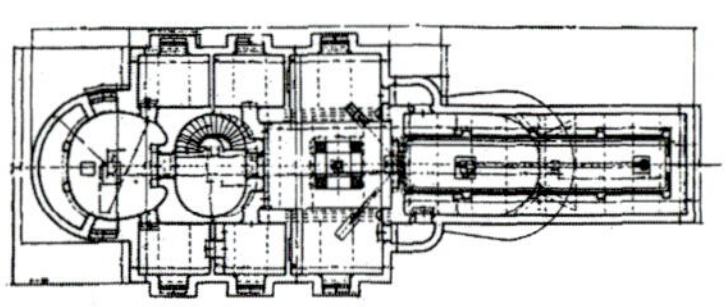

포츠담 소재의 **아인슈타인 탑**(Einstein Tower, Potsdam, Germany, 1917-1921)(도4-22a, b, c)은 멘델존이 초기 스케치 안에서 탐구한 탄성적 연속성의 개념을 형태와 구조의 통합이라는 건축적 가능성으로 실현한 작품이다. 이 건물은 멘델존 자신의 표현처럼 "진정한 건축적인 유기체"이자 과학자를 위한 상징 기념물로서 "조각 작품의 속성"을 보여준다. 여기서 육중한 거석과 같은 단일 형상의 상징적인 구조물 안에 거대한 동굴과 같은 원통형의 단일 공간을 중심으로 기능들을 전, 후로 배치해 평면상이나 공간조직상 대칭 형태로 이루어진 명확한 기능 체계를 구성하였다.(주17) 외부의 형태는 내부와 똑같이 반영되어 '형태의 공간적 표현'(주18)이 실현되었다. 여기서 모든 요소들은 마치 파동처럼 세부 표현에까지 침투하는 조각적 통일성을 지닌 구조물로 통합되었다. 특히 건물 표면의 요철 부분은 빛과 그림자의 극적인 효과를 만들어낸다. 거의 같은 시기에 지어진 **스테인버그-헤르만 모자공장**(Hat Factory for Steinberg-Hermann, Company, Luckenwalde, Germany, 1921-1923)(도4-23)은 콘크리트와 벽돌로 구성된 실용주의적인 구조물이지만, 그 재료의 물성과 기하학 형상의 표현성을 통해서 감정을 환기시키는 요소로 도입하였다. 이 점에서 아인슈타인 탑이 보여준 표현주의적인 특성과는 또 다른 면모를 보여주고 있다.

도4-23 E.멘델존, 스테인버그-헤르만 모자공장, 루켄발데, 독일, 1921-1923

슈투트가르트와 슈미츠에 위치한 **쇼켄 백화점**(Schoken Department store in Nuremberg and Stuttgart, 1926-1927, at Chemnitz, Germany, 1928-29)(도4-24a, b, c)에서, 멘델존은 근대적인 상점 건축의 이미지를 창조하여 이후에 많은 영향을 끼친 건물 유형을 만들어냈다. 여기서 그는 (역사적인 이미지 형태나 아르 데코(Art Deco)적인 모티브 대신에) 표현적이고 기능적인 수평의 긴 창문 띠와 같은 반복적 모티브를 사용해 근대적 삶의 역동성을 일체화된 조각적 볼륨의 형상으로 표현한 것이다. 특히 계단 타워 같은 강한 수직성을 강조한 슈투트가르트의 쇼켄 백화점에서는 연속적인 돌출부를 사용해 강한 음영을 만들어내는 창문의 수평성과 철과 유리로 된 줄무늬 띠로 인상적이고 웅장한 건물 이미지를 표현하였다. 베를린의 보가 컴플렉스(Woga Complex) 계획안에 포함된 **유니버숨 시네마**(Universum Cinema, Berlin, Germany, 1926-1929)(도4-25)에서 멘델존은 모서리를 감싸며 도는 부드러운 파사드와

도4-24a, b, c E.멘델존, 쇼켄 백화점, 뉘른베르크 & 슈투트가르트, 독일, 1926-1927

곡선형 내부를 그의 표현처럼 "움직임이 곧 생명이며, 공간, 색채, 빛으로 지배되는 판타지를 보여주는 전보 양식(telegram style)"을 상징하도록 의도하여 표현하였다.

슈타이너, 멘델존 등의 작품처럼 형태가 내포하고 있는 이미지와 연상, 그리고 이것이 주는 심리적 효과를 중시하는 건축적 사고의 전통은 1950년대 이후 전개된 신표현주의 건축가에게서도 발견할 수 있다. 이 시기에 모더니즘 건축의 2세대 건축가인 사리넨(Eero Saarinen, 1910-1961)은 상징성의 개념과 연상을 불러 일으키는 도상학적 특성(graphic quality)을 지닌 형태를 탐구하기 시작하였다. 사리넨은 건축을 매우 개인적인 예술이자 표현으로 간주하였다. 그는 모더니즘이 우리에게 필요한 새로운 건축에 대한 해답을 제공했지만, 건축이 진실로 보편적이기 위해서는 그 형태적 한계를 확장하여 모든 인간적 요구와 열망에 반응할 필요가 있어야 한다고 주장하였다. 이 점은 그 당시 많은 건축회사들이 모더니즘의 성공적인 디자인 해결책을 반복하는 경향에 대해 경계한 다음의 글에서 잘 나타난다.

도4-25 E.멘델존, 유니버숨 시네마, 베를린, 독일, 1926-1929

"나는 근대건축은 너무나 빨리 경직된 틀에 맞추어 형상화 될 위험에 놓여 있다는 점을 강렬하게 느낀다. 한때 위대한 새로운 건축의 시대를 위한 위대한 희망이었던 것이 이제는 어디에서나 반복하여 동일한 형식을 자동적으로 적용하는 현상이 되어버렸다. 그러므로 나는 특정한 문제로부터 특정한 해결을 이끌어내는 구체적인 열정으로 문제들을 탐구해야 하는 책임감을 느끼고 있다.... 이러한 의미에서 나 자신은 꼬르뷔지에에게는 겸손하게 동조하며, 미스 반 데어 로에에게는 반대한다."((ed.)Aline Saarinen, 1968, p.6 / D.P. Doordan, 2002, p.198 재인용)

그러므로 사리넨은 건물의 형태적 특성으로서의 양식(style)은 주어진 맥락 속에 적절하게 적합화 되도록 조정될 필요가 있다고 주장한다. 그는 디자인 작업에서 부지, 구조, 경제성, 기능, 건물 안에 있는 사람들의 심리적 요구, 그리고 무엇보다도 '왜 사람들은 이 건물을 세우기를 원하는가? 하는 핵심적인 질문과 관련된 인자들을 중시하였다. 그가 중요하게 여긴 상황의 특수성은 기후, 방위, 기능, 스케일 등과 같이 잘 알려진 고려 요소뿐만 아니라 특성, 전통, 상징성 등과 같이 모더니즘에 의해 무시되어 온 문제들을 포함한다. 사리넨이 개개 건물은 그 특별한 해결책을 요구한다는 개념을 일관되게 고수한 것은 건축가로서의 자신의 사회적 책임감과 예술성에 대한 요구를 모두 해결하기 위해서였다. 이 점에서 펠리는 "사리넨의 작품은 형태의 일관성이 아니라 사고의 일관성을 따르는 것" (Cesar Pelli, 2002, (ed.)Susan Gray, 2002, p.131)이었다고 지적한다.

사리넨의 창조성은 그가 미스 반 데어 로에처럼 일관된 개인적인 양식을 추구하지는 않았다는 점에서, 그리고 어느 하나의 형태적 카테고리로 분류하기가 어려운 독창적인 작품들을 제시한 데서 발견된다. 그에게 개개의 건물은 새로운 형태, 아이디어, 그리고 테크놀러지를 실험할 수 있는 기회였기 때문에, 그는 개개의 문제에 대해 새로운 해결을 탐구하는 작업을 중시하였다. 사리넨은 1950년대에 크게 두 가지 방향을 함께 모색하였다. 한편으로 그는 미스적인 커튼-월, 그리드 플랜, 기둥(柱) 구조체를 사용하면서 그것을 다시 추상적이고 비물질화한 얇고 평탄한 건축 형식을 추구하였다. **제너럴 모타 기술 연구소**(General Motors Technical Center, Michigan, USA, 1949-1956)(**도4-26a, b**)는 중앙의 연못을 중심으로 저층의 강철 프레임 구조로 된 직사각형의 유리 건물들을 배치하는 방식으로 미스의 IIT 공과대학 건물 디자인의 접근 방식을 연상시킨다. 다른 한편으로 그는 과거의 역사를 도입하거나 구조와

도4-26a, b E.사리넨, 제너럴 모타 기술 연구소, 미시건, 미국, 1949-1956

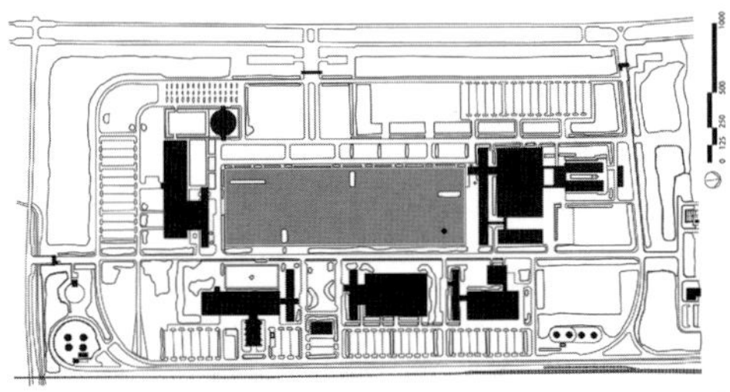

형태가 통합된 도상학적 기호(記號)로서 작용하는 형태를 추구하였다. 여기서 그는 과거 전통 형태의 모티브를 도입하는 매너리즘적인 양식적 다원주의의 태도를 보여준다. 그러나 이 시기에 그가 단지 과거의 연상적인 형태에 의존하기 보다는 형태를 발생시키는 인자로 구조를

도4-27a, b, c E.사리넨, TWA 공항 터미널, 뉴욕, 미국 1956-1962

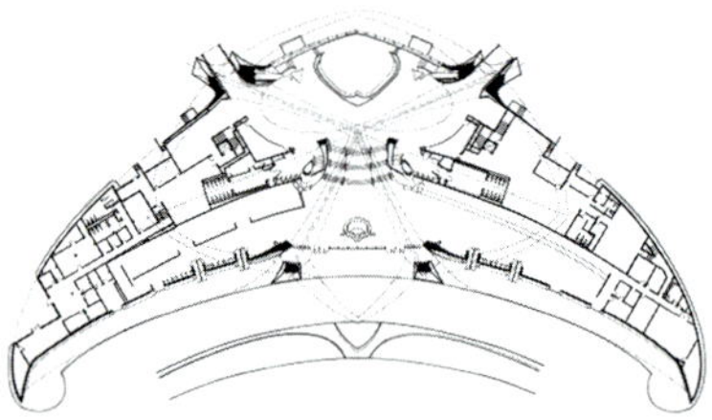

활용하여 형태와 내용의 통합을 시도한 것은 주목할 만하다. 특히 사리넨은 콘크리트의 얇은 쉘(shell) 구조를 창안하여 구조와 형태가 통합되어 조각적으로 만들어진 형태로 상징적 의미를 연상시켰다는 점에서 주목받았다. 그의 작품에서 보여지는 이러한 도상학적 형상들은 후에 포스트-모더니즘의 건축을 옹호하는 건축가들에게 '기호로서의 건축'이라는 담론을 촉발시키는 계기가 되었다.

뉴욕시 JFK 국제공항의 **TWA 공항 터미널**(Trans World Airlines Terminal, N. Y, USA, 1956-1962)**(도4-27a, b, c)**은 (멘델존의 아인슈타인 탑, 꼬르뷔지에의 롱샹 채플처럼) 조각적인 특성을 보여주는 도상학적 형태와 볼트 구조가 상호 결합하여 이루어진 동굴과 같은 극적인 공간에서 '이동성'을 상징화 한 건축이다. 역학적인 측면에서 구조에 대응하여 얻어진, 조각적으로 조형된 철근 콘크리트의 쉘 구조물의 도상학적 형태의 특성은 막 비행하려는 새의 이미지에서 얻어지는 이동성을 상기시킨다. 야코버스는 사리넨이 이 건물에서 "감정을 일으키고 정서에 영향을 주는 건축, 즉 불레, 루드가 시도한 이야기하는 건축(architecture parlante)의 전통" (John Jacobus, 1966, p.160)을 추구했다고 지적한다. 이 작품에서 발견되는 두 가지 흥미로운 특징은 형태의 표현이 기능적 목적으로 진술되었다는 점, 그리고 이러한 디자인 의도가 건물의 도상학적 특성을 통해서 사용자들에게 어떤 연상을 주려고 하였다는 점이다.**(주19)** 제트엔진 시대의 프로그램에 맞는 공항 청사로 계획된 **델러스 국제공항청사**(Dulles International Airport in Chantilly, Washington, USA, 1958-1962)**(도4-28)**는 현수구조의 지붕형태와 하나로 인식되는 내 · 외부의 통합을 통해서 미국의 수도로 진입하는 '관문으로서의 상징적 표상'으로 디자인된 작품이다. 이러한 표상들은 기능이나 형식주의에 속박되기 보다는 사물의 본질과 관련된 상징을 표현하고자 한 것이다.

도4-28 E.사리넨, 델러스 국제공항청사, 워싱턴, 미국, 1958-1962

| 감각적 형상과 파상 공간의 미학 : 프랭크 게리

I
건축은 독특한 아우라로 새로운 이미지를 만들어내는 예술이다

전위적인 구성과 해체의 개념을 바탕으로 건축에 '실험적이고 관능적인 요소'를 도입해 조각적인 건축을 탐구해 온 현대 건축가는 게리(Frank O. Gehry, 1929-)이다. 그는 학구적인 이론가라기 보다는 자유분방한 실험정신을 지닌 실무 건축가로 건축의 예술적 영역을 추구하여 왔다. 게리는 "예술적인 표현은 우리의 영혼에 활기를 불어넣어 주는 것"(이관용, 2006, p.43 재인용)이라고 말한다. 따라서 게리는 자신의 예술작품에 수반되는 독특한 아우라(aura)를 통해 무언가 다르게 표현되는 새로운 이미지의 건축을 만들고자 시도한다. 그는 예술, 건축, 자연, 그리고 주변 건물들로부터 아이디어와 모티프를 추상화하고, 이것들을 통합하고 변형시켜 자신만의 독자적인 조형언어를 만들어내는 능력을 보인다.

게리는 1960년 중반부터 작품 활동을 해왔지만, 1970년대 후반에 자신을 위한 주택 작품으로 세인들의 관심을 얻기 전까지는 그다지 주목받지 못한 건축가였다. 초창기에 그는 모더니즘 건축을 로스앤젤레스 도시의 자유분방한 예술적 분위기, 지역 건축의 전통들과의 강한 연계 속에서 자신만의 건축어휘를 탐색하여 왔다. 그의 초기 작품에는 메탈 시공기법, 단순한 입방체 형태, 오두막, 택지형 주택(tract house), 목조기법을 보여주는 수공예 건축술, 맥락에 대한 시각적 텍스처, 회화와 조각의 실무 작업, 현대 예술가들의 지각과 인지에 대한 관심(주20) 등이 강하게 반영되어 있다. 이 시기에 그가 실험해 온 '공간 안의 오브제 지각에 대한 새로운 탐구, 건물 요소들을 해체, 분산시켜 집합하는 구성과정과 건축적 부가 프로그램, 그리고 구축(시공) 과정을 감추기보다는 노출하는 방법' 등은 주요 디자인 개념들이다. 특히 게리는 공간 속에 놓인 오브제의 지각효과에 대해 관심을 갖고 탐구하였다. 그는 팝 아트나 미니멀리스트적인 예술가들처럼 주름진 메탈, 합판 등 일상의 평범한 재료들을 선택해서 그것들을 수사학적으로 과장하거나 예상 밖의 방식으로 결합하여 사물에 대한 지각 방식을 생소하게 하는 수법으로 사용하였다.(이것은 당시에 팝 아트의 영향으로 벤츄리(Robert Venturi)가 인습적인 요소들을 비인습적인 방식으로 사용하여 건축에서의 복합성과 애매성을 탐구한 태도와도 유사하다. 이에 대해서는 3권

06을 참조) 이것은 게리가 '지각의 세계와 개념의 세계를 서로 융합하려는 의도' 를 보여주는 것이다.

게리는 주어진 프로그램을 작은 단위들로 해체하고, 이에 대응하는 개별적인 형태들을 부가하거나 분산하는 독특한 작업방식으로 진행한다. 그는 먼저 프로그램을 해체하여 얻어진 개별적 볼륨을 기하학적 형상들로 치환하고(주21), 이것들을 건축가의 자율적 이미지(심상)와 주관적 임의성에 따라 구체화 하는 작업을 중시한다. 이러한 작업 방식에는 새로운 이미지의 건축을 발명하려는 실험정신과 건축주에게 다양한 이미지 대안들을 제시하려는 의도가 담겨 있다. 그는 프로그램을 작은 단위로 해체하는 과정을 통해 얻어지는 개별적인 형태언어를 탐구하는 이유를 다음과 같이 설명한다.

> "내가 가장 하고 싶은 것은 프로젝트를 가능한 많은 개별적인 부분들로 쪼개는 것이다.... 그러면, 주택은 단 하나가 되기보다는 열 가지가 된다. 이것은 건축주에게 더 참여하는 기회를 제공한다. 왜냐하면 당신은 '그래요. 나는 당신의 주택을 구성하고 있는 지금 열 가지 이미지를 얻었습니다. 이러한 이미지들은 모든 종류의 상징적인 것들, 당신이 좋아하는 아이디어나 장소들, 회상하고 싶어 하는 당신 인생의 작은 일부분들 등과 관계할 수 있습니다' 라고 말할 수 있기 때문이다. 나는 건축주를 참여시킨다는 관점에서 사고한다."((eds.) K. Michael Hays & Carol Burns, 1990, p.80 재인용)

그러므로 게리는 해체 과정을 통해 작품의 단일성을 파열시킴으로써 단순히 미학적 차원의 문제뿐 아니라 실용적인 차원의 문제도 함께 해결하고 있다. 그가 통합되지 않은 분열의 단절이라는 관점보다는 독립적인 요소와 다양한 유기체적 요소들을 설계과정에서 조합하는 방식을 중시하는 것은 바로 이러한 이유에서이다. 모네오(R. Moneo, 2004, p.257)의 지적처럼, 게리의 이러한 행위는 건물 프로그램과 예산에 충실하고, 일상적인 값싼 재료들을 사용하여 사물이 이루어지는 방법, 즉 '건축행위(doing)' 가 지닌 물질성에 관심을 갖고 '방법' 을 보여주는 것이었다.

또 게리는 초창기 시절부터 건축적인 부가(architectural addition) 개념을 "기존에 존재해 온 것과 새롭게 부가되는 것 사이의 경계를 모호하게 하는 수법"((eds.)K. Michael Hays & Carol Burns, 1990, p.80)으로 도입하였다. 여기서 건축적 부가는 본질적으로 기존의 지역적인 환경적 맥락 안에서 계획하는 태도이다. 그에게 이러한 작업 방식은 일상적인 건설 행위일 뿐 아니라, 도시 안에 존재하는 새로운 구조물들이 기존의 맥락과 재료라는 상황에 덧붙이는 행위이기 때문에 그에게 중요한 의미를 지닌다. 따라서 게리는 잠재적 특성과 가능성을 발견하기 위해 기존 건물뿐 아니라 그가 작업하고 있는 도시 맥락 등을 포함한 상황을 조사하는 데서 출발한다. 이러한 작업을 통해서 옛 것과 새 것, 최초의(originary) 것과 독창적인(original) 것들이 상호간 적극적인 관계를 맺게 된다고 생각하였기 때문이다. 그에게 건축적 부가의 수법은 오래된 재료와 형태들을 사용하여 재생함으로써 새로운 작품을 은폐하는 수단으로 사용할 수 있으며, 이와 반대로 기존 구조물과 관계없이 새로운 것을 디자인하는 데 사용되기도 한다. 게리의 건축이 상당히 추상적으로 나타나지만 모더니즘 건축의 전통적인 표현 양식이나 흔적은 찾아보기 쉽지 않은 이유는 이처럼 재료와 시공방식이 지닌 가능성, 이전 방식이 아닌 새로운 방식으로 사용될 가능성을 끊임없이 실험하여 새로운 관점에서 접근하기 때문이다. 게리는 건축적 부가작업과 관련된 자신의 이상을 다음과 같이 언급한다.

> "나는 오래된 마감 상태와 새로운 마감 상태의 경계를...... 현실과 초현실의 경계를 흐리게 하는 것을 원했다.. 나는 주택에 '신선감'을 유지하는 데 관심이 있었다.... 그것은 디테일이 아직도 진행 중이라는 느낌, 그래서 건설이 아직 끝나지 않았다는 느낌을 강조함으로써 가능하다." ((eds.)K. Michael Hays & Carol Burns, 1990, p.80 재인용)

도4-29a, b F.게리, 론 데이비스 주택, 말리브, 캘리포니아, 미국, 1972

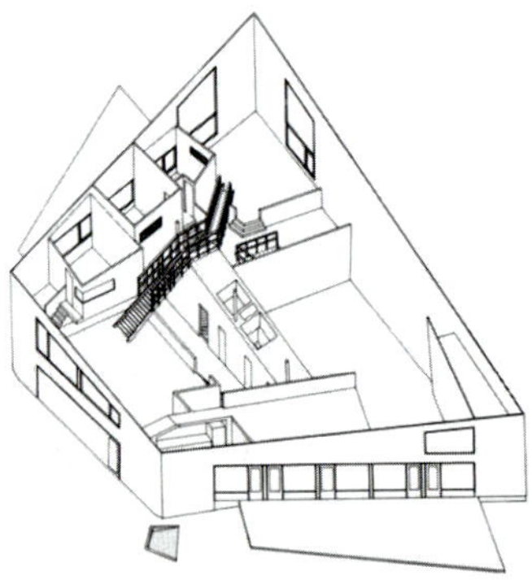

그러므로 게리는 건축행위가 지닌 물질성과 그 행위의 방법으로 구축 프로세스를 노출시키는 것을 선호한다. 게리는 개축과정 동안 구축과정을 노출시켜 본래부터 존재하는 조건들을 발견하고, 이러한 노출을 자신의 새 작품에 하나의 전략으로 사용하였다. 그가 "완성된 건물보다 구축 중에 있는 건물"을 더 좋아하는 이유는 이러한 작업이 구축의 과정이 중단되어 여전히 파편화된 미완의 상태로 남아있는 듯한 이미지를 제공하기 때문이다. 또 이것은 건물을 완성된 전체로 보는 무시간성이 아니라 포착된 '찰나의 순간'에서 의미를 발견하는 가능성을 제공한다. 이 점에서 게리는 "미완의 구조물은 완성되어진 사물이라기보다는 더 시작"((eds.)K. Michael Hays & Carol Burns, 1990, p.83 재인용)이라고 주장한다. 특히 그는 부분들을 전략적으로 노출시키는 방식으로 벽의 물질성을 소거하고 분리하여 벽을 인위적으로 투명하게 만드는 수법으로 활용하고 있다. 대상들의 실체(substrata)를 동시에 노출하는 이러한 방식은 벽에 더 그럴듯한 물질성을 부여하는 효과를 제공하며, 얇은 두께의 벽이 깊이를 지닌 켜들로 구성되는 효과를 만들어내기 때문이다.

화가 **론 데이비스 주택**(Ron Davis House, Malibu, CA, USA, 1972)(**도4-29a, b**)은 지각적 착시 현상

을 도입하여 설계한 작품으로, 여기서 게리는 입체파에의 투사(projects) 개념을 확장하여 오브제의 재현과 지각 사이의 관계, 마름모꼴 형상의 시지각 효과와 직사각형의 개념적 추론 등을 실체를 구성하는 요소로 사용하였다. 게리의 초기작품 중 세인들의 주목을 받아 그를 일약 스타로 만든 **게리 주택**(Gehry House, CA, USA, 1977-1978)(도4-30a, b, c)은 해체된 건축적 부가의 구성과 값싼 재료를 비인습적인 방식으로 사용하는 수법을 보여주는 작품이다. 그는 기존 주택을 개조하면서 입방체 형상을 조각내는 방식을 탈피하고, 풍경을 내다볼 수 있도록 벽에 창과 다양한 개구부를 디자인 하였다. 특히 식당공간의 모서리 부분을 솔리드(solid) 안에 있는 보이드(void) 공간으로 처리하여 예기치 않은 공간을 만들었다. 여기서 면과 표피 등을 절개하여 만든 켜들은 독특한 공간의 지각적 효과를 만들어낸다. 또 기존 건물을 철거하는 과정 중에 드러난 회반죽 외(榥, laths)의 목재 프레임 벽을 노출시켜 구축과정을 그대로 보여주고 있으며, 외부를 값싼 함석판, 철망, 합판 등 값싼 재료를 비인습적인 방법으로 마감하여 독특한 형상의 외관을 만들어냈다.

도4-30a, b, c F.게리, 게리 주택, 캘리포니아, 미국, 1977-1978

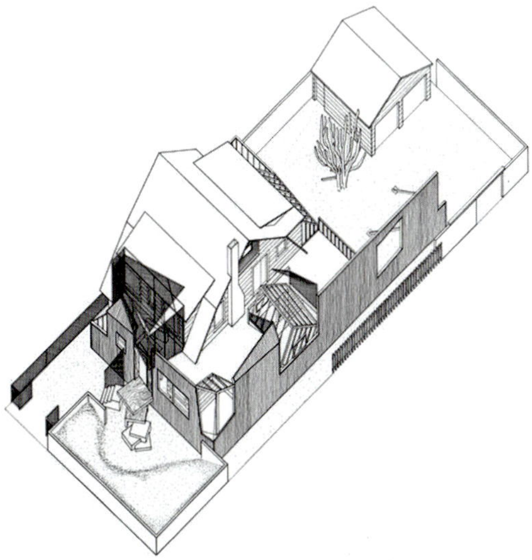

도4-31 F.게리, 로욜라 법대, 로스앤젤레스, 미국, 1978-1984

로욜라 법대(Loyola Law School, LA, USA, 1978-1984)(도4-31)에서, 게리는 켜, 부유하는 면들, 물성적 및 현상학적 투명성을 지닌 초기 작품들과는 대조적으로 고전주의 건축의 역사적인 형상들을 참조하여 '건축적 부가' 의 가능성을 역사화하는 작업(주22)을 탐색하였다. 여기서 그는 프로그램을 요소들로 해체하는 메커니즘을 적용해 건축적으로 중요한 의미를 차지하는 프로그램의 내용들—도서관, 컨퍼런스 룸, 학생회관 등—이 눈에 띄도록 오픈된 공간에 배치하였다. 이것은 개별적인 특별한 장소를 이루는 복합 시설군이 단일한 대학 캠퍼스로 인식되도록 한 의도에서였다. 특히 중심부 건물의 드라마틱한 조각적인 형상의 계단실은 프로그램상의 요구로 인해 분리시켰던 강의동과 행정동 영역을 연결하고 건축에 역동성을 부여해 준다. 그는 여기서 전통적인 대학 캠퍼스에 사용된 상징적인 열주 등 재현적 요소들을 추상화된 노출 콘크리트와 값싼 합석판 등의 마감재료로 표현하였다.

II
건축을 드레이퍼리로 위장하다

게리는 디자인 초기단계에 부정확하게 표현된 독특한 스케치와 모델 작업을 사용해 자신의 아이디어를 '직관'으로 진척시키는 작업방식으로 접근하여 왔다. 따라서 그는 평면, 단면, 등각투영법 같은 전통적인 건축 표현방식(주23) 보다는 마치 건축을 조각가처럼 작업하는 방식을 더 선호한다. 게리에게 스케치는 곧 아이디어를 얻는 과정이며, 그 자체가 계획을 의미한다. 게리는 자신의 직관적인 지적 창조행위에서 그가 어린 시절부터 접해 온 물고기의 형상을 영감의 원천으로서 하나의 메타포로 사용한다. 그에게 물고기는 완벽한 형태를 갖는 존재였다. 물고기의 하나의 켜는 움직임이며, 또 하나의 켜는 완벽함이라고 강조하는 그는, 물고기의 형상을 고전주의 건축의 완벽함에 비유한다.(도4-32a, b)

게리에게 모델 작업은 자신이 착상한 건축을 진행시켜 구체화 하는 데 매우 유용한 매체이다. 그는 스케치에서 발전시킨 매스 형상의 결정, 구조문제와 디테일 등 모든 작업들을 컴퓨터를 이용한 모델 작업으로 판단하며, 최종적인 결과물도 모델로 검증한다. 그는 디자인 프로세스 중 다양한 스케일로 이루어지는 모델링 작업이 자신만의 독특한 논리를 전개하는 "창조적 행위의 방식"이자 "프로젝트의 기능적 측면과 조각적 측면 모두를 탐

도4-32a, b F.게리, 물고기 이미지와 형상 스케치

구하는 도구"(EL Croquis vol.117, 2003, p.12, p.4)라고 강조한다.

> "모델은 나에게 나 자신, 직원들, 그리고 건축주와 대화를 위한 도구이다. 왜냐하면 나는 건축주에게 작업 중인 모든 모델들을 보여주기 때문이다.....이것은 생각의 궤적을 보여준다. 그래서 나는 이러한 작업을 좋아하는데, 그 이유는 내가 작업해 온 것에 대해 생각하고 있는 아이디어를 그들에게 보여주기 때문이다. 우리가 결론에 이르게 되면, 그들은 내가 어떻게 거기에 이르게 되었는지를 깨닫는다. 그래서 그것은 더 이상 추상적인 것이 아니다. 그것은 어디에서 끝날 지 비록 모른다고 해도 우리에게는 주의 깊게 계획된 프로세스이다. 그것은 매우 확실한 프로세스이다. 이런 과정을 통해서 합리적인 시간과 예산 안에서 작업하는 것이 가능하다.(EL Croquis, vol.117, 2003, p.8, p.12)

도4-33a, b F.게리,
(a) 슬러터의 조각상
(b) 카르투지오 수도회 수도사의 두건

이 점에서 모네오는 "게리에게 건축을 만든다는 것은 곧 모델을 만드는 법을 아는 것"(R. Moneo, 2004, p.260)이라고 지적한다. 전통적인 한계를 넘어서 새로운 창조적 건축을 합리적으로 만들어내는 게리의 능력은 모델링 작업과 재료연구, 진보된 컴퓨터 시스템과 시공 기법 등을 통합하여 활용하는 능력과도 무관하지 않다. 무엇보다도 과학적 진보에도 관심을 보여 온 게리는 컴퓨터를 형상 이미지를 다듬어 구체화하는 도구로 사용하고 있다.(주24) 그는 3차원 컴퓨터 모델링 프로그램을 자신만의 독창적인 형태를 그려내고 표현하는 도구이자 조각가처럼 자유롭게 형태를 창조하는 가능성을 제공하는 수단으로 활용하였다. 또한 프로젝트와 관련된 자신의 아이디어를 구축이 가능한 기술적인 도면으로 변환시키는 작업 도구로 활용해 왔다.

1980년대 후반 이후 게리의 작업방식은 초창기와는 달리 조각적인 유연한 곡선 형태의 가능성을 탐구하여 그 자신만의 독특한 조형언어를 만들어내는 방향으로 전환된다. 이 시기에 게리의 건축은 예술가의 창조적 상상력으로 예술작품에 대한 '감정이입'의 영역을 새로운 방식으로 만들어내고 있다는 점에서 주목할 만하다. 부정형의 환상적인 형태에 대한 그의 독창적 실험을 보여주는 작품들은 마치 20세기 초 표현주의 건축가 휜스테를린의 유기적 형태의 환상적인 스케치가 컴퓨터 테크놀러지를 통해 실현된 것처럼 보여진다. 특히 이러한 조각적인 형상 이미지와 함께, 마치 도려낸 조각과 같은 내부공간의 유연한 연속성은 독특한 공간경험을 유발하는 실체이다. 괴젤과 레더우저(P. Gössel &

G. Leuthäuser, 2001, p.390)가 지적하였듯이, 이러한 공간의 유연성은 인터넷 정보화 시대의 '소프트 건축(soft architecture)' 이 만들어내는 '미확정적이고 유동하는' 환경과 관련되어 있다.(주25)

게리가 최근에 시도해 온 유선형의 감각적 형상과 파상공간의 미학을 이해하기 위해서 우리는 '드레이퍼리-건축의 은유(drapery-architecture metaphor)' 개념에 주목할 필요가 있다. 게리는 자신이 1990년대 초에 실험한 '조각적인 건축 개념과 매시브한 드래이퍼리 형상' 이 그 자신만의 독특한 조형언어의 영역을 만드는 데 창조적인 영감의 원천' 이 되었다고 언급하고 있기 때문이다. 그는 "건축을 드레이퍼리로 위장한다"(EL Croquis vol.117, 2003, p.47)는 수법으로 망토처럼 보여지는 유연한 형태를 실험하여 견고한 물성에 형상과 운동감을 부여하고자 하였다. 이를 위해 직물로 된 망토 같은 드레이퍼리 형상이 주는 공간적 깊이감과 운동감을 붉은 천, 세라믹, 점토 등 다양한 소재로 모델을 만든 후에, 이것을 컴퓨터 툴로 검증하면서 자신만의 독자적인 형상을 탐구한(도4-33a, b) 게리는 이러한 착상을 조각가 슬러터(Claus Sluter)의 조각상에 나타난 드레이퍼리의 효과(주26)에서 얻었다. 그는, 대리석 조상에 새겨진 주름 무늬로 조각된 드레이퍼리 형상은 "견고한 재료 안에 숨겨진 형상이며 운동감일 뿐 아니라, 감정을 표현하는 것"(EL Croquis vol.117, 2003, p.12, p.45)이라고 강조한다.

건축적 드레이퍼리의 개념에 대한 게리의 실험은 **피터 루이스 저택**(Peter Lewis Residence, Cleveland, USA, 1989-1995)(도4-34)에서 출발한다. 6년이라는 긴 세월 동

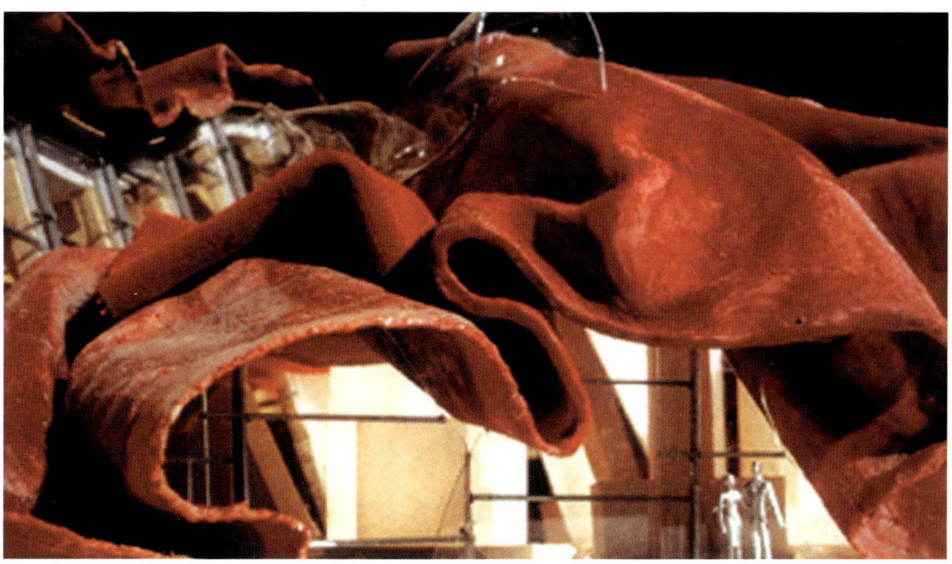

도4-34 F.게리, 피터 루이스 저택, 클리블랜드, 미국, 1989-1995

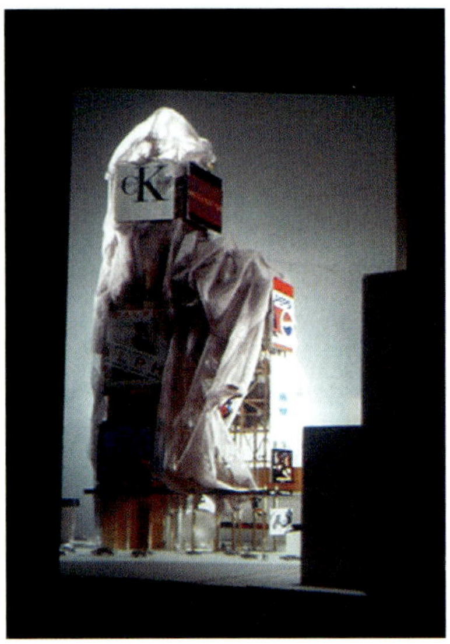

도4-35a, b F.게리,
(a) DZ 뱅크 베를린, 독일, 1998-2000
(b) 타임 워너 빌딩, 뉴욕, 미국, 1996

안 실험한 이 프로젝트에서, 게리는 새로운 예술적 형상에 대한 실험적 연구의 하나로 카르투지오 수도회 수사들이 쓰는 회개자의 두건 형상을 차용해 개별적인 방들을 위한 독립적인 구성에 활용하였다. 여기서 그는 주택의 주입구와 갤러리 공간을 왁스가 칠해진 붉은 벨벳 천으로 모형을 만들어 독특한 형상의 오브제로 보이도록 하였다. 이 미완의 프로젝트에서 발견한 형상과 공간 구성의 개념들은 이후 **베를린 DZ Bank**(Berlin, Germany, 1998-2000)의 말 머리 형상을 지닌 컨퍼런스 룸의 아트리움, **타임 워너 빌딩**(Time Warner Building, NewYork, USA, 1996)**(도4-35a, b)** 등에서 반복적으로 나타나며, 1990년대 이후 빌바오 뮤지엄에서 게리 자신만의 독특한 건축 세계를 만들어내는 원천이 되었다.

모네오(R. Moneo, 2004, p.299)는, 이 시기 이후 게리는 초기 주택 작품들에 나타난 '프로그램의 해체에 의한 기본 형태요소들의 분리와 조합방식과 다양한 재료를 사용하는 방식으로 구성된 파편적인 형상의 건축, 즉 건축을 조각적이고 시각적인, 그리고 회화적인 특성을 지닌 형상으로 디자인하려는 생산방식' 을 탈피하고 있다고 지적한다. 그러나 우리는, 게리의 최근의 작품들에서 발견되는 공간구성의 논리에는 그가 새롭게 실험해 온 드레이퍼리의 효과는 물론 초기부터 발전시켜 온 프로그램의 해체를 통한 건축적 부가, 구축의 프로세스 과정과 재료의 노출을 통한 물성의 표현 가능성, 그리고 이에 따른 지각의 생소화 수법 등이 여전히 반복적으로 발견되고 있다는 사실을 간과해서는 안 된다. 왜냐하면 (빌바오 뮤지엄, 시애틀 EMP, 코코란 미술 갤러리, MIT 스타타 센터 등에서 보여지는 것처럼) 유선형 형태의 최근 건축 작품들에서, 우리는 로비와 아트리움과 같은 공적인 중심공간을 중앙부에 핵처럼 배치하고, 주변에 다양한 프로그램 공간들을 수평, 수직적으로 분산 배치하여 조합하는 방식을 발견할 수 있기 때문이다.

비트라 디자인 박물관(Vitra Design Museum, Weil am Rhein, Germany, 1987-1989)**(도4-36a, b, c)**은 게리의 초기 작품과는 달리 "내부와 외부가 구분되지 않는 자유분방한 형태구성을 통해서 연속성과 통합성을 지닌 건축"으로 사고의 전환을 보여주는 작품이다. 이 건물의 본질은 "외부보다는 마치 두꺼운 공기층에서 도려낸 조각과 같은 내부공간"(Alexander Tzonis and Liane Lefaivre, 1992, p.269)에서 여실히 드러난다. 굴곡된 곡선 형상과 절단된 프리즘 형상의 매스로 구성된 불규칙한 형상의 박물관 내부는 차분한 공간적 실체를 보여주고 있기 때문이다. 여기에 도입된 빛은 상당히 분절된 볼륨으로 이루어진 내부의 다양한 형상들을 통일시키는 장치로 기여한다. 모네오(R. Moneo, 2004, p.300)는 마치 공간을 틀로 찍어서 만들어낸 듯한 아이디어에서 보여지는 것처럼, 이 건물에서 '통합'과 '움직임(운동감)'이

도4-36a, b, c F.게리, 비트라 디자인 박물관, 바일 암 라인, 독일, 1987-1989

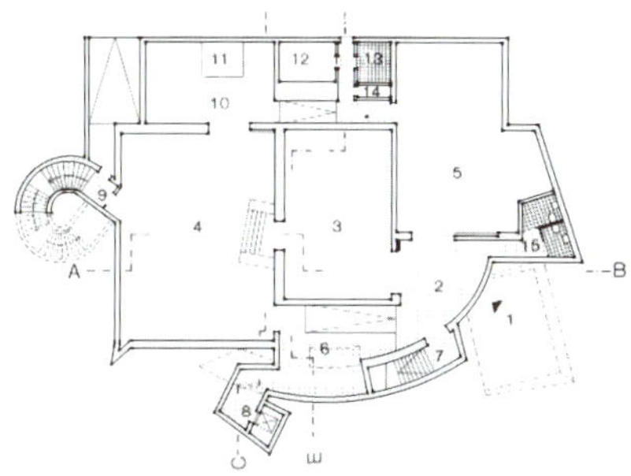

도4-37a, b, c F.게리, 월트 디즈니 콘서트 홀, 로스앤젤레스, 미국, 1988-2003

중요한 개념으로 나타나고 있다고 지적한다. **월트 디즈니 콘서트 홀**(Walt Disney Concert Hall, LA, USA, 1988-2003)(도4-37a, b, c)은 (현상설계에 당선된 이후 15년 동안의 프로그램의 변경과 예산, 공사지연 등으로 인해 그 이후에 설계된 빌바오의 구겐하임 뮤지엄보다 늦게 완공된 작품으로) 유기적이고 비선형적인 게리 건축의 진화 과정을 보여준다. 게리는 이 콘서트 홀에서 샤로운(Hans Scharoun)의 베를린 필하모닉 홀처럼 유기적인 형태의 곡선 모양과 연관시켜 박스 형태의 홀에 볼록한 커브 모양을 만들어 가장 중요한 음향적인 문제를 해결하였다. 그리고 오케스트라 무대를 중심으로 주변부에 여러 개의 작은 방들을 분산, 배치하는 방식으로 내부의 작은 공간들이 외부로 드러나 조각적인 요소들로 중첩되도록 표현하였다.

도4-38a, b, c F.게리, 빌바오의 구겐하임 미술관, 스페인, 1991-1997

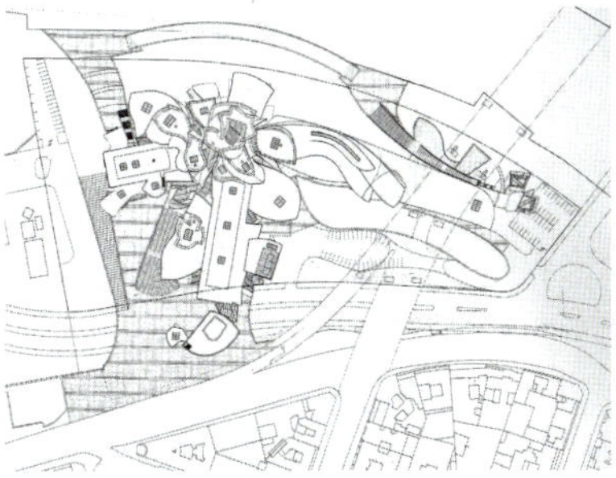

빌바오 구겐하임 미술관(Guggenheim Museum in Bilbao, Spain, 1991-1997)(도4-38a, b, c)에서, 게리는 미술관이 요구하는 프로그램을 수용하면서 자연의 형상에서 유추한 추상적이고 비기하학적인 3차원 볼륨의 유연한 형상으로 소위 '빌바오 효과(Bilbao Effect)'를 야기한 독창적인 작품을 만들어냈다.(주27) 게리의 의도는 낙후

된 탄광 도시 빌바오의 무질서한 도시구조의 맥락에서 중요한 의미를 지닌 다리와 제방을 구축의 근거로 설정하고, 도시와 외부공간, 건물의 내부공간이 랜드스케이프의 일부로 자연스럽게 연속되는 개념을 도입해 상징적인 건물을 디자인 하는 것이었다. 이 건물에서 평면은 (라이트의 구겐하임 미술관처럼) 아트리움을 중심으로 전개되고 있지만, 건물의 형상은 모든 시점에서 서로 상이하게 나타나 관찰자의 지각적 이미지의 중첩을 유도한다. 미술관의 중심에 위치한 거대한 아트리움 내부에는 곡선형 브릿지, 유리 엘리베이터, 계단 탑 등으로 전시 갤러리 공간들이 3층 레벨까지 집중적으로 연결되어 있다. 이 아트리움에서 솟아오른 꽃 모양의 조각적인 지붕 형상은 유리 개구부를 통해서 아트리움에 빛을 유입해 극적인 공간을 연출한다. 파편화 된 파상형의 유연한 형상 안에 비(非)-선형적인 공간을 만들어내는 방식은 **시애틀 실험음악 프로젝트**(Experience Music Project, Seattle Center Campus, Seattle, USA, 1996-2000)**(도4-39a, b, c)**에서도 반복된다. 여기서 이

도4-39 a, b, c F.게리, 시애틀 실험음악 프로젝트, 시애틀, 미국, 1996-2000

도4-40a, b F.게리, 코코란 미술 갤러리, 워싱턴 D.C., 미국, 1999-2003

러한 수법은 상이한 여러 재료들로 마감된 다양한 색채의 곡선 요소들로 이루어진 유연한 형태와 공간에서 찾아 볼 수 있다.

코코란 미술 갤러리(The Corcoran Gallery of Art, Wasington D.C., USA, 1999-2003)(도4-40a, b)에서, 게리는 백악관에 인접한 부지의 역사적 맥락을 고려하고 도시적 차원에서 조각적이고 감각적인 스케일을 지닌 독특한 파사드를 삽입하는 방식으로 상징성과 아이덴티티를 부여하였다. 여기서 빌바오 뮤지엄에서 도입한 기념비적인 아트리움 공간의 개념은 공간의 해체와 새로운 3차원적인 연결방식(주28)을 통해서 건축 표현의 역동성을 제공한다. 특히 아트리움을 중심으로 고르지 않게 배열된 부드러운 곡선의 휘어진 벽들과 직사각형으로 적층된 갤러리 공간의 딱딱한 모서리, 그리고 오목하거나 볼록하게 기울어진 표면들은 공간적인 감흥을 한층 고양시키고 있다. 이러한 공간들은 계속적으로 변화하는 방식으로 드러나기 때문에 관찰자가 일견하여 공간을 파악하는 것이 쉽지 않다. 아트리움에서 보여지는 "건축적 드레이퍼리는 휘어진 벽이 활성화함에 따라 조각들로 변형되어 건축과 조각의 경계를 모호하게 하며, 공간과 오브제, 내부와 외부 양자간에 새로운 관계"((ed.) Suzanne Greub and Thierry Greub, 2006, p.167)를 만들어내고 있다.

MIT 레이 마리아 스타타 센터(The Ray and Maria Stata Center, Cambridge, MA, USA, 1998-2004)(도4-41a, b, c)는 게리의 초기 작품처럼 연구관련 프로그램의 요소들을 교육

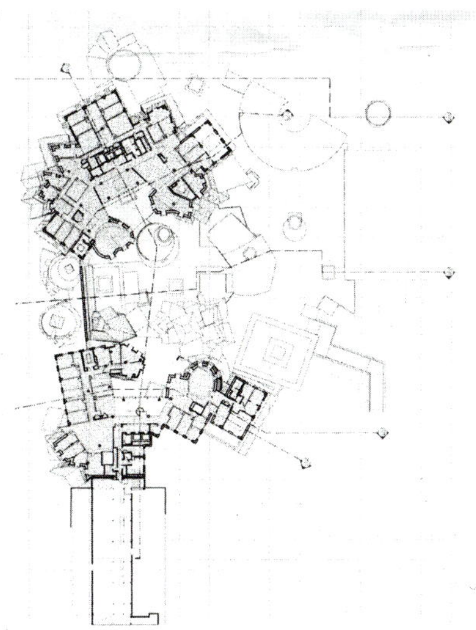

도4-41a, b, c F.게리, MIT 레이 마리아 스타타 센터, 매사추세스, 미국, 1998-2004

및 공공 요소 프로그램과 명확하게 분리한 후 이를 한 건물 안에 다시 통합하는 방식을 보여준다. 여기서 프로그램별 특성에 따라 분리된 입방체 원추형, 타원형 등 다양한 볼륨들은 다양한 재료(스틸, 알루미늄, 벽돌 등)와 색채(실버, 노랑, 브라운 등)를 사용해 비트라 미술관 이후의 작품들에서 나타나는 것처럼 이음새 없이 연속된 형상들로 마감되었다. 따라서 건물의 전체 이미지는 중력의 힘을 거부하는 듯한 예각과 기하학적 형상뿐 아니라 정교하게 분절된 선을 갖는 비대칭적인 형상으로 나타난다. 외부에서도 인지되는 이러한 다양성은 내부 공간에서 미로와 같은 방들, 램프, 갤러리 등으로 변환되어 색다른 공간 형상으로 전개되고 있다. **서펜타인 갤러리 파빌리온**(Serpentine Gallery Pavilion, London, UK, 2008)**(도4-42a, b)**은 (비트라 미술관, 빌바오 뮤지엄, 시애틀 EMP 등의 프로젝트 등에서 실험해 온 비정형적인 형상과는 달리) 게리가 초기의 작품에서 탐구한 해체적인 자유분방한 형태구성과 목재를 사용한 구축방식으로 독특한 형상과 내부공간을 보여준다. 여기서 그는 공원에서 기존 갤러리로 이어지는 접근 보행 축에 맞추어 계단식 무대와 객석을 양측 면에 설치하고 다양한 이벤트가 이루어지도록 개방형 공간을 도입하였다. 4개의 수직 기둥을 뼈대로 다양한 켜를 이루며 중첩된 목재 지붕과 유리판들은 공간의 투명성과 주변의 랜드스케이프를 새로운 시각으로 경험하는 데 기여한다.

도4-42a, b F.게리, 서펜타인 갤러리 파빌리온, 런던, 영국, 2008

| 열린 건축과 감각적 경험의 추구 : 쿱 힘멜블라우의 프릭스

|
현대사회는 열린 건축의 탐구를 지향한다

1960년 이후 현대건축에서 여러 건축가들은 모더니즘 건축의 이성에 근거한 과학적, 기술적인 합리성, 건축의 기반으로서 순수 기하학적 형상이 야기한 비인간성과 도시성의 상실을 비판하고, 이에 대한 대안으로 직관과 감정을 중시하는 반(反)-기능주의적인 사고로 접근해 왔다. 이 중에서 비엔나에서 쿱 힘멜블라우(Coop Himmelblau)를 이끌어 온 프릭스(Wolf D. Prix, 1942-)와 스비친스키(Helmut Swiczinsky, 1944-)는 해체주의적 구성의 작품들을 통해 직관적이고 감정적인 건축의 다양한 영역들을 실험해 온 건축가로 주목을 받고 있다. 이들의 작품에서 발견되는, 직관에 의해 디자인에 접근하고, 신기하고 충격적인 형태를 통해 현대 도시의 공간에 활력을 부여하고, 또 공간에 대한 감각적 경험을 중시하는 사고는 표현주의의 전위적 건축언어가 지닌 특성들을 공유하고 있다. 또 이것은 현대 사회에 대응하는 '신기성(novelty)', 독특한 아우라를 중시한다는 점에서 해체적 구성과 감각적 경험을 중시한 게리의 건축과도 유사한 특성을 보여준다.

프릭스는 건축이란 열린사회를 지향하는 것으로, 이것은 열린 마음과 열린 지각을 전제로 한다고 주장한다. 그는 '열린 건축(open architecture)' 이 무엇인지 이해하기 위해서는 "일상적으로 점점 더 파편화 되어가고 있는 세계에서 어떻게 사고하고 계획하며 건설해야 하는지를 묻는 것이 더 타당하다"(Wolf D. Prix, (ed.) Peter Noever, 1991, p.18)고 강조한다.(주29) 프릭스가 주장하는 열린 건축은 안정적이고 확고부동한 실체를 부정하는 데서 출발하며, 새로운 실체를 자각하는 열린 마음과 유지하는 것을 전제로 한 것이다. 그는 이러한 방식으로 전통적인 규범에 의해 억압된 것들이 폭로되며, 다차원적인 세계가 현상 그대로 수용될 수 있다고 보았다. 〈경계선 상에서 On the Edge, 1991〉라는 강연 제목에서, 프릭스는 현대사회의 끊임없이 변화하는 정치, 경제, 문화 현상에 대해 적응하도록 장치화된 공간으로서의 열린 건축을 다음과 같이 정의한다.

> "열린 건축은 건축, 건물이 완성되지 않은 상태이거나, 또는 투명하다거나, 문이나 창이 전혀 존재하지 않는 것을 의미하는가? 전혀 그렇지 않다. 그것은 이러한 것을 의미하지 않는다. 우리에게 있어서, "열린 건축"은 처음부터 특정한 목적을 위하지 않은 건축이

> 며, 분화된 공간들, 즉 미래의 사용자들을 속박하지 않고 자족적으로 그들에게 다양한 가능성을 제공하는 공간들을 형성하는 자족적인 구조물을 의미한다. 우리가 본래 생각했던 것은 나중에 다른 용도로 전환된 오래된 상업건물과 같은 것이었다. 1965년 이후 우리는 이러한 '고미다락(lofts)' – 어떤 고정된 목적이 전혀 없이 텅 비어있는 거대한 헛간(shed) – 에 매료되어 왔다. 그래서 우리는 (헛간과 같은) 다락 구조물을 디자인하기 시작했다. 우리의 상상력 속에서 이것들은 특정한 용도에 한정되지 않은 껍데기 구조물(shell structure)이었다." (Wolf D. Prix, (ed.)Peter Noever, 1991, p.18)

따라서 프릭스는 현대 사회의 다양성과 복합성에서 발견할 수 있는 변화의 현상을 건축에 반영하였던 아키그램이나 메타볼리즘이 공상적이고 반건축적인 실험을 한 것처럼, 환상적이며 비정형적인 이미지의 건축을 탐구하여 왔다. 그는 건축은 현대 사회의 불확정성을 수용하고 대중인 사용자가 건축 작품에 능동적으로 참여하여 그 의미를 스스로 완성해 가도록 유도하여야 한다고 강조한다.(주30)

여기서 프릭스가 자신의 착상을 화염(flame), 구름(cloud) 이미지에서 이끌어내어 발전시켜 왔다는 점에 주목할 필요가 있다. 그는 화염 이미지를 비틀리고 기울어진 구조물로서 "형태의 변형을 위한 완벽한 패러다임"이라고 주장한다. 따라서 그는 창조적인 해체를 지향하는 해체주의를 "건축이 화염처럼 빛나야 한다"는 이미지로 비유하여 설명하였다. 건물의 경계에 무언가를 설치하고 이것들을 비트는 작업을 통해서 경직된 박스 안에 속박된 기능들이 비로소 공간적으로 분화된 기능들로 파편화될 수 있다고 강조한다. 실제로 이처럼 서로 기울어지고, 비틀리고, 만곡된 요소들은 '화염 이미지'와 결합하여 보다 자극적이고 조각적인 내부공간을 만들어내는 데 기여한다. 구체적인 목적 없이 개략적으로 구분되었지만 분화되고 상호관계를 맺는 이러한 공간들은 후에 사용자들의 능동적인 참여를 유도하여 그들에 의해 완성되고 실용화되도록 의도한 것이다. 이 점에서 프릭스는 "화염은 단지 타오르는 것을 나타내는 것만이 아니라, 열린 건축을 위한 패러다임" (Wolf D. Prix, (ed.) Peter Noever, 1991, p.30)이라고 그는 주장한다. 또 그는 현대사회의 불확정성을 '구름 이미지'로 비유한다. 그는 "환상적인 건축의 사고는 오히려 구름과도 같이 가볍고도 변화하는 것이다" (J. Jeodicke, 1998, p.225 재인용)라고 주장한다. 게리에게 물고기의 이미지가 중요한 영감의 원천이었듯이, 프릭스에게는 '구름의 이미지'와 바다에서 뛰어오르는 '고래의 이미지'가 중요한 창조적 사유의 원천이다.(주31) 따라서 프릭스는 '구름과 같이 떠 있는 변화가능한 건축'을 추구하여 현실과 무의식의 경계를 부유하는 듯하며, 물질적 경계가 사라지는 볼륨 안에 불확정적인 공간 프로그램을 담아내려고 시도한다. 이러한 방식으로 그는 절단된 형태들을 X자형으로 교차시키는 테마와 새로운 구조와 조형으로 '솟아오르고 부유하는 듯한 무중력적인 건축'을 탐구하였다.

공간적 분화(개별화)와 신체의 감각적 경험을 고무시키는 건축이어야 한다 —

그러므로 보편적으로 간주되어 온 모더니즘의 절대성에 대한 부정과 회의에서 출발하는 프릭스는 역사적, 인습적인 형태 언어를 거부한다. 그는 건축을 지루한 일상의 단조로움(권태)을 중단시키는, 생생한 공간적 경험을 창조하는 도구로 보았다. 따라서 새로운 공간, 즉 이전에 존재하던 것보다 더 자극적이고 차별화된 공간을 창조하기 위해서 '파괴'가 아니라 '해체'라는 창조적인 작업이 필요하다고 역설한다.(주32) 그는 정열, 방향성, 에너지, 열정과 같은 특성을 역동적으로 표현하기 위해서 소위 해체주의 건축의 특성을 다분히 보여주는 비틀림, 관통, 파열, 째어가르기 등의 수법으로 불협화음을 발생하는 '파편화 된 건축(fractured architecture)' (Alois Martin Müller, (ed.) Peter Noever, 1991, p.13)의 형상들을 탐구하였다. 이러한 방식으로 만들어진 파편화된 형상의 건축은 모더니즘의 합리성과 데카르트적인 추상공간과 대조되는 것으로 시적이고 투명한 공간을 지닌 건축의 영역이라는 점에서 주목을 받았다.

프릭스가 제시한 열린 건축의 개념을 전제로 한 '열린 공간(open space)' 은 프로그램적 관점에서 융통성과 이동성이라는 움직임의 개념을 추구한 아키그램과 메타볼리즘의 특성과도 무관하지 않다. 그러나 프릭스는 단지 용도의 변화에 대응 가능한 '중성적 헛간' 이라는 개념에 머물지 않고, 이것을 차별화 시키는 요소들로 모서리와 경계를 해체하여 공간적 분화(spatial differentiation)를 만들어내는 건축 언어를 탐구하였다. 따라서 그는 긴장으로 가득찬 복합적인 사회에서, 건축의 자유를 방해하는 모든 제약조건들을 제거하는 디자인 기법으로 폭발적인 순간이 발생하는 조형성과 공간적 경험을 중시한다. 그는 이러한 경험을 현대 사회의 정신활동의 영역과 관련된 가상적인 공간이라는 '심리적' 건축의 속성으로 파악한다. 이것은 "파편적인 형태나 부정 혹은 치환에 의해서만 나타나는 것이 아니라, 알기 쉬운 동시에 불가해한 공간에서 전개되는 것"(Coop Himmelblau, (ed.) Peter Noever, 1992, 최상기 역, 1995, p.18)이다.

따라서 프릭스는 과거의 인습적인 구조나 조형을 거부하고, 직관에 의한 무의식적인 요소들이 개입하는 다다이스트적인 '열린 설계방법' 으로 접근하여 왔다.(주33) 이러한 작업은 대상에 종속된 목적과 프로그램에 구애받지 않고 접근하는 것을 전제로 직관을 중시한다. 프릭스는 이것이 디자인팀 구성원 상호간 어떤 구체적 형태의 공간이 나올지를 염두해 두지 않은 상태에서 프로젝트에 대한 토론 작업과정과 공간이 이후에 야기하게 될 감정, 정서를 규정하며 직관적으로 접근하는 것을 의미한다고 설명한다. 여기서 맨 처음 행해지는 드로잉은 건물에 대한 첫 인상이기 때문에 중요하게 취급된다. 이 드로잉은 전통적인 의미의 건축 드로잉이거나 작업 드로잉(working drawing)이 아니라 단지 종이에 '감정을 포착하기 위한 것' 이다. 이러한 드로잉 행위 동안 건축은 말로써 표현되며, 이후에 떠오르는 건물의 인상은 드로잉과 스케일 없는 3차원 모델로 서술된다. 프릭스는 자신이 이러한 디자인 기법을 전개하는 이유를 다음과 같이 설명한다.

> "하나의 이유는 우리가 '자유로운 기반-평면(free ground-plan)' 에 도달하기 위해서, 이러한 디자인 순간을 모든 물질적 제약조건으로부터 자유롭게 유지하기를 원한다는 것 때문이다. 또 다른 이유는 우리 시대의 건축은 현대 사회의 복합성과 다양성을 반영해야만 한다고 믿기 때문이다..... (19세기에 유래한 1차원적 디자인 규칙인) 전통적인 사고하기와 관찰하기의 방법들을 다층적인 '논리' 로 대체하는 것은, 이러한 논리가 복합성을 이해하고, 그것을 창조는 데 도움을 주기 때문에 우리에게는 매우 중요한 일이다." (Wolf D. Prix, (ed.) Peter Noever, 1991, p.20)

프릭스는 1960년 중반 활동 초기부터 신체를 건축에 관련시켜 '신체-언어(body-language)' 를 드로잉과 모델에 적용하고 건축과 도시 디자인에 도입하는 실험을 하였다. 그의 실험 작업은 모더니즘의 획일성과 억압에 의한 질식에 대항하여 통제되지 않은 신체, 감정 등 역동적인 신체-언어에서 만들어지는 건축으로, 체험의 주체에 대한 새로운 인식의 전환을 보여주고 있다는 점에서 주목된다. 실제로 그는 프로젝트의 의사소통을 위한 보편적 도구인 '구술적 언어' 보다는 무언의 신체적 언어로 드로잉하거나, 심장 박동을 청각적, 시각적으로 가시화하거나 또, 조각물을 얼굴의 움직임으로 전환시켜 빛과 음향 속에서 감정의 자연스러운 파사드가 되도록 다루고 있다. 이것은 사용자가 완성된 건물로 들어갔을 때 갖게 될 감정과 정서를 환기시키는 공간적 경험을 만들어내기 위해서이다. 프릭스는 후에 자신이 오픈 하우스(Open House, 1983)에서 발전시킨 이러한 개념을 "건축적 기반-평면을 결정하려는 목적보다는 심리적 기반-평면(psychological ground-plan)을 만드는 것에 더 근접한 것" (Wolf D. Prix, (ed.) Peter Noever, 1991, p.22)이라고 설명한다. 그가 도시 속으로 용해되는 몸에 대한 탐구작업을 통해 도시의 다원성을 그려내는 방식은 **믈랭 세나르시 도심부 종합도시계획 당선작**(The Heart of City-Melun Sénart, Melun Sénart, France, 1986)(**도4-43a, b**)에서 나타난다. 여기서 그는 팀원의 사진 위에 도시의 선과 면을 그리는 작업을 통해서 눈은 타워가 되고, 이마는 다리가 되며, 얼굴은 조경이 되고, 셔츠는 바닥 평면이 되는 방식으로 묘사하였다. 이러한 드로잉과 모델화 작업을 통해 새로운 구조체의 선과 면은 점차 선명하게 나

도4-43a, b W.D.프릭스, 믈랭 세나르시 도심부 종합도시계획 당선작, 믈랭 세나르, 프랑스, 1986

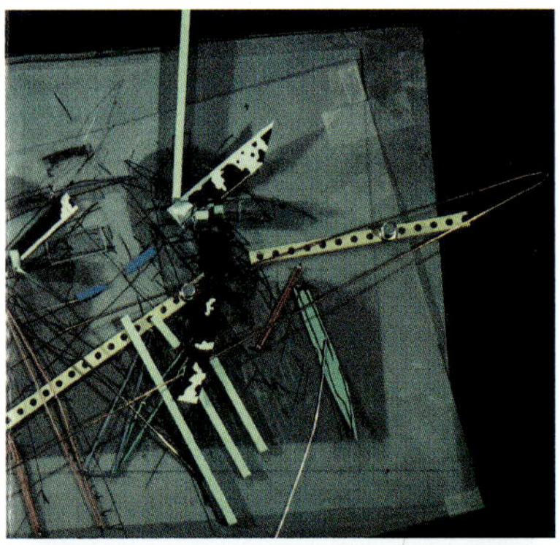

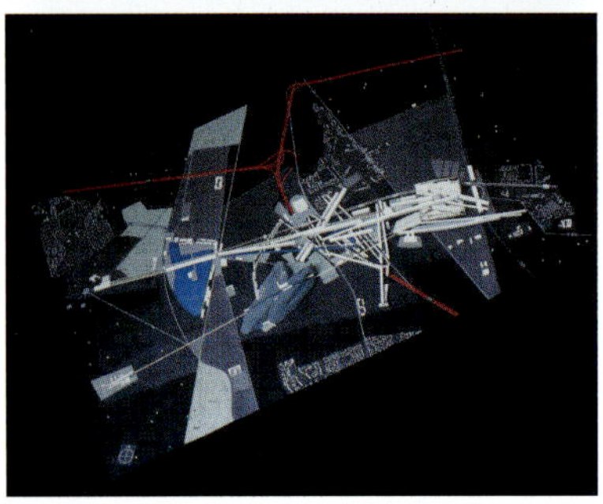

타나 3차원으로 전환되기 시작하며, 건물과 그것을 따라 계속적으로 움직이는 그림자는 실체화되어 나타난다.

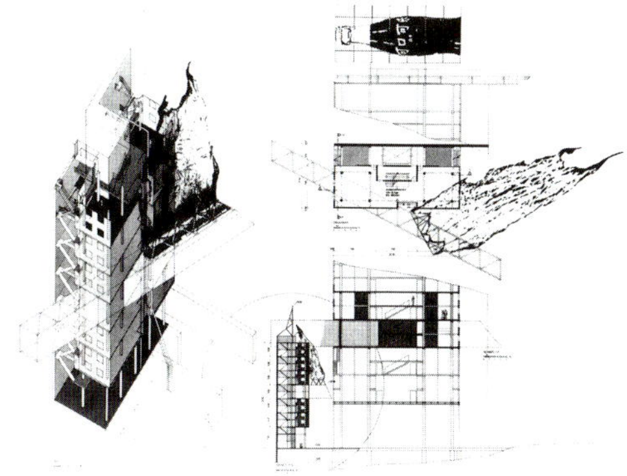

도4-44 W. D. 프릭스, 핫 플랫, 비엔나, 오스트리아, 1978

해체에 의한 공간구성과 형태의 변형은 1970년대 후반 이후 여러 프로젝트(Hot Flat, Vienna, 1978 / Open House, Malibu, California, 1983)에서 마치 타오르는 화살과 같이 건물을 관통하는 화염 이미지로 비틀리고, 기울어지며 파편화된 구조물로 표현되는 방식으로 나타나기 시작하였다. **핫 플랫**(Hot Flat, Vienna, Austria, 1978)(도4-44)은 거대한 중성적 성격의 헛간만 아니라 이것을 분화(개별화)하는 요소들에 관심을 기울인 작품이다. 여기서 중정을 덮고 있는 화염 같은 유리 지붕이 개별적인 주호를 관통하고 절단하여 공간적 분화를 생성하는 모서리와 경계를 잘라내기 시작한다. **오픈 하우스**(Open House, Malibu, CA, USA, 1983)(도4-45a, b)에서, 프릭스는 기울어진 몸체와 아치로 된 바닥으로 이루어져 마치 부유하는 듯한 형상을 눈을 감은 채 직관에 의존해 빠르게 드로잉하여 그려내고, 이렇게 만들어진 공간에 생명력을 불어넣고자 하였다. 이 주택은 형태, 색채, 디테일 등으로 이루어진 '건축물'로서가 아니라 높이의 감정, 확장성의 감정, 구부러진 만곡, 조망 등과 관련된 '감정'으로 갑자기 출현하여 존재하는 대상으로 인식된다. 여기서 생활공간은 프로그램에 의해 미리 분할되지 않고 이후에 사용자의 의도와 참여행위로 분할 가능하도록 미확정의 영역으로 남겨져 있다. 오픈 하우스에서 시도된 비틀림, 파편화, 관통, 무중력적인 역동성 등은 이후에 비엔나의 **법률사무소 지붕층 리모델링**(Rooftop Remodeling Falkestrasse, Vienna, Austria, 1983/ 1987-1988)(도4-46a, b, c)에서 혁신적인 방식으로 실현되었다. 여기서 전통적인 건물의 옥상 증축을 위해 내부와 외부, 가로와 지붕의 상호작용이라는 맥락에서 도출한 모서리 공간에 대한 해결 방안을 제시하였다. (1983년 초기 설계안은 지붕 위의 알코브(alcoves)나 작은탑(turret) 등이 없으며, 비례, 재료, 색채 등의 맥락이 부재하는 대신 기존의 지붕을 해체하여 개방한, 가로로부터 발생한 공간적 에너지를 시각화한 선들만이 나타난다.) 특히 초기 드로잉 단계에

도4-45a. b W. D. 프릭스, 오픈 하우스, 캘리포니아, 미국, 1983

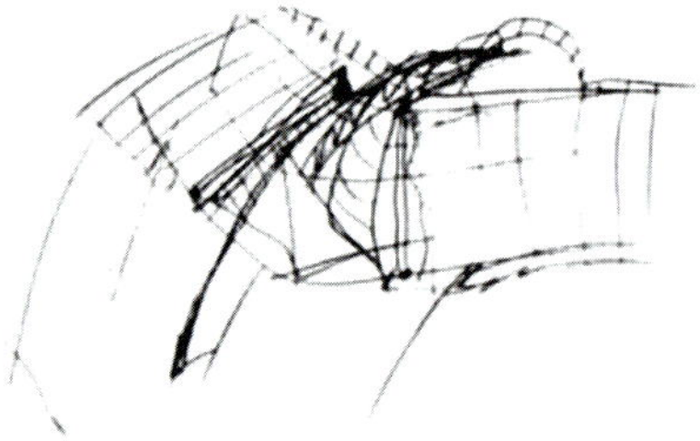

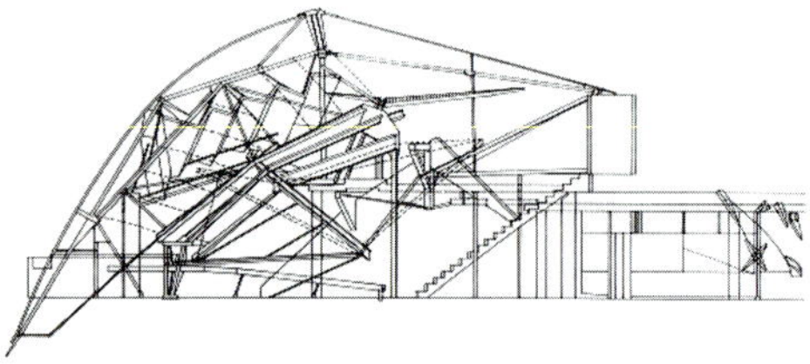

도4-46a, b, c W. D. 프릭스, 법률사무소 지붕층 리모델링, 비엔나, 오스트리아, 1983/ 1987-1988

서 포착한 조망의 방향성—내부와 외부 모두에서 보여지는—은 이 건축물의 공간적 관계의 복잡성을 규정하고 있다. 철재와 유리 볼륨으로 구성된 개방적이면서 폐쇄적인 표면들의 긴장된 상호작용은 빛을 통제하고 조망을 조절하는 데 기여하도록 의도된 것이다. 이러한 투명한 형상 안에서 역방형의, 단정한 호형으로 이루어진 조명 장치는 1980년대 이후 쿱 힘멜블라우 작품에서 반복적으로 도입되어 독특한 공간을 만들어내는 수법이다.

그로닝거 박물관 동관(East Wing of Groninger Museum, Groningen, The Netherlands, 1993-1994)(도4-47a, b, c)은 프릭스가 1980년대에 지속적으로 추구한 '대상의 파편화' 개념을 대규모 공공 건물에 도입해 실현한 작품이다. 그는 기능적인 박스 형태의 구속을 수많은 단위들로 해체하고, 이것들을 기존의 맥락 속에서 다루어 독특한 도시의 공공공간을 만들고자 의도하였다. 또 복합건물의 지붕구조물을 수면 위를 넘어 강의 제방까지 확장해 중첩하는 개념으로 박물관 건물이 도시와 연계되도록 하였다. 특히 내부공간은 다양한 레벨의 동선뿐만 아니라

도4-47a, b, c W.D. 프릭스, 그로닝거 박물관 동관, 그로닝겐, 네덜란드, 1993-1994)

융통성 있는 전시 시스템의 '내부 표피(inside skin)' 로 인해 전시된 예술품을 상이한 관점에서 감상하는 것이 가능하다. 이 건물에서 프릭스는 자연 및 인공 채광의 양에 대한 3차원적인 연구결과를 초기의 정서적 인상, 즉 개념의 심리적 기록(psychogram)을 사용한 스케치 모형을 디지털화 하는 작업을 통해 공간을 리졸브(resolve)하였다.

II
건축은 도시의 공공 공간의 회복을 위한 공간적 이벤트이다

프릭스는 미래의 건축은 도시의 생명력과 다양성, 복잡성, 긴장감 등을 반영하는 예술이어야 한다는 점을 주장하여 왔다. 그는 도시개발업자에 의해 점점 사유화된 탓에 공공의 이익을 위한 도시공간이 사라지고 있는 시대에, 건축이 어반 플래닝에 중요한 역할을 하게 되는 열망이 항존한다고 진단한다. 프릭스는 (19세기 종이에 그려진 이상적 그리드 패턴의 도시공간 개념이 근대 도시공간의 질서를 만들어내는 데 기여했지만) 오늘날 현대 도시에 대한 우리의 개입 행위는 무정형적이고 예측 불가능한 공간 안에서 발생한다고 진단한다. 그러나 그는 오늘날 체스판의 격자와 같은 도시 형태를 결정짓는 그리드와 규칙들은 사라졌지만, 도시를 구성하는 형상들(figures)에 관한 움직임 좌표의 개념은 여전히 유효하다고 지적한다. 그는 이 점을 다음과 같이 언급한다.

> "그러나, 배경이 점점 더 후퇴할 수록, 형상은 점점 더 분명해진다. 왜냐하면, 오래된 질서의 내파(內破, implosion)라는 관점에서 볼 때, 도시를 구성하는 것은 바로 이러한 형상들이기 때문이다. 이러한 형상들의 상호관련성은 커다란 긴장감을 지닌 힘의 장(場)을 만들어내며, 그렇게 함으로써 공간을 생성한다. 이러한 프로세스는 플랜을 설정하고, 이것을 단계적으로 건축으로 채워나가는 일상적인 결정보다 훨씬 더 복잡하다. 공간은 (그것이 전에 존재하였던 것 인양) 더 이상 사전에 결정되지 않는다. 공간은 형상들이 함께 만들어내는 장들의 결과로서 생성되는 것이며, 활기찬 도시성의 기반을 형성한다."(Wolf D. Prix, CA Press, 2006, p.7)

여기서 우리는 프릭스가 추구해 온 폭발하는 듯한 역동적인 형태의 개념은 도시와 건축에 대한 그의 사고와 밀접하게 연관되어 있다는 점을 주목할 필요가 있다. 이것은 그가 도시를 구성하는 건축의 복잡한 형태들은 공공적이고 더 활력있는 도시를 만들어내는 데 기여할 수 있다고 주장하기 때문이다. 프릭스는 도시란 다원성이 감지될 때에 비로소 도시가 될 수 있다고 보았다. 이러한 도시의 건축적 경험은 공간의 다양한 특성들이 서로 결합되어 역동성과 집중성의 리듬을 만들어낼 때 가능하다는 것이다. 그가 폭발하는 듯한 역동적인 형태를 통해서 도시의 장(場) 안에 존재하지만 보이지 않는 실재의, 혹은 가능한 선들을 보이도록 디자인 하는 작업을 추구하는 것은 바로 이러한 이유이다.

1990년대 이후 프릭스는 '오브제로서의 건축' 이라는 개념을 탈피하고, 건축을 도시적 맥락에서 해석하여 '어반 트랜지스터(urban transistor)' 라는 개념을 진척시켜 왔다. 이러한 개념은 "건물이 그 고유의 트랜지스터와 같은 공간 조직을 통해서 인접한 도시공간을 증폭시킬 수 있는 건축"(Wolf D. Prix, CA Press, 2006, p.7)이 되는 것을 의미한다. 건축을 통해 도시의 공공 공간을 창조하기 위한 '어반 트랜지스터' 개념은 건물의 단일 기능성을 해체하고 도시의 다양한 기능들을 부가하여 도시의 공공 광장, 건물 내부의 공공 공간, 통행로 등을 혼합하는 방식으로 접근하는 것이다. 이러한 개념은 독일 드레드센의 복합상영관인 UFA시네마센터(UFA Cinema Center, Dredsen, Germany, 1993-1998)에서 처음으로 나타나는데, 여기서 프릭스는 광대한 로비 공간과 지붕 덮인 도시공간을 만들어내는 독특한 매스 형상의 볼륨, 내부를 가로지르는 공공의 통로 등을 도입하여 두 개의 중요한 도시공간을 성공적으로 연결하였다.

BMW Welt 전시장(BMW Welt, Munich, Germany, 2001-2007)(도4-48a, b, c, d)은 건축이 도시적 개념을 담아내는 독특한 접근방식을 성공적으로 실현한 작품으로 평가되고 있다. 여기서 프릭스는 분절된 여러 개의 볼륨—홀, 프리미어(Premiere), 포럼, 타워, 더블

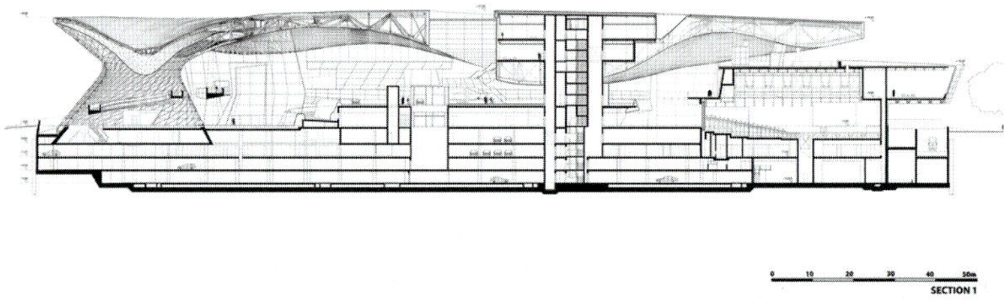

도4-48a, b, c, d W. D.프릭스, BMW Welt 전시장, 뮌헨, 독일, 2001-2007

콘 등 5개의 볼륨—과 이것들을 하나로 연결하는 거대한 지붕을 도입하였다. 이러한 방식으로 그는 도시의 다양한 공간들처럼 개별적으로 각기 다른 특성을 지닌 도시적 요소들이 공존하지만 하나의 혼성적 건물로 표현되는 도시의 랜드마크적 건물을 만들고자 의도하였다. 특히 디자인의 주 요소인 침투성 있는 거대한 홀은 마치 인공하늘처럼 조각적인 지붕과 기존 본사 복합건물과의 관계에서 이끌어낸 이중 원뿔체의 형상으로 이루어졌다. 이 홀은 분화되고 변화하는 용도를 위한 장터이자 BMW의 표상으로 드러난다. 여기서 방문객은 프레미어 전시장 공간 위에 거대한 공간 볼륨을 띄워 두는 방식으로 구성된 다양한 계단, 경사로 등 동선 요소들을 통해 이벤트 공간을 관찰하고 멀리 BMW 본사까지 조망하는 것이 가능하다. 같은 시기에 지어진 **애크런 미술 박물관**(Akron Art Museum, Ohio, USA, 2001-2007)(도4-49a, b, c)에서, 프릭스는 박물관을 도시의 3차원적 표상이며 시각적 세계의 콘텐츠를 전달하는 지식의 저장소이자 도시적 경험을 제공하는 공간으로 만들고자 하였다. 또한 '도시공간으로서의 박물관(Museum as Urban Space)' 이라는 개념으로 접근하여 예술품 관람의 목적지뿐 아니라 어반 커넥터(urban connector)까지 만들어냈다.(주34)

도4-49a, b, c W.D.프릭스, 애크런 미술 박물관, 오하이오, 미국, 2001-2007

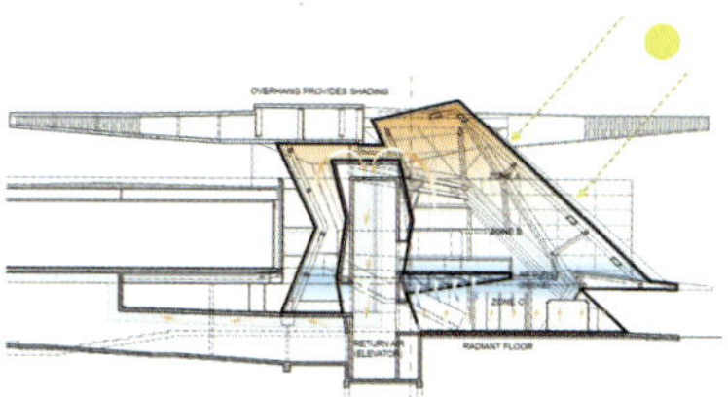

리옹의 컨플루언스 박물관(Musée des Confluences, Lyon, France, 2001-2014)**(도4-50a, b, c)**에서, 프릭스는 경계가 모호한 미래 지식사회의 융합과 혼성적 성격에 대한 접근을 제공하는 공공의 장소로서 '지식의 크리스털 구름(Crystal Cloud of Knowledge)' 의 개념을 보여주는 건물을 만들고자 하였다.**(주35)** 여기서 그는 박물관의 유형학과 도시의 일상공간의 유형학을 혼성하여 이 건물을 박물관뿐 아니라 공원의 확장으로서 도시의 이벤트를 끊임없이 재창조하는 장소로 디자인하였다. 공원의 확장으로서 새로운 도시 공간은 내 · 외부가 융합되고, 그 결과 역동적인 공간 이벤트의 결과를 가져오는 표면들과 램프로 구성된 랜드스케이프를 만들어낸다. 그는 형태의 변형, 관통, 변용, 동시성,

도4-50a, b, c W.D.프릭스, 컨플루언스 박물관, 리옹, 프랑스, 2001-2014

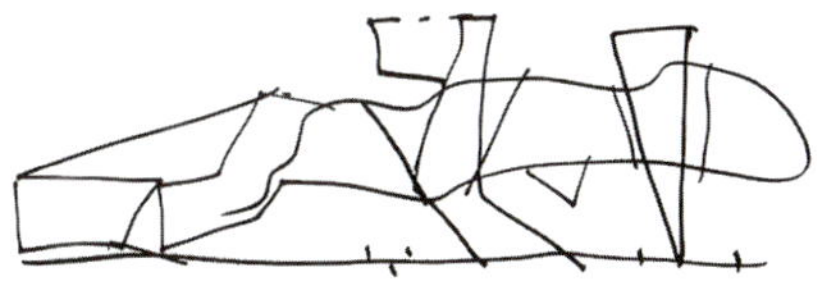

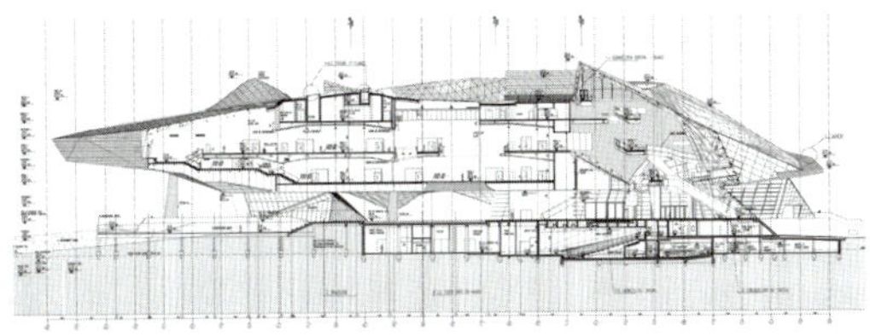

도 4-51a, b, c W.D. 프릭스, 마틴 루터 교회, 하인부르크, 오스트리아, 2008-2011

파열, 다양성 등의 수법과 다양한 실체의 상호작용, 융합, 변형 등을 통해 독특한 새로운 형상을 만들었다. **마틴 루터 교회**(Martin Luther Church in Hainburg, Austria, 2008-2011)**(도4-51a, b, c)**는 프릭스의 다른 작품들처럼 특이한 지붕형상으로 구성된 교회 건물을 빛과 투명성을 지닌 열린 공간으로 만들어내는 수법을 보여준다. 그는 건물의 형상 이미지를 지붕 구조물이 4개의 철제 기둥으로 지지되는 거대한 테이블의 형상에서 이끌어냈다. 기도실 상부에 있는 독특한 3차원 곡선형상의 지붕과 천장 구조는 인접한 로마네스크 납골당의 곡선형 지붕의 기하학 형상을 디지털 도구를 활용하여 오랜 시간의 역사가 담긴 형상으로 변형시킨 결과이다. (이 지붕 형상은 선박 기술과 꼬르뷔지에의 라 투레트 도미니크 수도원(1953-1960) 건물의 빛 우물천장의 개념을 참조한 것이기도 하다.) 여기서 빛과 투명성으로 가득찬 교회 내부는 미디어가 지배하는 시대의 반(反)명제로서 신비함과 고요함의 장소뿐 아니라 커뮤니티를 위해 열린 공간으로 의도된 것이다.

1 PRAYER ROOM
2 CHURCH HALL
3 OFFICE
4 KITCHEN
5 SACRISTY
6 COMMUNITY GARDEN
FLOORPLAN

043 다시보기

우리는 심상의 표현과 감각의 건축을 추구하는 건축가들의 담론과 작품을 통해서 독특한 아우라를 발현하는 예술작품으로서의 건축을 지향하는 흐름을 살펴보았다. 여기서 논의한 건축가들의 이론과 작품들은 그 개성과 창조성만큼이나 다양하기 때문에, 이들의 건축적 사고와 디자인 접근방식을 어떤 일관된 틀로 서술하는 것은 상당히 어려운 작업이다. 그러나 오선지에 서로 다른 공간적 위상을 차지하며 그려진 음표들처럼 이러한 다양성 안에서 발견되는 몇 가지 특성들에 주목하고, 이것들이 모더니즘 이후 현대 건축에서 어떠한 모습으로 재발견되고 있는지를 살펴보는 작업은 여전히 유익하다. 우리가 03에서 살펴 보았듯이 기하학적 질서와 개념의 건축을 지향하는 건축가들처럼 심상의 표현을 중시하여 감각의 건축 영역을 탐구해 온 건축가들도 건축형태와 공간이 지닌 형식구조를 통해 인간의 감성에 미치는 효과를 중시한다는 점에서 형식주의적-심미적 패러다임의 영역에 속한다. 그러나 이들은 오브제의 형식구조 보다는 그것을 경험하는 '관찰 주체의 감성과 심리적 경험' 에 호소해 관찰자를 생소한 경험의 상황 속으로 몰입시키는 방식에 더 주목한다. 그리고 이 점은 오늘날 경험 주체의 수용자가 건축공간과 형태와 맺게 되는 관계의 중요성을 인식하기 시작한 현대 건축가들에게 주 관심사가 되고 있다.

필자의 관점으로 볼 때, 20세 초 모더니즘 건축운동의 전개과정에서 표현주의 성향의 전위적 건축가들이 탐구해 온 건축적 판타지와 관련된 속성들—추상 형태, 유기적 형태 등의 이미지뿐만 아니라 투명성의 공간, 동굴 공간 개념 등—은 건축에서 통합감각적인 새로운 형태와 공간을 실험하는 데 기여해 왔다. 건축가의 내적인 이미지의 분출, 즉 심상의 표현을 중시하는 사고의 전통은 모더니즘에 의해 경시되어 왔던 건축의 또 다른 영역들을 현대 건축에서 재발견하는 계기를 제공했다. 현대 건축의 흐름에서 이러한 현상은 인간의 심리적 속성과 관련된 공간 경험을 전제로 한 유기적 형상의 '동굴 공간의 이미지와 심리적 공간체험' 에 대한 지속적인 탐구에서 두드러지게 나타난다. 또 프로그램을 미적인 관점에서 해석하여 '프로그램(기능)과 형태(구조 포함)의 통합' 을 지향하고 건축 작품의 예술성과 상징을 탐구하는 데서도 발견된다. 이 현상들은 건축공간과 형태의 상징성 표현과 경험 주체인 인간의 감각적, 감성적인 경험을 중시하는 ' 감각의 건축' 을 추구하는 현대 및 근대 건축가들에게서 발견되는 공통적인 특성이다. 이와 더불어 독특한 아우라와 상징을 지닌 오브제로서의 건축 개념을 탈피하고 건축을 '도시의 상징이자 공공 공간을 위한 장치' 로 해석하는 인식의 변화를 주목할 필요가 있다. 이 점은 (01, 02, 03에서 살펴본 바처럼) 다양한 건축 담론과 작품을 제시한 다수의 현대 건축가들에게서 공통적으로 발견되는 현상이기 때문이다.

이러한 사실로부터 우리는 모더니즘 이후, 현대 건축 담론에서 발견되는 다음과 같은 몇 가지 특성들과 흐름을 주목할 필요가 있다.

첫째, 직관에 의한 디자인을 중시한 건축가들은 감각적 경험의 영역을 확장시켜주는 독특한 형상의 아우라와 통합 감각적인 공간경험을 중시한다는 점이다. 이는 객체(오브제) 중심에서 주체(신체) 중심의 경험방식으로의 새로운 인식의 전환, 인간의 심리적 차원을 담지하고 있는 '동굴 공간 이미지', 그리고 미확정성을 내포한 열린 공간의 개념을 탐구하는 데서 나타난다.

심상의 표현을 중시하는 건축가들은 공통적으로 건축에는 기능, 재료, 구조, 경제성 등과 같은 합리적인 측면으로 설명할 수 없는 또 다른 영역들—감성, 정서, 정신적인 것들의 경험과 관계된, 내적인 미적 경험의 측면—이 존재한다는 사실을 강조한다. 이들은 데이터의 합리적인 분석 작업을 위한 프로그램의 해석, 물성과 재료의 구축성의 논리가 아니라 직관과 상상력, 그리고 자연을 영감의 원천으로 하는 예술적 창조성을 중시하는 전통을 따른다. 따라서 프로그램과 무관하게 시작되는 직관적 스케치와 모델링이라는 독특한 작업방식은 게리, 프릭스와 같은 현대 건축가들은 물론 모더니즘 시기의 일부 건축가들(피라네시, 가우디, 휜스테를린, 멘델존)에게도 중요한 창조적 도구이다.

이들이 탐구한 공간 이미지는 모더니즘 건축의 합리적, 추상적인 투명성의 공간 이미지와는 달리 시각, 촉각 등 통합 감각적 특성을 전제로 한 것이다. 우리가 주목해야 할 중요한 사실은 직관과 상상력에 의한 창조행위를 중시하는 건축가들은 한결같이 '동굴 공간(cavern space)'의 이미지를 지닌 파우스트적 공간 개념을 탐구한다는 점이다. 왜냐하면 동굴 공간이 단지 형태적, 미적인 측면이 아니라 자연에서 발생하는 유기적 형상의 공간을 체험하는 인간의 원초적인 경험과 관련된 심리적 강압효과를 제공하기 때문이다. 동굴 공간에 대한 이미지와 그 심리적 효과를 위한 다양한 수법들은 게리, 프릭스 등과 같은 현대 건축가들은 물론 피라네시, 가우디, 페르지히, 휜스테를린, 멘델존 등과 같은 모더니즘 시대의 건축가들의 작품에서도 발견된다. 건축가 게리가 실험해 온 감각적 형상과 파상공간의 기법처럼, 이러한 공간적 테마의 개념은 거대한 조각과 같은 형상에서 발견되는 '속이 빈 공간(hollow space)'을 통해 다양하고 독특한 공간적 경험을 만들어내려는 것이다. (동굴 공간의 이미지는 03에서 살펴본 하디드의 뉴라직 현대예술 박물관에서처럼 이음매 없는 공간의 연속성과 이를 담기 위한 유연한 조소적인 형상의 건축을 장의 개념, 내·외부에서의 관람자 동선의 흐름과 도시 공공 공간의 유입이라는 관점에서 접근한 데서도 발견된다.)

모더니즘 시기에 '속이 빈 공간'으로서 동굴 공간의 이미지는 자연의 침식과정을 통해 형성되는 돌의 공동을 지질학적 관점에서 탐구한 휜스테를린(스케치 안), 벽과 천정의 연속체로 이루어진 동굴공간의 형상을 심리적 강압효과를 위한 장치로 도입한 페르지히(베를린 대극장)에게서도 발견된다. 또 유기적 존재로서 인간의 심리적 차원과 시적인 공간의 속성을 지닌 '속이 빈 공간'을 탐구한 가우디(카사 바트요, 카사 밀라), 판타지적인 공상적 내부공간의 이미지를 탐구한 피라네시(상상의 감옥)에게서 찾아볼 수 있다. (이러한 '속이 빈 공간'은 1권 02에서 칸이 봉사하는 공간과 봉사받는 공간의 위계적 질서를 탐구하기 위해 도입한 '속이 빈 돌(hollow stone)' 개념과도 비교된다. 칸의 '속이 빈 돌'의 개념은 인간의 심리적 차원이 담지되어 있기는 하지만 주로 구축성의 관점에서 전개된 것이다.)

이러한 사실과 함께 현대 건축에서 건축공간을 미확정의 상태로 남겨 두어 사용자 스스로가 완성해 나가도록 '열린 공간'을 추구하는 흐름에 주목할 필요가 있다. 프릭스처럼 해체적 구성으로 '파편화 된 형태'와 '알기 쉬운 동시에 불가해 한 공간'을 탐구하는 행위는 (1권 01, 02의 쿨하스, 마스, 로저스, 포스터, 피아노 등의 건축가들처럼) 미확정성과 융통성을 지닌 건축을 만들고자 한 점에서 유사하다. 그러나 '열린 공간' 개념은 단지 용도 변화에 대응하기 위한 중성적 공간이 아니라 '공간적 분화(개별화)'를 통해 경험 주체의 신체-언어를 바탕으로 감정과 정서를 환기시키는 '심리적 기반-평면'을 만드는 데 더 주목한다는 사실이다. 특히 모더니즘 시기에 멘델존, 가우디와 같은 건축가들은 건축의 본질을 독특한 '형태'가 아니라 '공간'의 관점에서 해석하였다는 점이 주목된다. 이러한 해석태도는 "건축은 인간의 정신이 포착할 수 있는 공간을 가시적으로 표현한 것"으로 정의하고, 순수 기하학적 공간이 아니라 공간을 암시하는 것과 같은 '역동적 조건'을 표상하는 감각적인 요소의 존재를 중시(멘델존)한 점, 그리고 "건축은 빛의 배열"이며, 빛 속에서 모서리의 경계가 사라지고 해체되어 이음매 없는 연속성을 지닌 투명성의 건축을 탐구(가우디의 카사 바트요)한 데서도 찾아 볼 수 있다.

둘째, 건축의 표현성과 상징을 중시하는 건축가들은 기능과 형태가 통합된 '예술로서의 건축'을 추구하며, 생소화 수법을 지향한다는 점에서 반(反)-유형학적이다. 특히 이들은 감각적이고 유기적이며, 건축 형상들을 새로운 재료가 지닌 물성의 구축적 논리보다는 표현적인 잠재성의 관점에서 탐구한다.

현대 건축에서 발견되는 현상 중의 하나는 예술로서의 건축영역을 추구하는 건축가들에게서 발견되는 '통합'의 개념이다. 여기서 우리가 주목해야 할 점은 프로그램(기능)을 미적 관점에서 해석하여 '기능과 형태를 통합'한 예술로서의 건축을 지향하고, 물성의 표현성과 지각적 효과에 주목하는 사고의 전통이다. 이러한 현상은 현대 건축에서 게리가 '프로그램을 작은 단위들로 해체하고 이에 대응하는 개별적인 형태들을 탐색하는 건축적 부가'의 수법으로 새로운 형상의 이미지를 탐구하는 데서도 발견할 수 있다. 이것은 (1권 01에서 살펴 보았듯이 프로그램을 단지 리얼리티의 측면에서만 해석한 건축가들의 사고와 다르다.) 모더니즘 시기에 프로그램을 미적 관점에서 해석하고 이것을 형태의 표현의 영역과 통합하려는 사고의 전통은 역동성과 기능, 감성과 목적, 형태와 구조 등을 통합하여 '기능적 역동성'을 지닌 건축을 추구(멘델존의 아인슈타인 탑)하거나, 구조, 형태, 기능이 통합된 도상학적 형태로 상징적 의미를 탐구(사리넨의 TWA 공항터미널)한 데서 발견할 수 있다. 그리고 자연으로부터 유추한 독특한 형태와 구조를 유기적으로 통합하여 인간의 감각과 영혼에 호소하는 유기적인 양식을 창조(가우디의 성 가족 대성당)한 데서도 찾아 볼 수 있다.

현대 건축에서 우리가 주목해야 하는 또 하나의 현상

은 예술적 상징 표현에 주목한 건축가들이 독특한 아우라와 생소한 경험을 유발하는 건축을 추구하는 흐름이다. 이러한 현상은 건축공간과 형태의 상징성 표현과 경험 주체인 인간의 감각적, 감성적인 경험을 중시하는 '감각의 건축'을 추구하는 건축가들의 작품에서 주로 발견된다. 특히 건축적 매스 형상이 지닌 물성에 운동감과 깊이감을 부여하고, 마치 조각과 같은 감각적인 유연한 형상의 건축을 만들고자 하는 흐름이 두드러지게 나타난다.(주36) 무엇보다도 관능적인 감각적 형상과 파상공간의 미학을 지향하는 게리의 작품과 해체적 구성과 부유하는 듯한 파편화 된 형상으로 표상되는 프릭스의 작품들에서 보여지는 전위적인 구성과 형상들은 유형학적인 전통의 한계를 타파한 새로운 형태적 실험으로 독특한 아우라와 생소한 경험을 유발하는 감각적인 형상이다. 이들 작품에서 창조적 직관을 통해 재료의 물성의 표현성과 형상의 새로운 지각적 효과를 야기하는 생소화는 주요한 수법으로 발견된다. 특히 조각예술에서 발견한 '드레이퍼리 효과'를 차용해 자신만의 감각적인 형상을 구축한 게리의 '드레이퍼리-건축 은유'의 개념은 그의 파격적인 형상이 단지 우연한 스케치의 산물이 아니라 재료 안에 숨겨진 형상과 운동감, 물성에 대한 감정을 표현하기 위한 것임을 주목할 필요가 있다.

모더니즘 시기에 상징과 아우라를 중시하는 이러한 사고의 전통은 판타지적인 독특한 형상으로 상징 형태를 탐구한 데서도 찾아 볼 수 있다. 이러한 사실은 자연의 유기체와 같은 환상적인 형상과 '신성한 빛의 배열로서의 건축'(가우디), 기하학적인 수정체와 같은 기하학적인 형상으로 표상되는 '도시의 왕관'(타우트), 조각적인 상징형태로 '영혼의 세계로 인도하는 매개체'(슈타이너), '시대의 상징으로서 역동성의 표현'(멘델존) 등처럼 상징을 다양한 의미의 레벨에서 건축화하려고 했던 태도에서 발견된다. 또 상징의 표현을 재료의 물성의 표현과 지각적 효과의 관점에서 접근한 사고의 전통은 근대적 재료인 유리로 수정체와 같은 투명성의 비물질화 된 공간과 외피를 탐구(타우트의 유리건축 이미지)하고, 철근 콘크리트의 가소성으로 운동감과 조각적인 형상을 탐구(슈타이너의 과테나움 조각적 감각적 상징형태, 멘델존의 역동성의 이미지)하거나, 건물의 특성을 암시하는 형상으로 연상과 이미지, 상징의 의미를 표현(사리넨의 도상학적 형태) \한 데서 찾아 볼 수 있다. 특히 모더니즘 시기에 콘크리트 재료의 유연성과 탄성적인 특성을 인식하고 조각적인 형상으로 운동감과 상징을 표현하는 형상은 새로운 재료와 구축적 기법을 물성의 표현성과 상징의 실현이라는 관점에서 실험한 결과였다. 이러한 사고의 전통은 새로운 첨단 재료와 기법으로 조각적인 감각적 형상을 탐구해 온 게리와 같은 현대 건축가들에게서 반복되고 있다.

셋째, 현대 건축에서 독특한 아우라를 지닌 오브제로서의 건축 개념은 쇠퇴하고, 건축을 '도시의 상징이자 공공 공간을 위한 장치'로 해석하는 데서 도시와 건축의 새로운 관계에 대한 인식을 발견할 수 있다.

도시의 공공 공간의 영역과 도시와 건축의 새로운 관계를 중요하게 인식하는 흐름은 (01, 02, 03에서 살펴 보았듯이) 다양한 건축 담론과 작품을 제시해 온 현대 건축의 여러 건축가들에게서 공통적으로 발견되는 현상이다. 도시의 공공성과 건축 형태의 상징적 기념비성을 중시하는 이러한 현상은, 기존 도시의 맥락에서 단절된 두 도시의 공간을 통합하려고 의도한 게리의 작품(빌바오 뮤지엄)에서 뿐만 아니라, 건축을 '어반 트랜지스터'로 정의하고 도시와 건축의 내·외부 공간을 일체화하여 도시의 이벤트가 발생하는 공공의 장소로서 도시 공간의 공공성을 회복하고자 한 프릭스의 작품들(UFA 시네마 센터, BMW Welt 뮤지엄, 애크런 미술 박물관)에서 발견된다. 특히 프릭스의 작품에서처럼 도시의 공공 공간을 건축으로 내부화하여 통합하려는 시도는 (03에서 살펴본 바처럼) 하디드가 도시 공간을 건축과 통합하여 인공적 랜드스케이프를 만들어내려는 의도와 많은 점을 공유한다. (도시의 공공 공간의 중요성을 인식하고 이를 적극적으로 회복하려는 이러한 시도를 로저스, 포스터 등의 작품들에서도 발견할 수 있다.) 이러한 현상들은 모더니즘 건축에 의해 인간이 소외된 도시 환경에 독특한 아우라의 오브제 형상과 도시 공간을 만들어내고자 하는 것으로, 현대 건축의 흐름에서 도시성과 공공 공간의 영역에 대한 새로운 인식을 보여주는 것이다. 건축 형상을 독립된 오브제가 아니라 도시 공간의 맥락에 놓여진 상징적 오브제로 인식한 건축가의 사고의 전통은 모더니즘 시기에도 발견된다. '도시의 왕관으로서의 초점화된 상징적 건축'을 탐구한 타우트, 현대 도시의 흐름과 주변의 맥락을 반영하는 '역동성의 건축'을 추구한 멘델존의 작품들이 이에 해당된다. 이들이 추구한 건축과 도시의 관계는 '공원 속의 기념비'와 같은 오브제로 간주하여 도시 공간과의 유기적 관계를 경시하였던 모더니즘 시기의 기능주의 건축가들의 태도와는 사뭇 다르다.

또한 심상의 표현과 감각의 건축을 추구하는 건축가들이 자연을 영감과 상상력의 원천으로 인식하는 사고의 전통은 자연의 구조와 자연의 유기적인 형상에서 그 형태와 공간의 이미지를 발견하려는 데서 찾아 볼 수 있다. 이는 물고기 형상과 자연의 여러 형상 이미지(게리), 자연과 구름과 화염 이미지(프럭스) 등을 착상을 위한 영감의 원천으로 삼는 데서 나타난다. 모더니즘 시기에도 자연은 중요한 영감의 원천이었다는 사실은, 자연 속에서 발견되는 관능적이고 감각적인 형태를 탐구한 슈타이너, 자연을 건축을 살아있는 유기체와 같이 만드는 지질학적 기반을 바탕으로 제2의 인공적 자연과 대지의 건축을 추구한 휜스테를린, 그리고 자연에 신성과 시원의 의미를 부여하고 자연으로부터 유추한 형상들을 탐구한 가우디의 작품들에서 발견할 수 있다.

그러므로 우리는 모더니즘과 현대 건축 담론에서 발견되는 건축적 판타지와 관련된 추상 형태, 유기적 형태 등의 이미지뿐 아니라 투명성의 공간, 동굴과 같은 공간개념, 객체(오브제) 중심에서 주체(신체) 중심의 경험방식으로의 새로운 인식의 전환, 인간의 심리적 차원을 담지하고 있는 '동굴 공간 이미지' , 그리고 인간의 감각적, 감성적인 경험을 중시하는 '감각의 건축'을 추구하는 흐름을 새롭게 인식할 필요가 있다. 현대 건축가들이 무엇보다도 감각적, 유기적인 건축 형상들을 물성의 구축적 논리보다는 표현적인 잠재성의 관점에서 탐구하여 왔다는 점, 자연이 영감의 원천이며 도시와 건축의 상징적 관계성과 도시 공공 공간의 영역에 대해 관심을 보이기 시작하였다는 점에서 그 의의를 발견할 수 있다.

Typology and the Architecture of Analogy

05 유형의 탐구와 유추의 건축

051 착상의 출발점 : 유형과 유형학

"유형은 건축을 과거와 연결시키고... 그것이 일정한 체계를 지니게 함으로써 최초의 불변성을 의미하는 개념이다."

- 꾸트레메르 드 퀸시(Quatremère de Quincy) -

"유형의 개념은 영속적이고 복합적인 것으로, 즉 형태에 선행하며 그 형태를 구성하는 논리적인 원리이다."

- 알도 로시(Aldo Rossi) -

"건축이란 무엇을 발명하는 것이 아니라 발견하는 것으로, 이미 오래 전부터 알려진 개념을 끊임없이 새롭게 해석함으로써 세상을 다른 눈으로 보고 새롭게 경험하고 재발견하여 새로운 내용으로 채우는 것을 의미한다."

- 오스왈드 M. 웅거스(Oswald Mathias Ungers) -

유형(학)은 착상의 출발점이다

모더니즘 건축이 태동하기 시작한 18세기 중반 이후, (01, 02, 03에서 살펴 보았듯이) 새로운 테크놀러지의 발전, 실증주의적 사고와 합리적 정신이라는 시대적 요구를 반영하기 위한 탐구가 내용과 형식면에서 가속화되었다. 그러나 한편으로 새로운 시대적 요구에 부응하지 못하고 역사주의와 절충주의라는 조류에 휩쓸려 표류하게 된 건축가들은, 고전 시대의 규범을 재해석하고 계몽시대의 토대인 '이성'으로 회귀하여 건축의 기원을 재정립하는 건축 담론을 모색하였다. 또한 20세기 모더니즘의 건축의 시기에 건축가들은 급속하게 변화하는 테크놀러지의 사회에서 더 이상 의미를 갖지 못하게 된 재현 체계(representational system)를 재해석하는 문제에 봉착하게 되었다.

건축 비평가 콜훈은 고전 건축의 역사 속에서 존재해 온 유형(학)을 배척한 모더니즘 건축담론에서 표현을 위한 순수 직관의 영역이 전통적인 유형(학)에 무의식적으로 연결되어 있다는 사실을 다음과 같이 언급한다.

"....진실로 정량화 가능한 기준들조차도 건축가들이 행하여야 할 선택을 남겨 놓는다. 근대 건축이론에서, 이러한 선택은 일반적으로 문화적 (가치의) 부재 속에서 작동하는 직관에 기반한 것으로 생각되었다. 유형학을 언급하면서, 말도나도(Tomàs Maldonado)는 전적으로 새로운 것, 근대 건축의 이론가들이 반복하여 거부했던 것을 제시하고 있다. 그는 (이러한) 순수 직관의 영역은 관련된 문제들에 적용되는 과거의 해답에 대한 지식에 기초하고 있으며, 창조라는 행위는 과거의 필요나 과거의 미학적 이데올로기에서 파생한 형태들을 현à재의 필요에 적응시키는 과정이라고 제안한다."(Alan Colquhoun, 1981, p.47)

이러한 사실은 역사 속에 존재해온 유형(학)이 건축가가 직면한 디자인 문제를 해결하는데 기여할 수 있다는 점을 시사한다. 모네오(Rafael Moneo, 1977)가 언급하였듯이 유형에 대한 탐구행위는 건축가가 건축의 본질을 재정의 하고, 디자인 문제에 접근하는 모든 태도와도 직결되기 때문이다. 따라서 우리는 역사와 전통의 재해석을 위한 유형(학)의 건축 담론이 모더니즘 시기는 물론 오늘날 현대건축에 여전히 중요한 주제였다는 사실에 주목할 필요가 있다. 1960년 이후 현대건축 담론에서 유형(학)의 중요성에 대한 재인식은 모더니즘 건축이 지나치게 강조해 온 프로그램을 재평가하고, 건축 형태의 자율적 의미의 중요성, 역사와 전통, 그리고 도시의 문화적 맥락을 중시하는 여러 흐름들에서 나타나기 때문이다.

역사적으로 건축가의 창조적 사고과정에서 고전 언어의 규범을 재해석하는데 유형(type)과 유형학(typology)의 개념(주1)은 중요한 역할을 수행하였다. 건축가들이 고전적 규범의 전통 속에서 건축에 정통성을 부여하기 위해 보편적인 것을 모범적으로 드러내는 자율적 형식으로서 유형의 개념에 의존해 왔기 때문이다. 고전건축의 유형의 가치에 주목한 퀸시(Quatremère de Quincy, 1755-1849)는 "유형은 건축을 과거와 연결시키고 형태와 대상의 본질에 대한 폭넓은 관찰과 연구를 통해서 작품을 일반화시킴으로써, 그것이 일정한 체계를 지닐 수 있게 해 주는, 최초의 불변성을 암시하는 개념"(Aldo Rossi, 1966, 1978, p.40 재인용)이라고 정의하였다.(주2) 퀸시의 정의는 유형의 개념을 공시적 관점에서 본질적이고 선험적인 실체로 파악하여 건축의 본질 또는 내재적 원리로 설명한 것이다. 이러한 해석은 유형의 개념에 형태를 구성하기 이전의 논리 뿐 아니라, 건축적 본질을 변화시키는 법칙이라는 구조적인 의미를 부여한다. 모네오(Rafael Moneo, 1977)는 유형의 개념을 건축 생산을 위한 이론적 틀로 작용하는 형식 구조의 의미로 해석한다. 그는 "유형의 문제를 인식하는 것은 오늘날 건축적인 대상이 갖는 본성을 이해하는 것"이라고 강조한다. 모네오는 유형을 건축가가 작품을 시작하는 창조적 사고의 출발점으로서의 의미뿐만 아니라, 특유의 형태 및 논리적 구조를 지닌 이중적 의미로 해석하고 있다.(주3)

그러므로 모더니즘과 현대 건축 담론에서 유형(학)의 개념은 단순히 형태적, 물리적인 의미를 넘어서 해석되었다. 이러한 사실은 건축의 영역에서 유형(학)의 개념들은 건축의 문제 해결에 당면한 건축가에게 있어서 변형된 대상에 질서를 부여해 주는 핵(核, nucleus), 근원적인 것들의 인식 작용을 통한 사물의 구체화 수단(퀸시), 착상을 위한 최초의 출발점(모네오) 등과 같이 다양한 의미로 해석된 데서 알 수 있다. 그러나 이 해석은 모두 유형을 형태의 모방이 아니라 그 내적 구조의 특성과 본질의 관점에서 파악한다. 이는 건축을 사회·문화라는 큰 틀 속에서 접근하는 태도이며, 고전적-인본주의적 패러다임의 범주에 속하는 유형학적 사고의 전통을 따르는 것이다.

건축에 정당성을 부여하는 것은 과학이 아니라 문화와의 관계성이다

유형(학)의 개념을 중시하는 건축가들은 자신들이 당면한 디자인 문제의 합리적인 해(解)를 얻기 위해서 재현적 형태구조(주4)인 유형학에 의존하여 왔다. 이들은 의미론적 관점에서 과거의 역사적 형태에서 이끌어낸 유형을 현재의 요구에 적합하도록 변환하는 과정에 주목한다. 이러한 변환작업을 통해 생성된 유형학적 형태는 사회적 관례로 용인되어 온 '적절성(propriety)의 개념' 을 내포하고 있기 때문이다.(주5) 사회적 적절성의 개념은 건축에 당위성을 부여해 주는 것은 과학이 아니라 일상적 의식과 관계된 문화라는 사실을 건축가들에게 인식시켜 주었다. 그래서 건축가들은 건축과 문화와의 관계성을 무엇보다도 중요하게 인식한다. 또 유형학적 형태와 그 생성된 의미는 '사회적 적절성이라는 개념을 담지하고 있는 공통된 가시성(common visuality)' (D. Porphyrios, 1982, p.26)과도 긴밀하게 연결되어 있다.

콜훈(A. Colquhoun, 1967, p.396)에 의하면, 유형의 변형과 생성과정을 통해서 창조된 건축형태의 이미지는 사회적, 인습적인 가치, 즉 '문화적 교환 가치' 를 내포하고 있다. 따라서 문화적 교환가치를 내포한 과거의 모범적 규범이나 법칙을 모사하고 변형하는 작업은 건축 창조 행위에 중요한 기반으로 간주된다. 이러한 문화적 교환 가치는 건축가가 대상을 창조하는 과정에서 자신이 속한 사회가 의사소통 체계의 한 부분으로 통용해온 대상의 형태적 이미지, 즉 재현적 형태구조를 전제로 할 때 획득 가능하다. 또 이 교환가치는 그 형식에 내포된 개념을 통해 형식을 지각하는 관찰자에게 연상, 이미지, 기억, 스키마 등을 환기시켜 준다는 점을 현대 건축 담론에서 중요하게 인식된다. 콜훈은 구조주의 관점에서 접근하여 건물 유형학의 개념을 "사회 공간적으로 구성된 스키마(sociospatial organizational schemata)"로 정의한다. 도시와 건축 환경을 미적으로 창조하여 구성하는 목적 중의 하나는 "사회 속에서 존속해 온 주관적 스키마화 과정을 바탕으로 건축가의 창작물이 사회적으로 수용되도록 만들어내는 것"(A. Colquhoun, 1967, p.397)이다. "유형학은 시간을 통하여 인간 행위를 보호하는 적절한 형태를 생성시켜 오는 데 기여"(A. Colquhoun, 1967, p.395)한다는 그의 주장은 유형학이 사회의 역사적, 집합적인 공동 기억의 산물이며, 집합적 의식의 표현에 뿌리를 두고 있다고 해석한 것이다.

그러므로 유형학은 과거의 역사적인 건축과의 맥락을 유지하고, 의미있는 형태 생성의 관계를 논의하는 이론적 체계에 기여해 왔다. 우리는 20세기 모더니즘 건축의 시기에 건축 언어의 타당성을 고전 언어의 규범에서 재발견하려는 사고의 전통에 주목해야 한다. 이 사고의 전통은 18세기 중반 로지에의 합리적 건축담론을 포함하여 신고전주의 시대 건축가들의 이론과 작품에까지 거슬러 올라가 발견할 수 있다. 건축의 기원과 본질을 '자연'의 보편적 법칙, 그리고 전통과 새로운 시대의 가능성에서 발견하려는 시도(로지에, 슁켈), 근대건축의 시기에 현대성과 고전 전통의 공존가능성을 탐구(테세노프, 테라니)한 건축가들이 그 예이다. 비들러(Anthony Vidler, 1977)는, 건축의 시원을 신성한 자연을 모델로 '원시 오두막(primitive hut)'까지 거슬러 분석한 로지에의 원형적 형태의 개념을 제1의 유형학으로 언급한다. 그리고 이 개념은 모더니즘 시기에 테크놀러지와 생산시스템의 기계화 및 공업화를 바탕으로 출현한 '오브제-유형(object-type)'이라는 제2의 유형학의 개념으로 대체되었다고 지적한다.

여기서 우리가 주목해야 할 사실은 1960년 이후 로시, 웅거스 등과 같은 유럽 합리주의 건축가들의 건축 담론에서 발견되는 유형 해석개념, 즉 비들러가 '제3의 유형학'이라고 언급한 유형(학)에 대한 탐구이다. 이 건축가들은 건축의 유형학적 형태의 존재 이유를 추상적인 자연의 기하학, 그리고 과학 기술의 유토피안적 외부 조건들이 아니라, 본질상 건축적인 자율적 형식 조건에서 출발하여 주목받았다. 이들은 역사와 형태의 연속성을 강조하며, 건축을 장소로서의 도시라는 맥락적 관계에서 해석한다. 이것은 모더니즘의 도시와 건축에서 상실된 문화적 전통의 가치들–역사와 전통, 장소성, 유추와 환원, 도시의 기념물들에 내재한 기억, 상징, 의미 등–을 재발견하여 회복하고자 하는 것이다. '도시의 건축' 담론을 통해 유추와 기억을 위한 건축을 탐구한 로시(Aldo Rossi), 유형의 형태학적 접근을 통해 아이디어의 재발견과 테마로서의 건축을 탐구한 웅거스(Oswald M. Ungers), 크리어 형제(Leon Krier & Rob Krier), 스털링(James Stirling) 등의 이론과 작품에서 이러한 시도를 찾아볼 수 있다. 또 유형을 역사적 형태라는 단편들의 콜라주로 해석해 문화적 상징과 의미를 만들고자 한 존슨(Philip Johnson), 그레이브스(Michael Graves) 등에게서도 다양한 방식으로 나타난다. 특히 건축이 역사, 문화와 오랜 동안 관계를 맺으면서 도시환경의 역사적 층위에 생성해 온 기억과 이미지, 실존적 의미의 거주성이라는 장소 개념의 회복과 건축의 시원성을 탐구해 온 보타(Mario Botta)의 이론과 작품에서 우리는 유형의 개념에 대한 다양한 해석을 발견할 수 있다.

| 합리주의 이론의 출현과 도시공간의 유형학 : 마르크-앙뜨와느 로지에, 프리드리히 쉬켈, 카밀로 지테

건축미는 신성한 자연에서 발견되어야 한다

건축이론이 자연, 인류, 사회에 대한 지적이고 철학적인 담론의 일부로 다루어지던 18세기 중반 예수회의 학자이며 외교관인 로지에(Pere Marc-Antoine Laugier, 1713-1769)는 건축도 과학처럼 확고한 원칙과 합리적인 원리를 지녀야 한다는 합리주의 건축 담론을 제기하였다. 건축의 본질에 대한 그의 탐구방법과 논리적 사고는 모더니즘 건축의 발전 과정에서 다양한 측면에서 영향을 끼쳤다. 그의 사상적 영향은 모더니즘의 여명기에 건물의 특성과 용도에 적합한 형태를 탐구하는 합리주의적 접근방식(01에서 살펴본 블롱델)에서 나타난다. 또 고딕건축 양식의 구조와 장식의 구축적 논리와 투명성을 탐구한 건축가들의 담론(02에서 살펴본 비올레-르-뒤크)에서도 그의 영향을 발견할 수 있다.(주6) 자연을 다시 전면으로 부각시키고 단순성을 중시한 그의 논리는 건축의 본질을 자연의 질서에서 발견되는 기하학적인 순수 형상에서 찾으려는 건축가들(03에서 살펴본 불레, 르두)에게도 영향을 끼쳤다. 그러나 여기서 우리가 주목해야 할 사실은 모더니즘에 끼친 그의 영향력은 고전 건축의 언어를 본질로 환원하는 과정을 통해서 전통의 본질을 발견하고 새롭게 해석한 건축가들에게 논리적이고 합리적인 사고의 모형을 제공한 데서 찾아 볼 수 있다는 점이다.

로지에는 로도리처럼 계몽주의 사상의 이성과 자연 과학의 논리적, 합리적인 접근방법이라는 새로운 기준에 근거해 건축에 접근하여야 한다고 주장하였다. 그는 이성으로 통제되지 않는 건축적 판타지, 습관, 관습, 취향과 같은 주관적인 것들을 거부하였다. 건축의 본질적 미는 이성적 사고와 판단에 의해 인식 가능하여 관습이나 관례 등과는 무관하게 누구에게나 아름답게 느껴질 수 있다고 생각하였기 때문이다. 『건축론 Essai sur l' architecture, 1753』에서, 로지에는 건축구성, 도시 디자인, 조경 건축 등과 같이 그 시대와 이후의 모더니즘에 영향을 끼친 3가지 주요 이슈(주7)를 탐구하여 제시하였다. 그는 건축의 기원을 단순하고 원시적인 조건과 본래 자연의 모방이었던 단순한 사고로 거슬러 올라가 추적한다. 이것은 그가 자연을 창조 행위의 모델로 인식하고, 이로부터 연역적으로 유추하여 건축의 영원한 법칙을 찾기 위해서였다. 따라서 로지에는 "건축미는 자연, 즉 신성한 자연(devine nature)에서 발견되어야 한다" ((eds.) Veronica Biermann, 2003, p.310)는 사실을 강조한다. 건축 디자인을 지배하는 것은 외적으로 존재하는 고정불변한 법칙이기 때문에 그는 '자연의 법칙이 건물 형상의 원인이 되어야만 한다' 고 생각하였다.

그러므로 로지에는 건축의 본질적인 요소들과 피상적인 요소들을 구분하고, '건축에서 본질만이 주의를 기울일 만한 가치가 있다' 고 주장한다. 왜냐하면 이러한 본질을 통해서 '자연스러움' 과 '단순성' 으로 구성된 건축적 완벽성을 획득할 수 있기 때문이다. 그는 "자연적이고 진실된 것만을 갖춘 건축, 여기에는 모든 것이 단순한 규칙으로 환원되어 위대한 원리에 따라 실행 되어진다" (de Zurko, 1957, p.159 일부 재인용)고 지적한다. 따라서 그는 환원과정을 통해 얻어진, 단순 명료하고 본질적인(그래서 자연적인) 요소들만이 그 본래의 목적에 따라 단순하고 합리적으로 사용되어야 한다고 주장한다. 루소(Jean-Jacques Rousseau)가 인간의 속성과 사회의 기반을 결정하기 위해 원시 야만인의 신화를 탐구하고 있던 시기에, 로지에는 건축의 기원을 그리스 신전의 구조적 및 형태적 논리에 근거하여 건축 디자인의 원리를 확립하고자 하였다. 그가 보편적인 '자연적' 건축으로 제시한 '**원시 오두막**(primitive hut)' (주8)은 원시적인 상태의 원시인들이 자연을 모델로 삼아 자신의 창조 행위를 구체화 한 것이다.(도5-1) 로지에는 이 점을 다음과 같이 언급한다.

> "작은 시골의 오두막은 그 속에서 모든 건축의 경이들을 생각해 볼 수 있는 모델이다. 실제적인 작업에서도 이 최초의 모델이 갖는 단순성에 가까이 가게 되면 근본적인 오류를 피하고 진정한 완전성을 얻을 수 있다. 수직으로 일으켜 세운 나무는 우리에게 기둥의 개념을 보여준다. 그 위에 올려진 수평의 부재는 엔타블레이쳐(entablatures)의 개념을 보여준다. 마지막으로, 지붕을 이루고 있는 경사진 부재들은 우리에게 페디먼트(pediments)의 개념을 보여준다. 이 모든 기술적인 완성이 이미 인지되고 있는 것이다. "(M. A. Laugier, 1975/ K. Michael Hays, 1995, p.387 재인용)

로지에가 그리스 시대의 도릭 오더 신전 건축의 기원을 페디먼트, 기둥, 아키트레이브 등과 같이 건축의 '진정' 하고 '자연적' 인 단순한 요소들로 구성된 원시 오두막까지 거슬러 올라가 탐구한 것은 미래 사회 건축을 위한 이상적인 모델을 발견하기 위해서였다. 그는 원시 오두막에는 기능적 표현과 아무런 장식도 없는 순수한 구조의 표현만이 담겨 있다고 생각한 것이다. 이러한 접근방식은 "건축이론의 쟁점을 오더의 비례에 대한 논의에서 순수 기하학 형태의 사용을 통한 구성의 문제로 전환" ((ed.) Dora Wiebenson, 1982, p. 11-25)시켰다는 점에서 주목 받았다. 또 이것은 본질에 이르는 방법으로 환원과정을 통하여 얻어진

도 5-1 P. M-A. 로지에, 자연의 모델 : 원시 오두막(출전: Essai sur l' Architecture, 1753)

'원형(original type, archetype)' 의 개념을 건축적 사고의 출발점으로 하고 있다는 점에서 주목을 받았다.

'역사적인 것'과 '이상적인 것'은 건축의 본질이다

19세기 초 독일의 낭만적 신고전주의를 대표하는 화가 겸 건축가인 쉉켈(Karl Friedrich Schinkel, 1781-1841)은 근대사회에서 요구되는 새로운 건축양식을 과거의 역사적인 양식에 대한 연구와 자연의 법칙에서 발견하여야 한다고 주장하였다. 그는 근대시대의 새로운 예술에 대한 탐구를 합리적으로 접근할 필요성을 인식하였기 때문에 과거 양식을 모방하거나 임의적으로 사용하는 당시의 절충주의 경향을 비판하였다. 쉉켈은 "역사적이라는 의미는 오래된 것을 보존하고 반복하는 것이 아니다. 역사적인 방법으로 행한다는 것은 새로운 것을 도입하여 동 시대에 역사를 지속시키는 것을 의미한다"((ed. Veronica Biermann, 2003, p.594 재인용)고 주장하였다. 그는 건축에 대한 진실한 역사적 이해는 과거의 형태를 모방하는 것과는 대립되는 것이라고 다음과 같이 언급한다.

> "옛 거장들의 작품을 독창성없이(노예근성으로) 모방하는 일은 결코 역사적이 아니다. 오히려 역사적인 것에 반대되는 것이다. 역사는 그 이전의 역사를 결코 모방하지 않았다. 만일 그런 경우, 이러한 행위는 역사의 공인된(신뢰가 되는) 부분이 아니다. 오히려 그 안에서 역사는 (언술의 방식에서 보면) 완전히 정지되고 만다. 유일하고 진실한 역사적 행위는 어떤 면에서 잉여의, 새로운 요소들을 세계 안으로 도입하는 행위이다. 이러한 행위로부터 새로운 역사가 생산되고 부화된다."((ed.) Michael Snodin, 1991, p.51 재인용)

그러므로 쉉켈은 시대의 가치와 실제적인 요구, 그리고 구축 과정에 견고히 뿌리를 두지 못한 채 임의적으로 과거유산을 모방하는 당시 역사주의의 절충적 성향을 비판하였다. 그는 과거의 역사적인 형태를 근대적 기술과 재료가 제공하는 수단에 힘입어 아무런 원칙 없이 임의적으로 사용하는 행위는 창조성이라는 자유 안에 존재해 온 '역사적인 것(the historical)' 과 '이상적인 것(the poetical)' 을 상실시킨다고 경고한다.(주9) 그에게 이러한 모방행위는 역사적 과거에 대한 적절한 인식이 아니라 역사의 종말을 표하는 것이기 때문이다.

이 시기에 발흥한 독일 관념론 미학처럼 건축을 예술과 문화라는 이상적 관점에서 이해한 쉉켈은 건축을 물질적, 기술적인 것을 초월하는 예술로 간주하였다. 그는 예술가의 개념화 작업, 즉 창조적인 아이디어를 자유롭게 확장하는 것이야말로 기능적, 물질적인 차원을 넘어서는 건축을 만드는 기반이 된다고 주장한다. 그에게 건축적 이상은 건물의 실제적 기능이나 구축이라는 차원을 넘어서 정신적 측면과 물질적 측면 양자에서 그 목적에 완전히 적합하게 될 때에만 얻어질 수 있기 때문이다.(쉥켈이 정신적인 것을 전제로 한 물질적인 건축을 고려한 점은 건축을 문명화의 차원에서 해석한 젬퍼와 유사하다. 이에 대해서는 1권 01을 참조할 것) 쉥켈은 높은 도덕의 향상이 예술의 지상목표라고 간주하였다. 따라서 그는 (로지에, 로도리, 젬퍼와 뒤랑 등처럼) '목적에의 적합성' (주10)을 새로운 시대의 건축의 근본원리로 간주하였지만 기능적, 기술적인 영역들을 건축 형태를 디자인 하는 기법, 즉 예술성의 영역에 복속시켜야 한다고 보았다. 따라서 쉥켈은 건축을 단지 기능이나 프로그램의 차원에서만 해석하지 않았다. 그는 건축은 '유용하고, 편리하며, 적절하고, 아름다운 것을 만드는 것' 이며, 건물은 '적절하고 효율적이며, 견실하고, 유용한 것' 과 같이 기술적인 것에만 치중하기 때문에, '미의 요소들' 에 대한 관심이 결여되어 있다고 지적한다.(그가 기능적인 건물에도 평면, 구축(건설), 장식이라는 3가지 기본 요소들을 지닌 통일성을 적용한 것은 이 때문이다.)

쉥켈에게 미란 "이성적 생활이 바탕을 두고 있는 기반" (E. R. de Zurko, 1957, p.198 재인용)이며 "자연의 내적인 지성을 보여주는 가시적인 증거" 로 이해되었다. 그는 건축이란 새로운 창조물이 아니라 자연에서 나온 것이며, 자연의 보편적 법칙을 따르는 것이라고 보았다. 로지에처럼 인류의 "자연적인 기능" 은 자연을 자연의 법칙에 따라 형성하는 것이라는 신념을 지닌 쉥켈에게 자연, 자연의 법칙, 그리고 자연적인 것에 관한 사고는 중요한 판단의 기준이다. 이 점은 그가 "어떤 시대의 기념비의 본질적인 형태는 단순한 성격을 유지하여야 하며.... 이것의 뿌리는 인간 문화의 원초적인 조건에까지 도달하고 있다" (E. R. de Zurko, 1957, p.196 재인용)고 주장한 사실에서 잘 나타난다. 쉥켈은 건축을 회화나 조각보다 자연에 대해 더 모방적이라고 간주하였다. 그림(Hermann Grimm)은, 건축가의 작품이 자연과 유사하다는 쉥켈의 사고는 그의 중심적 논제의 하나였다고 지적한다. 쥐르꼬도 로지에가 보았던 것과 같은 일종의 원시주의(primitivism)를 쉥켈에게서 발견할 수 있다고 하였다.

또한 쉥켈은 로지에처럼 건축학적 구축(architectonic construction)의 과제에 깊은 관심을 보였다. 그는 근대적 기술이 제공하는 재료 및 건설(구축)의 방법과 형태 및 디테일(장식)의 양식적인 미 상호간에 필수적인 연계성을 확립하는 작업을 가장 보편적인 건축의 생성원리로 간주하였다.(주11) 그는 고전적 오더와 같은 요소들을 건축 기술적으로 이러한 개념에 복속시키고자 하였다. 쉥켈은 "예술가는 사용한 재료에 적합한 보편적 특성을 자신의 작품에 부여해야 한다" ((ed.) Michael Snodin, 1991, p.50 재인용)고 강조하였다. 따라서 그는 비례의 확실성, 표면과 공간적 관계의 일관성, 그리고 장식과 관련된 디테일의 합리적인 의미부여 등과 같이 고전 건축이 지닌 우아함의 특성을 자신의 작품에서 표현하였다.

베를린 고대 미술관(Altes Museum, Berlin, Germany, 1823-1830)(도5-2a, b, c)은 근대적 의미의 박물관의 목적과 구성의 측면에서 이상적인 박물관으로 평가되는 작품이다. 쉉켈은 기둥, 벽, 천장과 같은 요소들을 분리하여 구성하였을 뿐 아니라, 건물 정면 전체에 뛰어난 디테일의 단순한 이오니아식 열주랑을 도입해 단순성의 미학을 보여주는 작품을 만들었다. 열주랑으로 이루어진 정면과 기단위에 놓여진 포티코를 오르도록 구성된 이 건물은(주12) 직사각형의 입방체 형상 안에 판테온에서 영감을 받은 중앙의 로툰다와 양측면에 위치한 2개의 정방형의 중정을 에워싸고 있다. 여기서 이중으로 배치된 열주랑이 내부와 외부를 연결하여 독특한 조망을 제공하도록 구성된 2층의 개방공간은 근대건축에서 가장 독창적인 아이디어를 보여주는이상적인 계단실 중의 하나이다. 중앙의 로툰다의 원형 공간은 수장 예술품의 2가지 영역—고전시대의 조각과 르네상스의 회화—의 실제적인 결합을 상징하는 공간이자 쉉켈이 박물관 공간에 이상적인 형상으로 추구해 온 공간을 표상하고 있다.

도5-2a, b, c F.쉉켈, 고대 미술관, 베를린, 독일, 1823-1830

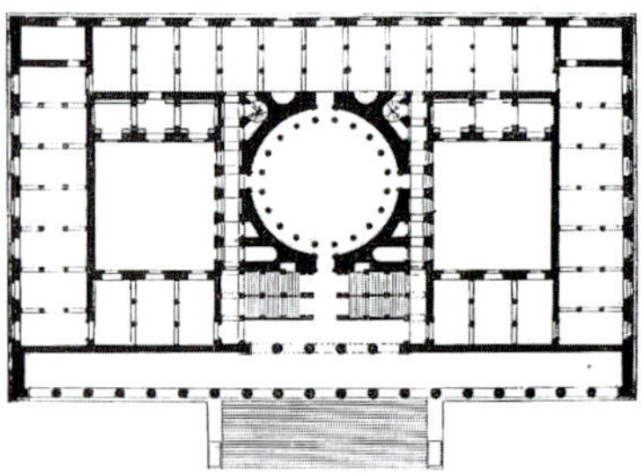

역사적인 도시공간은 3차원의 유기적인 예술작품으로 해석되어야 한다

비엔나의 건축가이며 도시계획가인 카밀로 지테(Camillo Sitte, 1843-1903)는 19세기 모더니즘 사회의 근대적 도시계획과 건축적 당면과제를 해결하기 위한 대안으로서 과거의 전통으로 회귀하여 역사적인 도시의 질서가 제공하는 원리에 주목하였다. 지테는 〈예술적 원리에 의한 도시계획, City Planning according to Artistic Principles, 1899〉 논문에서, 건축과 도시 계획이 기술적인 문제가 아닌 예술적인 틀 안에서 실행되어야 한다고 강조한다. 그는 19세기 후반 유통, 기능, 표준화, 경제성 등 기계적인 논리로 이루어진 추상적인 2차원 도시구조 시스템—격자형 그리드 모델, 방사형 모델, 삼각형 모델—과 같은 도시개발이 지닌 미학적 문제를 비판한다. 지테는 근대적 계획으로 생긴 광장에 대한 대안으로 산업사회 이전의 역사적 도시들—그리스의 아고라, 로마의 포럼, 중세의 시에나 캄포 등—의 전통적 도시 조직에서 발견되는 옥외 광장과 가로가 지닌 외부 공간의 예술적 특성에 주목하고, 보편적 원리를 도입하여야 한다고 강조하였다.(도5-3a, b, c)

지테가 역사적 도시공간을 조사하고 이로부터 도시의 미를 만드는 데 기여한 보편적인 원리를 도출한 것은 역사적 도시의 전통을 유형학적으로 현대적 관점에서 재해석한 것이다. 그는 근대적 도시계획이 간과했던 광장의 역사적 형태와 기능의 원리에 대해서 "어떤 하나의 방과 같이 광장은 그 공간을 에워싸는 공간감을 지니는 것"이 되도록 만들어야 한다고 강조하였다. 이것은 과거의 유기적인 도시의 역사적 도시공간에서 발견되는, 쉘터처럼 보호하고 에워싸는 3차원적인 공간의 활력을 지닌 훌륭한 광장들이 고립되지 않은 연속적인 건물들로 에워싸이는 감각을 제공한다는 점에 주목한 결과였다. 이 점을 그는 다음과 같이 언급한다.

> "공간 예술에 있어서 비교할 수 있는 관계성만이 중요하고 절대적인 크기는 중요하지 않은 것이다."(Camillo Sitte, 1889 / Van de Ven 1980, p.104 재인용)

따라서 지테는 광장의 중심이 기념비적인 건물로 방해를 받지 않은 시야를 확보하기 위해서는, 기념물을 광장을 에워싸는 벽체들로 연결하여 전체를 파괴하지 않고 경험할 수 있는 공간을 만들어내는 매스가 되도록 배치해야 한다고 주장한다. 이 광장의 형태는 도시조직을 형태적으로 통합하고 활발한 사회적 행위들을 수용하는 데 기여하기 때문이다. 다양한 사회적 행위를 수용하는 복합적이고 불규칙한, 회화풍의 연속적 도시경관을 만들어야 한다는 지테의 주장은, 개인의 심리적 지각경험과 미적인 차원에서 접근하는 도시이론을 제안한 것이다. 이것은 관찰자의 운동과 비평행성, 축 상태의 중단, 시각적인

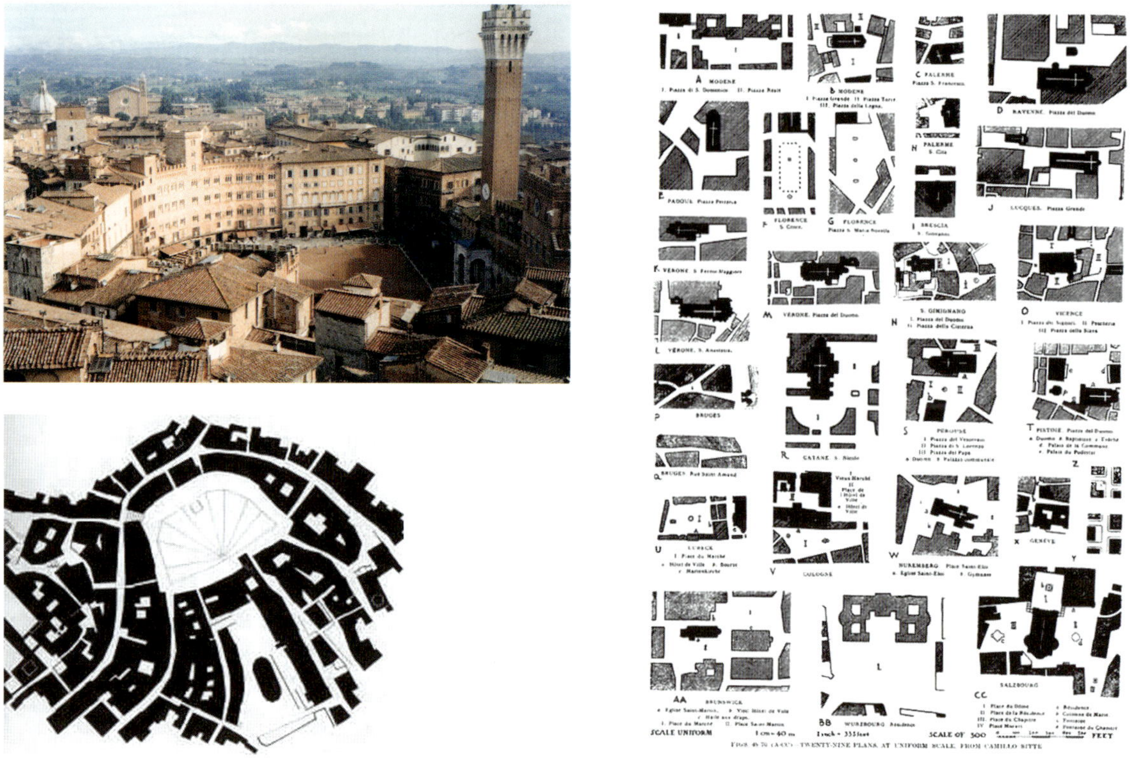

도5-3a, b, c C.지테,
(a, b) 시에나 캄포(The Compo of Siena)
(c) 역사적 도시형태분석

중첩, 척도와 비례, 높이와 폭의 관계, 도시 내부공간의 율동적인 연속에 대한 가능성 등의 효과를 중시한다. 그리고 공간의 모든 지각은 크기와 형태의 관계에 밀접하게 관련되어 있다는 점을 중시한다.

지테의 도시이론은 '도시의 공간을 유기적 전체로서, 3차원적인 예술작품으로 이해하고자 한 것' 이다. 그의 접근은 그 도시를 발생시킨 역사적 조건들을 무시한 채 지각적인 감정이입-미학(perceptual empathy-aesthetics)적 차원들의 분석에만 치중해 있어 모더니즘 시대적 상황을 반영하지 못하기 때문에 비역사적이라는 비판을 받기도 하였다.(주13) 그러나 도시의 공공 공간의 유형을 역사적 도시에서 발견하고자 한 지테의 도시 유형학적 접근방식은 역사적 전통을 재해석하는 사고의 전통을 형성하였다. 로우가 『콜라주 시티 Collage City, 1978』에서 역사적 도시 형태에서 유추한 유형과 이미지를 콜라주 기법으로 제시한 맥락주의(Contextualism), 그리고 크리에 형제, 스털링 등과 같은 현대 건축가들이 형태학적 유형학의 방법론으로 도시와 건축에 접근해 온 데서 지테의 영향을 찾아 볼 수 있다.

합리적 건축의 탐구와 전통의 수용 : 하인니히 테세노프, 쥬세페 테라니

전통이란 항상 집착하고 보유해야 할 정신적 태도이다

건축의 착상을 역사적 형태의 유형에서 출발하려는 사고의 전통은 20세기 초 모더니즘 건축의 시기에 활동한 테세노프(Heinrich Tessenow, 1876-1950), 테라니(Giuseppe Terragni, 1904-1943) 등처럼 합리주의 건축을 추구해 온 건축가들에게서 발견된다. 이들은 역사적인 전통 형태의 본질 속에 내재해 있는 영속적인 가치를 환원, 단순성, 추상화, 기억 등의 개념을 바탕으로 탐구하였다. 여기서 단순화와 환원의 궁극적인 본질로서의 유형, 즉 역사적인 전통 요소에서 추출된 자율적이고 기본적인 건축 형태의 개념은 이성적인 수단을 바탕으로 단순하고 근원적인 유형을 지향하는 형태를 탐구하는데 중요하다.

테세노프는 '전통이란 타파해야 하는 속박도, 회귀해야 하는 과거의 이상도 아니며, 항상 집착하고 보유해야 할 정신적 태도' (V. M. Lampugnani, 1985, p.138)라고 생각하였다. 그는 객관성, 혁신 등과 같이 기능적 합리주의보다는 유형과 관련된 질서, 규범, 전통 요소의 수용과 반복을 더 중시하였다. 그는 디자인이란 지속적으로 순환되는 적은 숫자의 요소를 전개하여 분배하는 것으로 인식하였다. 이러한 방식으로 건축의 고전적인 영속성을 회복시키려는 시도는 테세노프의 건축에서 많은 의미를 발현할 수 있는 침묵의 건축 언어 구성을 통해 나타난다. 그의 작품에서 침묵의 표현 방법으로 도입된 형태의 단순화 경향은 질서 있는 세계를 추구하고자 한 그의 지적 욕구를 반영한다. 그의 초기 작품에서 발견되는 '단순성' 과 그의 후기 작품에서 유형화되어 나타나는 추상적 형태 요소들은 지역적 고전주의의 흔적들을 배제하지 않고 자신의 건물을 주변 지역과의 통합을 추구하여 얻은 결과라 할 수 있다. 할레 안 데 잘레 근처에 위치한 1가구 연립주택 **노이 될라우**(Neu-Dölau, near Halle an der Saale, Germany, 1905)**(도5-4)**에서, 테세노프는 무장식의 프리즘적인 건축 형태, 평탄한 벽면, 맞배지붕, 현관문 앞의 반(半)-공적인 공간으로 상부가 덮인 보도, 상호 연결된 창문 등 반복적인 형태요소를 채용하여 전통적 형태의 아우라를 표현하고자 하였다. 헬레라우 소재 **리듬체조 훈련센터**(Jacques-Dalcroze Institute, The Training Institute for Rhythmic Gymnastics, Hellerau, Germany,

도 5-4 H. 테세노프, 노이 될라우, 할레 안 데 잘레, 독일, 1905

도 5-5a, b H.테세노프, 리듬체조 훈련 센터, 헬레라우, 독일, 1910-1913

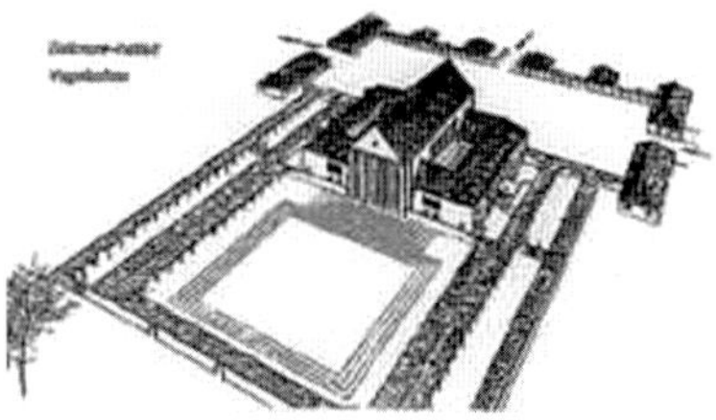

1910-1913)(도5-5a,b)는 거의 사각형에 가까운 기본 평면과 양 익부(wing) 사이에 대칭적인 축을 이루는 배치형식으로 고전적 성향의 형태 언어를 강하게 표현하고 있다.

모더니즘의 추상성과 고전적인 전통의 공존을 추구하다

고전 건축 언어의 추상화와 단순화, 그리고 환원의 과정을 통해서 얻어지는 침묵과 기억에 바탕을 둔 디자인 수법은 합리주의 건축을 표방하며 1926년에 창시된 이탈리아 '그룹 7(Gruppo 7)' (주14)을 이끌어온 테라니의 작품 세계에서 독창적인 방식으로 나타난다. 화가이자 건축가인 테라니는 모더니즘 건축을 열정적으로 신봉하였으며, 고전적 원리의 전통 안에서 합리적인 건축을 전개하여 이탈리아 모더니즘 운동에 지대한 영향을 끼쳤다. 그는 북유럽 국가의 전통을 무시한 모더니즘이 지닌 분열성의 합리주의에 비판적인 입장을 취하였다. 그 대신 테라니는 모더니즘이 고전적 세계와 갖는 관계를 바탕으로 이루어지는 합리주의를 지지하였다. 그의 작품에서 보여지는 고전주의적 성향은 비례, 형상적 모티브, 파르티-형태(parti-form), 구성상의 규칙성과 입방체의 형식, 그리고 고전적-디테일의 형태 등을 사용한 데서 잘 나타난다. 그는 고전건축의 '문화' (국가적인 가치)와 모더니즘의 '건축물' (국제주의적 가치)을 중재하기 위해서 과장된 모더니즘의 구조물을 고고학적으로 이끌어낸 기준평면 위에 설정하는 방식으로 접근하였다. 이 점에서 모더니즘과 고전적인 전통이 공존하는 그의 작품들은 기계 미학을 추구하였지만, 전통과의 단절을 주장한 미래파의 유토피아적 접근과는 그 특성을 달리한다. 또 1920-1930년대 키리코(de Chirico)의 형이상학적인 예술과 같은 추상 회화가 이탈리아에서 유포되던 시기에, 테라니는 추상(abstraction)과 구상(figuration)간의 대화, 순수형태의 면적인 조작과 오브제의 입체적인 표현과의 조율 등의 문제를 탐구하였다.(주15)

슈마허(Thomas L. Schumacher, 1991, p.54)는 테라니의 작품에서 모더니즘의 추상성과 고전적인 전통의 공존이 발견되는 것은 국제주의적인 지중해성 중심의 신화(myth of Mediterraneanism)와 중세 이탈리아 롬바르디의 숙련된 석공(master masons)의 신화(주16)라는 두 개의 중요한 문화적, 역사적인 영향과 무관하지 않다고 지적한다. 테라니는 이 점을 다음과 같이 언급한다.

> "헬레니즘화 된 어떤 건물들 중에는 명료하고 차분한, 가장 지중해적인 합리주의가 존재한다. 그리고 어떤 전형적인 북부의 건축가들 중에는 야만적이고 짜증나게 하는 합리주의가 존재한다 : 태양 아래서, 나무들 사이에서, 꽃들과 함께, 수면을 내려다보면서 삶을 위해 건설된 주택과 빌라를 만들어내는 합리주의가 존재한다 ' 그리고 (이와는 반대로) 천박함과 악몽과 같은 비인간적인 환상을 제공하는 합리주의가 존재한다."
> (Thomas L. Schumacher, 1991, p.54 재인용)

테라니가 전통과 현대라는 다양한 원천에서 이끌어낸 건축적 테마를 프로젝트마다 다양한 방식으로 적용하기 위해 채용한 수법은 '변형(variation, transformation)' 이라는 복잡한 프로세스이다. 이 프로세스는 형태적 발전과 관련된 것으로, 그가 파르티 형태와 평면 패턴(유형)을 각색하거나, 오브제를 스케일이나 프로그램적인 기능과 무관하게 사용하는 방식으로 나타난다. 또 이 변형의 수법은 "역사적 선례가 지닌 기하학적 질서 체계를 인간의 행위나 정역학적 구조 체계와는 무관한 방식으로 사용" (Thomas L. Schumacher, 1991, p.59)하는 데서 발견된다. 테라니의 건축 구성을 심층 분석한 아이젠만(Peter Eisenman)은 그의 디자인 방법을 "오브제에서 관계(from object to relationship)" 로 진행해 나가는 것으로 해석한다.(주17) 아이젠만에 따르면, 테라니의 건축적 요소들–벽, 창, 문 등–은 전체의 구성 안으로 흡수되어져서 이것들은 그 기원 본래의 정체성(identity)을 상당히 상실하게 된다는 것이다. 이것은 테라니가 변형의 프로세스를 "구체적인 것에서 추상적인 것으로, 분절된 것에서 통합된 것으로, 물질적인 것에서 개념적인 것" (Thomas L. Schumacher, 1991, p.164)으로 진행해 나간다는 것을 의미한다. 여기서 프로세스는 결과만큼이나 중요한 것으로 간주된다.

슈마허가 지적한 것처럼, 이러한 접근 방법은 되스버그, 리트벨트 등 네덜란드의 데 스틸 운동의 수법, 즉 "추상에서 구체적인 것으로, 통합에서 해체로, 개념에서 물질적인 것으로 진행해 나간 것을 역전시킨 것" (Thomas L. Schumacher, 1991, p.165)이다. 왜냐하면, 테라니는 물질성에서 시작하여 추상성을 강화하는 방향으로 진행하기 때문이다. 그러나 구체적이고 구성적인 것에서 순수형태의 추상 언어로 전개해 나가는 이러한 수법은 구축의 물질성을 덜 중시하고, 솔리드한 볼륨보다는 스크린과 같이 보여지는 면의 분절을 중시한다는 점에서 데 스틸 건축과도 어느 정도 밀접한 관계를 갖는다. 테라니의 건축이 구성주의적이고 역사적인 기원을 갖는 축어성(逐語性 literality)과 물질성(materiality)을 지니고 있지만, 한편으로 플라톤적인 이상에 도달하는 특성도 지닌 것은 이러한 이유에서이다. 그의 작품(특히 파시스트의 집, 1932-1936)에서 발견되는 투명성의 개념은 꼬르뷔지에의 방식(골조가 건물의 피막내부에 있는 초기의 작품)이나 미스의 후기 방식(피막과 뼈대구조가 다소간 동일한 면을 점하는 것)과는 그 특성을 달리한다. 테라니의 투명성은 창문이나 개구부와 같은 실제적인 차원들을 통해서, 또는 건물의 몸체로부터 골조를 격리시키는 방식(마치 골조가 주요한 면들을 점유하고 있는 갑각류의 그것과 흡사한 방식)으로 표현되기 때문이다.

테라니는 북부 유럽의 새로운 건축인 모더니즘 건축을 모방하는 데서 그치지 않고 전통적인 형태언어로 근대적 재료와 구축법이라는 건축적인 메타포를 창조하는 방식으로 '상징성' 이라는 주제를 중요하게 다루었다. 이 점에서 치우치(Giorgio Ciucci)는, 테라니의 작품이 '진정한 고전주의' 적인 특성을 지닌다고 지적한다. 람뿌냐니도 '테라니의 작품에서 보여지는 순수한 결정체적인 건축 언어는 아카데믹한 신고전주의와 정통적인 합리주의의 영역 안에서 새로운 방식으로 재해석하여 창조한 고뇌의 산물' (V. M. Lampugnani, 1983, p.341)이라고 언급한다. 여기에는 형태로서의 형태와 형태의 기하학적 정통성에 대한 절대적인 신념, 그리고 건축의 역사적 전통에 대한 그의 존경심이 의미론적으로 가득 채워져 나타나기 때문이다. 테라니에게서 발견되는 합리주의적 사고의 접근은 1960년대에 이탈리아 텐덴자(Tendenza) 운동을 전개하여 건축의 자율성과 도시의 건축 담론을 주장한 로시(Aldo Rossi), 그라시(Giorgio Grassi), 퓨리니(Franco Purini) 등 신-합리주의 건축으로 이어지고 있다.

도시의 역사적 중심지 코모 성당(Como Cathedral)의 배후에 위치한 **파시스트의 집**(Casa del Fascio, Como, Italy, 1932-1936)(**도5-6a, b, c, d,**

도5-6a, b, c, d, e G.테라니, 파시스트의 집, 코모, 이탈리아, 1932-1936

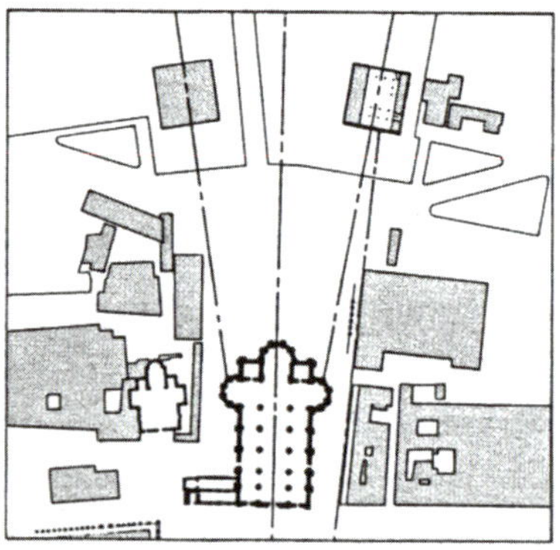

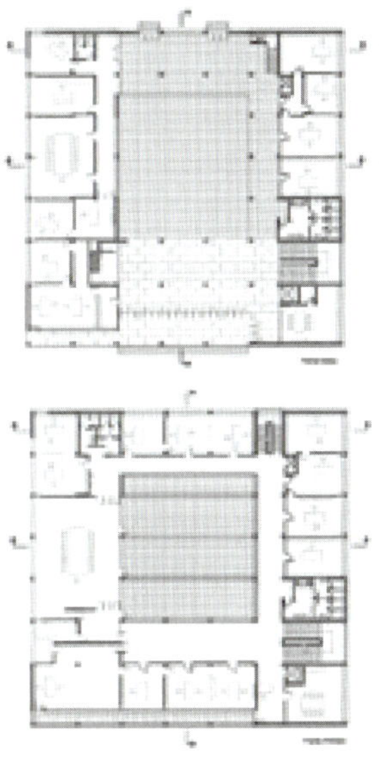

e)은 비례, 매스의 처리, 기준층의 규칙성, 입방체의 볼륨 구성 등 고전주의적 개념과 추상적 형태의 유형을 도입하고, 가로를 건물 안으로 투영시켜 내·외부 사이에 관계의 복합성으로 '투명한 건축(lucid architecture)' 에 대한 테라니의 사고를 보여주는 작품이다. 무장식의 순수 입방체(한변 길이 33m×높이 16.5m)의 형태는 집회장으로 이용되는 중정이나 로지아(loggia)를 중심으로 주변에 실을 배치하는 전통적인 궁전 유

도5-7a, b, c G.테라니, 아실로 안토니오 산델리아 유치원, 코모, 이탈리아, 1936-1937

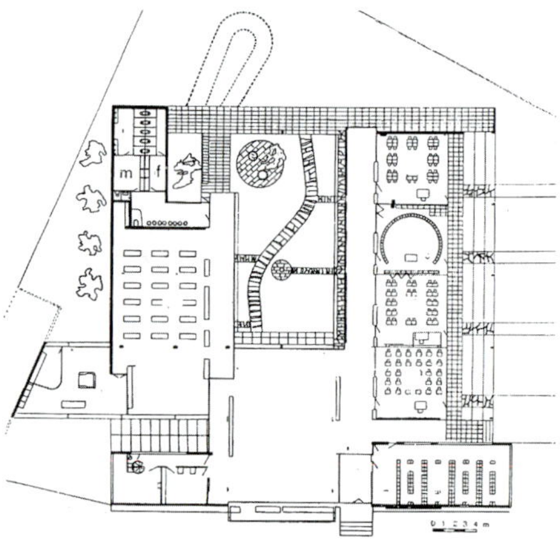

형에서 유추한 것이다. 특히 이 건물에서 '형이상학적 공간효과는 상하, 좌우 등 특정의 위치 관계에 구속되지 않도록 미묘하게 설정된 연속적인 공간의 매트릭스' (K. Frampton, 1980, p.205)를 통해 만들어지고 있다. 현관 천정면의 패널 벽에 사용된 유리의 거울효과로 인해 실제 입방체의 상태와는 다른 기둥-보의 골조 구조가 무한하게 존재하는 가상적인 켜들을 생성한다. 그 결과, 이 건물은 솔리드하면서도 동시에 투명한 속성을 갖는 모호성을 띤다. 장식을 전혀 찾아 볼 수 없는 입방체는 테라니가 '들어 올려진 면(piano rialzato)' 이라고 부른 조적조 기단 위에 놓여 있으며, 내부가 외부의 파사드에 투사되어 "파시즘 유리의 집" (a glass house of Facism)이라는 기념비적인 성격을 만들어내고 있다. 여기서 파사드는 유리와 벽돌로 피복된 2층 높이의 내부 아트리움의 존재를 표현하는 듯이 조작되어 있다. **안토니오 산텔리아 유치원**(Asilo Infantile Antonio Sant' Elia, Como, Italy, 1936-1937)**(도5-7a, b, c)**에서도 파시스트의 집에 도입한 동일한 주제와 파르티가 적용되었다. 중정을 3면으로 에워싸고 후면이 조그만 정원에 개방된 형태로 비어진 중심공간을 통해 건물을 관통시켜 전, 후면이 연속된 내부-외부의 관계를 만들었다.(주18) 이 건물에서도 '학습의 유리 집(a glass house of learning)' 이라는 개념은 중첩되는 시각적, 공간적 연속성뿐 아니라 건축적 산책로로 유도하는 투명성의 유리벽들로 구성되어 나타난다.

테라니가 링게리(Lingeri)와 공동작업한 **단테움 계획안**(Danteum, Rome, Italy, 1938)**(도5-8a, b, c, d, e)**은 실현되지 않았지만 그가 탐구해 온 투명성(lucidity)의 건축 개념을 가장 형이상학적으로 보여주는

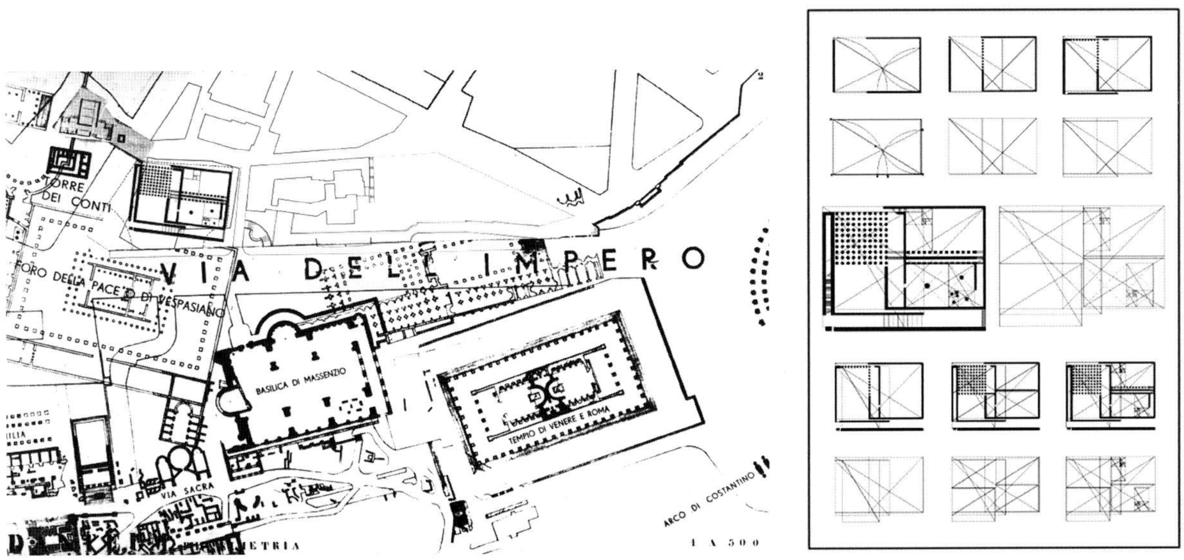

도5-8a, b, c, d, e G.테라니, 단테움 계획안, 로마, 이탈리아, 1938

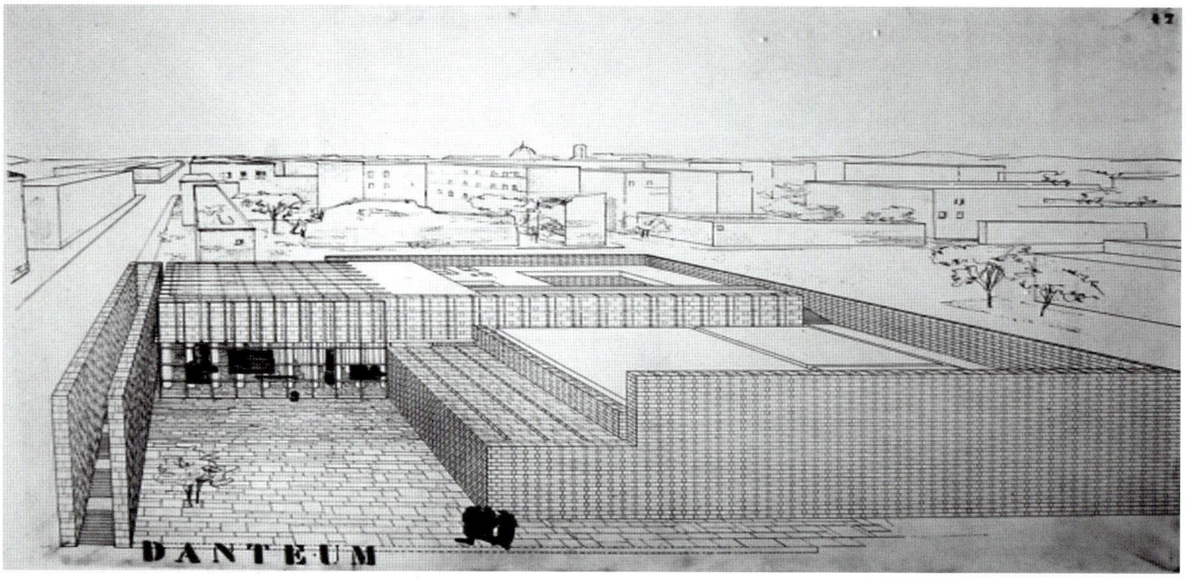
DANTEUM

DANTEUM
PURGATORIO

작품이다. 이 계획안에서 그는 무솔리니가 고대 로마도시를 관통하여 만든 Via dell' Impero(제국을 위한 길) 상에 면한 기념물을 추상화시킨 요소들로 미화하고자 하였다. 기하학적 질서 속에서 33개의 유리 기둥과 유리 천정으로 구성된 이 건물은 두 개의 평행한 장방형 매스 사이에 빈공간(void)을 두어 구성한 이중성, 실재하는 입체와 실재하지 않는 입체가 교대로 평행하게 반복되어 정면성을 지니는 형식을 보여준다. 특히 여기서 미로처럼 배치된 장방형 공간은 점차 밀도가 낮게 구획되어 있으며 지옥, 연옥, 천국의 각 단계를 상징한다. 또 "Commedia(꼬메디아)" 안에서 각 단원(장)을 위한 방들은 단테의 『신곡』 텍스트가 만들어낸 것과 유사한 감정을 유발하도록 디자인 되었다. 여기서 테라니는 파시스트의 집에서처럼 천국의 내부공간에서 이루어질 투명성의 실체처럼 "개념적인 투명성의 감각" (K. Frampton, 1980, p.208)을 독창적인 방식으로 구현하였다.

052 유형의 해석 관점 : 구조 언어학과 구조 인류학

이미지, 재현, 형태구조는 유형 해석의 기반을 제공한다

1960년대 이후, 모더니즘의 헤게모니를 거부하기 시작한 현대 건축가들은 건축 이외의 새로운 문화와 언어 현상을 규명한 여러 이론들을 차용하여 접근하였다. 고전적-인본주의적인 패러다임을 따라 전통과 역사적 형태의 중요성과 가치를 인식한 건축가들에게, 언어학자 소쉬르(Ferdinando de Saassure)의 구조주의 이론은 유형(학)을 해석하는 데 중요한 기반을 제공하였다. 언어 구조의 체계로서 문화를 연구한 구조주의 이론은 인류학자 레비-스트로스(Claude Levi-Strauss)에 의한 구조주의 인류학 연구, 문학 연구가 야콥슨(Roman Jacobson)에 의한 구조주의 관점에서의 문학 연구 등과 같이 새로운 지평을 여는 데 기여하였다. 이러한 연구들은 언어의 문법 체계처럼 종교, 사회, 문학 등 다양한 문화의 구성요소들에서 체계가 어떻게 작용하며 또 그것을 사용한 사람들에게 어떻게 의미를 발생시키는지 주목한다.

언어를 일정한 규칙이 지배하는 문화행위의 구조를 이해하는 이상적 모델로 인식한 소쉬르는, 문화적 상황을 이해하려면 언어 구조의 통시적인 발달보다 그 공시적인 구조를 파악하는 것이 필요하다고 생각하였다. 따라서 그는 언어에 내포되어 있는 속성을 통시적인 관점이 아니라 공시적 관점에서 언어 요소들과 구조적 관계로 파악하였다. 구조 언어학의 관점에서 의미는 이미 존재하는 문화적 맥락 안에서만 존재하는 것으로 간주된다. 공시적 구조의 흔적들은 단순히 퇴화된 잔존물이 아니라 "문화적 상황에 의미의 가능성을 제공하는 구성적 요소들"(Alan Colquhoun, 1981, p.14)이기 때문이다. 소쉬르가 구조 언어학적 관점에서 제기한 랑그(langue)의 구속력과 파롤(parole)의 변화가능성, 시니피앙(sinifian: 能記, signifier)과 시니피에(sinifie: 所記, signified)의 임의성 개념들은(주1) 현대 건축가들이 건축을 언어 기호라는 관점으로 해석하는 데 유용한 틀을 제공하였다. 이러한 해석은 건축 유형의 해석과 그 문화적 의미를 해석하는 방법에 있어서 중요한 틀을 제공한다. 콜훈은, 랑그와 파롤의 개념이 "사회적 맥락 속에서 예술적 의미를 전달하는 유형학적으로 고정화된 실체를 구성한다"(A. Colquhoun, 1981, p.15)고 지적한다. 건축가 로시는 『도시의 건축 L' archittectura della Cittá 1966, 1982』에서, 소쉬르의 공시적 언어 구조의 개념과 레비-스트로스가 언급한 이미지와 재현의 개념에 근거하여 유형을 불변적인 형태의 속성으로 파악한다. 그는 역사적 도시 속에서 불변적 속성으로 존재해 온 도시 조직과 유형을 랑그로, 그 체계 안에서 개개 건물의 재해석과 변용 작업을 파롤로 해석하여 자신의 건축담론을 제시한다.

기호학의 관점에서 언어의 구성요소는 시니피앙과 시니피에의 통합으로서의 기호(記號, sign)체계로 구성된다. 기호학자들은 언어의 1차 기능인 외면 형식의 시니피앙과 2차 기능인 내용의 시니피에 상호간에는 '임의적 연계성' 만이 존재한다고 보았다. 이러한 임의적 연계성은 의사소통을 가능케 하는 기호들 상호간에 체계적인 관계(기호와 지시대상물간의 관계가 아니라)를 바탕으로 형성된 것이다. 따라서 이것은 관습적 규약에 의해서 내용과는 별개로 형태에 의미가 부여되는 '임의성' 을 용인한다.(도5-9) 기호체계에서 발생하는 이러한 임의성은 건축의 의사소통을 수신자와 발신자의 기호 체계로 해석하여 건축형태가 생성하는 의미의 적절성 개념을 탐구하는 데 기여해 왔다. 기호학적 해석으로 볼 때, 건축형태는 관습화 된 의미로서의 사회 기호화 작용을 지닌 언어 기호 체계로 인식되기 때문이다. 따라서 특정한 유형의 외연적 의미는 그 내용의 변화와는 무관하게 사회적 관례에 의해서 임의적으로 채용될 가능성이 존재한다.

본타(Bonta, 1979, pp.26-31)는, 기호학적으로 모더니즘 건축이 사회적 의미를 갖는 시그널(signals)의 사용을 거부하고, 만인에게 공통적으로 인식되는 형태로서의 인덱스(index)에 근거한 형태 표현을 추구하였다고 지적한다. 이는 그로피우스, 미스, 꼬르뷔지에 등과 같은 건축가들이 추구한 '대상의 성질에서 나오는 형태' 는 사회적 관례의 용인 없이도 대상이 무엇인지를 그 스스로 나타내는 '인덱스' 가 되기 때문이다. 따라서 본타는 근대 건축의 거장들이 범한 오류는 형태란 그것이 지닌 의미와 함께 지각되며, 이 의미는 사회, 문화적인 관례 속에서 형성된다는 사실을 간과한 데 있다고 비판한다. 기호학적 관점에서 본타가 구분한 시그널과 인덱스는 콜훈이 '형상(figure)' —문화로부터 그 의미가 파생되는—과 '형태(form)' —대상 그 자체의 자연적 의미의 속성을 내포한—의 개념으로 구분한 것에 상응한다. 콜훈은 "형상의 개념은 건축이 그 역사적 특수성 안에서 이미 존재하는 일련의 제한된 요소들을 지닌 언어라고 간주한 반면, 형태의 개념은 건축형태가 비-역사적인 '영점' (a-historical degree-zero)으로 환원될 수 있다" (Alan Colquhoun, 1981, p.6)고 지적한다. 모더니즘 시기에는 '형상' 보다 '형태' 의 개념이 지배적인 형태 언어였다.

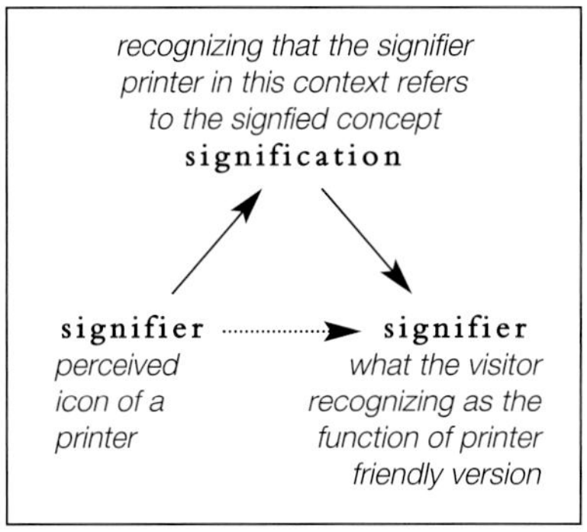

도5-9 기호 삼각형

본타(J. P. Bonta, 1979, pp.124-128)에 따르면, 건축형태는 부분과 전체의 상관관계라는 '형태 구조' 의 관점에서 파악되며 '역사와의 연계성' 과 '형태의 자율적 측면' 에서 해석이 가능하다. 건축형태의 측면에서 역사와의 연계성 개념은 창조된 건축 작품에 고대의 공인된 모델이 지닌 가치를 공유하는 기반을 제공하기 때문에 훌륭한 작품으로 평가될 수 있는 가능성을 제공한다. 역사적 형태에 내포되어 있는 의미를 해독하여 창조적으로 재구성 하는 작업과 이를 위한 "모방(mimesis)의 개념" (D. Porphyrios, 1982, p.120)은 유형(학)을 중시하는 건축가들에게 착상을 위한 사고의 중요한 기반이 되어왔다. 단순한 모방과 재생으로서의 역사적 정확성 보다는 형태와 연관된 이미지, 기억작용이 사회적 관례와 역사, 전통 안에서 대상에 부가하여 생성한 형태의 의미를 환기시키는 데 중요한 역할을 수행하기 때문이다. 이러한 이유로 건축가들은 과거의 기념비적 건축물에서 역사의 교훈을 추출하고 여러 원리들로 유형화 하는 작업을 필수불가결하게 수행하게 된다.

유형의 탐구와 유추의 건축을 추구하는 건축가들은 역사적 맥락 속에서 전승되어 온 문법으로 건축 언어를 해석하여 재구성하려고 시도하고, 또 전통 표현의 주제를 사회 및 문화적 맥락에서 형성된 대상에 부가된 아우라를 통해서 재현시키는 작업의 일환으로 유형(학)을 탐구하였다. 공시적 구조의 개념을 도입하여 모든 문화의 발전과정에 내재하는 초-역사적인 기본 구조와 그 상관관계를 탐구한 레비-스트로스는, 이미지와 재현의 개념들은 본질상 사회 속에서 발달되어온 것으로 해석하였다. 이 개념들은 건축가들에게 역사 속에서 존속해 온 유형을 해석하는 유용한 기반을 제공하였다. 따라서 건축은 기능과 실용성의 결과가 아니라 재현적 형태 구조가 사회적 관례 속에서 유형학적으로 규약화되어 형성되는 것이다. 건축을 문화적, 역사적인 맥락과 그 안에서 생성된 불변적인 형태의 개념으로 해석하는 경우, 유형은 이미지와 재현 구조의 관계 속에서 전개되는 하나의 형태 개념이기 때문이다.

기억의 도구로서 전통 언어의 내재적 논리성을 탐구하다

그러므로 건축의 의미를 유형(학)에 근거하여 탐구하는 건축가들은 문화적 일관성, 동질성, 역사적 연속성이라는 개념에서 출발한다. 이들에게 유형(학)은 고전 건축의 원리와 문화적 연속성을 재현하는 해석 도구이다. 현대건축의 담론에서 건축의 자율적 속성과 공공성의 문제를 전통적 도시와의 관계에서 해석하는 작업은, 역사와 형태의 연속성을 건축 그 자체의 내재적 논리에서 이끌어내려는 시도라 할 수 있다. 이를 위해서 건축가들은 도시의 과거 역사에서 선택한 원형적 형태들이 내포하고 있는 의미들을 새롭게 창조하기 위해 '장소로서의 도시' 의 개념을 도입한다. 로시, 그라시 등과 같은 신-합리주의(Neo-Rationalism)(주2) 성향의 건축가들이 탐구한 유형학적 형태를 '제3의 유형학(The Third Typology)' (주3)이라고 명명한 비들러는(Anthony Vidler, 1977) 이에 대해 다음과 같이 언급한다.

> "..... 새로운 유형학의 입지로서 도시에 대한 이와 같은 개념은 분명히 과거의 요소적, 제도적, 기계적인 유형학들에 의해 생산된 단편들에 대항하는 역사와 형태의 연속성을 강조하기 위한 열망으로부터 태동한 것이다..... 그것은 완전한 형태로 정립되어 있으며 단편들로 분해되기를 기다리고 있는 유형학이다. 그 단편들은 제도적인 유형-형태들을 재창조하거나 과거의 유형학적인 형태들을 반복하지 않는다. 그것은 의미의 세 가지 층위로부터 도출된 기준들에 의해 선택되고 재조합되는 것이다. 그 첫 번째는 형태들의 과거 존재에 기인하는 방법들로부터 전해진 것이고, 두 번째는 특정한 단편들과 그 경계들로부터 도출되고 종종 그 이전의 유형들과도 교환이 일어나는 것이며, 세 번째는 이 단편들을 새로운 맥락에서 재구성하는 방법에 의해 제시되는 것이다."(Anthony Vidler, 1977, (ed.)K. Michael Hays, 1995, p.291)

여기서 비들러는 산업화 이전 전통 도시의 형태를 모델로 삼는 제3의 유형학을 모더니즘의 접근에 대한 비판적 대안으로 제시한다. 그는 전통적 건축의 원리들이 현대 도시와 건축을 디자인 하는 데 매우 타당하다고 보았다. 비들러가 언급한 제3의 유형학은 콜훈이 유형의 개념을 '불변의 형태(invariable forms)' , 즉 유형의 생성적 측면으로 해석하고 신-합리주의 건축가들의 담론과 작품을 분석하는 준거 틀로 적용한 것과 많은 점에서 유사하다. 콜훈은 '불변의 형태로서의 유형의 개념은 실질적인 개별적 건물들의 무한하게 변형된 형태의 근저에 놓여 있는 것으로 원형, 최초의 유형의 개념과 관련된 것' 이라고 해석한다. 따라서 그는 도시에 대한 연구와 도시의 맥락으로부터 이끌어낸 건축적 유형은 "문화적 기억의 도구이며, 도시는 이러한 기억이 그 안에서 실행되는 매개체"(Alan Colquhoun, 1981, p.15)로 간주한다. 그러나 불변의 형태로서의 유형의 개념과는 달리, 콜훈은 '역사적 잔재(historical survival)' , 즉 '이미지로서의 유형' 의 개념을 도입하여 벤추리, 그레이브스 등 미국 포스트-모던 건축가들의 이론과 작품을 비평하는 준거 틀로 적용한다. 역사적 잔재로서의 유형의 개념은 파편화된 형태로 전해졌지만 그 의미가 특정 시대에 특정한 방식으로 구성되어 왔던 것과는 무관하게 꼴라쥬화 된 것이다.

그러므로 도시와의 건축, 전통과 현대성의 통합이라는 문화적 연속성을 강조해 온 건축가들의 이론과 작품에 나타나는 유형(학) 해석의 다양성을 고찰해야 한다. 유형(학)의 탐구와 관련된 다양한 접근들은 역사 속의 도시와 건축의 불가분의 관계로부터 '유추의 도시'와 '기억의 건축'을 탐구한 건축가(로시), 역사적 도시의 형태와 유형의 형태학적인 접근을 통해 도시의 공공 영역을 회복시키고 전통과 현대성의 새로운 통합을 추구한 건축가들(웅거스, 롭과 레온 크리에 형제, 스털링)의 이론과 작품들에서 발견되기 때문이다. 또 역사적 형태의 고전적 모델을 형상적으로 차용하여 문화적 상징성을 회복하고자 시도한 건축가들(존슨, 그레이브스)의 접근도 살펴봐야 한다. 그리고 도시와 건축의 역사적 기억, 자연과 정주 환경의 지역적 특성과 장소성 등을 자신의 건축 담론의 출발점으로 삼아 주목받은 건축가(보타)의 이론과 작품도 주목할 필요가 있다. 이러한 작업은 현대건축 담론에서 우리 시대의 과제를 모색하는 데 필요한 건축적 전통의 심오한 층위를 재발견하는 데 요구되는 작업이기 때문이다.

역사적 기본 형태와 장소성의 탐구 : 알도 로시

I
유형은 형태를 구성하는 논리적 원리이다

1960년대 이후, 유럽 건축계에서 신-합리주의의 기수로 주목받아 온 로시(Aldo Rossi, 1931-1997)는 유추와 기억의 건축을 위한 담론을 제시하여 지대한 영향을 끼쳤다. 로시는 그의 영향력 있는 저서 『도시의 건축 L' archittectura della 1966, 1982』에서 소쉬르, 레비-스트로스 등 구조주의자들의 개념을 차용해 건축의 자율성을 보장하는 내적 법칙으로 역사적 도시 속에서 형성되어 온 불변적인 속성의 유형과 유형학을 탐구하였다. 로시는 건축 자체의 비판적 작업의 일환으로 도시 속의 형태와 맥락에서 유추해낸 유형화 된 형태를 강조한다. "기능주의의 논리로 인해 오랫동안 잊혀진 의미는 도시의 모든 특징을 구성하는 형태에서 나온다"(A. Rossi, 1966, p.104)고 주장한다. 따라서 기능의 개념을 형태 생성의 1차적인 결정 인자로 확대 해석한 모더니즘 건축의 프로그램 중심적인 기능주의 접근태도는 건축의 창조 행위에 매우 부적절한 도구라고 비판한다. 이것은 그가 도시를 경제적 실체나 인구통계학적인 기능적 플래닝의 문제가 아니라 '집합적 정체성의 장소(the locus of collective identity)'로, 그리고 건축을 집합적인 것으로서 도시의 건축으로 해석하는 태도이다. 역사적 연속성을 지니고 있는 이탈리아의 도시를 건축의 출발점으로 인식하는 것은 "스스로 결정한 자율성을 지닌 분야로서 건축의 중요성을 인식하는 것"(A. Rossi, 1966, p.165)을 의미한다.

그러므로 로시는 '도시의 형태는 도시와 함께해 온 시간의 형태이며, 이러한 도시의 형태에는 수많은 시간이 존재한다'고 보았다. 시간과 더불어 형성된 도시는 "고고학적 유산이 누적된 궁극적 질료로서의 의미와 자율적 구조"(A. Rossi, 1966, 1982, p.4)이기 때문이다. 도시를 존재케 하는 것은 오랜 시간 변형을 통해 지속해 온 도시 구조의 형태이며, 집합적 기억을 만드는 것은 바로 도시의 구조라는 것이다. 이러한 이유로 개개 건물의 형태는 도시의 실체를 구성하는 필수적인 구성 요소이며, 시간적인 초월성, 즉 영속성을 지닌 도시의 기념물은 그 물리적인 형태를 통해 도시 속에서 지속하는 것으로 해석된다. 이러한 물리적 형태로서 기념물의 지속성과 영속성은 도시를 구성하는 기념물의 의미, 역사, 예술, 존재, 그리고 기억으로부터 생성된 결과이다. 따라서 로시는 역사 속의 도시의 건축적 기념물, 도시의 중요한 인공물들은 그 자신의 기억과 의식을 습득하는 사회적 기억의 저장고이며, 도시 발전의 최정점이라고 주장한다.

로시는 자신이 추구해 온 합리적 건축의 목표는 객관적이고 초역사적인 법칙들을 파악하고, 이것들을 상대적 자율성을 지닌 건축적 질서의 형태언어로 표현하려고 한다. 이러한 법칙들은 건물 유형, 역사적으로 불변하는 본질적 요소들, 그리고 건물의 독창적인 구성법칙의 연구를 통해서만 인식 가능하다고 그는 주장한다. 로시에게 건축이란 과거의 규범을 인식적으로 새롭게 해석하여 역사적으로 주어진 요소들과 유형학과 관련되어 있을 때만 그 존재의 정당성을 부여 받는다. 그가 건축형태 자체에 가치를 부여하고, "형태는 기능을 따른다"는 선언처럼 기능과 형태의 결정론적 관계를 거부하는 것은 이러한 이유에서이다. 오히려 그는 형태는 기능에 선행하며 그것에 독립적으로 존재한다는 점을 강조한다. 이러한 사실은 로시가 "기능과 형태 간에는 선형적으로 파악되는 인과론적 관계 이상의 복합적인 연계성이 존재한다"(A. Rossi, 1966, p.167)고 주장한 데서 드러난다. 그에게 있어서 도시의 형태가 겪어 온 기능들의 단순한 변형의 복잡성은 도시 구조의 실재적 순간으로 간주된다. 왜냐하면 기능은 구조보다 더 빠르게 변하기 때문이다. 따라서 로시는 도시의 건물들의 기능적이고 상징적인 프로그램은 시간이 경과함에 따라 변하는 반면에, 건축적 유형으로서 형태는 지속하며 새로운 기능과 상징을 수용하는 것이 가능하다고 해석한다. 이러한 이유로 그는 역사적 형태로부터 추출된 유형은 기능을 조직화 하는 모델로 작용해 왔다고 지적한다.

로시는 유형과 유형학의 개념은 건축 창조를 위한 촉매제의 역할을 수행하여 왔다고 강조한다. 그는 유형의 개념은 "영속적이고 복합적인 것으로서, 형태에 선행하여 그 형태를 구성하는 논리적인 원리"(A. Rossi, 1966, p.40)라고 정의한다. 로시의 정의에 따르면, 도시의 역사적 언어로서의 유형은 (마치 언어의 랑그처럼) 항구적이고 불변적인 속성을 지닌다. 그러나 그것은 또한 (언어의 파롤처럼) 건축의 집합적인 특성과 개체적인 동인뿐만 아니라 기술, 기능, 양식과도 변증법적으로 대응하여 작용한다는 점이다. 따라서 유형은 도시를 형성시킨 이미지, 기억, 역사적 연속성을 상기시키는 재현적 구조의 형태 언어이며, '감성'과 '이성'에 호소하는 건축에 대한 탐구이다. 로시는 "유형이란 그것이 건축의 본질에 가장 근접해 있다는 점에서 바로 건축의 관념(idea) 그 자체"(A. Rossi, 1966, p.41)를 의미한다고 해석한다. 이러한 사실은 그가 "건축은 단순히 건물들이나 구조물의 집합체로서 이루어진 가시적인 도시의 풍경일 뿐만 아니라 시간의 경과 속에서 일어나는 발전, 즉 건물의 프로세스"(A. Rossi, 1966, p.12)로 설명하는 데서 잘 나타난다. 유형과 도시의 건축과의 관계를 그는 다음과 같이 언급한다.

> 나는 건축이라는 의미를 도시의 시각적 이미지와 그 도시의 여러 건축물들뿐 아니라, 시간을 통해 지속해 온 도시의 구성물로 생각한다. 시간과 함께 도시는 스스로 성장한다.' 그것은 의식과 기억을 획득한다.(A. Rossi, 1969, 1982, p.21)

로시는 유형의 개념을 집단 구성원의 집합적 기억으로서의 시간에 대한 개념과 함께 해석하였다. 그는 유형을 역사 속의 중성적 구조물이 아니라 역사의 골격 속에서 작용하여 도시의 형성물을 구성하는 요소이며, 또 지금도 사용가능한 분석적이고 실험적인 도구로 간주한다. 로시에게 유형은 하나의 프로세스이자 오브제이다. 시간의 경과 속에서 존재해 온 유형학적 요소의 변형 작업은 창조를 위한 자극제이자 디자인을 위한 새로운 프로세스를 제공해 주기 때문이다.

환원과 유추의 수법은 기억의 건축을 만든다

로시에게 유형은 역사적 도시에서 건축적 기념물이며, 사회 구성원의 집단적 기억의 저장고로 존재해 온 형태를 환원과 추상화 과정을 통해 이끌어낸 자율적인 기본형태를 의미한다. 따라서 그는 환원, 추상화라는 합리주의적 접근방식을 통해서 이미지, 기억, 역사적 연속성을 상기시켜 주는 재현적 구조의 형태 언어를 만들고자 시도해 왔다. 이것은 모더니즘 건축의 개념적, 추상적인 기하학이 아니라 이탈리아 도시의 연구라는 역사적 필터를 통해서 추상화 한 기하학적 기본형태를 바탕으로 한 것이기에 강한 문화적인 의미와 연속성을 지닌다. 로시는 모든 건축형태가 비록 유형(학)으로 환원될 수 있을지라도, 그것은 하나의 형태와 동일시 할 수 없다고 지적한다. 환원의 수법과 관련하여 유형학을 그는 다음과 같이 정의하고 있다.

> "유형학은 건축뿐만 아니라 도시의 더 이상 환원될 수 없는 요소들의 유형에 대한 연구이다."(A. Rossi, 1966, 1982, p.41)

유형학에 대한 이러한 해석 태도는 역사적인 원초적 형태들이 건축형태의 보편적 이미지 생성 요인으로 작용하고 있는 그의 작품에 잘 반영되어 있다. 여기서 환원의 과정은 역사 속에 존재해 온 형태의 본질에 접근하기 위해 요청되는 필수적인 논리적 실행이다. 로시의 작품에서 나타나는 형태의 단순성은 순수 기하학에서 나온 것이 아니라 가장 보편적인 유형 이외에 불필요한 것을 배제함으로써 얻어진 환원과 재배열의 산물이다. 그러므로 로시가 도시 속에서 원형으로 존재해 온 역사적 형태를 추출하기 위해 사용한 환원과 유추의 개념은, 과거의 원형적 형태(archetypal form)가 부여하는 질서의 감각과 이미지를 재현하는 데 기여한다. 여기서 기억은 '유형-형태(type-form)'가 지닌 발생 초기의 기능의 의미를 초월하는 의미를 부여하기 위해서 역사와 융합된다. 환원과 유추를 통해 이렇게 추출된 역사적 기본형태는 사회 구성원의 총체적 기억과 이미지에 연결되기 때문이다.

그러므로 로시에게 역사적 기본형태의 탐색은 의식, 정신적 이미지, 집합적 기억 등을 상기시켜 주는 원형에 호소함으로써만 가능하다. 그는 역사 속의 친숙한 대상들–그 형태와 위치는 이미 고정되어 있지만 그 의미는 변화될 수 있는 것으로 창고, 축사, 작업장 등–을 보편적인 정서의 호소력을 지속적으로 드러내는 원형적 오브제로서 참조하였다. 그에게 이러한 대상들은 사실의 목록과 기억 사이에 위치한다.(주4) 그는 이러한 대상들의 맥락적 의미를 인간이 그것을 만들어 사용할 당시의 용도에서뿐 아니라 현재의 관점에서도 이끌어내는 방식으로 이전 시대의 건축에 대한 기억이 새로운 건축 안에 살아남아 존속하게 되는 것으로 보았다.

그림 5-10a, b A.로시, 드로잉

> "주택을 위한 나의 계획안에서 나는 도시 건축의 긴 변천 과정을 통해 형성된, 기본적인 주거의 유형을 참조한다. 유추해서 표현하면 개개의 복도는 가로이며, 중정은 광장이며, 건물은 도시의 장소들을 재생하는 것이다."(A. Rossi, 1977, p.216)

로시는 "의미 있는 것이 되기 위해서 건축은 잊혀지거나 또는 지속적으로 기억과 뒤섞여져서 오로지 경외의 이미지를 표현되어야만 한다"(Moneo, 2004, p.126 재인용)고 강조한다. 그는 "유추의 과정을 통해 진행되는 참조의 여러 요소들은 이미 역사 속에 존재하는 것이고 형식적으로 규정되어 있지만, 그 진실한 의미는 초기에 예측될 수 없고 과정의 결과로서만 확인 가능하다"(A. Rossi, 1966, 1982, p.18)고 부연한다. 이러한 이유로 기본형태가 야기하는 침묵과 풍부한 연상은 관찰자에게 강한 표현적 특성은 물론 기념비적인 의미를 만들어낸다. 여기에는 로시가 형태의 이미지에 대한 회상의 영역을 그것을 보고 체험하는 관찰 주체의 기억과 이미지의 영역에 남겨두려는 의도가 전제되어 있다. 이것은 건축을 하나의 열려 있는 텍스트로 보는 것이며, 환원, 추상화, 유추 등의 수법을 통해서 건축 의미의 새로운 영역을 구축하려는 태도이기도 하다. 이 점에서 건축은 '유형을 통해 구축하는 것'으로 해석될 수 있다.

로시의 스케치나 작품에서 흔하게 나타나는 기둥은 원기둥에서, 창문은 정방형에서, 경사지붕은 각기둥에서, 쿠폴라는 반구형이나 피라미드 형상에서, 벽은 평행 육면체에서 그 원형을 발견할 수 있다.(도5-10a, b) 이러한 이질적인 이미지 요소들은 역사적으로 자각된 감성을 통해서 여과되고 있기에 창조적 사고를 위한 잠재적 가치를 지닌다. 로시의 스케치나 작품에서 볼 수 있는 대면, 병치, 단편화 등은 우리가 지각하는 방식을 왜곡하여 디자인을 보는 습관적인 지각에서 벗어나게 하는 역할을 하기 때문이다.(주5) 페르렌가는 이 점에서 "로시의 작품에 항상 선행하여 나타나는 이러한 이미지에는 기억과 역사의 흔적이 묻어 있다"(Alberto Ferlenga, 1994, p.13)고 지적한다. 또 이것은 건축가가 일상적이지 않은 관점으로 자신을 비판적으로 성찰하여 자신의 속성을 깨닫게 되는 데도 기여한다.

로시의 초기 작품인 **세그라테 시청사 광장과 기념비**(City Hall Square and Memorial Foundation in Segrate, Italy, 1965)(도5-11a, b)는 환원주의적인 기하학 형태를 통해 이미지와 기억을 회상시키고, 도시의 건축을 작품에서 유추의 방법으로 그려낸 유추의 도시의 개념을 잘 보여준다. 여기서 기하학적 형태의 분수대, 폭이 넓은 계단, 끝이 절단된 신비한 기둥 등은 강한 이미지와 기억의 요소로 작용하고 있다. 시청사 광장은 건축의 또 다른 단편들인 원통형 요소들로 그 경계가 한정되어 있어 건축의 일부인 구조물로 인식된다. 또 이 광장에 위치한 기념비는 계단을 감싸고 그 단부가 개방된 입방체와 삼각형 박공, 거대한 기둥으로 구성되어 있어 도시와의 유형학적 관계를 획득한다. 아이젠만은 "이 광장의 기념비는 집이자 관(棺)이며, 그 결과 사자(死者)의 상징이 된다"(P. Eisenman, 1979, p.14)고 해석하였다. 밀라노 소재의 **갈라리테세 집합주거**(Gallaratese Housing, Milan, Italy, 1969-1974)(도5-12a, b)에서, 로시는 도시 주거의 유형에 대한 탐

도5-11a, b A.로시, 시청사 광장과 기념비, 세그라테, 이탈리아, 1965

도5-12a, b A.로시, 갈라리테세 집합주거, 밀라노, 이탈리아, 1969-1974

구로부터 내부의 가로 개념과 중정의 전형을 유형학적으로 참조한 건물을 만들었다. 그는 도시의 건축이 지니고 있는 긴 여정 동안에 형성된 주거의 근원적 형태를 차용하여 "모든 복도는 가로가 되며, 중정은 광장이 되고, 건물은 도시의 한 장소로 기억" 되는 건물을 만들고자 의도하였다.(주6)

모데나에 위치한 **산 카탈도 공동묘지**(Cemetery of San Cataldo, Modena, Italy, 1971-1984)(도5-13a, b, c)는 로시가 유추적 사고를 통해 얻은 건축과 도시의 유형을 사용해 도시의 본질적인 형태를 재구성함으로써 역사적 기억과 도시의 이미지를 기념비적으로 표현한 대표 작품이다. 여기서 그는 부지 외곽부의 경계를 이루는 납골당 내부 1층에 "사자(死者)를 위한 도시(city for the dead)" 안에 존재하는 건물들을 위해 도시적인 분위기를 자아내는 열주랑을 도입하였다. 다양한 길이로 이루어진 연속적인 선형의 형태와 반복되는 아케이드로 구성된 열주랑은 도시적 분위기를 회상시키며, 사자의 영역으로 이르는 신성한 침묵의 이미지로 가득 채운다. 18세기 계몽시대의 프랑스 건축가 불레의 프로젝트를 상기시키는 기념비적인 기하학의 형태 요소들과 삼각형 형상의 납골당을 인간의 척추의 형상에서 유추한 중심축 상에 배열하여 일상의 세속적인 의식(儀式)을 경험시키고자 의도하였다. 주축 상의 정점에 있는 원추형의 탑(공동묘지)과 지붕없이 하늘에 열려있는 입방체 형상(납골당 건물)은 외부의 도시 경관과도 연관성을 지니도록 의도한 것이다.(주7)

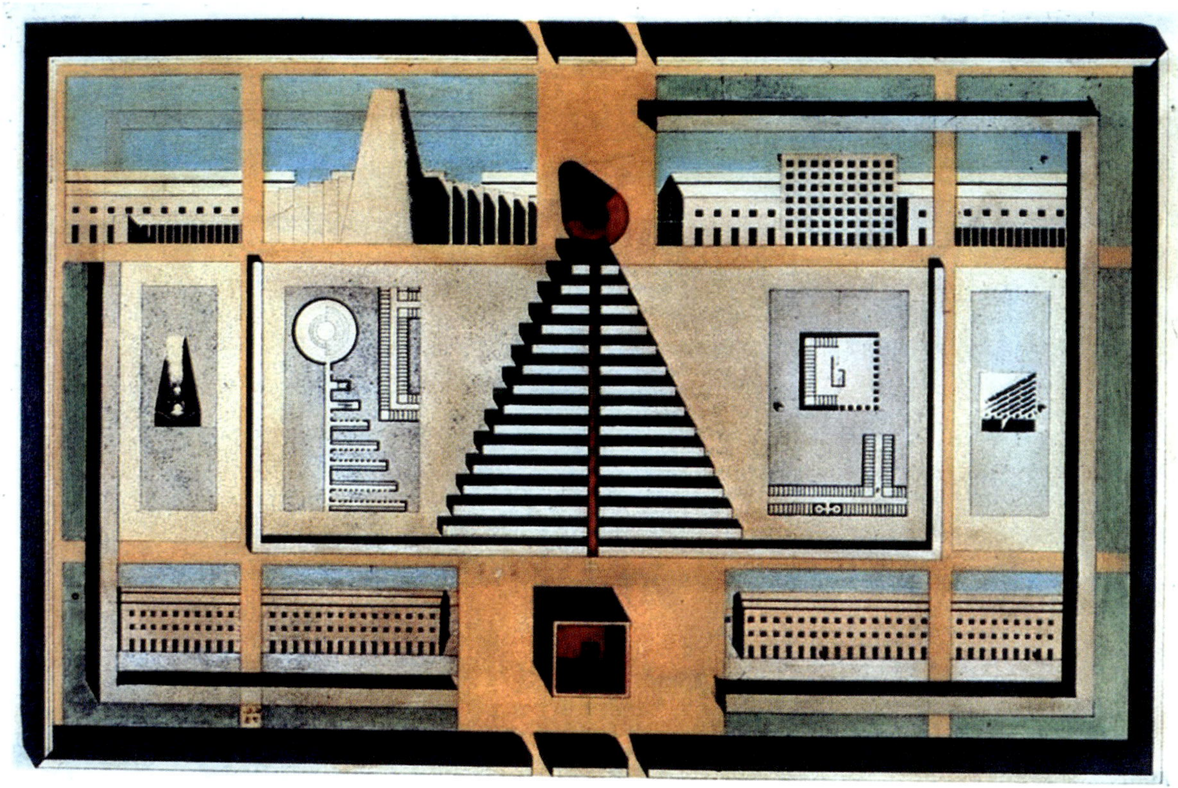

도5-13a, b, c A.로시, 산 카탈도 공동 묘지, 모데나, 이탈리아, 1971-1984

II
유추적 경험과 장소성에는 기억이 담겨 있다

로시는 장소의 유추를 통한 '기억의 예술' 을 추구하여 왔다. 그에게 유추(analogy)는 유형학과 연결되어 도시의 실체를 이해하고 재구성하는 수단이다. 따라서 그는 유추의 개념을 구체적 장소와 시간에서 격리된 기억과 역사 모두를 수용하여 참조와 무의식적인 의미를 지닌 이미지를 전하기 위한 수법으로 활용한다. 이 유추의 방법은 그가 도시 환경 속에 지역성과 역사성을 부여하기 위해 과거의 기억을 되살려내기 위한 강력한 유형학적 도구이다. 또 그것은 본래의 맥락이 만들어내는 제약에서 로시 자신을 자유롭게 해방시키는 도구이기도 하다. 로시는 『유추의 건축, An Analogical Architecture, 1976』에서 유추적 사고와 논리적 사고의 차이를 구분한다. 여기서 그는 유추를 디자인 방법으로 전환될 수 있는 '논리-형태적 실행(logical-formal operation)' 의 문제로 해석한다.

> 나는 '논리적 사고' 란 담론의 형식으로 건축 밖의 세계를 지시하는 언어로 표현된 것이라고 설명해 왔다. '유추적 사고' 는 인식되지만 비실재적(sensed yet unreal)이며, 상상되지만 침묵적인(imagined yet silent) 것이다. 그것은 담론이라기보다는 오히려 과거의 테마를 반추하는 것, 즉 내성적인 독백이다. 논리적 사고는 '언어로 생각하는 것' 이다. 유추적 사고는 원시적이고 표현되지 않으며, 특히 언어로는 표현될 수가 없다. 나는 이런 정의 속에서 단지 사실로서 인식되는 역사의 감각이 아니라 일련의 사물들–기억을 통해서 또는 디자인에 이용되는, 정서적인 오브제–로 인식되는 다양한 역사의 감각을 발견하였다고 믿는다. (A. Rossi, 1976, pp.74-76 발췌 인용)

로시는 유추적 사고를 통해서 '건축은 항상 그 근원에 대해 언급해야 한다' 고 주장한다. 그의 관점에서 보면, 건축과 도시는 모두 불연속적인 이미지들로 구성되어 있기에, 시간과 장소를 초월하여 유추가 가능하다. 따라서 역사적 도시의 특정 영역에서 추출된 유형들은 그 영역과 관련된 기억과 의미만을 지닌 채 장소에 얽매이지 않고 적용될 수 있다. 로시가 탐구한 '유추의 장소(place of analogy)' 는 실제의 도시에서 추상화 한 순수한 유형학적, 건축적인 시간-장소(time-place) 속에서만 존재하는 추상적 장소(locus)의 속성을 강하게 담고 있다. 이것은 시간과 장소의 실체적인 맥락에서 격리된, 다양한 건축 요소들이 개인적인 상상력을 바탕으로 재연상되는 과정을 통해서 경험되기 때문이다. 로시는 자신이 참조한 유형의 단편들은 문화적 연속성을 재현해 주는 것으로 보았다. 실제로 그가 참조한 전통적 형태의 유형들은 특정 맥락이나 기능의 관계 속에서 그것들이 유발하는 연상보다는 건축 자체의 자율적 전통에 속하는 원형을 암시해 주는 호소력을 지닌다.

그러므로 우리가 주목하여야 할 사실은 로시의 건축에서 공간의 처리보다는 오히려 '장

도5-14 A.로시, 유추의 도시 계획안, 1977

소성' 의 의미를 재생시키려는 의도가 강하게 나타난다는 점이다. 실제로 그는 도시의 건축은 집합적 인공물이며, 도시는 집단 구성원의 총체적 기억이 담겨 있는 '장소(locus)' 로서 인간의 이벤트(events)가 전개되는 무대로 인식하였다. 여기서 모든 새로운 이벤트는 그 안에 과거의 기억과 미래의 잠재적 기억을 포함한다. 그가 『도시의 건축, 1966, 1982』에서 서술한 '장소' 의 개념은 도시 인공물의 두드러진 원리로, 그것은 건축형태가 각인되는 장소를 의미한 것이다. 로시는, 그것은 "어떤 구체적인 장소와 그 안에 놓여지는 건물간의 관계" (A. Rossi, 1966.p.103)를 의미한다고 지적한다. 여기에는 공간, 시간, 유형학, 형태, 그리고 옛 것과 현재까지 존속해 온 부지의 특성에 의해서 결정되는 개개의 인공물의 특성이 포함되어 있다. 이러한 관점에서, 로시가 강조한 도시 속의 건축은 특정한 부지에서 발생한 이벤트의 형적(形迹)을 의미한다. 따라서 로시의 작품 세계에서 부지, 이벤트, 형적의 3중 관계는 도시 인공물의 특징을 형성한다. 로시의 건축이 '유추의 건축

(architecture of analogy)', '기억의 건축(architecture of memory)' 으로 불리는 이유가 여기에 있다.

로시가 **유추의 도시 계획안**(La Cittá Analoga, The Analogous city, 1977)**(도5-14)**에서 보여준 유추적 디자인 프로세스는 기억에 의존하는 심리학적 과정과 관계된 것이다. 여기서 유추는 개인의 기억과 집단의 기억을 중첩시킴으로써 유추적 경험과 장소성의 의미를 재생시키는 도구로 사용되었다. 유추는 비논리적, 직관적, 무의식적인 방법으로 이루어졌지만, 그것은 역사적 도시에 대한 객관적인 연구를 토대로 추출된 유형을 형상화 하는 과정을 거치면서 객관성이라는 논리적 근거를 확보한다. 역사적 도시의 특정 영역**(주8)**에서 추출된 유형은 로시 자신의 기억과 직관에 의한 것이지만, 그것은 또한 유형에 내포되어 있는 집단 구성원의 공통된 잠재의식과 기억에 근거하고 있기 때문이다. (야우스의 수용미학적 관점에 따르면, 역사적 유형을 해석하는 로시 자신 또한 역사 속에 존재하는 하나의 독자이다.) 여기서 우리는 로시가 도시의 이미지, 기억 등을 통해 얻고자 한 것은 유추적 경험과 장소성의 의미를 회상시켜주는 '유추의 건축', 즉 '기억의 건축' 이었다는 사실에 주목해야 한다.

도시의 여러 지역에서 일어나는 축제의 흐름에 맞추어 도시의 운하를 따라 이동할 수 있도록 만든 **세계의 극장**(Teatro del Mondo for the Venice Biennale, Italy, 1979-1980)**(도5-15a, b)**은 로시가 추구한 '장소의 유추' 의 개념을 독창적인 방식으로 실현한 작품이다. 그는 16세기 이래로 공적 행사와 축제를 위해 대중적으로 사용된 베네치아풍의 이동

도5-15a, b A.로시, 세계의 극장, 베니스, 이탈리아, 1979-1980

도5-16 A.로시, IBA 주택, 베를린, 독일, 1981-1988

극장인 세계의 장치(machine del mondo)나 세계의 극장(Teatro del Mondo)을 참조해 다양한 이미지의 표상이 혼합된 '기억의 기하학'으로 구성된 건축을 만들어냈다.(주9)

IBA주택(Residential House, Southern Friedrichstadt, Berlin, Germany, 1981-1988)**(도5-16)**은 로시가 주변 도시의 역사적 맥락에서 유추한 역사적인 단순한 형태, 즉 도시의 기념성, 엄격함과 장중함을 나타내는 형태요소를 도입하여 구체화한 접근방식을 보여주는 작품이다. 여기서 그는 도시의 특성을 살리는 뾰쪽한 계단 탑, 초록색의 철재, 빨간 벽돌 등 과감한 색채와 그 지역의 산업적이고 고전적인 원형이 결합된 기하학적인 형태를 사용하여 기념비적인 엄격성과 장중함을 표현하였다. **페루지아 도심 센터**(New Center for the Fontivegge Area, Perusia, Italy, 1982-1988)**(도5-17a, b, c)**의 일부로 설계된 지역 광장(Palazzo Regionale)은 역사적 형태, 건물의 유형, 그리고 근대적 기능을 통합하려는 시도를 보여주는 작품이다. 여기서 로시는 건물의 광장을 양분하는 아케이드의 갤러리아를 도입하여 배치평면상 E자형을 이루도록 하였다. 그러나 광장쪽 한 면이 개방되어 있고 커다란 중정이 있기에 공간 한정의 느낌이 뚜렷하게 인식된다. 특히 광장에서 이 건물

도5-17a, b, c A.로시, 페루지아 도심 센터, 페루지아, 이탈리아, 1982-1988

중심축의 피로티를 향해 여러 단의 계단을 오르면 방문객은 육중한 열주의 음영이 계단에 투영되어 있어 마치 신성한 광장으로 유도되는 듯한 극적인 공간의 연출을 경험하게 된다.

후쿠오카 호텔(Hotel II Palazzo, Fukuoka, Japan, 1987-1989)**(도5-18)** 에서, 로시는 대칭적인 형식의 배치와 입면을 구축하여 일본 도시의 혼돈 속 한가운데서 여행자들에게 신전의 이미지를 표상하고자 하였다. 그러나 이러한 상징성에도 불구하고 단순히 유형학적으로 적용된 이국적인 형태언어들은 일본 도시의 역사적 전통과 문맥에 이질적이라는 점에서 지나치게 표상에 집착한 아이콘적 탈맥락화 경향을 보여준다. **보네판텐 미술관**(Bonefanten Museum, Mastricht, The Netherlands, 1990-1994)**(도5-19a, b, c)**에서 로시는 도시와 건축을 이해하는 은유로서의 구축의 개념보다는 감정에 호소하는 이미지에 중점을 두고 오브제에 감정을 부여하는 방식으로 접근하였다. 쿠폴라로 덮인 박물관 카페에 부착된 쌍굴뚝같은 계단 타워에 의해 중앙부가 강조된 E자형 건물에서, 3개의 평행한 동들은 부지의 동측 면에 위치한 입구 로비에 의해 통합되었다. 이 로비는 다양한 전시실을 연결해 주는 축 상의 계단실로 연결되어 감동적인 공간적 제스처를 지닌 장소의 경험을 제공한다.

도5-18 A.로시, 후쿠오카 호텔, 후쿠오카, 일본, 1987-1989

도5-19a, b, c A.로시, 보네판텐 미술관, 마스트리히트, 네덜란드, 1990-1994

| 아이디어의 재발견과 테마로서의 건축 탐구 : 오스왈드 마티우스 웅거스

건축은 발명하는 것이 아니라 재발견하는 것이다

유형에 대한 형태학적 접근방법을 통해서 전통적 도시환경에 부합되는 '회상과 기억의 건축' 을 만들고자 시도한 건축가들 중에서 현대건축 담론에 지대한 영향을 끼친 사람은 웅거스(Oswald Mathias Ungers, 1926-2007)이다. 그는 건축 역사를 건축이 시작된 이래 똑같은 테마(theme)를 끊임없이 새로운 방식으로 표현하려고 노력한 일련의 건축적 변환의 과정으로 파악한다. 따라서 건축가의 임무란 본질상 새로운 시스템을 발명하거나 새로운 질서를 발견하는 것이 아니라, 이미 존재하는 것을 형태학적 변형을 통해 새롭게 개선하고 재구성하는 건축적 변형과정이라고 주장한다. 그에게 유형의 형태학적 탐구는 동일한 테마를 새로운 관점으로 해석하여 표현하는 것을 의미한다. 이것은 유형학적 형태들의 변형(주10)과 이들 상호간의 대립 관계 속에서 통일성을 얻기 위해 건축형태를 변증법적인 원칙으로부터 이끌어내는 것이다. 웅거스는 다양성을 표현하기 위해서 아이디어와 기본형태, 그리고 기본 개념의 형태학적 변형이 가능한 다양성을 자신의 작품에 표현하고자 시도하였다.

웅거스는 건축에는 그 자체로 그 속에 고유한 원리가 존재한다고 생각하였다. 따라서 건축가는 '자율적인 언어에 대한 건축의 권리' 를 바탕으로 예술로서의 건축의 미학적 자율성을 의도적으로 디자인에 반영하여야 한다는 것이다. 이러한 태도는 기능, 기술적인 외적 조건이나 이데올로기의 구속에서 벗어나 건축가의 정신적 의지의 산물로 나타나는 건축의 예술성과 창조성을 강조한 것이다. 웅거스가 건축 그 자체와 역사로부터 본질을 이끌어낸 작업은 건축형태 생성의 역사성을 유형의 본질에서 찾고자 한 것이다. 웅거스에게는 건물을 규정짓는 것이 건축학적 원형이다. 따라서 그는 건물의 유형을 기능보다 우위에 존재하는 것으로 간주하여 목적 위주의 기술적, 기능적 건물을 만드는 기능주의적 합리주의에 반대한다. 그는 모더니즘 건축은 기능과 목적, 기술에만 집착함으로써 건축을 응용예술로만 해석한 결과 건축 예술의 순수한 자율적 측면을 상실하게 되었다고 비판하였다. 로시가 환원과 유추에 의한 역사적 기본형태로서 원형의 탐구와 그 추상적 표현의 침묵적 의미를 강조한 반면, 웅거스는 유형의 형태학적 변형을 통해 아이디어(idea)

의 체계화에 중점을 둔 형태에서 형태로의 변형 과정을 강조한다.

> "건축이란 무엇을 발명하는 것이 아니라 발견하는 것으로서, 이미 오래 전부터 알려진 아이디어를 끊임없이 새롭게 해석하여 세상을 다른 눈으로 보고, 새롭게 경험하고, 재발견하여 새로운 내용으로 채우는 것을 의미한다. 또 하나의 건축을 창조한다는 것은 현실에 하나의 아이디어, 하나의 변화된 상이한 관점으로 채우는 것이기도 하다. 때때로 문화적 영역에서는 전통적인 것이 변화를 겪고 다른 형태로 계속 발전할 때만 새로운 것이 나타날 수 있다. 이와 같은 견해는 유형학적 의존성과 연관성 안에서 사고하는 것을 전제로 한다."(O. M. Ungers, 1985, p.35)

웅거스는 건축이 그 자체로부터 건축의 테마를 이끌어내지 않았다면, 그것은 단지 사진으로 재생시키려는 회화와 유사하다고 경고한다. 따라서 그는 무엇보다도 유형의 형태학적 변용과 관련하여 형태학적 사고(morphological thinking)의 중요성을 강조한다. 이 형태학적 사고는 '원형을 인식하고 발견하는 것' 과 '상보적 관점에서 사물들을 지각하는 것' 두 가지를 전제로 한다. 건축에는 시간이나 지역, 문화 등에 관계없이 항상 나타나는 원형으로 인식되는 기본형들이 존재하므로 웅거스는 아이디어의 해석에 초점을 두고 주위 환경에 대해 어떤 형태를 변형하는 것이 필수적이라고 생각한다. 그는 전형적인 이미지로 집단 무의식의 개념을 분석한 심리학자 융(Carl G. Jung, 1875-1961)의 이론에 근거하여 건축의 원형적인 형태는 기억을 불러일으키며 상상력을 자극하는 데 필수적이라고 보았다.(주11) 웅거스의 관점에서 보면, 건축은 기능이라는 프로그램에 의해서 결정되는 것이라기 보다는 건축가의 창조적 상상력을 바탕으로 사물과 상황들을 형태론적 변화 속에서 파악하여 논리적으로 전개하는 형태론적 구성으로부터 생성되기 때문이다. 따라서 그는 "기능을 개념적으로 변형시키고 테마적인 관점에서 포착함으로써, 단순히 기능만을 만족시키는 것을 초월할 필요가 있다"(O. M. Ungers, 1982, p.10)고 강조한다.

웅거스는 진실된 창조적 과정은 현실이 감각적 지각과 상상을 통하여 포착하는 의식을 통해 이루어진다고 보았다. 따라서 건축을 유형과 구조의 측면에서 사고하는 것은 유추, 이미지, 은유(metaphor)(주12)를 바탕으로 사고하는 것과 상통하기에, 이것들은 사고와 예술적 창조 행위를 위한 절대적 필수조건이다. 그는 이러한 과정을 통해서 건축은 하나의 방법, 원칙, 즉 리글(Alois Riegel, 1858-1905)이 표현한 바처럼 '예술 의지(Kunstwollen)'를 갖게 된다고 보았다. 마찬가지로 상상에 의한 현상의 시각적 재현은 현상을 형이상학적인 것으로 개념화 하는 데 매우 중요하다. 상상력의 사고 과정은 상상, 공상, 은유, 유추, 모형, 기호, 상징, 알레고리, 그리고 비유의 사용을 통해서 다양한 현실을 하나의 연관성을 지닌 이미지 체계로 구상하는 데 기여할 수 있는 근본적 과정이기 때문이다.

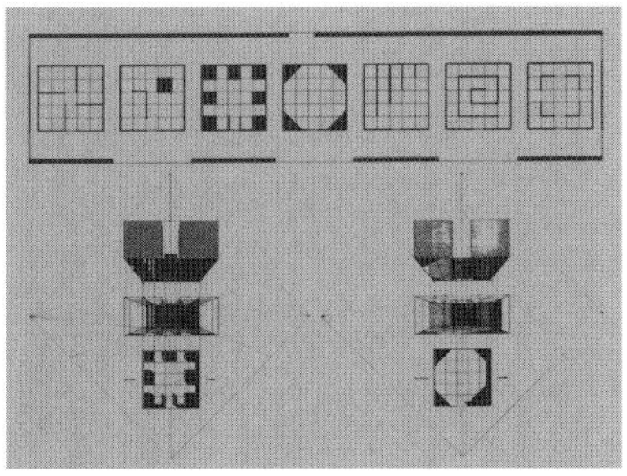

도 5-20 O. M. 웅거스, 공간의 7가지 변형, 전시작품, 1985

웅거스는 논리적인 사고 체계로 결속되어 있는 인간의 정신은 모든 형상의 배치, 비례 등을 기하학적 원칙으로 질서를 부여하려는 성향이 있다고 지적한다. 그는 건축 구성은 기하학을 근거로 하는 기본 질서의 원칙에 의존해야 한다고 강조한다. 이것은 그가 건축 아이디어를 구체화하는 작업과 우주적인 보편적 질서를 드러내는 작업은 추상성과 절대성을 띤 기하학적 형상을 통해서 가능하다고 보았기 때문이다. 그에게 기하학은 질서를 구현하기 위한 도구이며, 여러 가지 이질적인 요소들을 비례적으로 조화시켜 상호 연관성 있게 통합하기 위한 질서의 원칙으로 기여한다. 특히 웅거스는 정방형의 형태를 시간을 초월하여 형태의 비밀을 지니고 있는 가장 절대적이고 추상적인 형상으로 간주하였다. 정방형은 명쾌성을 지닌 건축의 원형으로, 그의 디자인 작업에서 항상 기본형태로 나타난다. 이러한 이유로 그는 정사각형의 격자를 감정이 전혀 개입되지 않은, 객관적이고 보편적인 질서를 제공해 주는 도구로 사용하였다.(도5-20) (이 점에서 웅거스의 사고는 기하학적 질서와 형상을 중시한 꼬르뷔지에와 형태학적으로 유사해 보인다. 하지만 웅거스는 이러한 기하학적 질서를 유형학으로 해석되는 기본형태와 연결시키고 있다는 점에서 꼬르뷔지에의 그것과는 특성을 달리한다.) 웅거스는 등각 투영도(isometric drawing)를 통해서 기하학 입방체의 볼륨과 공간의 결합된 효과를 설득력있게 표현하며, 가는 윤곽선으로 그려지는 드로잉의 표현기법을 디자인의 묘사를 넘어서 아이디어의 전달을 위한 예술적 매체로 사용한다.(도5-21)

도 5-21 O. M. 웅거스, 드로잉 , 장소 및 가라앉아 있는 박물관 마당(문화포럼을 위한 현상설계), 베를린, 1983

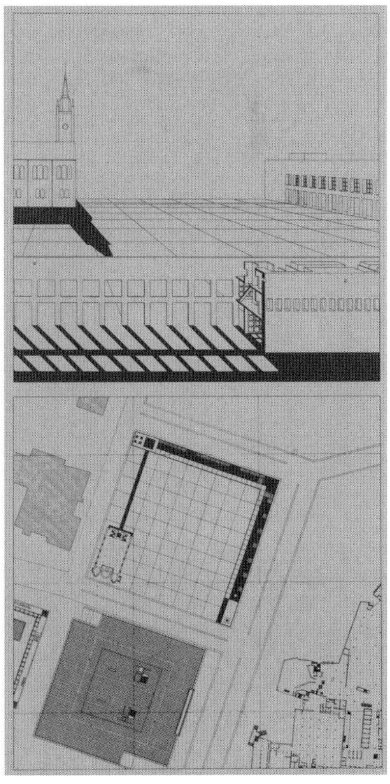

건축은 시간과 장소의 기억을 담은 소우주이다

웅거스가 자신의 건축이론의 기반으로 삼고 있는 아이디어의 형태학은 상이함의 개념을 다양성의 개념으로 치환하는 것과 관련된 것이다. 이것은 하나의 똑같은 테마를 끊임없이 새로운 방법으로 해석하여 유형학적 연관성 속에서 사고하는 것을 의미한다. 이러한 개념에 근거할 때, 하나의 건물 표현은 다양할 수 있지만 기본형태는 다양성을 위한 기본원리를 제공하는 것이 가능하다. 또 건축적 질서는 건축학적 기본유형의 변형 형태와 그것을 장소의 상황에 적응하는 과정을 통해서 만들어진다. 따라서 웅거스에게 유형의 형태학적 변용을 탐구하는 형태학적 사고는 곧 '유형학적인 사고(typological thinking)' 에서 출발하는 것을 의미한다. 유형학적 사고에 대해 그는 다음과 같이 정의하고 있다.

> "여기서 유형학적 사고란 유형, 기본형들의 전개에 만 제한되어 있는 것이 아니라 원칙적으로 전체의 관계성을 문제로 하는 사고이다. 다시 말하면 그것은 아이디어의 세계뿐만 아니라 현실의 사물에 대해서도 백과사전적인 관점에 기반을 둔 사고를 말한다. 기본적인 구조를 생각하고, 기본형을 추출하는 작업은 그대로 다윈적(진화론적) 의미에서의 유형화 방법으로 유용할 것이다. 이것은 외관상 무질서하게 보이는 현실을 구조화하고 여러 가지 현상들을 논리적인 관계성으로 정리하는 데 매우 유용한 실제적 도구이다. 그러나 유형학은 목적이 아니라 인식의 수단이 될 수 있다. 비록 우리가 목적 지향적인 유형학을 통해서 두드러진 유형이나 기본형을 발견해 낼 수 있다 할지라도, 우리는 유형을 주형에 집어넣는 것처럼 정형화 시켜거나 혹은 진부한 모티브나 일정한 작법으로 경직화하는 경향이 있다. 그러나 상상력 대신에 진부한 틀에 박힌 형에, 이미지보다는 고정 관념에, 개념보다는 분류화에 의해서 지배되는 실체는 발전되거나 변화되는 것이 불가능하다는 점이다.(O. M. Ungers, 1985, pp.35-36)

여기서 유형학적 사고는 유형의 기본형과 연속성이 이해되는 범주 안에서 그 변형과 수정, 다양한 조건과 의미가 창조적인 프로세스로 통합되는 것을 의미한다. 웅거스는 유형학적 사고를 하나의 전제이자 동시에 방법으로 간주한다. 그는 풍부한 상상력을 지닌 변화 과정으로의 전환을 위해서는 환경에서 일어나는 것들을 원형적인 것으로 환원하고, 이로부터 기본유형의 관찰을 통해 다양한 형태학적 변형과정에 구조를 부여할 수 있는 능력이 요구된다고 보았다. 이것은 경험주의자들처럼 현실을 있는 그대로 보지 않고, 건축을 이루는 모든 부분들을 하나의 상위개념으로 연결시키면서 전체성을 추구하는 것이다. 그러므로 웅거스는 "유형학적 사고는 전체와 관계를 맺으며, 사물들 사이의 다양한 관계, 극단적인 것 그리고 균형적인 것과 동시에 관계를 맺는다"(O. M. Ungers, 1985, p.38)는 점을 강조한다. 그에 따르면, 건축은 2가지 근본적인 관계성, 즉 건축이 계획되어질 '장소와의 관계성' 과 개개의 디자인과 구조물을 통해 드러나는 '예술적 유형과의 관계성' 에서 생성된다. 장소와의 관계성은 "단지 실제적인 물리적 장소뿐만 아니라, 그 장소가 지배하는 정신적, 역사적 및 사회적 공간까지를 포함해서 생각하는 것"(O. M. Ungers, 1985, p.36)이다. 예술적인 유형과의 관계성은 개개의 건물 혹은 그 건물의 디자인을 통해서 드러나며, 이때 디자인과 건물은 자기만의 완벽한 소우주를 형성하게 된다. 웅거스는 이 점을 다음과 같이 언급한다.

> "모든 디자인과 모든 건물은 그 자체로 완결된 소우주를 나타낸다. 집은 도시로부터 유추된 것이며, 도시는 하나의 커다란 집과도 같다. 방들은 광장으로, 광장은 방들로 생각할 수 있다. 이들의 유형학적 특성은 언제나 동일한 것이고 변하는 것은 척도와 차원뿐이다. 도시와 같은 집, 집과 같은 도시, 가로와 같은 복도 그

리고 복도처럼 보이는 가로, 광장의 테라스와 같은 계단, 문과 같은 도시의 문, 창과 같은 아치 등 이 모든 것들은 기억과 체험들을 불러 일으키는데, 이 기억과 체험은 항상 변화 가능하고 끊임없이 새로운 발견으로 사람을 이끈다."
(Fritz Neumeyer 1991, 진경돈 외 역, 1994, p.232 재인용)

도5-22 O. M. 웅거스, 건축가의 집, 쾰른-묑게르스도르프, 독일, 1958-1959

웅거스가 유형학적 형태의 변형 가능성과 콜라주에 바탕을 두고 탐구한 건축은 로시처럼 도시의 유형학을 바탕으로 도시와 건축이라는 상호 보완적인 개념으로 파악한 결과이다. 그가 유추적 방법으로 접근하여 도시를 이루는 구성 요소들을 해석하는 것은 지역의 역사적인 장소의 혼(genius loci)에 대한 기억을 반영하기 위한 것이었다. 이 점에서 웅거스는 "건축 창조는 당면 과제의 표현과 기존의 것에 대한 적응 및 장소의 가치를 높이고 강조하는 것이다. 그것은 항상 건축이 생겨난 곳의 장소의 혼으로 알 수 있어야 한다" (H. Klotz, 1984, p.254 재인용)고 주장한다. 웅거스가 도시를 이루는 풍경들, 옛 것과 새 것을 공존시키는 방식으로 장소와 역사에 새로운 장소성을 덧붙여 나가는 작업을 중시하는 것은 이러한 이유에서이다.

초기 작품의 하나인 웅거스 자신의 **건축가의 집**(The Architect's own House, Köln-Möngersdorf, Germany, 1958-1959)(도5-22)은 기본형태의 변형원칙을 바탕으로 한 형태학적 복합성과 형식의 풍부성의 개념을 보여주는 작품이다. 여기서 건축은 하나의 소우주로 인식되어 그 자체로 작은 규모의 도시라는 완결체로 탐구되었다. 따라서 주변과의 관계를 고려하면서 한편으로 그것과 구별되는 기하학적 형태를 반영하여 구체화하였다. **네덜란드 엔스헤데의 학생기숙사 현상설계안**(The project for the student residence Th. Twente in Enschede, Holland, 1964)(도5-23)에서, 웅거스는 3가지 기본형태인 원, 사각형, 삼각형을 여러 가지 수법들—절단, 굽힘, 분리, 뒤집기, 배가, 반영, 나열, 반복, 확장 등—의 변형 과정을 통해 공간을 만들어낸 형태학적 접근을 보여준다. 여기서 그는 단순히 기하학적인 기본형태 대신에 역사 속에 등장하는 전형적인 요소들—예를 들면 열주로 둘러싸인 중정, 아케이드 통로, 연립 주택의 유형들의 요소들—을 변형하여 보다 다양하고 풍부한 장소성의 경험을 제공하고자 하였다. 이 단순한 기하학적 형태들의 불규칙하고 비대칭적인 복합적 구성은 날카롭게 분절된 외부공간을 만들

도5-23 O. M. 웅거스, 학생기숙사 현상설계안, 엔스헤데, 네덜란드, 1964

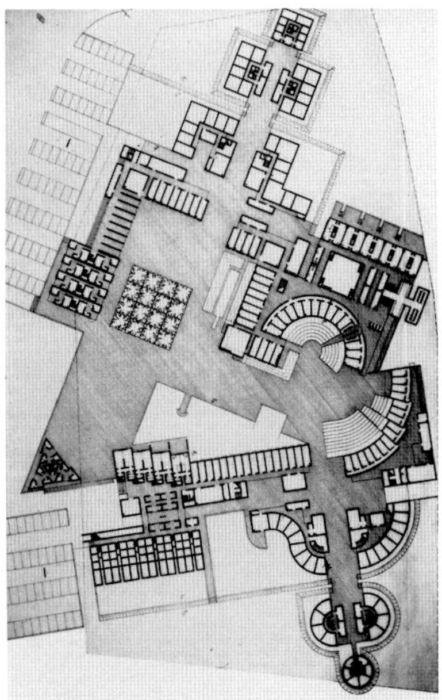

어내고 있으나 형태들의 변형을 통하여 통일된 관계를 유지하고 있다. 따라서 이 작품은 하드리안 빌라(Hadrian Villa)처럼 '집합의 기억' 으로서의 건축이며, 공간적 관계의 관점에서 상호보완적이고, 복잡한 구조를 지닌 축소판 도시 풍경을 위한 원형을 제시한다.

뉴욕의 **루즈벨트 섬 도시계획 현상안**(Competition design for the development of Roosevelt(welfare) Island, N.Y., USA, 1975)(도5-24)은, 웅거스가 도시 건축의 형태학적 다양성을 바탕으로 기본 단위가 되는 직각 입방체의 여러 가지 형태들을 조합하는 디자인 접근 방식을 보여주는 작품이다. 이 그는 뉴욕 맨해튼의 도시적 블록 구조를 교외 시가지의 관점에서 관찰하는 과정을 통해 '장소의 혼' 을 나타내는 도시의 요소들을 추출한 후 도시 속의 건축으로서 빌라 건축의 유형을 제안하였다. 특히 이 계획안에서 축소판 맨해튼을 표현하기 위해 은유적으로 뉴욕의 센트럴 파크의 형태 이미지를 차용해 주거단지의 중정 공원을 형성하는 형태학적 요소로 사용한 점이 돋보인다.

도5-24 O. M. 웅거스, 루즈벨트 섬 도시계획 현상안, 뉴욕, 미국, 1975

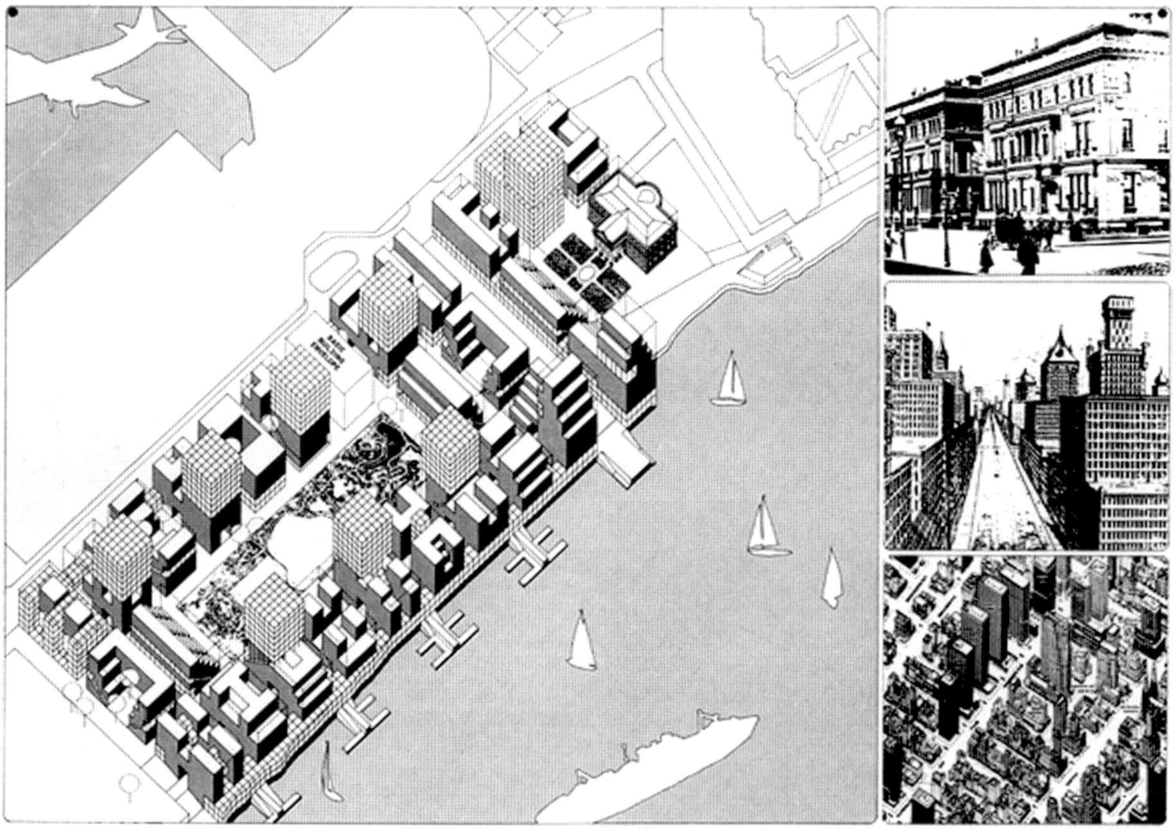

II
테마 없는 건축은 건축이 아니다

웅거스는 『테마로서의 건축 Architecture as Theme, Architettura come Tema, 1982』에서 유형학적 사고와 형태학적 과정에 의한 디자인 개념과 접근을 체계화하여 제시하였다. 그는 "건축의 테마와 내용은 그 자체로 건축이 될 수 있다"(O. M. Ungers, 1982, p.9)고 선언하고 "건축의 테마화(thematization of architecture)"의 중요성을 강조한다. 왜냐하면 '건축 프로젝트의 내용과 전제(前提)는 한 건물에 대한 테마를 찾는 데서 만들어지며, 또 이것은 디자인 행위에서 반드시 수행해야 할 창조적이고 개념적인 행위'이기 때문이다.(주13) 건축은 그 자체로부터 테마를 이끌어내어 표현하기 원하는 테마를 제시해야 하기에 테마를 규정하고 정의하는 일은 건축에 있어서 필수 불가결한 선결조건이다. 웅거스는 "건축은 단순히 목적과 기능을 문자 그대로 표현하는 것이 아니라, 이러한 기능적 요구조건들을 어떤 형태 안에서 테마화하는 것이 가능한지를 이해하는 문제"로 인식하였다. 디자인에 있어서 하나의 테마가 설정되면 그것은 변화나 변형의 과정을 겪을 수는 있지만, 테마가 프로젝트의 근간(根幹)으로 존속하는 것이 무엇보다도 중요하기 때문이다. 이 점에서 웅거스는 "테마 없는 건축, 즉 하나의 중심적인 지지 개념이 없는 건축은 이론적 기반이 없는 건축 작품에 불과하다"(O. M. Ungers, 1982, p.10)고 주장한다.

웅거스가 제시한 테마는 건축에 대한 개인적 체험뿐 아니라 상상 속의 개념들을 디자인의 실체로 변형하는 작업을 통해 실재적인 형태의 세계로 옮기는 행위를 기록하는 맥락적 구조를 형성한다. 그가 건축의 테마화의 유형으로 제시한 5가지 테마—변형의 테마(The theme of transformation), 조합의 테마(The theme of assemblage), 통합의 테마(The theme of incorporation), 동화의 테마(The theme of assimilation), 상상력의 테마(The theme of imagination)—들은 그의 건축과 도시설계 작품들에 일관되게 나타나는 중요한 개념들이다. '변형의 테마'에 대한 논의에서, 웅거스는 변형의 원리(주14)를 "오히려 디자이너가 명백히 양립하기 어려운 모순들을 상호의존적으로 연결하는 작업을 돕는 정형적인 원리"(O.M. Ungers, 1982, p.13)라고 정의한다. 따라서 그는 변형에 입각해서 사고할 때, 상이한 건축형태와 공간 구조가 나타나는 아이디어는 동일한 것이지만 그것은 제약없이 다양하게 변형될 수 있다고 보았다. 여기서 모순성, 다수성, 다양성 안에서 세계를 경험하도록 하고 유토피안적 동질성의 개념을 극복하기 위해 유형학적 변형과 콜라주 기법이 중요한 수법으로 간주된다.

웅거스는 '조합의 테마' 를 시간의 개념뿐 아니라 불연속과 모순의 개념과 관련된 것으로 해석하는데, 서로 모순되고 대립되는 요소들을 융합시키는 '대립의 일치(coincidence of opposites)' 를 중시한다. 그는 도시란 시간의 경과와 함께 비연속적인 성장 과정을 거쳐 만들어진 탓에 모순이 존재하는 것처럼, 건축 또한 단편적이고 모순되는 무관한 요소들로 구성된 것이라고 보았다. 이 점에서 웅거스는 "서로 무관한 부분들로 구성된 단편으로서의 건물, 비연속적 대상으로서의 건물은 역사적으로 고찰해 보면 전혀 특별한 것이 아니다"(O. M. Ungers, 1982, p.31)고 주장한다. 테마로서의 단편화의 개념에는 창조적 모순성과 연속성, 우연성과 계획, 우연과 질서 등과 같이 서로 해결될 수 없는 대립의 일치가 포함되어 있기 때문이다. 웅거스가 제시한 '통합의 테마' , 즉 '인형 속의 인형' 의 테마는 그 안에 끝을 인식하기 힘든 연속성의 요소를 담고 있기에 안, 밖의 관점에서 뿐만 아니라 상, 하의 관점에서 볼 때 시퀀스, 공간적 상관관계, 켜의 중첩에 의한 성장의 개념과 관계된 것이다. 그는 역사적으로 건물과 도시는 아주 단순한 방(cell)에서 시작하여 다양한 차원의 변형과 확장을 거쳐 매우 복잡하고 풍부한 공간적 구조를 형성해 왔다고 진단한다. 웅거스(O. M. Ungers, 1982, p.57)에 따르면, 이러한 공간적 구조에서 안과 밖이 지속적으로 역전되는 대상은 이론적으로 무한하게 연속적인 과정—논리적 측면으로는 결코 이해 불가능한—을 수반하는 시퀀스를 만들어낸다.(주15) 따라서 이 테마는 형태학적 변형의 테마와 함께 상호 통합되고 중첩 사용됨으로써 판타지를 고무시키고 지각 세계를 확장시키기 위한 디자인 프로세스에 적용 가능하다.

'동화의 테마' , 즉 '장소의 혼에의 순응' 의 테마에 대한 논의에서, 웅거스는 이것이 건축을 전통, 역사적으로 형성된 가치와의 대화로 테마화 하고 이러한 가치를 고양시켜 새로운 예술적 표현을 만드는 것과 관계있다고 해석한다. 이와 관련해서 웅거스는 "건축은 그 자신의 특성을 지닌 다양한 켜들로 이루어진, 신비스럽고 역사적으로 발생된 환경으로 생명력 있게 침윤(浸潤)해 가는 방식으로 해석되었다"(O. M. Ungers, 1982, p.75)고 강조한다. 그에 의하면, 인간이 그의 환경과 맺는 관계성은 건축의 본질적인 측면이다. 또 문화적, 역사적 가치의 전수자로서의 기억, 즉 사회 구성원의 집합적 기억과 역사적 이미지는 건축이 놓인 장소성을 회복하기 위해 중요하다. 왜냐하면 건축은 장소의 혼과의 지속적인 대화의 상태에 있을 때에 비로소 생명력을 지니기 때문이다. 따라서 웅거스는 건축이 공간적, 개념적인 상황들과 어떤 관계를 맺지 못할 때, 그것은 의미가 결여된 텅 빈 제스처에 불과하다고 지적한다. 상상력의 테마, 즉 아이디어로서의 세계는 실체에 대한 개념적 이미지를 가지고 디자인하는 것과 관계 있다. 웅거스는 '디자인 프로세스를 개념적 이미지에서 출발하여 전체를 구성하는 주된 원리를 만드는 경우에 이러한 이미지 안에서 모든 영역의 상상을 계발하는 것' (O. M. Ungers, 1982, p.107)이 가능하다고 강조한다.

건축의 테마화는 '건축의 인간화'를 위한 것이다

웅거스가 제시한 '건축의 테마화'를 위한 방법들에는 사물과 사건(event)들에 내재한 대립과 모순, 다양성과 비연속성을 인식하고, 이것들을 수용과 변용의 과정을 통해 새로운 차원으로 지각되는 건축적 질서를 만들고자 하는 사고가 전제되어 있다. 실제로 웅거스는 변형, 조합, 통합의 테마를 통해서 대립적인 사물들과 사건들의 상호 의존성, 모순성을 인정하고 수용하였다. 그는 이러한 작업은 예술로서의 건축이 지녀야 할 중요한 속성의 하나인 판타지를 만들어냄으로써 관찰자의 지각적 경험을 확장시키기 위해 필요하다고 보았다. 그는 우리를 에워싸고 있는 세계를 이해하는 방식은 인간이 세계를 지각하고 느끼는 방식에 달려있다는 점을 강조한다. 그에게 인간이란 모더니즘 건축이 단순하게 전제한 기능적 존재 그 이상이며, 오늘날 우리가 '사용자(user)'라 부르는 존재 이상이다. 인간을 일상적인 것을 넘어선 그 무엇인가의 숭고함을 추구하는 존재로 인식한 그는, 건축의 테마화 작업을 통해서 기능적 필요와 일상적인 것을 넘어서려는 인간의 욕구를 만족시키고, 정신적이고 문화적인 존재로서 인간의 전체성을 인식하는 데 기여해야 하는 작업을 중시한다.

건축을 테마화 하려는 작업은 웅거스 자신의 표현처럼 인간을 그 중심에 설정하는, "건축의 인간화(humanization of architecture)" (O. M. Ungers, 1982, p.125)를 위한 방법이다. 웅거스는 건축을 2차원적인 인상이 아니라, 건물의 주변을 걷고 내부를 통과하여 걸어 다니는 과정을 통해 이루어지는 공간에 대한 경험을 강화시켜 주는 것으로 보았다. 따라서 그는 자신의 작품 속에 3차원 건축공간을 작은 공간 단위에서 시작하여 점점 풍부하고 복합적인 공간구조를 이루어 나가는 방식을 도입한다. 여기서 여러 요소들은 중첩되지만 여전히 각 요소들은 건축의 테마화라는 개념 안에서 인지가능한 개체적 속성으로 존재한다. 쉬름벡은 "웅거스가 인간의 지각적 상관성과 이미지 전개과정을 고려한 형태학적 프로세스의 접근방법을 통해 인간의 경험에 밀착된 건축을 만들고자 시도해 왔다" (Egno Schirmbeck, 1987, p.118)고 평가한다. 웅거스가 지향하는 건축의 테마화는 일상적인 부분이 모여서 다면적이고 다층의 구조를 형성하는 과정을 통해 드러난다. 람뿌냐니(V. M. Lampugnani, 1985, p.52)는 모순과 다양성이 복합적으로 공존하는 웅거스의 작품은 '복합적으로 병치된 다층구조의 건축', 또는 '대립을 가시화 하는 건축'의 속성을 띄고 있다고 지적한다.

프랑크푸르트 암 마인에 자리잡고 있는 **독일 건축 박물관**(German Architecture Museum in Frankfurt am Main, Germany, 1981-1984)**(도 5-25a, b, c, d)**은, 웅거스가 '집 속의 집(Haus in Haus)' 이라는 건축 테마 개념을 진척시켜 공간의 무한성의 원리와 복합적인 '기억의 건축' 을 만들어낸 대표적인 작품이다. 그는 이것을 집 속의 집으로, 외부공간이 내부공간으로 변화되고, 집 자체가 소우주적인 소도시가 되고, 이 소우주적인 집 속의 집들은 도시 속의 도시가 되는 형태론적 공간 진행과 변화를 만들어내는 의미 있는 형태론적 구성을 통해서 실현하였다. 여기서 그는 그 지역과 건물이 지니고 있는 장소적 가치를 형태론적 구상을 통해 수용하였다. 뿐만 아니라 전통적인 도시 건축의 비판적인 검토를 통해 추출한 기본 원리가 주호(住戶)에서 개개 건물을 넘어 도시에 이르는 많은 변형의 단계를 일관성 있게 통제하도록 구성하였다. 그는 20세기 초(1901년)에 지어진 기존의 역사적인 빌라를 그 안에 수용된 방들을 위한 공간적 뼈대(spatial shells)로 활용하고, 동시에 그 자체가 전시의 대상이 되도록 의도했다.**(주16)** 기존 빌라의 중심부에 핵으로 자리잡은 이 집 속의 집은 매 층에서 서로 다른 특성들을 지니고 있을 뿐 아니라 미완의 층화된 뼈대의 개념을 강조하여 보여 준다. 특히, 이 건물의 중심부에 삽입되어 있는 '방 속의 방(Raum in Raum)' 은 방문객이 밖에서 안으로 이르는 과정에서 연속적으로 변하는 공간지각을 만들어내는 '통합의 테마' 를 보여 준다. 여기서 박물관을 둘러싼 벽을 통해

도5-25a, b, c, d O. M. 웅거스, 독일 건축 박물관, 프랑크푸르트, 암마인, 독일, 1981-1984

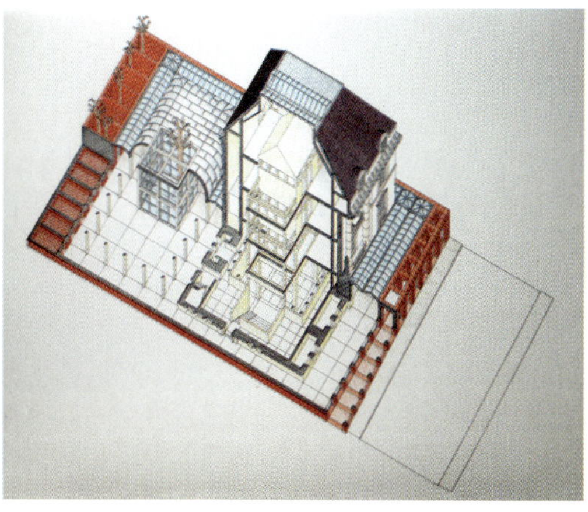

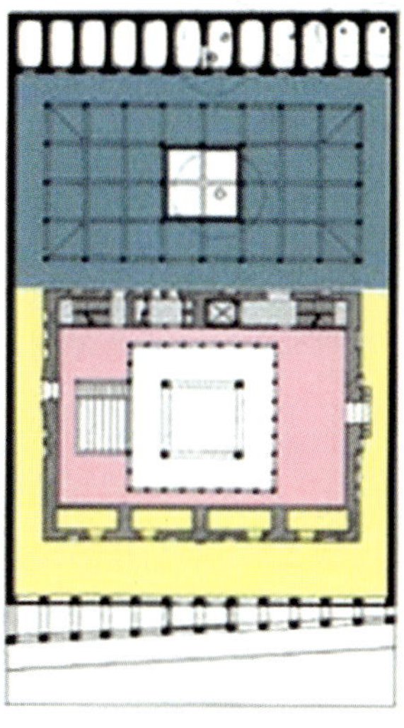

걸어가면서 자신이 빌라의 바깥 공간에 있음을 인식한 방문객은 계속적으로 외부공간에서 내부공간으로 들어가고, 그 내부공간은 다음 내부공간과 관계 지어 보았을 때 다시 외부공간이 되는 공간의 변화와 연속성을 지속적으로 발생시키는 공간의 시퀀스로 인해 공간 지각의 다층성을 경험하게 된다. 이와 같이 웅거스는 공간의 내부와 외부의 관계를 역전시키는 방식으로 공간의 의식적인 지각이 가능하도록 하였다. 이것은 웅거스 자신의 말처럼, "이러한 공간질서의 개념을 통해서 관찰자 스스로가 건축의 가능성—물론 한계성도 포함하여—을 의식하도록 하는 경험을 만들어내는 것" (O. M. Ungers, 1982, p.63) 이다. 기하학적 질서와 형태학적 유형의 변증법적 대립 관계로 접근하여 새로운

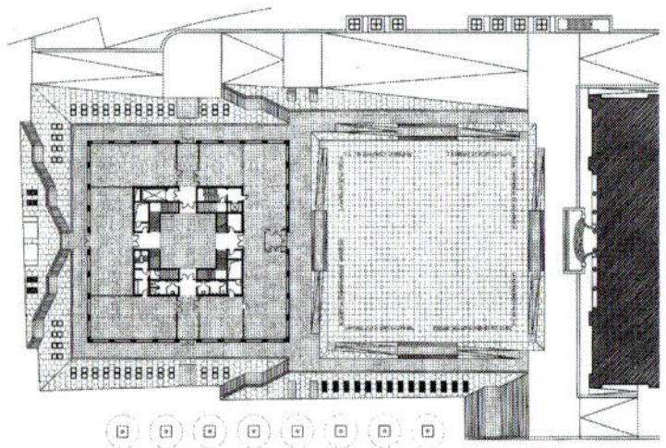

도5-26a, b, c O. M. 웅거스, 박물관섬 개조를 위한 현대박물관, 함부르크, 독일, 1986-1996

건물이 오래된 역사적 건물과 조화를 이루도록 만든 경우는 **박물관섬 개조를 위한 현대박물관**(Galerie der Gegenwart, Hambrug, Germany, 1986-1996)(도5-26a, b, c)에서도 찾아 볼 수 있다. 여기서 웅거스는 구관의 현관입구 축 상에 일치시켜 구관의 반복으로서 하나의 새로운 입방체 형상을 배치하고, 그 내부를 중정형으로 비워 4개의 똑같은 입방체로 구성하였다. 이러한 배치방식은 신, 구 건물 사이의 외부공간과 축 상으로 연결되도록 의도한 것이다.

III
도시는 집합적 기억들로 채워진 공간이다

웅거스는 자신이 제시한 5가지 건축적 테마의 개념들을 도시이론과 디자인에도 동일하게 적용하여 확장하였다. 그는 <집합적 기억의 건축 Architecture of the Collectve Memory, 1979>에서 건축을 유형학적 사고의 관점에서 정의한 것처럼 "도시 디자인은 발명이 아니라 발견"이라는 주장을 반복하고 있다. 여기서 그는 도시를 생각과 사상, 결정과 사건의 축적으로 이루어진, 생성과 변형이 끊임없이 지속적으로 일어나는 역사로 해석한다. 따라서 웅거스는 "도시란 그 자신의 역사를 지닌 장소" (O. M. Ungers & Stefan Vieths, 1997, p.16)로 해석한다. 그에 따르면, '도시는 한 형태에서 다른 형태로의 생성과 변형의 역사이며, 개념과 사상, 결정과 사건, 현실과 재앙들을 재현하는 사건들의 텍스트와도 같은 형태학적 연속체이다. 이러한 도시는 통일된 그림이 아닌 조각과 파편, 유형과 대립 쌍들이 생성해낸 집합체이자 모순의 병치이며, 선형적인 과정 보다는 변증법적인 과정' (O. M. Ungers, 1979, (eds.) Tom Avermaete, 2009, p.317)으로 생성된 변증법적 도시(dialectic cty)이다. 이러한 도시의 장소는 가시적인 형태로 변화가 발생하고 오랫동안 지속해 온 연속성을 반영하고 있으며, 그 구조와 형태가 존속해 온 장소를 의미한다.

그러므로 웅거스에게 도시는 "집합적 기억들로 채워진 공간이자 비밀과 경이, 그리고 기념비적인 추모로 가득찬 오브제" ((eds.) Tom Avermaete, 2009, p.313)이며, 기억과 미래를 위한 모델이다. 그는 '도시는 수천 년 동안 무한한 형태적 변형에도 불구하고 몇 가지 소수의 기본적 유형학—도시의 블록을 구성하는 가로, 차선, 아트리움, 중정, 광장 등—이 지형학적, 사회적, 경제적, 정치적, 기술적인 요구사항에 따라 변용과정을 통해서 통일된 질서를 갖는 체계로 존재해 왔다' 고 주장한다. 그러나 웅거스는 "현대도시는 다양하고, 자기모순적인 요구사항들이 도시에 부과되기 때문에 더 이상 일관된 체계 안에 통합될 수 없는 개방적이고 파편화 된 구조를 지니고 있다" (O. M. Ungers & Stefan Vieths, 1997, p.19)고 지적한다. 오늘날 현대도시는 복합적이고, 다수의 켜들로 구성되며, 혼성적 요소들로 구성된 구조로서, 이것은 상보적이고 상호 연계된 아이디어, 개념, 체계들로 구성되어 있다고 진단한다. 따라서 모더니즘의 건축가들이 추구한 자기완결적인 도시의 체계는 도시 안에 존재하는 대립과 반복, 옛 것과 새 것, 전통과 현대적인 것, 진보와 반동 등을 서로 수용하여 중첩시키기 보다는 배제하였기에 출발부터 실패할 수밖에 없었다는 것이다. 마찬가지로 웅거스는 현대 정보사회에서 인터넷이 만든 소통의 장으로서의 가상도시 개념이나, 이와는 달리 역사적 도시의 예술적이고 회화풍의 감각적 경험만을 중시하는 복고풍도시 개념과 같은 주장들도 상보적인 전략을 수용하지 않기에 현대도시가 지닌 혼동과 모순을 해결할 수 없다고 비판한다.

웅거스에게 도시계획과 디자인은 이질적이고 배타적인 도시적 상황들을 합리적이고 논리적인 전략을 통해서 통합하고 질서를 부여하는 작업이다. 그는 변증법적 도시를 만들기 위한 전략으로 과거의 획일적인 표준화 전략 대신 '상보적 장소(complementary places)의 전략' 과 '켜로서의 도시(city as layer)의 전략' 이라는 2가지 전략을 제시한다. 여기서 '상보적 장소' 로 구성된 도시는 다양한 부분들로 이루어진 다양성으로 구성된다. 이것은 마치

도5-27a, b O. M. 웅거스, 맥데브르그 성당광장 계획안, 맥데브르그, 독일, 1993

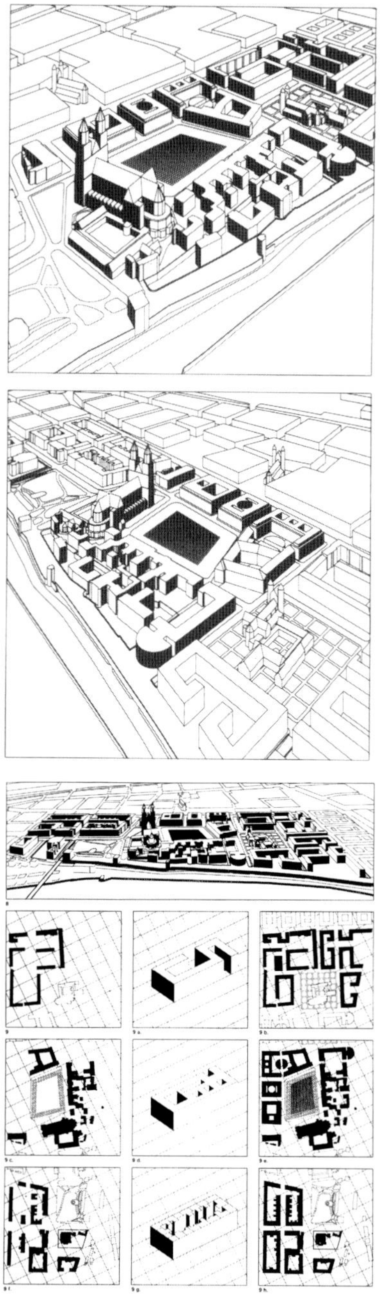

집속의 집처럼 다양한 부분들이 '도시 속의 도시'의 시스템으로 이루어진 것이다. 이 점을 웅거스는 다음과 같이 설명한다.

> "하나의 통일된 개념이 되기 보다는 이제 도시는 상보적인 장소들로 이루어진 하나의 구조이다. 서로 대조되는 다양한 지역들, 여가, 문화, 상업, 주거, 그리고 업무 등 지역들이 함께 느슨한 도시적 연합을 형성한다. 테크놀러지와 문화적 요구로 형성되는 현대도시는 전적인 뒤범벅 상태가 아니라 서로간 상보적이고 의미있는 장소들의 체계로 구성된다..." (O. M. Ungers & Stefan Vieths, 1997, p.19)

웅거스는 "이러한 (도시의) 장소들은 마치 자율적인 실체와 같고, 그 자신만의 독특한 특징, 장점, 약점을 지닌 작은 소우주이자 독립적인 세계와 같으며, 이러한 작은 세계들로 이루어진 거대도시이자 랜드스케이프로서 보다 큰 도시라는 대우주 안으로 통합 된 것"과 같다고 강조한다. 그에게 도시 디자인의 기법은 도시의 혼돈 안에서 이러한 장소들을 규명하고, 명명하며 그 구체적인 특징들을 발견하는 작업이었다.

웅거스가 현대도시를 구조화하고 질서화하는 두 번째 개념으로 제시한 전략은 '켜로서의 도시'이다. 웅거스(O. M. Ungers & Stefan Vieths, 1997, p.20)에 따르면, 역사적 도시들은 상보적이든 정반대로 대립적이든 다양하게 중첩된 켜들로 구성되어 있으며, 그것들은 지형학적 및 역사적인 인자들로 수정되어 각색되어 왔다는 점이다. 도시의 다양한 구조는 역사적 도시의 켜들처럼 중첩되어 있기에, '켜로서의 도시'의 전략은 '상보적인 장소들로서의 도시'라는 형태학적 접근을 보완해 주는 구조적인 접근방법(structural approach)으로 간주될 수 있다. 이러한 프로세스는 지형학적 및 역사적 인자들, 사회적 요구조건과 형태적 개념뿐만 아니라 기술적인 절차를 통해서 현대도시의 혼돈의 덩어리를 질서있고 명료한 구조로 전환하는 작업으로 이루어진다.

맥데브르그 성당광장 계획안(Cathedral Square, Magdeburg, Germany, 1993)(**도5-27a, b**)에서, 웅거스는 '상보적인 장소로서의 도시'의 전략을 적용해 아무런 관계를 갖지 못한 채 구조화되지 않은 공간으로 방치된 그 지역의 역사적인 중요한 차원들을 재발견하여 회복하려고 시도

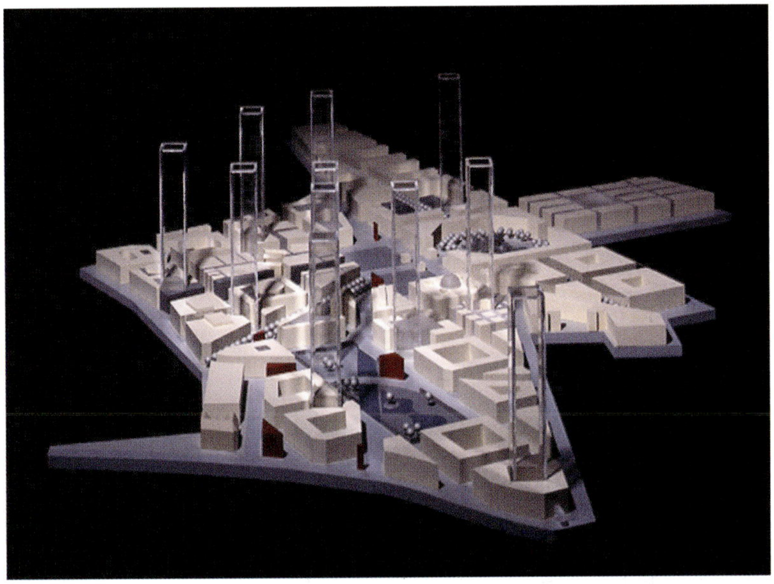

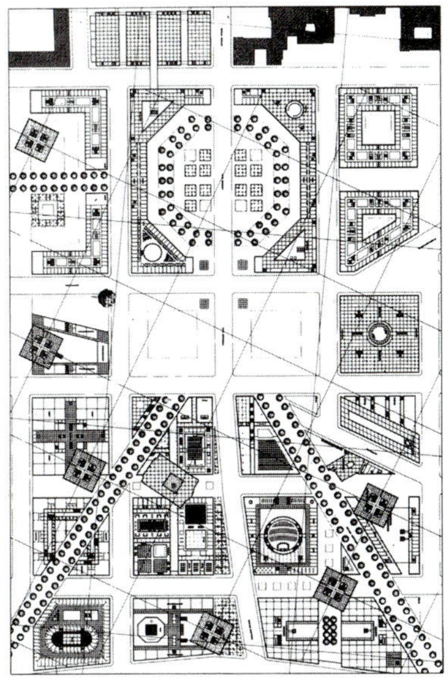

도5-28a, b O. M. 웅거스, 포츠다머 프라자 및 라이프지어 프라자 계획안, 베를린, 독일, 1991

하였다. 여기서 그는 기존의 산재된 파편들 속에서 특별한 도시의 유형을 보여주는 3개의 도시의 지역–성당 지구, 주거 지역, 성당 남쪽의 독창적 건물군–을 발견한 후, 이러한 구조 안에 존재하는 공간적 유형 및 블록 유형학에 적응시켜 새로운 건물들을 삽입하였다. 그 결과 이 건물들은 완성된 가로의 네트워크와 3개의 중앙녹지들 사이에서 발생하는 공간적인 상관관계로 서로 연결되어 있다. 베를린의 **포츠다머 프라자 및 라이프지어 프라자 계획안**(Potsdamer Platz and Leipziger Platz, Berlin, Germany, 1991)(**도5-28a, b**)는 웅거스가 '켜로서의 도시'의 전략을 적용하여 접근한 작품이다. 여기서 그는 한때 교통의 요충지였으나 전후 재건사업을 통해 다양하게 중첩된 켜들에 복잡하고 모호한 상태의 도시구조를 명료하고 융통성을 갖는 합리적인 도시구조로 전환하여 광장이 지닌 역사적 연속성을 회복하고자 하였다. 이를 위해 역사적 블록이 지닌 도시구조, 다양한 가로와 블록들의 구조화 된 네트워크, 건물과 오픈 스페이스 양자 간의 유연한 관계, 중첩된 도시의 켜들 때문에 건물유형 등 기본적인 유형들–블럭 유형, 가로 유형, 광장 유형, 고층건물 유형, 녹지공간 유형 등–로 이루어진 밀집된 네트워크로 구성하여 플랜을 도입하였다.

도시공간의 형태학과 공공 공간 : 로버트 & 레온 크리에, 제임스 스털링

I
도시의 공공 영역은 도시 공간의 형태학을 통해 회복되어야 한다

유형의 개념을 도시 형태론의 관점에서 형태학적 색인으로 파악하여 접근하는 건축적 사고는 룩셈부르크의 건축가 로버트와 레온 크리에(Robert Krier 1938- & Léon Krier 1946-) 형제에게서 찾아 볼 수 있다. 웅거스의 영향을 받은 이 두 사람은 건축과 도시의 합리적인 기반을 형태학적 유형학(morphological typology)의 개념에 근거하여 전개하였다. 크리에 형제는 모더니즘의 유토피안적인 건축으로 야기된 도시 중심부의 파괴와 도시 조직의 황폐화를 치유하고 새로운 도시 조직을 창조하기 위해서는 도시를 복합적이고 통합된 기능들의 단위들로 재구성하는 작업이 필요하다고 주장한다. 따라서 이들은 그 대안으로 도시를 복합적인 연속체로 보는 시각과 역사적인 유형학과 형태학에 근거해 새로운 도시공간이 가로, 광장, 블루바드 등 기존의 유형들과 조합된 도시 형태학을 제시한다. 레온 크리에는 <거대도시에 대한 비판, Critique of the Megastructural City, 1984>의 글에서 도시문제에 관한 자신의 접근방식을 다음과 같이 설명하고 있다.

> "로버트 크리에와 내가 우리의 프로젝트에서 제기하고자 한 논의의 주제는, 계획가들의 조닝(zoning) 개념에 대립되는 도시 형태학에 관한 것이다. 이것은 조닝에 의해 생기는 토지의 낭비를 줄이고 도시 공간의 엄격한 형태로의 회복을 의미한다. 도시 공간의 디자인은 융통성과 변화를 허용해 줄 만큼 충분히 보편적인 방법이자 도시 내에서의 공간적 및 인위적 연속성을 창조하는 데 기여하는 방법이기도 하다. '형태는 기능을 따른다' 는 원리는 도시를 고려하지 않은 건물 유형만을 만들어냈다. ... 우리는 우리의 프로젝트에서 건물과 공용 영역, 고형부(solid)와 공허부(void), 인공적 유기체(로서의 건축)와 그것이 자신의 주변에 만들어내는 공간 상호간의 변증법적 이론을 재확립하고자 시도해 왔다." (Léon Krier, (ed.)Demetri Porphyrios, 1984, p.21)

크리에 형제는 각 건물을 도상학적이고 상징적인 공허함뿐인 고립된 오브제적 기념비로 만들려고 했던 모더니즘 건축의 기능적 분리나 조닝의 개념을 거부한다. 이와 반대로 도시적 삶을 기능들을 통합하는 적정 규모의 '도시의 구역' 을 도입하고자 한다. 왜냐하면 도시는 크고 작은 수많은 도시 구역들의 연합체로만 재구성될 수 있기 때문이다. 레온 크리에는 이러한 개개의 도시의 구역들은 자신의 중심과 주변, 경계를 지닌 자율적인 존재로, "도시 안의 도시와 같은 존재가 되어야만 한다" ((ed.)Demetri Porphyrios, 1984, p.71)고 주장한다.(이러한 사고는 도시를 자율적 존재인 장소들의 연합체이며, 도시 안의 도시로 파악한 웅거스의 논리와도 유사하다.) 따라서 그는 도시의 공공 영역을 기존 도시들의 구조 속에 담지되어 있는 역사적인 정보에 근거한 접근을 중시한다. 그가 제시한 도시 공간, 공공 장소, 가로 그리고 파사드에 대한 형태학적 접근태도에서, 우리는 역사적으로 연속적인 도시 공간을 공용 건물 주변에 점진적으로 수렴하여 소극적 볼륨으로 분절한 지테(Camillo Sitte)의 도시 공간 이론의 영향을 발견할 수 있다.

크리에 형제는 고대 유럽 도시의 가로와 광장 유형의 형태학적 색인들—블루바드, 원형광장, 광장, 가로, 중정 등—의 유형을 분석하고, 개개 건물보다는 도시공간과 가로경관의 차원에서 접근하였다. 이들은 로시와 마찬가지로 산업화 이전 유럽의 도시는 수천 년의 역사적 변화를 거쳐 현재까지 존속해 왔기에, 도시 공간의 형태와 질은 이러한 역사적인 모델에 의해서만 검증이 가능하다고 주장한다. 이 점에서 레온 크리에는 "도시는 공적 및 사적 공간들, 기념물과 도시 조직, 고전적 건축과 토착적 건축, 광장과 가로 등으로 분절되고 위계화 되어야만 한다"고 강조한다. 또 그는 "건축 역사는 기념물의 역사로만 이해될 수 없으며, 도시 구조, 즉 도시의 형체(flesh)와 도시 공간의 외피(skin)를 이루는 일상의 평범한 건물들에 대한 연구로 이해되어야 한다"((ed.) Demetri Porphyrios, 1984, p.71, p.21)고 말한다. 크리에 형제는 건물과 공간의 스케일과 관련된 도시의 빌딩 블럭의 규모와 그것이 지닌 유형학적 잠재성에 주목한다. 레온 크리에는 <도시 공간의 이론과 실제 Stadtraum in Theorie und Praxis, 1975>에서, 도시가 건물 블럭으로 구성된다는 점을 다음과 같이 언급한다.

> "공공 공간들은 가로와 광장의 형태로만 만들어질 수 있다. 이것들은 영속적이고 친숙한 특성을 표현해야만 한다 ; 그 차원과 비례는 가로와 광장으로 이루어진 수천 년의 문화로부터 얻어져 검증되어온 것이다."(Léon Krier, 1975, (ed.) Demetri Porphyrios, 1984, p.21)

건축과 도시에 대한 이러한 사고는 '전통'과 '재건'의 개념에 바탕을 둔 것이며, 건축을 예술로서 간주하는 태도를 보여주는 것이다. 레온 크리에는 "고전주의로 되돌아가는 개념은 매우 현대적인 개념"이라고 주장한다. 그는 고전 도시가 기반을 두고 있는 보편적이고 인간적인 원리들을 연구하여 채택하지 않으면, 과거에 대한 회상은 단지 아카데믹한 상태의 무익한 것이 될 것이라고 경고한다. 도시에 담긴 이야기와 기억은 그 도시 거주자들에게 생산적이고, 도덕적으로 건전한 공공의 복지를 위한 현실적인 출발점으로 간주된다. 따라서 "도시는 경제적 행위의 생산물이 아니라 도덕적 프로젝트"이기에, 도시의 디자인은 이윤의 극대화나 기술지향적인 근대화 보다는 고귀한 목적을 지향해야 한다고 강조한다. 도시민의 삶을 위한 물리적 틀로서 공적 및 사적인 공간과 건물이 균형을 이루도록 하는 것은 이들에게 중요한 탐구 과제였다. 그러므로 크리에 형제는 유형학과 형태학의 본질보다는 외부공간을 도시의 공공 공간으로 만드는 데 기여하는 기하학적 특성과 미적인 특성과 같은 가독성에 더 주목한다. 레온 크리에는 "건물과 공공 공간의 유형학적 질서는 사회와 그 제도들이 현실성을 정립하게 되는 조직적 중심"(Léon Krier, 1978, (eds.)Tom Avermaete, 2009, p.216)이라는 사실을 강조한다. 이들에게 도시구조를 구성하는 유형학적(형태학적) 요소들은 장소의 문화적 연속성을 재현하며 새로운 공공 영역의

회복과 의미의 창조를 위한 도구이다. 이러한 태도에는 "모더니즘이 추구한 추상성이 아니라 감각적으로 인지할 수 있는 '도시 이미지'의 창조라는 전제하에 산업 혁명 이전의 옛 도시 형태와 공간을 구성하려는 의도"(H, Klotz, 1984, p.253)가 담겨 있다. 웅거스가 테크놀러지와 유형의 자유교환이나 생성방식에 개방적인 태도를 보이는 반면에, "기능은 형태를 따른다"고 주장한 크리에 형제의 접근방식은 기술적 형태와 도시형태의 발생에 산업사회 이전의 수공예적인 접근을 고수한다. 이 점에 대해 프램톤(K. Farmpton, 1980, p.292)은 비판적이다.

파리의 **라 빌레트지구 현상설계 계획안**(The La Villette Quarter Project in Paris, France, 1976)(**도5-29**)에서, 레온 크리에는 도시 기능의 분리를 강조한 모더니즘 건축의 아테네 헌장과는 근본적으로 대립되는 '도시 속의 도시'의 개념을 바탕으로 주거, 노동, 휴식, 교통이라는 개개 기능들을 위계질서와 기념비적인 고전적 질서가 반영된 도시 구조 속에 통합하였다. 여기서 지구는 공원으로 중심에서 나누어지고, 대로, 가로와 광장 등이 위계적으로 구성되었으며, 건물은 역사적인 원형이나 형태 요소들에 바탕을 두고 있다. **로마 인테로타**(Rome Interrotta, Rome, Italy, 1977)(**도5-30a, b**) 계획안은 레온 크리에가 공공 광장을 구성하는 역사적 장소들–캄피도글리오(Campidoglio), 성베드로 광장(St. Peter's Square), 나보나 광장(Plaza Navona), 비아 코르소(Via Corso)–에 새로운 사회적 활동을 수용하기 위해 지붕을 덮어 개발한 건물유형을 제안한 것이다. 여기서 광장들은 도시의 실루엣 상에서 거대한 건물처럼 드러나도록 의도하였다.

도5-29 L.크리에 라 빌레트지구 현상설계 계획안, 파리, 프랑스, 1976

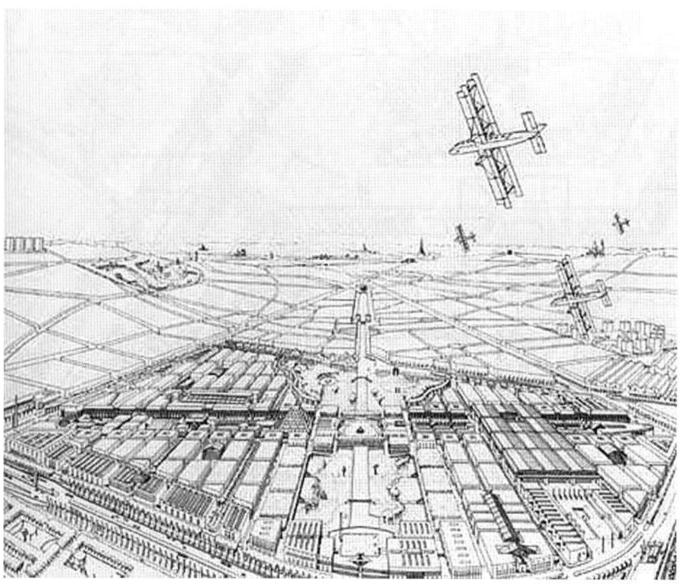

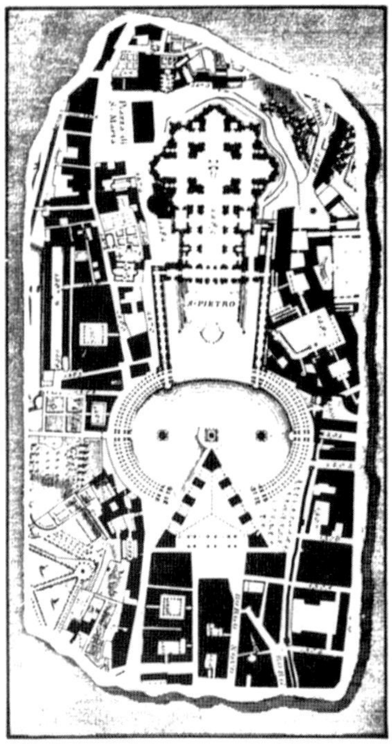

도5-30a, b L. 크리에, 로마 인테로타, 로마, 이탈리아, 1977

프랑스 아미엥지구 재건 마스터플랜 당선작(Amiens Reconstruction, France, 1984-1992)(도5-31a, b) 에서, 로버트 크리에는 지테가 제안한 전통적 어바니즘의 부활, 보행자 공간척도에 대한 관심, 전통적 유형학과 건물 재료에 대한 분석, 그리고 형태학적 요소들을 다시 도입하고 도시 조직의 옛 것과 현대적 생활을 공존시키는 접근 방식으로 도시의 맥락을 수용하는 작품을 제안하였다. 여기서 그는 모더니즘 이전 시대의 역사적 도시의 스케일, 밀집성, 이전부터 존재해 온 근린주구의 건물 유형학들을 존중하고, 이러한 특성들을 새로운 구성을 위한 요소들로 도입하였다. 특히 도시의 역사적 건물인 성당을 고립시키기보다는 성당 정면에 있는 광장을 새로운 건물들로 한정하는 방식으로

도5-31a, b R.크리에, 아미엥지구 재건을 위한 마스터플랜, 프랑스, 1984-1992

근린주구와 함께 공존하도록 의도하였다. 따라서 이 계획안에서 가로와 공공 공간은 건물들로 한정되어지며, 도시의 블럭들은 다양한 보행자 공간들이 관통하고, 다양한 기능들이 동일한 근린주구 안에 수용된다.

II
모더니즘의 현대성과 역사적 전통의 통합을 지향하다

1950년대 후반 근대건축의 위기가 고조되던 시기에, 영국의 건축가 스털링(James Stirling, 1926-1992)은 국제주의 양식에 속박되지 않고 토착적 건축이 지닌 가능성과 테크놀러지를 활용하여 영국적인 '현대성(modernity)'을 탐구하였다. 1970년대 후반에 그는 도시의 맥락과 정체성을 회복하기 위해서 웅거스, 크리에 형제가 주장한 역사적 형태의 유형학적 요소들을 도입하는 절충적인 태도로 전환함으로써 현대건축 담론의 흐름에 큰 영향을 끼쳤다. 스털링은 모더니즘 건축이 중시한 사회적, 기능적인 측면들보다 건축의 예술적 특성을 강조한다. 그에게 이러한 예술적 특성은 모더니즘의 현대성을 상징하는 추상(abstract)적인 요소뿐 아니라 전통적인 재현(구상, representation)적 요소들이 포함하는 것을 의미하였다. 그는 화가, 음악가, 조각가들처럼 건축가도 구상과 추상의 요소들을 자신의 예술적인 작품에 포함시키는 능력이 있어야 한다고 보았다. 스털링 자신의 표현처럼, 그가 초창기 프로젝트 시절부터 "모더니즘의 '추상'과 건축적인 역사적 유산과 관련된 '구상'이라는 두 가지 영역(주17)을 상호 배타적인 관계가 아니라 상호보완적으로 공존하는 방식으로 다루어 왔다"(J. Stirling, 1984, (eds.) Tom Avermaete, 2009, p.237)는 점은 그의 작품세계를 이해하는 데 매우 중요하다.(이것은 웅거스가 자신의 건축적 테마 개념으로 대립적인 것을 수용하는 '상보성의 원리'라고 설명한 개념과도 유사하다.) 스털링 자신이 광범위한 분야에 흥미를 갖는 절충적 성향의 건축가라고 자칭했듯이 그의 건축적 표현 언어는 추상과 조합된 도상(圖像, figuration)이라는 다분히 절충적인 특성을 지니고 있다.

스털링은 '건축은 프로그램 이전의 존재'이며, 완전히 독립적인 존재로 간주한다. 그는 "건축은 질서가 내재되어 있는 예술이자 행위 예술"(Deyan Sudjic, 1986, pp.89-90)이라고 생각하였다. 이러한 생각은 그가 공간을 취급하는 방식과 이것을 표현하는 독특한 수법에서 잘 나타난다. 스털링은 개개의 실들이 철저하게 순환체계에 따라 연결되도록 하였으며, (꼬르뷔지에처럼) 건축적 산책로의 개념을 통해서 각 공간이 하나의 연속된 이벤트의 성격을 지니도록 의도하였다. 이것은 공간의 시퀀스를 부각시켜 관찰자에게 다양한 공간적 효과와 조망을 제공하기 위함이다. 그는 공간적 단순성보다는 복잡성을, 명료성이나 투명성보다는 모호함이나 불일치를 더 선호하였다. 그래서 엑소노메트릭과 아이소메트릭 드로잉 표현기법을 평면 구성상의 주요원리로 사용하고 공간적 장치로서 램프와 계단실의 효과를 증진시키려고 한 것이다.

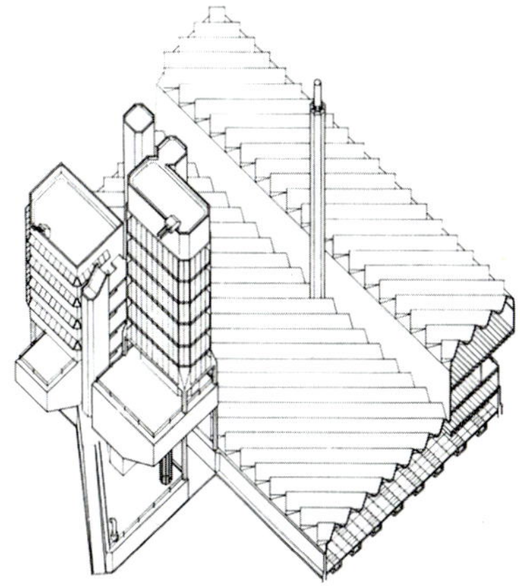

도5-32a, b J. 스털링, 레스터 대학교 공학부 건물, 레스터, 영국, 1959-1963

스털링은 모더니즘의 전통을 따르던 초창기(1950-1960년대)에, 자울 주택과 롱샹 교회에 나타난 꼬르뷔지에의 태도 변화, 자신의 고향 리버풀에서 받은 지역성의 영향으로 모더니즘의 현대성과 영국의 지역성 모두를 반영하는 작품들을 탐구하였다.(주18) 특히 이 시기에 그가 "단면을 설정하고 그것을 평면상에서 선적인 구조를 따라 이동시키는 단면의 선적 이동방식을 통해 새로운 건축의 가능성을 발견"(R. Moneo, 2004, p.10)한 다양한 실험은 주목할 만하다. 이 시기에 지어진 두 개의 건물인 **레스터 대학교 공학부 건물**(Engineering Building, Leicester University, UK, 1959-1963)(도5-32a, b)과 **캠브리지 대학교 역사학부 건물**(History Faculty Building, Cambridge University, UK, 1964-1967)(도5-33a, b, c)은 새로운 재료와 구축 방법으로 모더니즘의 기술적 혁신과 현대성, 그리고 19세기 영국 리버풀의 산업적 전통을 통합한 작품으로 세인들의 주목을 받았다. 길고 낮은 작업동과 두 개의 솟아오른 타워, 그리고 강당의 기하학적 매스로 구성된 공학부 건물은 모더니즘 건축의 규범적 형태 언어(러시아 구성주의 수법을 포함하여)인 '추상'을 바탕으로 리버풀의 공업유리 기법과 산업 건축의 토착성에서 이끌어낸 요소들을 역동적인 수법으로 재조합한 매너리즘적 특성을 보여준다.(주19) 역동적인 부채꼴 모양의 평면과 벽돌과 타일로 마감한 탑 형상의 역사학부 건물에서(거대한 돔으로 덮인 도서관의 전형을 연상시키는 듯한) 2중 외피의 유리로 덮인 아트리움 등으로 단면을 조작하여 공간의 수직적 연속성을 갖도록 구성한 점이 돋보인다. 그러나 전체적으로는 하나의 두드러지고 통일된 파사드가 명확하게 드러나지 않도록 구성되었다.

1970년대 후반, 스털링은 역사적 선례와 도시의 맥락에서 참조한 양식을 현대적으로 적합하도록 은유와 상징, 콜라주화 수법을 채용하는 탈-

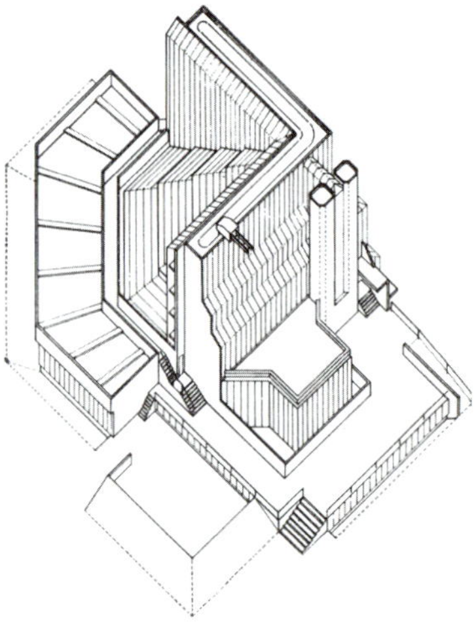

도5-33a, b, c J.스털링, 캠브리지 대학교 역사학부 건물, 캠브리지, 영국, 1964-1967

근대적(post-modern)인 접근태도를 보여주기 시작한다. 그는 도시의 맥락과 장소성, 역사적 형태의 의미, 고전적인 대칭적 구성방식 등에 관심을 보여 왔다. 그는 형태란 기능주의자들이 생각한 것처럼 기능에서 나오는 것이 아니라 전통을 숙고하는 데서 나온다고 보았다. 이것은 그가 추상과 구상(재현)이 주는 이미지, 기억, 연상을 건축에 반영하여 문화적 상징성과 연속성을 표현하기 위해서였다. 이 시기에 그는 크리에 형제의 도시 유형학, 로우 & 쾨터(Collin Rowe & Fred Koetter)의 『콜라주 시티Collage City, 1983』 등에 영향을 받아 도시의 공공 공간의 창조와 상징적 형태의 기념비성을 탐구하기 시작하였다. 스털링은 "기념물 없는 도시는 도시가 아니다"라고 주장한다. 또 "기념비성은 크기 또는 스타일과 아무런 관계가 없으며, 전적으로 현존 그 자체와 관련된 것"으로 도시의 장소성과 관련되었다고 강조한다. 그에게 중요한 과제는 기념비적이면서 비형식적이고, 전통적이면서 동시에 첨단의 테크놀러지를 표현하여 기억에 남을 수 있는 작품을 만드는 것이다.

그러므로 스털링이 모더니즘의 현대성을 수용함과 동시에 역사와 도시의 맥락을 중시한 것은 그가 초창기부터 '추상으로서의 현대성'과 '구상으로서의 전통'의 영역을 통합한 예술적 특성을 강조해 왔다는 사실에서 이해해야 한다. 이 점에서 커티스는 "스털링이 상황에 순응하기 위해 도시적 맥락을 중시하는 역사주의적 태도를 취하기는 하지만, 동시에 실용주위적인 윤리성을 중시하는 모더니즘의 태도를 보여주는 것"(William J. R. Curtis, 1982, p.379)이라고 지적한다. 특히 이 시기에 스털링이 현대성의 개념을 기술적 혁신에서 나오는 것이 아니라, 역사와 전통 속에서 기념물이 지닌 가능성을 부활시키는 의미로 확대하여 해석한 점은 주목할 만하다. 실제로 스털링은 (로시의 작품에서처럼) 장식이 배제된 고전주의 언어가 전달하는 원초적인 형태와 의미에 매료되어 도시 속의 모뉴먼트를 창조하였다. 이러한 태도는 도시의 유형학을 강조한 로시, 웅거스, 크리에 형제 등과의 태도와 여러 면에서 공통된 사고의 기반을 공유하기 때문이다.

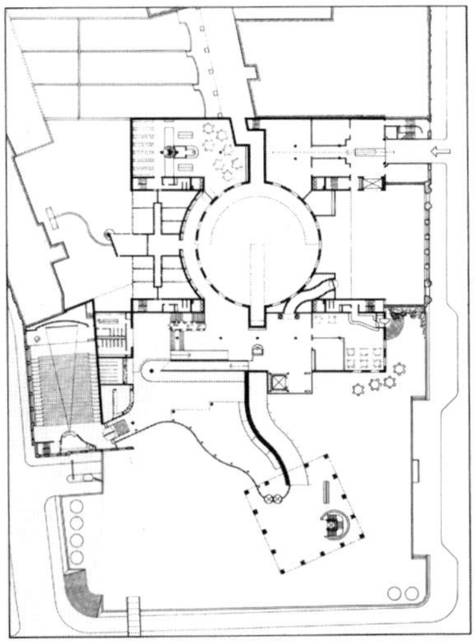

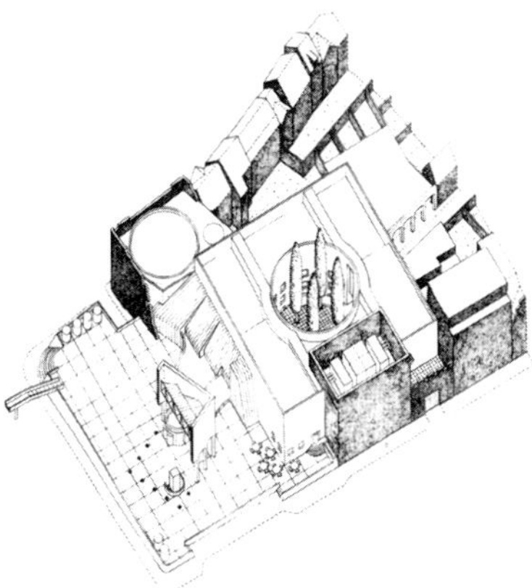

도5-34a, b J.스털링, 노스트라이네 웨스트팔리아 박물관계획안, 뒤셀드로프, 독일, 1975

실현되지 않은 뒤셀드로프의 **노스트라이네 웨스트팔리아 박물관 계획안**(Museum for Northrhine Westphalia, Dusseldorf, Germany, 1975)(도5-34a, b)은 스털링이 역사적 맥락을 지닌 그 도시의 구성에 적합하도록 '구상적'이며 동시에 '추상적'인 요소들을 병치하여 사용함으로써 맥락주의의 경향을 보여주는 작품이다. 여기서 기존 건물과 외관을 보존하여 옛 도시의 성벽의 선과 존재를 표현하는 도시의 벽을 만들고, 평면이 지배적인 쉥켈(K.F. Shinkel) 건축의 고전적 문법과 석조구법 등을 채용하여 구성한 점이 돋보인다. 여기서 스털링은 건물을 도시의 블록 속에 파묻힌 것처럼 만들어 "전통, 역사, 친숙함, 고고학, 기억과 관련이 있는 건물"(J. Stirling, 1981, (ed.) Peter Arnell and Ted Bickford, 1984, p.200)을 의도한 것이다.(주20) 슈투트가르트의 미술관 신관과 극장 건물로 계획된 **슈타츠 갤러리**(New Staatsgaleries Building and Chamber Theater in Stuttgart, Germany, 1977-1984)(도5-35a, b, c, d)에서, 스

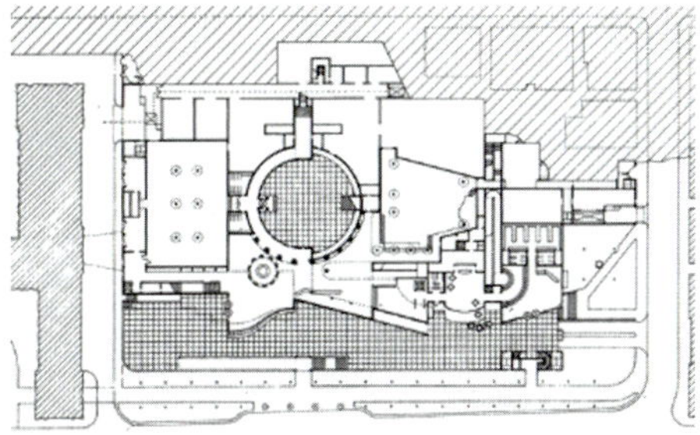

도5-35a, b, c, d J.스털링, 슈타츠 갤러리, 슈투트가르트, 독일, 1977-1984

털링은 오브제로서의 건축이 아니라 도시의 기존 조직에 동화되는 '건축적 랜드스케이프'를 독창적인 방식으로 제안하여 세인들의 주목을 받았다. 여기서 그는 고전적인 역사적 구성형태를 문화적으로 중요한 구성요소로 차용해 콜라주적인 평면을 구성하였다. 또 전후 유럽도시의 아이덴티티와 기념비성, 가로에 독특한 형상으로 배열된 경사로와 곡면벽, 그리고 건물을 관통하는 보행자의 도시 공공 공간의 도입 등을 제안하여 건물에 새로운 기념비성을 부여하였다.(주21) 특히 가로에 면한 램프는 보행자의 흐름을 자연스럽게 중앙의 원형 로툰다(Rotunda) 공간으로 유도하는 장치이다. 이 가로에 면한 다양한 요소들 ―구성주의적인 캐노피, 튜브 형상의 패러핏 난간 손잡이, S자형의 돌출창문과 같은 색채 등―의 병치 수법과 건물 안으로 통과하여 가로질러 가도록 구성된 프론트의 모호함으로 인해 뚜렷한 정면 파사드가 인식되지 않는다. (뚜렷한 정면 파사드가 없는 건물 이미지는 그의 초기 작품인 캠브리지 대학교 역사학부 건물의 표현방식에서 예견된 것이다.) 그 결과 전통적인 방식으로 구성된 이 건물에서 의도한 기념비성은 대중적인 비형식성에 의해 약화되어 스털링의 표현처럼 "기념비적인 비형식성(The Monumentally Informal)"로 표현되었다. 역사적 건물의 유형들을 상기시키는 형태들―바실리카 평면, 로마의 극장, 노르망디식의 성, 캐롤링 왕조의 성채 타워 등―을 절충적 수법으로 콜라주화 하여 구성한 수법은 **베를린 과학센터**(Wissenschaftszentrum, Berlin, Germany, 1979-1987)(도5-36a, b)에서 반복적으로 나타난다.(이 계획안에서 보여지는 배치구

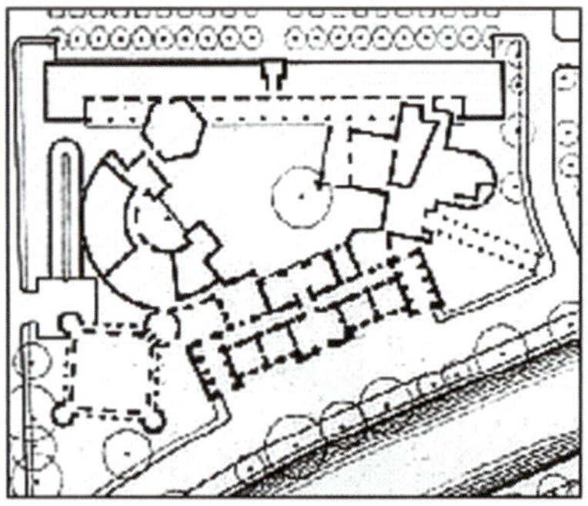

도5-36a, b J.스털링, 베를린 과학센터, 베를린, 독일, 1979-1987

도5-37a, b J.스털링, 아서 M. 새클러 뮤지엄, 매사추세츠, 미국, 1979-1984

성은 웅거스의 엔쉐더의 학생 기숙사를 위한 현상설계안(1963)과 매우 유사한 형태학적 구성의 이미지를 연상시킨다.)

하버드 대학교의 포그 미술관 신관 **아서 M. 새클러 뮤지엄**(Arther M. Sackler Museum ; Fogg Museum New Building, Harvard University, MA, USA, 1979-1984)**(도5-37a, b)**에서, 스털링은 (건축학부 건드리 홀과 꼬르뷔지에의 카펜터 시각예술센터가 인접한) 독특한 역사적 가로환경과 협소한 부지에 대응하기 위해 오픈 스페이스 주변에 랜드마크적인 건물을 배치하는 방식으로 미국 가로변의 도시성을 회복하고자 하였다. 여기서 그는 입구에서 꼭대기 층까지 이어지며 상부 채광이 되는 계단실을 중심으로 전시공간(3층)과 사무공간(5층) 등을 좌우에 단면적으로 구상하여 배치하는 콤팩트한 구성방식으로 부지 조건에 따른 프로그램의 제약을 해결하였다. 이 계단은 입구의 홀과 마찬가지로 외부화된 내부공간의 성격을 지닌다.(이러한 공공 통로의 방식을 공간 구성과 연계시키는 방법은 벤츄리가 설계한 시애틀 미술관(1990)과, 영국 미술관 증축건물(1991)의 개념과 유사하다. 이에 대해서는 3권 06을 참조할 것) 역사적 요소를 참조한 고전적 구성 방식은 비슷한 시기에 지어진 런던의 테이트 갤러리(Tate Gallery, Now Tate Britian, London, UK) 확장 건물의 일부로 지어진 클로어 갤러리(Clore Gallery, London, UK, 1980-1985)에서도 반복적으로 나타나고 있다.

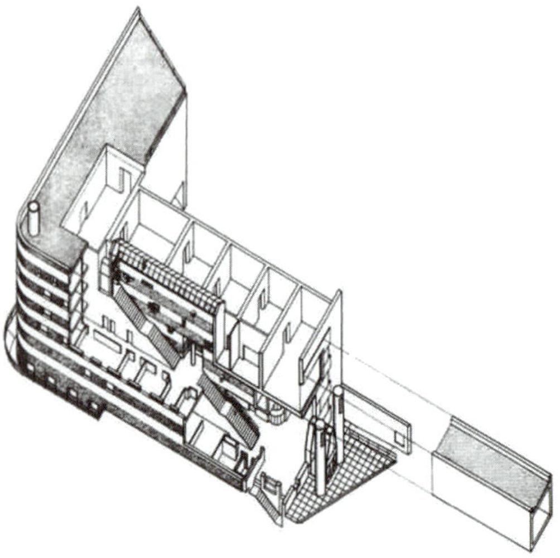

문화적 상징성과 의미의 탐구 : 필립 존슨, 마이클 그레이브스

I 건축은 시간 속에서 존재한다

미국의 건축가 존슨(Philip Cortelyou Johnson, 1906-2005)은 그의 다재다능한 감성과 시대의 새로운 경향에 대응해 온 디자인 태도변화로 인해 건축계에서 독특한 위치를 차지한다. 그는 예술 평론가 시절에 히치콕(Henry Russell Hitchcock)과 공동으로 저술한 『국제주의 양식 : 1922년 이후의 건축 양식, The International Architecture : Architecture since 1922』으로 근대건축을 미국에 알리는 데 기여한 인물이다. 존슨은 1960년대 이전에는 미스 반 데어 로에의 영향을 받아 그를 추종하였다. 그러나 1960년대 이후에는 역사적 형태주의와 포스트-모더니즘적 경향에 동조하면서 다양한 작품을 실험해 왔다. 따라서 그의 작품에는 (영국의 건축가 스털링의 작품에서처럼) 모더니즘의 디자인 원리가 내재해 있을 뿐만 아니라, 역사를 참조하여 활용한 고전주의적 요소가 공존한다. 과거의 형태원리를 현대 건축에 다시 적용한 존슨의 이러한 태도를 스턴은 '기능주의자이며 또한 형식주의자' 이기도 한 "절충적 기능주의를 보여주는 것"(Robert A. M. Stern, 1977, p.42)이라고 평가한다.

존슨은 초창기부터 풍부한 건축사적 지식을 바탕으로 단순한 형태의 차용보다는 기념비적인 역사적 전통에서 발견되는 배치와 공간형성의 원리를 수용하는 태도를 보여 왔다. 그는 "추이(推移, Procession), 공간, 조각성"(Philip Johnson, 1975, pp.265-267)을 자신의 디자인 개념으로 제시하고, 이것을 작품을 통해 표현하고자 하였다. 그의 작품에는 움직임의 경로를 따른 이동(移動)의 방식과 장소의 추이(推移)가 지닌 가능성을 확장시키려는 의도가 강하게 담겨 있다. 존슨은 추이의 관점에서 건축을 다음과 같이 정의한다.

> "건축은 단지 공간의 디자인이거나 매스, 볼륨의 디자인만은 아니다. 이것들은 추이의 구성에 보조적인 것들이다. 건축은 시간 속에서만 존재한다. 형태, 평면, 입면의 작업은 2차원적인 것에 불과하다."(Robert A. M. Stern 1977, p.42 재인용)

1950년대 후반 이후, 모더니즘 건축의 종언을 선언한 존슨은 당시 미국에서 절정에 달한 모더니즘 건축의 공업기술과 추상화에 기반을 둔 미니멀리즘 건축의 주류에서 벗어난다. 이 시기에 그는 미스의 모더니즘적인 언어를 포기하고 신-고전주의, 19세기의 낭만

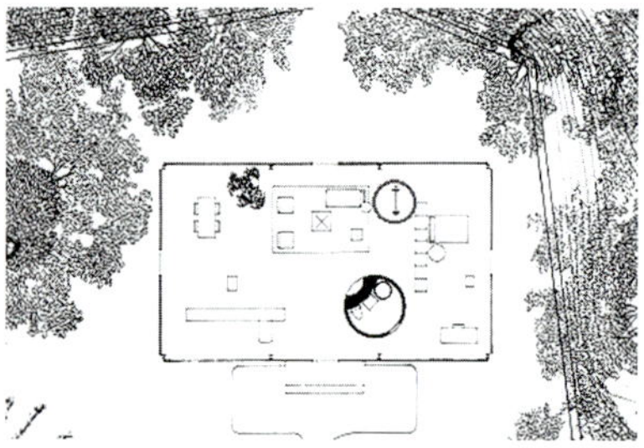

도5-38a, b, c P. C. 존슨, 글라스 하우스, 코네티컷, 미국, 1949

적 고전주의, 고딕, 이집트, 중국, 이슬람 등을 참조하기 시작했다.(주22) 역사에 대한 그의 관심과 참조 행위는 이미 1940년대 후반의 작품에서 역사적 원리를 수용하기 위해 역사적 인유(historical allusion)를 채용한 사실에서도 발견된다. 그의 초기 작품 **글라스 하우스**(Glass House, New Canaan, Connecticut, USA, 1949)(도5-38a, b, c)는 존슨 자신의 표현대로 "디자인 원천을 미스뿐만 아니라 쉉켈, 쇼아지, 르두 등 과거의 역사에서 인유해 온 것"(John Winter, 1980, p.401 재인용)이기 때문이다. 이 글라스 하우스는 존슨이 제시한 추이, 공간, 조각성, 정원의 개념을 반영하고 있다. 미스의 판스워드 주택(1946-1951)이 초원 위에 단아하게 부유하는 듯한 모습으로 나타나는 반면, 존슨의 글라스 하우스는 이와 반대로 대지에 견고하게 자리 잡는 방식으로 놓여 있다는 점이 두드러지게 대조된다.

1980년대에 존슨은 역사적 형태 요소들을 인용하는 절충주의적인 매너리즘의 수법으

도5-39 P. C. 존슨, AT & T 건물, 뉴욕, 미국, 1978-1984

로 포스트-모더니즘의 고전주의적 성향의 작품을 탐구하기 시작한다. 이 시기에 그는 모더니즘의 유리 상자 형식을 포기하고 르네상스와 신고전주의, 초기 모더니즘과 시카고학파 설리반의 고층건물에 나타난 고전적인 구성에서처럼 3분 분할구성법과 역사적인 모티브를 장식적 요소로 다시 도입하였다. 존슨은 자신이 참조한 역사와 그 형태가 주는 이미지, 기억, 연상 등을 통해 건축에 문화적 상징성을 부여하고, 아울러 지역적 맥락에 대응하고자 하였다. 이런 방식은 그의 역사에 대한 지식과 절충주의적인 성향이 모더니즘과 융합되어 공존하고 있다는 점에서 주목된다. 포스트-모더니즘의 기념비적 건물로 평가되는 **AT & T 건물** (American Telephone and Telegraph Headquarters, N.Y., USA, 1978-1984)(**도5-39**)은 건물의 평면과 구조시스템이 모더니즘의 국제주의 양

도5-40 P. C. 존슨, PPG 건물, 피츠버그, 미국, 1979-1982

식의 기조를 벗어나지 않지만, 외부형태에는 역사적 인유의 수법으로 다양한 이미지와 상징을 부여하고(주23) 도시의 맥락에 대응하도록 의도한 작품이다. 절충주의적인 역사 참조의 방식은 그가 **PPG 본사 건물** (PPG Pittsburgh Plate Glass Headquarters, Pittsburgh, USA, 1979-1982) (도5-40)에서 피츠버그 지역에 산재한 고딕 건물들의 이미지를 오피스 건물의 외관에 반영한 데서도 찾아 볼 수 있다. 여기서 그는 모더니즘 초기의 합리주의자들이 중시한 고딕 건축의 구조적 논리, 종교적 의미보다 고딕적인 이미지 효과만을 차용해 첨탑 실루엣이 만들어내는 효과로 중세의 고딕 건축처럼 보이는 고층건물을 만들고자 의도하였다.

II
언어로서의 건축의 의미작용을 탐구하다

우리는 1960년 이후 현대 건축의 다양한 흐름 가운데서 존슨과 같이 역사적 절충주의를 보여주는 접근태도뿐 아니라 건축을 문화 속에서 형성된 언어의 의미체계로 해석하여 접근하는 실험적 접근을 발견할 수 있다. 이러한 현상들 중에서 기호학의 의미론에 근거해 건축형태와 그 의미의 상관성을 탐구해 온 건축가로는 뉴욕 5(New York 5)의 일원으로 활동한 그레이브스(Michael Graves, 1934-)가 주목된다. (03에서 살펴본 바처럼) 아이젠만의 관심이 통사론에 근거하여 개념적인 차원에서 건축 요소의 관계성에 자율적인 의미를 추구한 반면에, 그레이브스의 관심은 건축의 의미작용을 탐구하는 데 있었다. 따라서 그레이브스는 기둥과 벽, 패널과 보, 볼륨과 기둥, 볼륨과 벽 등을 부가 및 삭제하는 방법으로 조합해 건축 언어의 체계가 지각되고 그 의미가 생성되는 방식을 탐구하였다.

언어학적 관점에서, 하나의 메시지가 전달되고 그것이 해석되어 갖게 되는 의미 작용은 '1차적 의미'와 '2차적 의미'로 구분된다. 건축적 메시지의 관점에서, 1차적 의미는 건물의 효용(지시물, referent)을 표현하는 메시지로서의 건물을 의미한다. 반면에 2차적 의미는 메시지의 발송자, 수신자, 규약(code)에 관계된 것으로, 이것은 실제로 추상적 개념이라서 거의 인식되는 일이 없다. 그레이브스는 1차적 의미의 영역, 즉 기능적 영역에만 몰두했던 모더니즘 건축의 디자인 개념을 거부하고 건축의 2차적 의미의 영역에 주목하였다. 그는 이것을 건축적 규칙에 사용자의 요구를 더하여 이루어지는 '이중 프로그램'

으로 해석한다. 그의 작품에서 2차적 의미는 그 영역 내의 각 요소들이 유사성이나 상이성에 의해 서로 짝을 지어 관련을 맺는 '대립 쌍'의 정면으로 이루어진다.(주24) 따라서 그레이브스는 초기의 주택들에서 목적과 효용성을 중시하는 기능주의보다는 건축 언어의 구성에 의한 의미의 중요성을 더 중시하였다. 그가 이 시기의 초기 작품에서 채택한 은유의 수법들은 1920년대의 형태 어휘들과 이것들이 고도로 추상화된 원형으로 환원된 형태들의 콜라주에 바탕을 둔 것이다. 그러나 이러한 콜라주의 기법은 건축형태의 의미를 개인적인 것으로 만들었기에 그레이브스 자신의 의도와는 달리 의사 전달의 측면에서 많은 제약을 지닌다는 비판을 받았다.

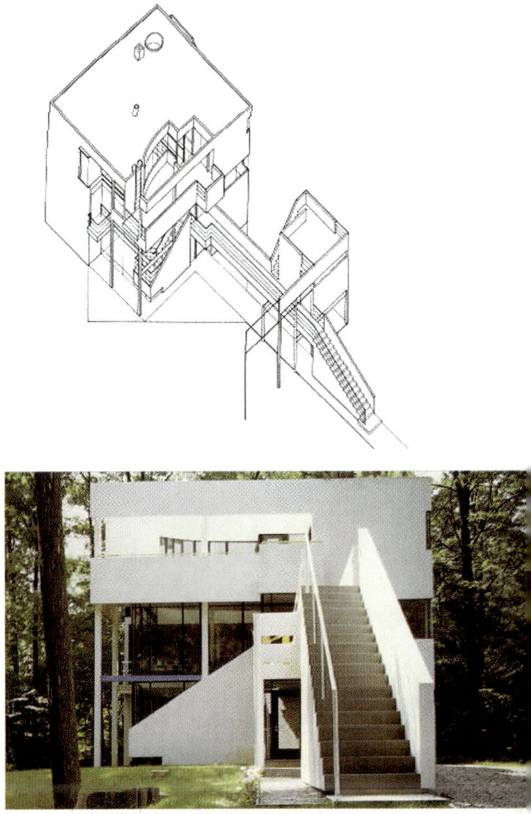

도5-41a, b M.그레이브스, 한셀만 주택, 인디애나, 미국, 1967-1968

초기 작품인 **한셀만 주택**(Hanselmann House, Fort Wayne, Indiana, USA, 1967-68)**(도5-41a, b)**과 **스나이더만 주택**(Snyderman House, Indiana, USA, 1969-72)**(도5-42)** 은 그레이브스가 전달하는 의미 체계의 논리를 바탕으로 접근한 디자인 작업과정의 결과이다. 이 작품들은 착상의 출발점으로 꼬르뷔지에의 1920년대 초기 작품, 입체파의 순수 탐미주의적 구성을 참조하였으며, 항상 변화하는 수평과 평면으로의 공간의 전개라는 주제를 통해 건축을 하나의 복잡한 공간적 조각으로 변형시키는 과정을 보여준다. 여기서 건축 요소들은 측면을 따라 회전하며, 그 통상적이고 기능적인 맥락에서 벗어나 가장 잘 드러나는 위치에 놓여져 관심을 유도하도록 처리되었다. 스미스는 "한셀만 주택에서 이중성으로서의 대립 쌍과 다원성으로서의 병치가 공존하는 의미의 이중 구조가 전개되었다"(C. Ray Smith, 1977, p.35)고 지적한다.

고전건축 형상들의 콜라주로 기억과 상징을 도입하다

도5-42 M.그레이브스, 스나이더만 주택, 인디애나, 미국, 1969-1972

1970년대 후반에 그레이브스는 추상적인 의미전달의 한계를 극복하기 위해 건축 언어를 유형의 관점에서 해석하기 시작하였다. 이 시기에 그는 역사적 단편 요소들을 콜라주하여 생성되는 연상적 이미지를 도입해 문화에 의한 상징적 의미를 전달하고자 하였다. 그는 고전 건축의 역사적 형태를 연상되는 기억과 상징을 바탕으로 해석한다. 그레이브스가 형태 요소들의 의미를 관찰자의 기억, 연상을 통해서 작품 전체를

읽는 가운데 이해 가능하도록 의도한 것은 사회적인 도구로서의 모더니즘 건축의 이념을 부정하고 계급이 아닌, 개인과 의사 전달하는 건축을 만들기 위해서이다.(주25) 무엇보다도 그는 전통적인 건축 요소들은 본래 구조체가 아니므로(이것은 모더니즘의 구축성의 개념을 간과하거나 경시하는 태도이다) 자유롭게 변형될 수 있고, 또 고전적 형태와 구성 원리 및 모티브들이 단편화, 장식화 하는 수법으로 의미의 변형 과정을 통해서 역사적인 내포적 의미를 지닌 상태로 자유롭게 콜라주화 될 수 있다고 보았다. 이것은 고전 형태의 원형을 참조한 형태를 구축적인 논리보다는 배경화법적인 방식으로 콜라주화 하여 만드는 것으로 '형상적 건축(figurative architecture)' 의 개념을 지향하는 것이다. **포틀랜드 시청사 건물**(Portland City Council Building, Portland, Oregon, USA, 1979-1982)(도5-43)에서 그레이브스는 이제까지 단편적으로 사용해 오던 고전적 모티브를 대규모의 도시적 스케

도5-43 M.그레이브스, 포틀랜드 시청사, 포틀랜드, 미국, 1979-1982

일의 공공건물에 적용하여 세인들의 주목을 받았다. 여기서 그는 인접한 19세기 고전적인 역사적 건물들과 조화되도록 도시의 맥락과 장소성을 반영하고, 의미 전달을 위한 수단으로 채색된 파사드와 형상들로 건물의 정면성과 공간적 깊이의 표상성을 강조하였다. 그의 주 관심은 재료의 물성적 표현성 보다는 색의 은유에서 나타나는데, 이것은 그가 공간을 지배하는 벽 표면에서 사람들에게 우선적으로 지각되는 것은 색채라고 생각하였기 때문이다. 또 벽이 공간을 지배한다는 생각에서 벽을 두껍게 처리한 구심적 공간구성은 고전적인 공간구성 개념의 전통을 보여준다. **휴마나 제약회사 본사 빌딩**(Humana Medical Corporation Headquarter, Louisville, Kentucky, USA, 1982-1985)(도5-44)에서 그레이브스는 포틀랜드 시청사 건물에서 시도한 고전적 형태 구성의 원리(3분 분할구성의 원리)를 마천루의 건물에 적용하였다. 여기서 그는 공적인 용도의 영역을 통합하는 8층 높이의 로지아(loggia)를 도입하여 이 공간이 도시 공간의 일부가 되도록 처리하였다. 이 건물은 주변 맥락과의 형태적인 조화뿐만 아니라, 도시 공간의 새로운 개념을 제시한 건물로 평가되고 있다. 그레이브스가 판타지적 형태요소와 역사적인 모티브를 도입하여 유희와 상징성을 표현한 형상주의 건축은 플로리다 월트 디즈니 리조트 호텔(New Hotel for Walt Disney World Resort, Florida, USA, 1987-1990)과 같은 상업 건물, **덴버 중앙도서관**(Central Library, Denver, Colorado, USA, 1991-1995)(도5-45a, b)과 같은 공공 건물에서도 찾아 볼 수 있다.

도5-44 M.그레이브스, 휴마나 제약회사 본사 빌딩, 루이스빌, 미국, 1982-1985

도5-45a, b M.그레이브스, 덴버 중앙도서관, 콜로라도, 미국, 1991-1995

| 집합적 거주의 장소로서의 건축 : 마리오 보타

I
건축 작품은 건축가의 사고와 물리적 실체의 종합이다

스위스 건축가 보타(Mario Botta, 1943-)는 "건축은 인간을 위한 근원적인 사실이며 언어"라고 주장한다. 그는 인간사회의 공간적 조직 안에는 다른 어떤 것보다도 '거주의 원리'를 더 선호하려는 도덕적 긴장감이 존재한다고 보았다. 따라서 그는 인간 사회에 존속해 온 시원적 열망인 '집합적 거주의 장소(places of collective habitation)'에 대해 지속적으로 탐구하였다. 그가 건축의 시원성은 거주라는 사실에 선행하는 기본적 욕구로 지역적 특성과 관련된 것이며, 또 이것은 단순성에의 욕구를 반영한다고 보았기 때문이다. 보타는 건축에서 일시적이거나 가상적인 것보다 기념비성, 영속성, 지속성, 그리고 기억을 환기시키는 '신성한 건축'의 속성을 강조한다. '건축은 본질상 기념비적'이라고 주장한(주26) 그의 작품세계에는 꼬르뷔지에, 칸, 스카르파의 영향을 받은 모더니즘의 건축적 전통이 강하게 나타나고 있다. 달코가 지적하였듯이, 보타의 건축은 "건축에 대한 본질적인 문제를 일깨워주며, 고대 건축의 규범들과 완벽한 건축행위의 의미를 재발견하도록 해주고 있다"((ed.) Francesco Dal Co, 1985, 김홍기 역, 1992, p.34)는 점에서 현대 건축계의 주목을 받았다.

보타는 건축가의 이론적인 개념물이 아니라 실제의 역사적 상황을 구체적으로 표현한 '실제로 세워진 건물'의 우선성을 강조한다. 그는 건축이 실제로 세워질 때, 이러한 원리들은 거주의 권리, 즉 사람들이 바라는 대로 자유롭게 이용하게 되는 '생득적인 권리'가 된다고 강조한다. 건축이 지닌 이러한 도덕적 차원은 건축이 이념적으로나 지적으로 뿐만 아니라, 개개의 시민들—건물의 사용자이며 커뮤니티 집단의 대변자—이 실질적인 방식으로 관여할 수 있는 구체적, 실제적인 그 무엇이 될 때 정당화 된다는 것이다. 그는, 건축 작품은 커뮤니티의 한계, 긴장, 희망, 기대 등의 상징적 표현이며, 이미지라고 주장한다. 이 점에서 보타는 "건축은 미학적 학문 분야이기 이전에 윤리적인 학문분야"(Mario Botta, 1995, p.25)라고 정의한다. 그에게 '건축 디자인은 지어질 대상을 통제하는 인간의 능력, 그리고 기존의 요구에 더하거나 중첩되는 새로운 요구들의 다양성에 반응하여 발전해 나가는 도시의 역량과 관련된 주제들을 의미 있게 다루는 추론과 관련된 영역'(Mario Botta, 1995, p.32)이다.

> " 건축 작품은 건축가의 사고(thought)–추상적이든 이념적이든 간에–와 물리적 실체(physical reality) 이 두 가지의 종합이다. 이 실체는 무엇보다도 지리학적인 상황이다. 건축은 주어진 상황을 기존의 공간 형상들을 취하여 새로운 것들을 창조함으로써 문화적으로 중재된 상황으로 변형시킨다. 이념적인 사고, 추상적인 건축 디자인과 실제적, 물리적인 세계, 이 양자의 만남은 또한 역사적 상황, 문화적 실체, 대지가 그 안에 새겨져 있는 기억들–건축가는 새로운 상황과 우리가 살고 있는 시대의 변화에 대한 욕구, 열망, 긴장 등을 목도할 수 있는 방식으로 재해석하고 재현해야 한다고 내가 믿고 있는 기억들–과의 만남이다."(Mario Botta, 1995, p.25)

보타는 '건축은 추상' 이며, 또 동시에 '물리적 실체로 건설된 건축 작품' 만이 전적으로 인간의 필요에 반응할 수 있는 것으로 간주한다. 지적 사고의 행위로서 추상에는 (꼬르뷔지에가 『건축을 향하여, 1923』에서 원초적 형태의 중요성을 선언한 것처럼) 건축이 원초적인 기본형태에서 나온다는 그의 신념뿐 아니라, 티치노의 전통–특히 로마네스크의 탄생지인 롬바르드의 지역적 전통–에서 유래한 일종의 야만적 원초주의가 반영되어 있다.(주27) 드 제타는 보타의 작품에서 발견되는 장소, 재료, 형태의 감각에 대한 이러한 "원초적 정신과 건축적 개념이 로마네스크의 기하학적 단순성의 전통에서 뿐만 아니라 먼 과거로부터 취한 '건물 유형' 에서 얻어진 것"(Cesare de Seta, (ed.) Luca Molinari, 1998, p.17)과 깊이 관련되어 있다고 지적한다.

장소, 벽, 개구부, 빛은 중요한 건축적 테마이다

자르디니(Mirko Zardini, (ed.)Francesco Dal Co, 1985)는 보타의 작품세계를 이해하기 위해서 그의 작품에서 반복적으로 발견되는 장소 이외에 빛, 벽, 개구부 등 4개의 테마에 주목할 필요가 있다고 지적한다. 보타는 기념비성과 영속성, 지속성이라는 건축의 테마를 전개한 자신의 건축적 재능의 기반은 장소(place)와 대지(site)의 개념이라고 말한다. 그는 건축과 그것이 뿌리박고 있는 장소의 역사성, 기억 상호간의 긴밀한 연계성을 무엇보다도 중시하였다. "기억은 건축의 진정한 영역"(Mario Botta, 1995, p 74)임을 강조한 보타는, 기억들을 통해서 인식되는 장소를 대지보다 더 상위 개념으로 해석한다. 이러한 사실은 그가 대지 위에 존재하는 건물이 아니라 대지와 일치되어 나타나는 건물, 즉 자연과 대화하는 건축을 탐구한 데서 알 수 있다. 그에게 자연과 대화하는 건축은, 자연과의 대비 속에서 자연 이상의 어떤 것으로 존재하는 것–인간에 의해 창조된 인공적인 요소로서–을 의미한다.

보타에게 불투명성의 견고한 벽은 건축적 특성을 부여하는 요소, 즉 "보이드(void)를 물질화시켜 주는 형태"((ed.) Francesco Dal Co, 1985, p.41)로 해석되었다. 따라서 그는 골조와 투명성의 외피로 건축의 탈물질화(dematerialization)를 추구했던 모더니즘 건축과는 달리 전통적 기법에 의한 벽의 축조방식에 더 주목한다. 은신처(shelter)로서 '분리와 보호'라는 욕구를 표상하는 벽의 이미지와 기능은 그의 건축에서 기본적인 구성요소이다. 보타의 작품에서 내부와 외부를 분리함으로써 공간을 한정하는 벽은 보호받는다는 감정을 부여하는 데 중요한 역할을 한다. 벽에 깊이감을 부여하는 행위는 빛과 그림자의 효과뿐만 아니라 내·외부 공간을 분리하려는 그의 강한 욕구를 반영한 것이다. 보타는 재료 자체는 시대의 역사를 반영하는 하나의 도구이며, "역사의 형식적 표현으로서의 건축"을 물질로 서술하는 데 기여한다고 보았다. 이러한 이유로 그는 벽돌을 '풍토적 이미지의 창조를 위한 도구'(Mirko Zardini, (ed.)Francesco Dal Co, 1985, p.75)로 사용하고, 재료의 감각적이고 촉각적인 즐거움을 경험하도록 의도한다. 보타는 창과 문 같은 개구부들을 구조체, 경관과의 관계를 맺으며 솔리드와 보이드의 관계를 갖는 볼륨의 본질적인 요소들을 통해서 존재하는 것으로 인식한다. 이 개구부는 휴먼 스케일을 강조하기 위한 볼륨의 절삭, 실제적 질감을 느끼게 하는 벽체의 촉각적 감각, 표면처리 등을 다루는 방식을 통해서도 존재를 드러낸다. 그는 개구부와 관련해 "형태는 반드시 원경을 바라볼 수 있어야 한다" ((ed.) Francesco Dal Co, 1985, p.49)는 점을 강조한다. 따라서 보타는 자신의 작품에서 정원이라는 개념보다 '볼륨 안에서 로지아나 포티코에 의해 재배치된 경관과 선택적 조망'이 자연이라는 맥락과의 관계 안에서 존재하도록 개구부를 설정하는 작업을 중시한다.

특히 보타의 건축에서 빛은 진정한 공간의 창조자로 간주되고 있다. 달코에 따르면, 보타의 건축에서 "빛의 존재는 완전한 조건"이며, "건축에 있어서의 미를 증진시키는 핵심적 요소"((ed.)Francesco Dal Co, 1985, p.20)이다. 빛과 음영의 연출은 절제된 장식성과 간결한 건축적 표현을 통해서 표면의 인식을 고양시키는 시각적 움직임의 변화를 부여하고 촉각적인 감각적 디테일을 가능하게 하기 때문이다. 빛과 음영은 실내에 산책로와 같은 공간의 전개와 질서를 부여해 주며, 낮과 밤이라는 시간의 연속성과 계절의 흐름을 감지하게 되는 시간의 차원을 전달한다. 또 빛은 그림자와 함께 공존하여 어렴풋한 인식의 변화를 구체화 시키는 데도 기여한다.[주28] 보타가 자신의 작품에 반복적으로 도입하는 천창(sky light)은 공간의 수직적 구성 방식과 내부공간의 위계적 구성에 대해 알려주는 장치이다. 이 천창은 건물의 중심부로 빛을 유입하여 내부의 볼륨이 (칸의 건축에서처럼) 빛의 존재에 의해 한정되고 생명력을 부여받도록 한다. 이러한 수법은 외부보다 내부로 향하는 건축적 의도를 보여주는 것으로 공간의 '내향성'을 강조한다. 우리는 보타가 단지 역사적 형태의 유형학적 항상성이나 기하학적 형태를 추구하기 보다는 "공간이 경험과 연결되는 지각의 장(場, field)으로 인식되는 공간적 표현의 형식에 대해 탐구"(Verner Oechslin, (ed.) Luca Molinari, 1998, p.29)하였다는 점에 주목할 필요가 있다.

보타는, 건축주의 요구와 프로그램은 거주의 개념을 건축가가 표현할 수 있도록 돕는 '역사적인 선행교재이자 지적 실행을 위한 도구'로 간주한다. 그는 벽, 빛, 개구부로 한정되는 "내부의 거주공간은 땅과 하늘 사이에 존재하는 소우주"이며, "지평선, 태양의 운동, 달과 별들과 같은 우주의 특징들이 주택의 삶에서 중요한 역할을 수행"(Mario Botta, 1995, p.40)한다고 언급한다.

> "예를 들어, 나는 주거(home)라는 태고적의 의미가 보존되어야 하는 것이 중요하다고 생각한다. 주거는 은신처(쉘터와 보호라는 원초적인 요구를 강력하게 전달해야 한다는 의미에서 다시 한 번 "아담의 집(Adam's house)"처럼 되어야 한다. 심지어 오늘날에도 우리는 지쳐 있을 때 "나, 피곤해. 집에 갈 거야"라고 말한다. 우리의 무의식 속에서 주택은 소모된 배터리를 재충전하고, 자신을 다시 한 번 편안하게 느끼고, 우리의 삶과 기억들을 재검토하며, 우리의 상상력에 자유로운 통제권을 부여하고, 커뮤니티와의 지적 및 개념적인 접촉을 다시 회복하고, 공통의 행동양식의 일원이 되는 경험을 하는 장소로 존재해 왔다."(Mario Botta, 1995, p.39)

도5-46a, b, c M.보타, 리버 산 비탈레 주택, 티치노, 스위스, 1971-1973

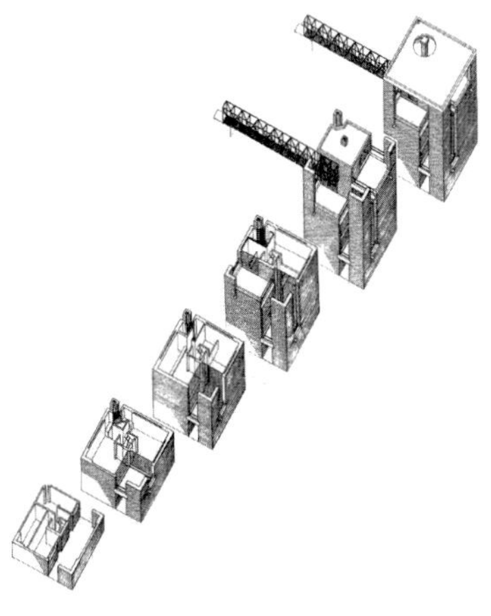

주택은 쉘터에 대한 인간의 원초적인 요구를 대변하는 건축의 근본적인 존재양식으로 보타에게 중요한 관심사였다. 그의 주택 작품에서 빈 공간(void)인 로지아, 포티코 등 디자인 어휘는 자연의 원경과 자연의 빛을 수용하여 일종의 모태안의 자궁과도 같은 '동굴' 속으로 들어가는 이미지를 부여한다. 실제로 그는 (꼬르뷔지에가 1920년대에 주택의 여러 유형들을 탐구한 것처럼) 정방형, 원형, 입방체, 원통형 등과 같은 기본 형상들의 변형 가능성을 주택 작품을 통해서 지속적으로 탐구한다.(주29) 그리고 유추과정을 통해 발견한 새로운 문제와 이슈들을 교회, 미술관 등과 같은 다른 유형의 작품들에 반복적으로 적용한다.

루가노 호수의 경사진 대지에 위치한 **리버 산 비탈레 주택**(Single-Family House, Riva San Vitale, Canton of Ticino, Switzerland,

도5-47a, b M. 보타, 루가노 카푸친 도서관, 루가노, 스위스, 1976-1979

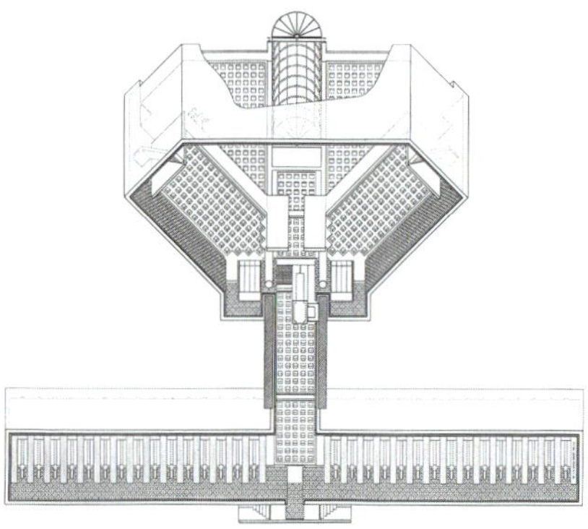

1971-1973)(도5-46a, b, c)은 순수 입방체 형상에 의한 구성과 도시의 경계 벽의 상징적 요소라는 '도시적 중재의 장치' 개념을 보여주는 초기의 작품이다. 도로에서 브릿지를 통해 3층으로 진입하도록 계획된 건물은, 루가노 호수의 반대편 호안 위 언덕을 가로질러 서 있는 교회 건물에 대한 대위법의 형식으로 배치되었다. 입방체 안에 연속적으로 이어지는 수직축을 따라 배치된 기능의 영역들, 빛의 유입을 허용하는 매스의 기하학적 단면, 그리고 4군데 모서리 벽이 일부 제거되어 구조체를 노출시키는 방식으로 마치 집 속의 집처럼 구성되었다.(주30) 또 매개공간인 포티코와 로지아 등 전통적 요소인 개구부를 도입해 다양한 레벨에서 분절된 파사드에 깊이감을 부여하였다. 이러한 수법들은 리골레토 주택(Single-Family House, Ligornetto, Canton of Tichino, Switzerland, 1975-1976)에서 평행한 2면으로 파사드를 이루는 외벽을 도시화 된 대지와 전원풍의 대지 사이에 위치시켜 도시 경계의 표식으로 표현하고 다양한 개구부를 설정한 데서 반복되어 나타난다.(주31) **루가노 카푸친 도서관**(Library of the Capuchins, Lugano, Switzerland, 1976-1979)(도5-47a, b)에서, 보타는 이후 그의 작품에서 반복적으로 나타나는 대칭적인 구성과 자율성이 부여된 기하학적 단순성을 보여주는 구성을 독창적인 방식으로 제시하였다. 여기서 그는 긴 직사각형 형상의 서가, 삼각형 형상의 볼륨 등을 절단해 면으로 만든, 2층 높이의 빈 공간(void)인 중앙공간과 열람실에 천창으로 빛을 유입하여 이곳에

내향적 공간의 특성을 부여하였다. 여기서(기존 수도원의 남쪽 지하에 묻혀 지형에 순응하는 형태로 구성된) 열람실 내벽은 건물의 파사드 역할을 한다. 이 내벽에 파여진 홈의 형태들은 빛에 의한 그림자의 연출로 인해 재료로 분절된 표면의 깊이와 스케일감, 침묵의 빈 공간을 드러내는 인공적이며 자연적인 장식으로서 그 의미를 더하고 있다.

보타가 기하학적 개념과 축 구성방식을 주변 환경과 정교하게 통합하여 건물의 역사적 전통을 강하게 표현한 수법(주32)은, 모그노에 있는 **산 지오바니 바티스타 교회**(Church of San Giovanni Battista, Mogno, Valle Maggia, Ticino, Switzerland, 1986/1992-1998)(Church of St. John the Baptist)**(도5-48a, b, c)**에서 찾아 볼 수 있다. 여기서 직사각형으로 이루어진 실내 평면은 지붕층에서 하나의 원으로 변형되어서 외부에서 보면 마치 타원형 내부에 있는 것처럼 보여진다. 보타는 원형의 경사지붕이 되는 타원형의 2번째 축을 이용하여 교회 내부 공간의 방향성을 설정하였다. 여기서 상, 하부의 벽을 하나로 묶는 2개의 강력한 지지 벽 구조물은 혹독한 자연의 힘을 견뎌내도록 계획된 건물의 저항력을 암시한다. 특히 전통적인 돌쌓기 방식으로 중력에 대한 관심을 나타내는 육중한 석벽과 가벼운 유리 지붕의 빛 사이에서 이루어지는 미묘한 연출효과는 산과 대항하는 마을의 보루라는 개념으로 계획된 건물의 생존을 나타내는 증거로서 상징적 의미를 지닌다.

도5-48a, b, c M.보타, 산 지오바니 바티스타 교회, 모그노, 메기아 계곡, 티치노, 스위스, 1986/1992-1998

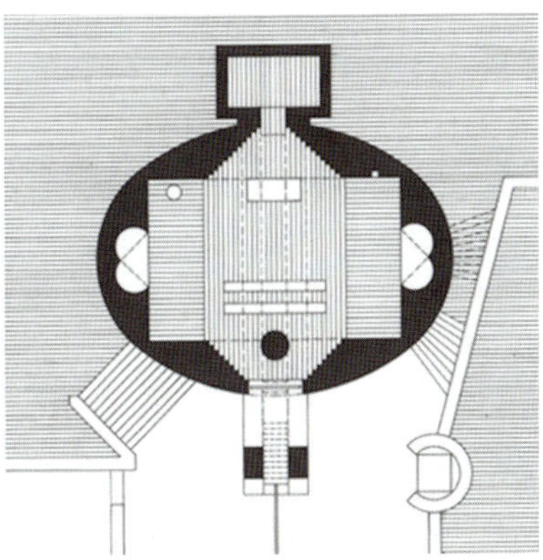

angenbach, 2010

II
도시는 장소의 집합적 기억과 연결된 가치를 회복시켜야 한다

보타는 도시를 인류의 집(home)이며, 사람들이 만나 상호 작용하는 공공의 장소로 해석한다. 그는 현대도시에서 중요한 과제의 하나는 "장소의 집합적 기억과 연결된, 덜 기능적인 가치를 회복시키는 일"(Mario Botta, 1995, p.105)이라고 주장한다. 또 "도시의 맥락을 이해하고 해석하는 작업"이 현대도시가 제기하는 공간적 및 사회적인 조직이라는 복잡한 문제에 타당한 해결책을 발견하는 데 필수적이라고 지적한다. 따라서 그는 도시를 단순히 기능적인 차원이 아니라 "인류 역사의 형태적 재현"(Mario Botta, 1995, p.106)으로 해석하고, 도시를 전체로서 해독하는 과정에서 발견한 유형학을 기반으로 접근한다. 유형학은 도시의 기존 부분들과 상호 관련된 새로운 요구를 해결하기 위한 방법의 하나이며, 도시 형태학적 접근은 건축의 개별적 부분들이 지닌 집합적이고 공공적인 기능을 회복하는데 중요한 역할을 수행하기 때문이다. 이러한 태도는 로시, 웅거스 등이 도시 형태의 집합적 기억을 강조한 것과 상통한다는 점에서 주목된다.

보타는 장소의 집합적 기억과 관련된 가치를 지닌 도시는 자신의 '역사적 층화(historical stratification)로부터 그 역사성을 획득하며, 이러한 역사적 층화가 더 많이 이루어질수록 인간의 유산인 영속성이 존속하게 된다'(Mirko Zardini, (ed.) Francesco Dal Co, 1985, p.63)고 강조한다. 이러한 사실을 그는 다음과 같이 언급하고 있다.

> "..내가 주택, 학교, 교회, 교량, 또는 극장을 디자인할 때마다 나는 그 존재 이유가 도시 형상의 복합성과 상호작용에 존재하는 하나의 공간, 즉 도시의 일부를 디자인한다. 건물과 그 맥락 상호간에 주고 받는 이러한 지속적인 관계를 주장해 왔다. 내가 아는 한 건물은 맥락, 지리학적 상항, 대지와 무관하게 상상될 수 없다. 건축은 장소에 건물을 세우는 것이라기 보다 건물이 대지를 소유하고 그 대지를 형상화하며 그 대지의 기반이 된다는 의미에서 장소 그 자체의 구축이다. 동시에 건물은 대지에 설치된 구조물이 아니라 대지로부터 발산하여 나오는 본체(실체)이며, 다른 주변의 특징들과 유동적이고 지속적인 관계를 확립하기 위해 그 대지의 구조, 역사, 기억으로 양육되는 실체이다. 그러므로 도시는 위대한 디자인으로 간주되어야 한다. 건축적인 중재가 대지를 변형시킬 때마다 도시는 새로운 특징을 획득하며 지속적인 층화(stratification)의 과정으로 성장해 나간다."
> (Mario Botta, 1995, p.102)

보타는 지속적인 과정으로 성장해 가는 "도시의 역사적 층화는 역사 그 자체에 뿌리를 두고 극단적으로 더디게 진행하는 과정이며, 도시의 가장 최근의 변형이라는 물리적 표식으로만 식별가능하다"(Mario Botta, 1995, p.109)고 강조한다. 그의 관점에서 볼 때, 도시의 발달에 통일된 디자인을 부과해 일순간에 스스로를 형상화 했던 여러 도시들은 기억, 역사, 뿌리를 갖지 못하고 있기에, 그 형태적 통일성에도 불구하고 실제로 심각한 기능적 결핍으로 고통을 당하는 경우가 허다하다.

보타는 "도시는 외부 공간들의 디자인"이라고 강조한다. 그는 건물이 만들어내는 공간적 관계가 도시의 진정한 성격을 드러낸다고 보았다. 광장, 대로, 가로 등에 생명을 부여하는 것은 이러한 공간들의 물리적 구성요소인 건물이기 때문이다. 무엇보다도 그는 건물이 만들어내는 도시의 공간적 관계는 기억에 의해 강화된다는 사실과 이러한 기억은 이전 세대가 경험해 왔기에 우리에게 친숙한 경험과 상황을 지속적으로 발생시킨다는 점에 주목한다. 따라서 기억의 차원들을 도시의 물리적 구조에 부가하는 작업은 인류의 진정한 유산인 삶과 역사 속에 깊이 침투하는 것이다. 이 점에서 그는 "건물의 목적은 보다 포괄적으로 구성된 도시 이미지의 일부가 되는 것"(Mario Botta, 1995, p.40)이라고 강조한다. 보타에게 중요한 탐구과제는 '도시가 어떤 표현적인 특징을 형성해 나갈 것인가라는 가정 하에 대지와 건축어휘들을 자연의 랜드스케이프와 도시적 차원을 고려하여 계획하는 것' (Benedetto Gravagnuolo, 1984, (ed.) Francesco Dal Co, 1985, p.299)이다. 보타의 이러한 사고는 그가 건축을 대지의 변형 장치로서 인식하고, 그가 건축을 대지를 넘어 존재하는 주변 환경의 경계 요소의 표식으로서 도시적 중재의 장치로 확대 해석한 데서 알 수 있다. 여기서 내부공간을 한정하는 벽은 도시와 관계를 맺으며 도시 안으로의 중재적 역할을 수행하는 도구이다.

보타는 거주의 시원적 유형으로서 주택 외에도 2가지 건축유형, 즉 인류의 가장 강렬한 충동의 하나인 영성에의 욕구를 보여주는 교회와 현대 도시의 삶에서 점점 중요한 특징인 문화적 관심을 표상하는 미술관에 관련된 주제를 탐구하였다. 그는 종교 건축에서 요구되는 상징적 서정성을 추상적인 조화 속에서 재창조하기 위해 과거의 전통적인 전례(典禮)를 참조하는 것을 포기한다. 그 대신 자신이 주택 작품들에서 실험한 원통형의 매스와 원형 평면에서 유추과정을 통해 발전시킨 원형(circle)을 주제로 하고 있다. 또 공간에 신성의 신비감을 부여하는 영향력 있는 요소로 빛을 사용한다. 보타는 현대 도시의 미술관을 "세속적인 성당이자 의사소통의 장소"(Mario Botta, 1995, p.82)로 정의한다. 미술관은 또 다른 종류의 영성에 대한 욕구(필요)를 만족시켜 주기에 교회, 공공건물, 극장 등처럼 인간의 욕구를 표현해 온 전통적인 기관들과 동등한 것으로 간주한다. 따라서 현대의 미술관은 도시의 복합체와 관련된 이슈를 이루는 통합적인 부분으로서 강력하고, 명백한 집단적 메시지를 전달하는 표현성과 상징적 아이덴티티를 지녀야만 한다는 것이다. 특히 미술관의 디자인에서 그는 '자연채광이 되는 실내공간, 공간 구성에 대한 가독성, 그리고 도시의 상징으로서의 건물의 형태(주33) 등을 무엇보다도 중시한다.

샌프란시스코 현대미술관(San Francisco Museum of Modern Art, San Francisco, USA, 1989-1995)**(도5-49a, b, c, d)**에서 보타는 도심지의

도5-49a, b, c, d M.보타, 샌프란시스코 현대미술관, 샌프란시스코, 미국, 1989-1995

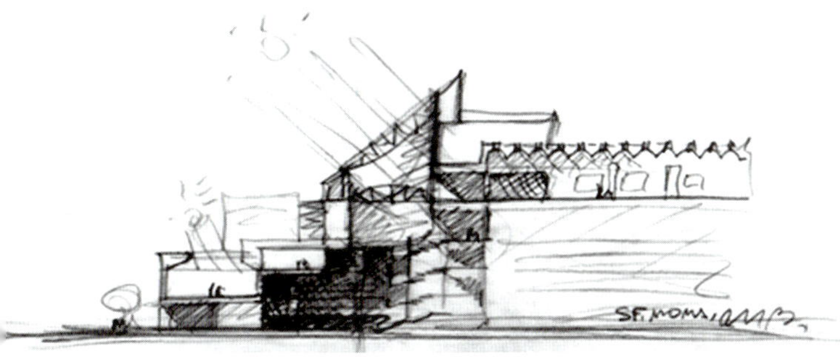

수직적인 고층건물을 배경으로 하는 기하학적 형상의 매스로 도시의 상징이 되는 건물을 만들었다. 여기서 미술관 건물을 도시의 가로 환경에 연결시키려는 의도로 1층에 전시공간 대신 광장 스타일의 로비공간과 다양한 편의시설(카페, 서점 등)을 배치하여 전이 영역을 도입하였다. 상부에서 자연채광이 되는 로비공간은 중앙 계단을 통해 최상부의 전시실까지 연속적으로 이동할 수 있으며, 아트리움 천장 아래를 가로지르는 브릿지를 오가는 방문객의 움직임과 시시각각 변하는 빛으로 독특한 경관을 연출한다. 2층에 위치한 전통적인 형태의 전시 갤러리는 쉉켈의 모델을 차용한 것으로, 상부에서 자연채광이 되는 연속적인 실들로 구성되었다. **로베레토 현대미술관**(Rovereto Museum of Modern and Contemporary Art, Rovereto, Italy, 1988-2002)**(도5-50a, b, c)**에서 보타는 18세기부터 시작된 오랜 문화와 역사적 전통을 지닌 대지의 기억으로부터 출발하여 건물이 역사적 도시와 연결되는 독특한 방식을 제시한다. 보타는 대로변에 면한 두 개의 역사적 건물(궁전)의 가로변 파사드를 보존하고, 이 건물들 사이의 있는 소로(小路)를 대지 중앙의 원형 광장으로 이끄는 축으로 활용하였다. 대지의 내부 깊숙이 위치해 투명한 금속 구조물의 돔 형상으로 덮인 실내 광장은 내향적인 모습을 띠고 있다. 이 비어 있는 중앙 광장을 중심으로 다양한

도5-50a, b, c M.보타, 로베레토 현대미술관, 로베레토, 이탈리아, 1988-2002

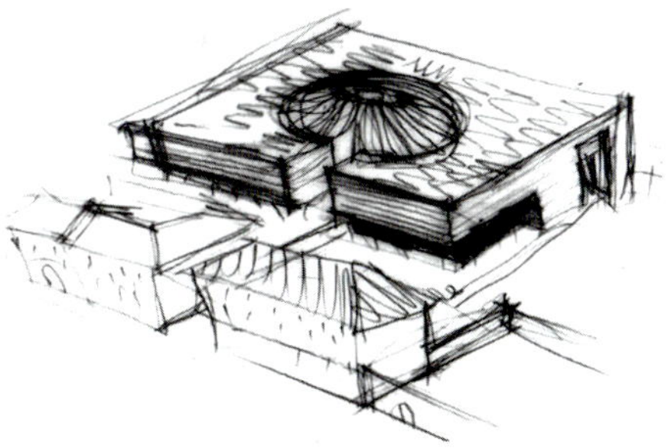

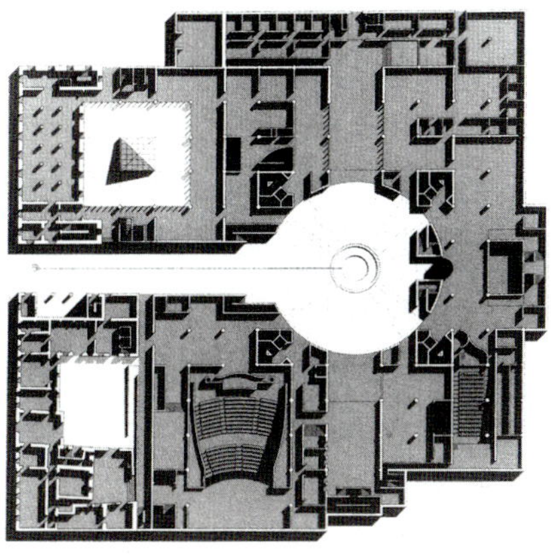

시설들이 지상과 지하에 분산 배치되고, 외부로 연결되는 개구부들이 설정되었다. 이처럼 감추어져 있는 부분과 건물의 기하학적 형태가 점진적으로 드러나도록 볼륨을 형성하는 수법은 건물이 도시와 연결되는 방식, 공적 공간에서 내부로의 전환, 공간적 구성에 대한 가독성을 강화하는 데 기여한다.

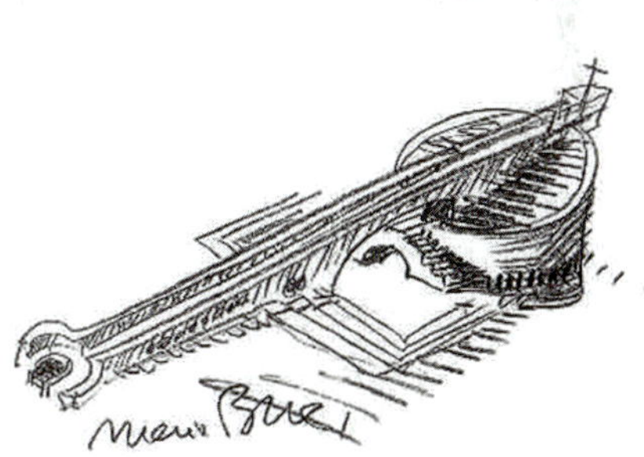

도5-51a, b, c, d, e M.보타, 산타 마리아 데글리 교회, 몬테 타마로, 티치노, 스위스, 1990-1996

보타가 건축으로 독창적인 랜드스케이프를 디자인 하는 방법은, (루가노를 내려다보는) 타마로 산 정상에 위치한 **산타 마리아 데글리 교회**(Chaple of Santa Maria Degli Angeli, Monte Tamaro, Ticino, Switzerland, 1990-1996)(**도5-51a, b, c, d, e**)에서 나타난다. 여기서 그는 채플을 기존 도로의 종착지이자 가상적인 확장으로 디자인하여 방문객과 등산객에게 그 산이 제공하지 못한 새로운 통로를 제공하였을 뿐만 아니라 계곡 아래로 펼쳐진 예상치 못한 경관을 볼 수 있는 새로운 조망점을 제공하는

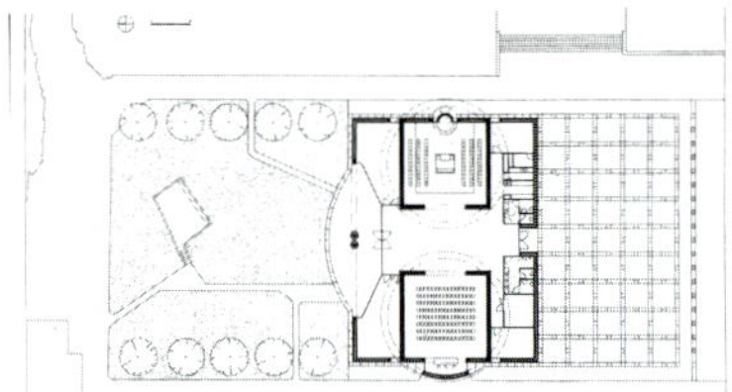

도5-52a, b, c M.보타, 심발리스타 유태교회당 및 유태인 전통문화센터, 텔아비브, 이스라엘, 1996-1998

장치로도 의도하였다.(주34) 이러한 방식으로 건축은 내부이자 외부가 된다. 특히 원형 채플 내부의 주변 공간에는 계곡 너머 멋진 경관을 향해 열린 창을 통해 산 아래 파노라마와 경관을 내려다 볼 수 있도록 하였다. 기하학적으로 미리 결정된 원형 채플의 형상은 마치 어머니의 자궁과 같은 형상이다. 보타는 독특한 빛을 도입하여 원통형 매스형태 안에 담겨진 원형평면의 정신적 공간에 신비스러운 감정을 부여하였다. 텔아비브 대학 캠퍼스에 위치한 **심발리스타 유태교 회당 및 유태인 전통문화센터**(The Cymbalista Synagogue and Jewish Heritage Centre, Tel Aviv, Israel, 1996-1998)**(도5-52a, b, c)**에서 보타는 종교적 공간과 세속적 공간의 병치를 표현할 수 있는 유형학적 형태를 선택해 기도를 위한 장소(유태교 회당), 토론을 위한 장소(강당)를 공존시키는 방식으로 독특한 장소를 만들었다. 기능적으로는 유태교 회당과 강당으로 분리되어 있으나 디자인적으로 통합된 두 공간은, 종교인과 비종교인 모두가 공유하는 신성에의 욕구를 표현한 것이다. 기하학적 형상으로 조각처럼 표현된 두 개의 주 공간은, 편의시설이 배치된 1층의 로비로 연결된 2개의 타워라는 이중적 이미지를 보여준다. 원형 형태의 원뿔체 내부에 직사각형의 지붕구조로 인해 만들어진 4개의 둥근 아치를 통해서 바닥까지 내부의 벽 전체를 비추도록 한 채광창은 그 의미와 기능에 있어 신비스러운 이중성을 표현한다.

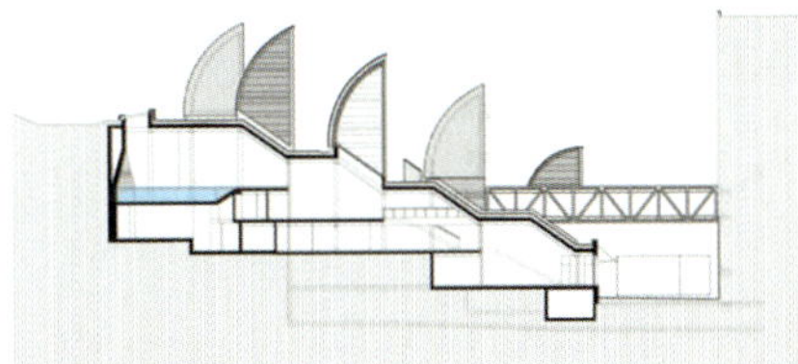

도5-53a, b, c M.보타, 타슈겐 베르고아세 스파, 아로사, 스위스, 2003-2006

타슈겐 베르고아세 스파(Tschuggen Bergoase Spa, Arosa, Switzerland, 2003-2006)(**도5-53a, b, c**)는 줌터가 발스의 온천(1990-1996)에서 내부공간을 대지에 묻어 구성한 것처럼 거대한 볼륨을 경사진 언덕의 대지에 묻어 사라지게 하였고, 단지 자연채광을 유입하는 기하학적인 잎새 모양의 '빛의 나무' 의 형상들로 자연에 대한 조망과 빛으로 연출되는 독특한 랜드스케이프를 만들어냈다. 여기서 내부의 벽돌 벽은 보타가 루가노의 카프친 도서관(1976-1979)의 내부공간에서 다룬 것처럼 천창으로 유입되는 빛의 처리로 독특한 분위기를 연출한다.

053 다시보기

이제까지 우리는 디자인의 출발점으로 유형(학)을 탐구하고 유추의 건축이라는 전통을 추구한 현대 건축담론의 분석을 통해 여기서 발견되는 주제와 개념들이 지닌 의미, 가치를 재발견하는 작업을 하였다. 필자의 관점으로 볼 때, 유형(학)에 대한 새로운 인식은 건축가들이 역사적, 문화적 맥락과 전통 안에서 건축 형태의 자율성과 이미지 탐구, 고전의 전통과 모더니즘의 현대성의 통합, 그리고 건축과 도시의 관계성과 공공 영역을 탐구하는 데 기여해 왔다는 점이다. 현대 건축담론에서 이러한 현상은 모더니즘 시대에 배제되었던 건축 형태의 이미지와 기억 등에 관련된 의미, 상징을 문화적 교환가치를 지닌 역사적 형태의 아우라(aura)와 규범을 중시하는 고전적-인본주의적 패러다임 사고의 전통을 따르는 건축가들의 이론과 작품에서 발견할 수 있다. 따라서 1960년 이후 현대건축 담론에서, 건축에 정당성을 부여하는 것은 프로그램의 해석, 구축성의 논리와 관계된 과학의 영역이 아니라, 문화와 관계성이라는 인식에서 출발하여야 한다는 주장이 주목을 받았다. 이 시기에 영향력 있는 일부 건축가들은 건축의 자율성과 역사적 형태, 즉 유형-형태(type-form)가 지닌 상징, 의미 등을 구조주의 이론, 언어학 등과 같이 건축 이외의 사상과 방법론을 차용하여 해석하기 시작하였다. 이러한 현상은 역사적 도시의 기념물에서 환원과 추상의 프로세스를 통해 추출된 역사적 기본 형태를 탐구한 '기억과 유추의 건축'(로시), 형태학적 사고와 아이디어의 재발견으로 접근한 '테마로서의 건축'(웅거스), 그리고 도시의 공공 공간의 영역과 기념비성, 상징의 회복을 위한 '도시 공간의 형태학'(크리에 형제, 스털링) 등을 제시하였다.

이를 주목한 비들러는, 도시 구조와 건축의 생성 관계에서 추출된 역사적 형태 언어를 '제3의 유형학' 으로 명명하고, 이것을 모더니즘의 산업화, 표준화에 근거한 '제2의 유형학' 이나 계몽시대의 이성과 자연에서 발견한 원초적 형태에 근거한 '제1의 유형학' 과 구별한 바 있다. 비들러가 20세기 초 모더니즘의 유형학으로 규정한 '제2의 유형학' 은 로스, 꼬르뷔지에 등이 제시한 오브제-유형(object-type)이나 독일 공작연맹의 무테지우스가 언급한 '제품으로서의 오브제(product object)' 에서 그 개념이 발견된다, 이것은 (우리가 01과 03에서 살펴보았듯이) 프로그램과 관련된 제품의 효용성, 경제성뿐만 아니라, 대상의 객관적 질서와 미적 이미지를 함축하고 있어 대상의 기하학적 질서와 형식의 수법을 탐구한 모더니즘 시기의 미학과도 무관하지 않다. 그러나 비들러가 언급한 제3의 유형학은, 형태학적 모방의 대상으로서의 물리적 유형의 해석을 넘어서, 콜훈이 언급한 바처럼 사회 구성원의 집합적 기억이 내포된 '사회공간적으로 구성된 스키마' 와 상통한다는 점이다. 여기서 역사적 전통에서 계승되어 온 역사적 형태구조로서 재현체계는 이미지와 유형을 해석하는 기반을 제공할 뿐만 아니라, 모더니즘의 '현대성' 을 새로운 시각으로 인식하는 데 매우 유용한 도구로 간주된다. 이 점에서 재현체계의 근간으로서 유형(학)은 현대 건축가들에게 형태를 구성하는 논리적 원리이며, 사회적 기억의 저장고인 도시의 맥락에서 출발하여 원형으로서 역사적 기본 형태를 발견하는 데 유용한 틀을 제공한다.

이러한 사실들로부터, 우리는 모더니즘 이후 현대건축 담론에서 발견되는 몇 가지 중요한 현상과 특징들에 주목할 필요가 있다.

첫째, 현대 건축가들은 역사적 형태의 상징, 기념비성, 이미지 등을 도입함으로써 역사적 연속성과 문화적 의미를 지닌 건축을 탐구하였다. 특히 고전건축의 전통(구상)과 모더니즘의 현대성(추상)을 예술적 관점에서 통합하려는 접근방식이 주목된다.

이러한 사실은 1960년 이후 현대건축 담론에서 이론과 작품을 통해 주목받아 온 건축가(웅거스, 스털링, 보타)들이 유형의 탐구를 통해 역사적 기본 형태에 내포되어 있는 아우라, 집단적 기억, 이미지, 기념비로서의 상징 등과 같이 모더니즘 건축 시기동안 오랫동안 경시되었던 개념들의 가치를 탐구해 온 사실에서 알 수 있다. (우리가 04에서 살펴본 바처럼) 심상의 표현과 감각의 건축을 추구하는 건축가들에게서 '프로그램(기능)과 형태' 의 통합을 추구(멘델존의 아인슈타인 탑,

사리넨의 TWA 터미널 건물, 게리의 초기 주택작품과 MIT 기숙사 건물 등)한 흐름을 발견할 수 있듯이, 유형(학)의 탐구에서 출발하는 건축가들에게 있어서 '전통과 현대성'을 통합하고 건축을 도시의 맥락 속에서 문화적 상징을 지닌 대상으로 해석하는 작업(테라니, 웅거스, 스털링, 보타 등)이 중요하다는 점은 오늘날 현대 건축담론에서 재발견된 커다란 교훈이다. 여기서 전통과 역사, 고전건축의 규범과 미적 질서뿐만 아니라, 모더니즘의 헤게모니였던 현대성에 대한 지속적인 탐구와 해석 작업은 전통과 현대성의 통합을 지향하는 건축가들에게 사고의 출발점을 제공한다. 이러한 사실은 건축의 당면과제를 역사 속에 존재해 온 아이디어(idea)를 재발견하고 이로부터 건축학적 '테마'를 구축하고 변형하는 작업(웅거스)을 강조한 데서 나타난다. 특히 도시의 맥락과 역사성이 반영된 건축을 통해서 도시 공공 공간을 위한 상징적 형태를 탐구하여 전통(구상)과 현대성(추상)의 통합을 추구한 접근방식도 주목할 필요가 있다. 추상과 구상이 주는 이미지, 기억, 연상을 건축에 반영하여 문화적 상징성과 기념비성을 모더니즘 전통의 연속선상에서 표현하고자 시도한 다양한 실험들(스털링의 초기 작품인 레스터 대학교 공학부 건물, 캠브리지 대학교 역사학부 건물), 그리고 자신만의 꼴라주 기법으로 도시의 공공 공간과 상징적 형태를 추구한 작품들은 (스털링의 후기 작품인 슈타트 갤러리, 베를린 과학센터, 아서 M. 새뮬러 뮤지엄 등)에서 이러한 특징들을 발견할 수 있기 때문이다. 전통과 현대성의 통합에 대한 관심은 건축가의 사고로서의 '추상'의 영역과 문화적, 물리적 실체, 대지에 새겨진 기억 등처럼 '역사적 상황'을 통합하고, '장소의 집합적 기억'과 연결된 시원적인 가치의 회복을 중시(보타)한 건축담론과 작품들에서도 찾아 볼 수 있다. 건축의 출발점을 기능과 프로그램, 구조, 재료 등이 아니라 역사적 상징, 기억, 의미를 내포하고 있는 원형적인 역사적 형태에서 발견하려는 사고의 전통은 근대사회에서 현대사회로 넘어가는 과도기에 합리주의 이론의 건축 담론을 제시한 근대 이전의 이론가와 건축가들(로지에, 쉉켈, 지테)에까지 거슬러 올라간다. 로지에가 절충주의로 오염된 역사적 흔적을 제거하고 단순화한 구축의 논리로 건축의 원형적인 형태를 탐구하였던 사고와 접근방식은 고전 건축의 전통과 모더니즘의 현대성을 공존을 탐구한 근대 건축가들의 실험(테세노프, 테라니) 등에서도 발견된다는 점에서, 이러한 사고의 전통이 현대 건축에 계승되어 그 명맥을 이어가고 있다는 사실을 간과하지 말아야 한다.

모더니즘과 현대건축 담론에서, 유형을 중시하는 건축가들은 기능, 프로그램, 재료와 물성, 그리고 근대적 공간 개념에 대한 탐구보다는 단순화된 추상적 형태의 표현과 상징의 문제에 더 주목하여 왔다. 공간구성적 측면에서 전통적 구성원리와 근대적 재료를 사용하여 투명성의 가상공간의 이미지(테라니의 파시스트의 집과 단테움 내부 열주랑 공간), 테마로서의 공간구성을 위한 여러 가지 구성원리(웅거스의 건축박물관), 그리고 시원적인 거주 장소를 구현하는 동굴 공간(cavern space)의 분위기(보타의 산타마리아 데글리 교회) 등에서처럼 공간의 추상성보다 장소의 현상적 경험을 더 중시하는 흐름이 발견된다. 특히 집합적 기억으로서의 이미지는 경험 주체인 수용자(신체) 회상과 기억을 전제로 하고 있다는 점에서 주목된다. 테마로서의 건축 개념을 통해 관찰자에게 공간적 경험의 다양성을 제공하는 건축구성(웅거스)을 탐구하거나, 장소의 집합적 기억으로서 거주의 공간을 만들기 위해 빛으로 충일된 에워싸는 벽의 구성(보타)을 중시한 데서 이러한 현상들을 발견할 수 있다. 특히 건축의 테마화를 건축의 인간화를 위한 방법으로 제시한 형태학적, 유형학적 사고(웅거스)는 정신적이고 문화적인 존재로서 주체와의 상보적 관계를 중시한다는 점에서 공간 경험의 주체인 수용자(인간)에 대한 새로운 인식을 보여준다.

둘째, 형식의 표현성 측면에서, 프로그램과 무관한 건축의 자율적 구성의 논리를 중시하는 건축가들은 이미지, 기억, 연상, 상징 등을 내포한 재현적 형태구조를 추상과 환원 등의 수법을 통해 탐구하고 있다. 이들은 역사적 기본 형태인 원형으로서의 유형(학)의 개념에서 출발한다.

이러한 접근태도를 보여주는 현대 건축가들은 내부의 프로그램과는 무관한 형태적 구성의 자율성을 강조하고, 형태의 자율적 논리를 도시와의 관계 속에서 해석하였다. (우리가 1권 01에서 고찰한 바 있듯이 이러한 태도는 프로그램의 해석과 리얼리티의 건축을 추구한 쿨하스가 프로그램과 무관한 외부의 자율적 구성을 주장해 온 건축 담론에서도 발견되는 현상이다.) 따라서 건축의 자율성의 논리 안에서 역사적 형태의 의미와 상징을 탐구하는 건축가들은, 순수 대상으로서의 '형태' 보다는 역사적 재현구조의 체계로 해석된 '형상' 의 개념(콜훈)에서, 그리고 대상 자체의 의미에 근거한 '인덱스' 보다는 사회문화적 의미를 내포한 '시그널' 의 개념(본타)에서 출발한다. 특히 역사적 형태의 추상과 환원, 유추, 변형, 꼴라쥬 등은 역사적 기본 형태의 유형을 추출하여 재해석(로시, 웅거스) 하는 방식이 중요한 수법으로 채택된다. 기억과 역사의 흔적이 묻어 있는 역사적 형태로부터 추출된 유형(학)을 바탕으로 접근하는 방식은 추상과 환원에 의해 원형으로서의 형태 이미지를 탐구(로시의 산 카탈도 공동묘지, 유추의 도시)하거나 유형학적 사고를 통해 역사적 유형의 형태학적 변용(웅거스의 루즈벨트섬 도시계획안, 독일 건축 박물관)을 중시한 건축가들의 담론이 주목을 받아 왔다. 이와는 달리, 모더니즘의 건축언어를 반영한 전통적 어휘, 단편화된 형상들의 꼴라쥬화 된 어휘들로 건축의 상징성과 기념비성을 표현하는 방식(스털링의 슈투트가르트 미술관, 그레이브스의 포틀랜드 시청사 빌딩)으로 건축의 이미지와 상징을 회복하고자 한다. 유형의 형태학적 해석을 시도한 건축가들(웅거스, 크리에 형제)은 전통과 현대에서 이끌어낸 다양한 원천에서 수집된 건축적인 테마를 발전시키기 위해 도입하는 형태학적 '변형' 의 수법을 채택하였다.

역사적 형태(유형)에 내재해 있는 이미지와 기억을 기하학적 형태로 추상화, 환원하는 형태학적 변형의 수법은, 20세기 모더니즘 건축의 시기에 전통과 현대성의 통합을 추구한 일부 건축가들의 작품에서도 발견된다. 이 시기에 환원, 단순성 추상화, 기억 등의 개념을 바탕으로 유형과 관련된 전통을 재해석하는 작업은, 전통과 현대에서 차용한 다양한 원천들의 형태적, 공간적 실험을 통해서 전통과 현대성이 공존하는 '근대적인 유형' 을 창조(테라니)하고자 하였다. 테라니가 형태적 발전과 관련해 도입한 '변형' 의 프로세스는 프로그램적인 기능과는 무관하게 적용된 것이지만, 여기에는 역사적 도시의 맥락 속에서 건축의 자율적 구성의 논리를 탐구하는 태도가 강하게 나타난다. (이러한 사고와 수법의 영향은 현대건축가 아이젠만이 다이아그램 건축의 프로세스를 통해 의미생성을 탐구하는 방식과 로시의 추상과 환원에 의한 원형에 대한 탐구, 그리고 웅거스의 유형학적 사고에 의한 형태학적 변용에 영향을 끼쳤다.) 전통은 모더니즘의 태동기에 추상과 환원, 유추의 과정을 통해 추출된 순수 기하학의 형태를 바탕으로 한 건축 구성의 출발점으로서 원형의 탐구(로지에), 건축의 본질을 역사적인 것과 이상적인 것이 공존하는 역사적 양식과 자연 법칙의 발견(쉉켈), 그리고 역사적인 전통 도시에서 공공 공간의 유형학과 그 미적 효과를 탐구(지테)한 건축 담론에서도 찾아볼 수 있다.

셋째, 현대건축 담론에서 도시의 장소적 맥락을 중시하고, 도시를 오랜 기억의 층위들이 누적된 장소의 집합적 기억으로 인식하는 건축적 사고가 주목받았다. 유형(학)을 역사적 도시 맥락과 자연의 관점에서 접근하여 해석하는 건축가들은, 추상적 공간이 아니라 현상학적 경험의 구체적 장소로서 건축과 도시의 상보적인 관계성과 건축의 역사성과 시원성에 대한 탐구를 중시한다.

이러한 흐름은 건축을 모더니즘의 건축에서처럼 오브제로 인식하는 것이 아니라 전체(도시)와 부분(건축)이라는 관계 속에서 건축의 존재의 당위성과 가치를 해석하려는 태도를 반영한다. 현대건축 담론에 역사와 전통, 상징과 도시의 공공공간에 대한 새로운 인식은, 역사적 도시 형태 안에 존재해 온 형태학적 유형학의 요소들을 바탕으로 도시의 공공 공간의 회복을 강조한 건축가들(웅거스, 크리에 형제, 스털링 등)에게서 발견된다. 이러한 사실은 도시의 기념비와의 관계에서 이끌어낸 '유추의 도시'(로시), 도시를 역사적 층위가 공존하는 변증법적 도시로 만들기 위해 '상보적 장소의 전략'과 '켜로서의 도시의 전략'을 제시(웅거스)한 데서 찾아볼 수 있다. 또 도시를 "경제적 행위의 생산물이 아니라 도시 거주자들의 기억과 삶을 위한 '도덕적 프로젝트'로 간주(보타)하거나, 도시공간의 형태학을 통해 공공 영역의 회복을 추구(크리에 형제), 그리고 기념물 없는 모더니즘 건축들로 구성된 도시가 아니라 도시의 장소성과 연계된 기념비성을 강조(스털링)한 데서 발견된다. (도시의 공공 공간을 중시하는 사고의 전통은 1권 01의 MVRDV의 마스, 02의 로저스, 포스터, 피아노, 2권 03의 하디드, 04의 프릭스 등에서 발견되고 있다.) 이들은 모두 유형이 생성되어 온 문화적 생성의 틀로서 도시의 역사성에서 출발한다. 따라서 도시를 기능보다는 장소의 집합적 기억들로 채워진 공간으로 해석하여 유추의 도시를 제시(로시)하거나, 도시를 기억의 층위로 누적된 형태학적 연속체이자 역사를 지닌 장소로 해석(웅거스의 맥데브르그 성당 광장, 크리에 형제의 아미엥 지구 재건을 위한 마스터 플랜, 보타의 로베르트 현대 미술관)하는 태도, 그리고 도시 공간의 유형학을 통해 전통과 재건을 바탕으로 도시의 공공 영역과 건축의 기념비성과 상징을 회복하고자 하는 태도(크리에 형제, 스털링) 등에서 건축과 도시의 유추 관계를 발견할 수 있다. 이러한 사고의 전통은 모더니즘 건축의 태동기에 도시의 공공 공간의 유형을 과거의 역사적 도시 속에서 발견하려는 시도(지테)에까지 거슬러 올라간다.

역사적으로 자연은 건축 담론의 시대적 변화에 따라 다양한 관점에서 해석되어 왔다. 현대건축에서 자연과 도시의 유형(학)은 건축가들에게 영감과 착상의 원천일 뿐만 아니라, 건축의 시원적 본질을 탐구하는 출발점이다. 자연은 기하학적 질서를 부여하는 개념적 건축의 원천이자 이상적인 형태미의 근원으로 인식(03의 기하학적 질서와 개념의 건축)되어 왔으며, 또한 자연의 형태구조가 지닌 미에 대한 건축가의 상상력과 영감의 원천으로 해석(1권 02 구축성의 전통과 구조적 건축, 2권 04 심상의 표현과 연상의 건축)되어 왔다. 그러나 건축과 도시, 자연의 상보적인 관계를 중시하는 건축가들에게, 자연은 이성과 합리성을 바탕으로 신성한 자연에서 건축미를, 자연의 보편적 법칙에서 건축의 구성원리를 발견하는 출발점(로지에, 쉉켈)으로, 또 자연과 관련된 대지와 랜드스케이프를 건축의 장소성(genius loci)에 대한 기억과 건축의 시원성을 구현하기 위한 출발점(웅거스, 보타)으로 해석되어 왔다. 특히 보타의 건축에서 물리적 대지보다 기억을 통해 연속되는 장소를 더 중시한 점, 그리고 대지의 변형장치로서의 건축의 벽을 내부공간을 한정하는 요소로서뿐 아니라 도시의 경계를 표식하는 도시적 중재의 장치로 도입한 점은 주목할 만하다.

우리는 모더니즘과 현대건축 담론에서, 역사적 도시와 자율성 대상으로서 건축의 상보적 관계성, 그리고 고전 건축의 규범원리(구상)와 모더니즘의 현대성(추상)의 통합을 추구함으로써 건축 형태의 상징과 의미를 다시 회복하고자 하는 다양한 시도를 발견하게 된다. 이것은 역사적 형태로서의 유형에 대한 해석으로부터 그것이 지닌 문화적 의미와 상징, 기념비성, 그리고 도시의 이미지, 장소성과 도시 공공영역의 회복을 시도한다는 점에서 오늘날 현대건축 담론에 중요한 의미를 부여한다.

주(註)

참고문헌

도판출전

찾아보기

서평

주(註)

03 / 031

주1) 미학적 학문 분야로서 수학의 전통은 세계의 존재 가운데 시적 질서와 조화의 문제에 관심을 갖고 '만물의 근원은 수이다'라고 강조한 그리스 시대의 피타고라스(Pythagoras)와 그 학파 사람들에게까지 소급된다. 이들은 만물이 서로 비례적으로 있으면서 수와 수의 관계에 의해서 파악되는 것으로 인식하였으며, 존재는 모든 수적 관계 혹은 수적 질서에 있다고 보았다. 역사적으로 근대 사회가 시작되는 17세기 중반 이전에 건축은 가장 수학적인 지식 분야의 하나로 간주되었다. 코완(Henry J. Cowan, 1990)은 과학 혁명으로 공학 기술이 발달하기 이전 시대에는 구조디자인은 단지 경험적이었으며, 사용된 법칙들도 기하학의 관점에서 기술되었다고 지적한다. 이 시기에 건축에 관한 수학 분야는 거의 기하학에 바탕을 두고 있었다.

주2) 플라톤은 기하학을 아는 사람은 불완전한 모습 배후에 있는 보이지 않는 완전한 모습을 보고 있는 자라고 생각하였다. 이러한 사람만이 영원한 진리 탐구의 길에 오를 수 있다. 그가 "기하학을 알지 못하는 자는 (아카데미에) 들어오지도 말라"고 한 것은 이러한 인식 때문이다. 형식은 그 자체의 본질을 내포하는 반면에, 특칭은 특성(properties)을 지닌다. 이 때문에 특성없는 특칭이란 존재할 수 없다. 형식의 이데아는 불완전하게 드러나는 현상계와는 달리 기하학적인 진리를 통해서만 인식가능하다. 정방형 형태의 이데아를 어떤 특칭의 정방형과 구별할 때, 어떤 특칭의 정방형은 이데아의 정방형(Square), 즉 형식의 불완전한 모사(模寫)이다. 플라톤은 현세의 사물도 그것이 선(Goodness), 정의(Justice), 미(Beauty)의 형식 이데아를 내포하는 정도에 따라서 선하거나 정의롭거나 미적인 것으로 간주된다고 보았다.

주3) 로크는 연장(延長), 형태(形態), 동정(動靜) 등처럼 우리에게 직접 지각되지 않는 본체(substance)를 갖는 성질을 1차 성질로, 향(香), 미(美), 한(寒), 온(溫) 등과 같이 주관적인 지각에 지나지 않는 것을 2차 성질로 구분한다.(이정복, 1982, p.94, p.113) 꼬르뷔지에와 오장팡(Ozanfant)은 1920년에 발표한 일련의 논문에서 1차적 감각과 2차적 감각의 개념을 구분하여 제시하였다. 1차적 감각은 형과 색채에 의해서만 결정되는 것으로 모든 인류에게 보편적이고 항상적이다. 2차적 감각은 개인의 유전, 문화적 배경에 바탕을 두고 있기 때문에 개인적일 뿐 보편적이지 못하다고 이들은 설명한다. 이러한 개념의 구분은 로크가 언급한 1차 성질과 2차 성질의 개념과 유사하다.

주4) 꼬메즈(Albert Pérez-Gömez, 1983, p.12)는, 18세기 이후 기하학과 수학은 과학적 사고와 테크놀러지적 목적을 지닌 기능화된 도구로 간주되었으며, 점차로 그 의미, 가치, 상징 등이 제거되어 순전히 형태적인 학문분야로 되어버렸다고 지적한다. 기하학을 형태생성 시스템(form-creating system)을 구성하는 인자로 인식한 네덜란드의 건축학 교수 로베릭스(J.L.Mathieu Lauweriks, 1864-1932)는 기하학을 "건물의 모든 부분들이 그것을 기초로 구축되는 건물의 원세포(primary cell)(J.L.M.Lauweriks, 1909, p.34, W.Phent, 1973, p.45에서 재인용)"로 간주하였다. 그는 척도 조정을 위해 평면과 입면 상에 단지 그리드 선을 채용하는 데 만족하지 않았던 그는, 정방형, 입방체, 원형, 원통형 등 다양한 패턴들의 배열에 모듈라 시스템을 적용하여 직교 나선의 미로와 같은 훌륭한 모티브를 만들어 이것을 실제 작품에 적용하였다. 이러한 설계 방법은 후에 건축을 하나의 간소한 형태 요소인 하나의 척도, 하나의 기본형으로 환원하여 접근하는 모듈 설계와 공업화 설계방식을 알리는 전조다.

032

주1) 랭(J.Lang, 1987, p.195)은 이러한 관점의 해석은 2차원적인 분석 개념에 기초하고 있기 때문에 인간의 움직임(이동성)이나 3차원적인 개념이 결여되어 있다고 지적한다.) 밴험(R. Banham, 1960, p.152)은 객관적 질서를 우선시하여 개인적 성향을 거부하는 모더니즘의 원리를 "예술의 비개인화(depersonalization of art)"라고 비판한다.

주2) 피카소는 한 지점에서 한 순간에 파악하는 투시도 화법은 객체의 진정한 실체의 관점을 부분적이고 왜곡하여 묘사할 뿐 다른 관점과 다른 시간에서 보이는 객체의 또 다른 사실적 이미지를 나타낼 수 없다고 보았다. 이것은 인상파 화가들이 오직 한 측면과 한 순간을 묘사한 것과는 달리, 사물에 대한 연속적인 인상을 총체적으로 표현하기 위한 것이다.

주3) 물리적 투명성, 현상적 투명성에 대한 자세한 분석은 Colin Rowe & Robert Slutzky(1997)을 볼 것)

주4) '지각과 생소화의 수법'은 러시아 형식주의자 V. 쉬클로프스키에 의해 제시되었다. 그는 예술작품은 지각의 일반 법칙에서 시작해야 한다고 강조한다. 그에 따르면, 실용적 언어와 관련되는 일상적 지각은 습관화, 자동화 되어 있어 대상을 볼(to see) 수 없게 만든다. 그것은 단지 인지(認知)—습관적인 방식으로 지각—할 뿐이다. 예술의 기능은 우리의 지각을 비습성화 시키는 것이고 대상을 되살아나게 하는 것이다. 여기서 '수법'이란 우리가 대상을 의식하게 되는 수단이며, 사물을 지각 가능하게 해주고 예술적으로 만드는 기법이기 때문에 문학 작품의 분석에서 중요한 도구

(Robert C. Holub, 1984, 최상규 역, 1985, p.34)로 간주된다.

주5) 데 스틸은 수직과 수평의 평면이라는 기본 요소를 공간 속에 배열하고 시각적 형태의 비물질화를 통해서 공간 자체를 새로운 정신으로 표현하려는 디자인 개념을 전개하였다. 신플라톤파의 철학 사상의 영향을 받은 쉔메커스(M.H.Schoenmaekers)는 『세계의 새로운 이미지 Het nieuwe Wereldbeeld, 1915』에서 "우리의 땅을 형성하는 근본적인 대립물은 수평과 수직이다." "3가지 기본적인 색채는 본질적으로 황색, 청색, 적색이다. 그것은 실재하는 유일한 색이다... 황색은(수직적인) 광선의 운동이며... 청색은 황색과 대조를 이루는 색이다(수평적인 창공)...적색은 청색과 황색을 결합시키는 색이다"라고 주장하였는데, 이러한 개념은 몬드리안과 되스버그에 의해 예술로 옮겨지게 되었다.

주6) 비슷한 시기(1918)에 순수파를 창조한 꼬르뷔지에도 되스버그가 제시한 것과 유사한 개념에 도달하고 있다는 점은 매우 흥미로운 사실이다. 꼬르뷔지에가 4면을 동일하게 처리한 사보와 주택(1928-1931)은 형태의 표면을 이루는 명확한 윤곽선을 강조하였다. 명확한 윤곽을 지닌 오브제의 중첩을 통해 비슷한 구성을 추구한 꼬르뷔지에에는 단지 3차원적인 공간만이 경험될 수 있다는 푸앵카레(Henri Poincare)의 견해를 따르고 있었다. 그러나 이 두 사람은 반(反)입방체와 입방체라는 구성 개념의 차이에도 불구하고, 기하학적 질서의 논리와 공간지각의 새로운 차원을 개념적 건축의 논리 안에서 발전시키는 작업을 중시하였다.

주7) 이것은 우리가 021에서 살펴본 쇼아지(A. Choisy)가 공간과 구조의 관계를 구축성의 관점에서 보여주기 위해 축측투상법을 사용한 것처럼, 객관성, 경제성, 추상성에 대한 표현의 욕구를 반영한다. 이러한 수법은 공간과 형태가 실제 대상의 객관적 특징에 대해서 정확하고 포괄적인 정보를 제공해 주기 때문이다.

주8) 이러한 이미지는 철학자 베르그송(Henri Bergson, 1859-1941)이 언급한 바 있는 "개념적 이미지(conceptual image)"의 개념과 매우 유사하다. 그는 개념적 이미지는 "관찰자는 시간의 흐름에 따라 자신의 기억 속에 외적인 시각 세계의 대상물에 대한 지각적 정보를 축적하게 되며, 이 축적된 경험은 그 대상에 대한 관찰자의 개념적 지식을 형성하는 바탕이 되고 있다.(Van de Ven, 1980, p.179에서 재인용)"고 강조하였다. 개념적 이미지를 형성하는 데 있어서 시각적 기억(visual memory)은 중요한 역할을 한다. 개념적 이미지는 또 모더니즘 예술과 건축을 이해하고 체험하는데 매우 중요하다. 건축사가 기디온(S.Giedion)은 『공간, 시간, 그리고 건축 Space, Time and Architecture, 1943』에서, 모더니즘 건축에서 발견되는 이러한 개념적 이미지 형성의 현상은 관찰자의 공간 경험 의식의 변화와 관련되어 있다고 보고, 이것을 "시-공간(時-空間)"이라는 4차원 공간 개념으로 설명한다.

주9) 타틀린은 이 기념탑을 에펠탑보다 1/3 더 높게 고안하였으며, 강철로 된 외부의 틀 속에는 회의장이나 사무실로 쓰이게 될 세개의 커다란 유리 입체들이 수직적으로 나란히 매달려 있게 설계하였다. 탑의 외관은 두 개의 소용돌이 모양이 서로 얽혀서 올라가는 형태로 되어있는데, 이 같은 형태는 여기에 매달려 있는 방들의 회전운동에 시각적으로 부응하는 동시에 이를 보완한다. 가장 아래에 있는 거대한 유리북 모양의 방은 이녀에 한번 회전하는 비율로 천천히 돌게 되어 있고, 그 위의 피라미드 형태의 방은 한 달에 한 바퀴씩, 반구형 뚜껑이 덮여 있는 맨 꼭대기의 원통형 방은 매일 한 바퀴씩 돌게 되어 있다.

주10) 표현적인 조형성을 추구한 ASNOVA와 기능적인 순수주의 건축을 추구한 OSA는 사회주의적 현실주의의 입장을 취한 VOPRA(All-Union Society of Proletarian Architects, 1929)의 공격을 받는다. VOPRA는 ASNOVA와 OSA는 소비에트 사회의 실질적인 조건들을 무시하고 단지 추상적인 형태주의를 추구하였다고 비난한다. VOPRA는 형태주의를 대중문화와 엘리트 문화의 구별을 강요하는 부르주아적 예술의 특성을 지닌 것으로 인식하였다. 대중들에게 쉽게 인지가능하 명료성(legibility)를 중시한 VOPRA는 문학과 예술의 전위적인 운동도 같은 논리로 비난하였다.

주11) 에틀린(Richard A. Etlin, 1994, p.14)은 건축시스템의 개념을 실질적 필요에 근거한 구축(건설)방법, 그 자신의 특징적인 형태의 총화, 지역적 이념과 특정의 관례와의 관계 안에서 갖는 장식화의 체계 등을 포함하는 의미로 사용한다. 이것은 건축의 구축의 개념과 특정 문화의 표현으로서 건축의 이념(idea)을 모두 포함하는 구축성(tectonic)을 의미하는 것이다. 에틀린은 꼬르뷔지에의 『건축의 향하여 vers une archutecture, 1923』에서 une archutecture는 퀸시(Quatremére de Quincy)가 그러했듯이 건축적 시스템이라는 개념으로 사용하였다고 지적한다.

12) "주택은 그 안에서 살기 위한 기계이다.(The house is a machine in which we live)(Le Corbusier, 1923)"라고 말한 꼬르뷔지에의 선언은 주택의 본질을 기계에 비유하여 해석한 것이다. 이 선언은 그 의도와 본질이 잘못 이해되어 후에 기능주의 선언으로 잘못 인용되었다. 그가 제안한 시트로앵((Maison Citrohan, 1920-1922)의 주택 계획안은 시트로엥(Citroen) 자동차와 같은 주택, 버스나 선실과 같이 생각되어 건설되는 주택을 의미한 것이다. 기계에 대한 비유는 주택을 자동차, 선박, 항공기 등의 제품들이 명쾌하고 논리적이며, 합리적인 프로그램에 따라서 설계되고, 그 목적을 성취하며 동시에 새로운 미(美)로 사람을 매료시키듯이, 주택도 과거 주택의 잘못된 공간 활용을 탈피하고 표준화되어 실용품으로 간주되어야 한다는 것을 의미하기 위해서였다. 이것은 그가 기능과 프로그램만을 중시하여 이로부터 건축 형태의 생성과정을 이끌어내고자 한 것과는 무관하다. 왜냐하면 꼬르뷔지에에게 기계는 의미상의 것이지 작용성과 관련된 형태상의 것은 아니었기 때문이다. 그의 건축은 고전적, 추상적, 기하학적인 건축 예술이었으며, 순수 입방체라는 건축 형태의 미학을 중시한 기하학적 질서와 개념의 건축에 바탕을 둔 것이다.

주13) 리드(Herbert Read, 1931)는 인류에게 영속적인 요소는 미적 감성이며, 변하는 것은 인간이 예술 형태에 부여하는 해석, 즉 표현적 가치일 뿐이라고 지적하고 형식과 표현의 의미를 구분한

다. 여기서 형식은 균형, 리듬, 조화 등의 직관적인 지적 개념이며, 표현은 직접적인 감정적 반응을 명명하기 위한 개념이다. 따라서 형태의 요소는 영속성을 띠나 표현의 요소는 일시성을 띠게 된다. 리드는 의미가 배제된 형태에 대한 보편적인 지각적 특성을 중시하였다.

주14) 도미노 주택(1915)의 개념을 발전시켜 (영국의 전원주택 특유의 전통에서 생겨난) 2층 높이의 거실공간을 갖는 새로운 주택 유형으로 제시한 시트로엥 주택은 지중해 지역의 전통적인 메가론(megaron) 형태, 파리의 노동자용 카페에서 유도한 것으로 추정되고 있으며, '광원의 단순화, 각 단부의 단일 베이(bay), 두 개의 측면 내력벽, 상부의 평지붕 옥상 테라스, 하나의 주택 유닛(unit)으로 사용할 수 있는 가능성 등의 개념을 보여준다. 특히 피로티 위에 세워진 이 주택은 신 건축의 5원칙(1926)을 예견하고 있다.

주15) 꼬르뷔지에가『건축을 향하여, 1923』"2장 건축 : 플랜의 착시(The Illusion of Plans)"와 "3장 건축가가 상기하여야 할 3번째 교훈 : 평면(Plans)편"에서 자세하게 기술하고 있는 건축적 산책로의 원리는, 그가 관심을 갖고 연구한 까밀로 지테풍의 도시풍경(Sittesque cityscape)을 통해 이동할 때 일련의 조망(vista)들이 구성되는 것과 밀접하게 연관된 것이다. 또한 이것은 그가 소아시아와 지중해를 포함한 동방지역을 여행(1911)하면서 다양한 문화속의 비대칭적인 건물군들에서 공간들의 시퀀스와 다양한 조망이 강력하고 미적인 방식으로 경험되는 사례들(특히 그리스의 파르테논의 신전)에서 얻은 교훈들이다. 꼬르뷔지에는 건축에서 참된 축성(true axis)은 보자르 건축의 디자인에서처럼 직선의 중심 축이 아니라, 공간들의 시퀀스를 관찰자의 이동(움직임)과 관련하여 일관된 구성으로 그룹핑하는 '정신적 조직화(mental organizatuion)'라고 주장하였다. 따라서 직선이 사용될 경우, 그 축선을 따라 주 요소들을 배열하는 것이 아니라 그 축선의 양측면에 역동적으로 균형잡힌 구성으로 요소들을 배치하는 것이 중요하다는 것이다. 이에 대한 상세한 역사적 고찰은 에틀린(Richard A. Etlin, 1994, pp.112-121을 참조할 것

주16) 꼬르뷔지에는 램프를 사용하여 사선방향의 형태를 수직적인 차원에 도입하고 있다. 그는 1930년 이후의 작품에서 램프를 적극적인 장치로 확장하여 사용한다. 이것은 두 개의 볼륨으로 분리된, 다양한 크기와 형상을 갖는 내부와 외부 볼륨이 복잡하게 상호결합된 구성을 연결하는 통합 요소로 사용하거나(크루쳐 박사 주택(1949)에서처럼), 외부로 돌출된 경사로가 계단과 연결되어 그것이 한정하고자 하는 공공의 공간의 영역으로 기여하도록 사용(빌라 쇼단, Shodan House, Almedabad, India, 1951-1956), Millowner's Association Building(Ahmedabad, 1954)에서처럼)하는데서 볼 수 있다. 또 건물의 내, 외부를 관통하여 도시가로의 역할을 하는 방식으로 경사로를 도입(하버드 시각예술센터 The Visual Arts Center in Cambridge, Massachusetts, 1960-1964)에서처럼)한다.(Richard A. Etlin, 1994, p.125)

주17) 이 시기에 지어진 다른 주택들이 제약된 도심지에 지어진 것과는 달리, 빌라 사보와는 교외라는 고립된 장소에 위치하였다. 여기서 해결하고자 한 주안점은 퇴근 후 유기적인 자연, 식생, 하늘, 시골전원과의 새로운 접촉을 찾는 사람들에게 자연과의 강한 연결(접촉)을 제공하는 것이었다. 꼬르뷔지에는 이것을 다음과 같이 표현한다. "자연에 대한 우리의 태도는 오늘날 완전히 다르다. 그것은 자신을 지상에 수동적으로 적응시키는 문제라기보다는 시골전원, 하늘, 특히 공기와 통합하는 문제이기 때문이다. 주택이 피로티 위에 놓여지고, 실제적인 삶의 대부분들이 지상에서 분리된 2층에서 위치한다. 이 건축물을 사용할 도시 건축주는 나무나 수풀에 근접해 있는 자신을 발견하기보다는 오히려 랜드스케이프를 지배하기를 갈망한다. 그는 파노라마, 바람, 태양을 즐기기를 원한다. 그는 자신의 전문직 때문에 박탈당한 자연의 완전한 자유를 만끽하고 싶어한다. 우리는 이 주택처럼 평가가 불가능한 이러한 것들을 이처럼 분명하게 표현하고 있는 또 다른 주택을 발견하지 못한다."(Richard A. Etlin, 1994, p.127에서 발췌 재인용)

주18) 입체파 화가 그리스의 회화에서 '정면으로 중첩된 면들(frontally layered palnes)에 S자 형상으로 관통하는 사선의 움직임과 공간의 대립물이 부여되는 방식으로 이루어지듯이, 꼬르뷔지에도 기둥들의 배열로 생기는 '정면으로 그리드화된 공간(frontally gridded space)'의 틀 안에 모서리를 한정하거나 조각적인 형상을 이루는 직선 또는 곡선의 벽체들을 배치하여 S자형의 사선방향의 움직임을 부여하였다. 이것은 가르슈의 빌라 스타인에서 입체파 미학과 동등한 3차원적 건축적 구성을 위한 수법의 하나로 기둥의 배열로 생기는 평행면들의 공간과 분리된 벽체들의 병치를 통해서 수평면들 사이를 가로질러 사선방향의 조망을 부여하는 방식으로 시각적인 자극을 개발한 데서 나타난다.

주19) 피로티 위에 얹혀진 입방체는 히치콕과 존슨(H. R. Hitchicock and P. Johnson, 1922)이 국제주의 양식(International Style)의 원리라고 규정한 바처럼, 견고한 매스가 아니라 하나의 '볼륨'의 특성을 지닌다. 로우(Collin Rowe, 1976)는 빌라 사보와의 정방형에 가까운 평면은 팔라디오의 빌라 로툰다(Villa Rotunda)의 평면 구성과 매우 유사한 고전적 구성의 질서를 지닌다고 지적한다. 여기서 빌라 로툰다에서는 구심성이 강조된 반면, 빌라 사보와에서는 정방형 입방체 안에 비대칭, 회전, 주변 분산 등과 같은 나선적인 속성이 강조되었다. 이에 대한 자세한 분석은 로우(Collin Rowe, 1976)를 참조할 것)

주20) 이처럼 프로그램을 구체적이고 개별적인 기능단위들로 분석하고 그 각각의 단위들에 기능적 제약조건에 따라 분절된 형태를 부여하는 수법은 이후 1930년대에 구세군 건물(La Cité de Refuge, Paris, 1932), 모스크바 소비에크 궁 계획안(Palace of the Soviets in Moscow, 1931) 등에서 반복적으로 나타나며, 기능주의 건축가들의 접근에 상당한 영향을 끼쳤다.

주21) 에틀린(Richard A. Etlin, 1994, pp.22-23)은, 꼬르뷔지에의 건축적 시스템은 여러 발전의 과정을 거치면서 (1) 얇은 외부의 부재의 벽으로 된 폐쇄된 순수주의 입방체에서 태양의 차단을 위

한 조소적인 장치를 포함하는 조각적인 볼륨들의 집합체으로 진화하였으며, (2) 이것은 기계 미학적인 마감방식에 호소한 매끈한 표면을 포기하고 거친 노출콘크리트의 질감을 선호하는 것으로 바뀌었다. (3) 1920년대 빌라의 유기적인 형태는 1930년대에 거친마감의 자연 세계의 이미지와 결합되었으며, (4) 1920년 후반에 기둥들의 그리드는 그 간격에서나 지지 부재 자체의 형상들 모두를 특징지우는 방식으로 다루어졌다고 지적한다. 에틀린은, 1940년대 후반에 이르면 기둥 그리드의 간격이나 기둥(또는 피어)의 형상은 1920년 후반과 1930년대의 건물보다 월씬 단순해지고 규칙성을 띠는 반면에, 파사드의 조소적인 볼륨의 특성은 램프를 단순히 공간요소들을 묶는 장치로 뿐만 아니라 그 이상으로 사용함으로써 입구 형태에 조각적인 특성을 부여하는 수법으로 발전되어 간다.

주22) 꼬르뷔지에는 "기도자에게 정숙하며 평화스러운 정신의 기쁨을 가져오게 하는 장소를 창조"하고자 '깊은 몰아와 명상의 배(방주)' 이미지를 목표로 하였다. 대규모 순례자를 위한 옥외제단은 이 장소와 그 환경 사이의 관계를 상징적으로 암시한다. 다양한 두께와 크기를 지닌 창으로 빛이 들어오는 '움직임을 표현하는' 벽체, 가장 큰 채플을 크게 '에워싸는' (얇은 조개껍질 같은) 벽체, 그리고 벽체와 지붕이 얇은 틈새로 띄워져 빛이 들어오며 부유하는 듯한 지붕 등이 공간을 한정하여 에워쌈과 움직임을 종합하고 있다.

23) 여기서 꼬르뷔지에는 1907년에 방문하여 강한 영향을 받은 에마의 카르투지오회 수도원(Charterhouse of Ema)의 사례를 참조하여 경사형의 대지에 순응하여 중정형으로 구성하는 방식으로 '고독'과 '공동체'의 이념을 재해석하여 구현하였다.

주24) 꼬르뷔지에가 인간의 정서적, 심미적 경험의 통로 역할을 하는 전통 도시의 가로를 거부하고 자기 충족적인 구성원리에 기반을 둔 공원 속의 오브제로서의 건물의 이미지를 강조한 점은 명백한 실패였으며, 이 점은 후에 팀 텐(Team X)의 공격을 받았다. 1권 02에서 살펴본 바와 같이 스미슨 부부(Alison Peter Smithon)가 보행자의 공공 영역을 회복하기 위해 클러스터 도시 개념을 주장한 것은 이러한 이유에서이다.

033

주1) 기호학적으로 시그널은 의사전달을 목적으로 만들어 진 것으로 그 사회의 구성원에게 그러한 것으로 인식되는 지시자(indicator)를 말한다. 인덱스는 의사전달을 위해 의도적으로 만들어진 것은 아니지만 그 대상의 속성에 의해서 의미를 전달할 수 있는 지시자를 말한다.

(주2) 1958년 이후에 나타나는 현대건축의 새로운 양상 중 두드러진 특징의 하나는 근대건축 이론에 동조하였던 제2세대 건축가들이 모더니즘의 건축이 제시한 기존 원리의 타당성에 회의를 품고 새로운 방향을 모색하였다는 점이다. 요디케(Jürgaen Joedivke, 1969, pp, 109-110)는 1958-1966년 사이에 전개되어 온 이러한 모색을 크게 부르탈리즘(Btutalism)과 형식주의(Formalism)로 대별하여 설명한다. (1권 02에서 살펴본 바처럼) 부르탈리즘 운동은 영국과 유럽을 중심으로 전개된 반면, 형식주의는 미국의 건축계에서 근대건축의 2세대인 존슨(Philip Cortelyou Johnson, 1906-2005), 사리넨(Eero Saarinen, 1910-1961), 루돌프(Paul Marvin Rudolph, 1918-1997) 등을 중심으로 전개되었다. 이 시기에 형식주의 건축가들은 '건축의 표현적, 조형적 특성을 강조하는 미학적 측면에 관심을 갖기 시작하면서 모더니즘 건축에서 배척된 역사를 참조하고 상징적 요소를 채용' 하여 형태표현의 영역을 확장하려고 시도하였다. 형식주의 건축의 이러한 경향은 과거의 전통건축이 지닌 장식적인 요소를 현대화하고 기능주의 건축의 기계적 비인간성을 인간화하려는 시도였다.

주3) 소쉬르(Ferdinand de Saussre)는 '언어는 일련의 고립된 언어적 사실이라기보다는 기능적 체계로 연구되어야 한다' 고 주장하였다. 이것은 체계의 구조, 체계 속에 속해 있는 구성물들이 서로 맺고 있는 관계에 주목함으로써 언어들 내면에 숨겨져 있는 공통된 구조를 발견하는 것이다. 기호학은, 구조화된 시스템의 요소들의 중요성에 대해 연구하여 한 사회안에서 기호의 역할과 기능을 연구하는 학문으로 크게 통사론(Syntactics), 의미론(Semantics), 화용론(Pragmatics)로 구분된다. 통사론은 기호의 시스템 안에서 기호화 기호의 관계성, 즉 시스템의 구조에 대해 탐구한다. 의미론은 기호와 의미를 내포한 대상의 관계성, 즉 기호가 요소들의 속성인 의미를 수행하는 법에 대한 탐구한다. 화용론은 기호와 인간의 행태적 반응과의 관계 즉, 기호를 자신들의 전체 환경의 한 부분으로 해석하는 사람들에게 기호가 끼치는 영향에 대해 탐구한다. 따라서 이것은 기호와 시스템이 시스템의 외적 실체에 대해 갖는 지시대상물(reference)을 다룬다.

주4) 1960년 중반 이후, 기능보다는 순수한 시각적인 형태언어로 구성되는 자율적 건축에 대한 탐구는 건축을 언어작용으로 간주한 건축가 집단인 '뉴욕 5(New York 5)의 아이젠만(Peter Eisenaman), 그레이브스(Michael Graves), 마이어(Richard Meier), 과스메이(Charles Gwathmet), 헤이덕(John Hejduk)에서 발견할 수 있다. 이들은 모두 기능적 측면을 무시하고, 형태와 기능, 형태와 의미의 관계를 초월하여 엄격한 기하학적 체계에서 유도해 낸 평면구성을 바탕으로 복합적인 공간조직과 형태의 구조자체를 탐구하였다. 이들은 1920 년대 초기의 르 꼬르뷔지에 작품구성의 원리와 입체파 화가인 그리스(Guan Gris)가 전개해 온 평면을 중첩하여 공간의 무한한 확장을 암시하거나 애매성을 지닌 스크린 효과를 만들어내는 병치(layering)기법, 1930년대의 이태리 합리주의 건축가인 테라그니 등을 참조한다.

주5) 이 전시회에는 게리(Frank Gerry), 리베스킨드(Daniel Libeskind), 쿨하스(Rem Koolhass), 아이젠만(Peter Eisenman),

하디드(Zaha Hadid), 프릭스(Wolf Prix)와 스비진스키(Helmut Swiczinsky)로 구성된 쿱 힘멜블라우(Coop Himmelblau), 츄미(Bernard Tschumi) 등 다양한 실험적 작품을 제시해 온 7인의 건축가들로 구성되었다.

주6) 미니멀니즘은 미술 작품 내부에 존재하는 다양한 시각적 요소를 완전히 텅빈 지점까지 환원시키고 산업적 생산양식을 체택하여 진품성의 시니피앙으로 작용해 온 작가의 수작업을 제거함으로써 미적인 대상과 일반 대중을 구분하는 전통적 기준을 무효화 시켰다. 특히 미니멀리즘은 관람 주체에게 구체적인 신체를 돌려주었으며, 자율적인 미웃? 대상의 의미를 전시공간으로 밀어냄으로써 관념주의적 신비주의에 도전하는데 기여하였다. 1960년대 말 미국을 중심으로 개념미술(Concept Art)에 반발하는 일부 전위 미술가들이 현대사회의 예술적 가치를 거부하고 문명에 의해 묻혀 버린 미술의 특징을 풍경을 통해 재발견하기 시작하면서 전개되었다. 대지미술은 미니멀리즘의 단조로움과 안일함을 비판했고, '물질' 로서의 미술을 부정한다. 대지미술은 작품 속에서 자연을 사용하여 지구, 환경과 같은 개념이 눈에 띄고, 그 자체에 대한 대중의 인식에 초점을 두었다. 이러한 수법은 모두 예술의 일시적 성격, 재료 또는 재질로서의 자연의 재인식, 자연환경의 창조적 응용 등을 강조한다. 권미연은, 1960년대 후반과 1970년대에 걸쳐 미니멀리즘에 뒤따라 처음 출현한 장소-특정적 미술은 환경의 맥락에 자신을 맡기고, 그 맥락이 미술의 형식을 결정하고 지배하도록 만들었다는 점에서 자율적이고 자기참조적인 대상으로 장소와의 연결을 단절시키거나 무관심하였던 모더니즘의 패러다임에 극적인 반전을 요구했다고 다음과 같이 지적한다. "모더니즘이 추구했던 오염되지 않고 수수한 관념주의적 공간은 물질적 성격을 지니는 자연풍경이나 일상의 순수하지 않고 평범한 공간으로 급격하게 대체되었다 미술의 공간은 더 이상 텅빈 석판이나 타블라 라사가 아니라 실제의 공간으로 인식되었다. 이러한 맥락에 놓인 미술대상이나 이벤트는 각 관람주체의 신체적 현존에 의해 지금 이곳에서 고유하게 체험되어야 하는 것이었으며, 그 체험은 예전처럼 육체에서 분리된 눈이 시각적 직관으로 즉각 '지각' 하는 방식이 아니라, 공간의 연장과 시간의 지속이라는 감각적 직접성 안에서 이루어지는 것이었다."((ed.) 조야 코커, 사이먼 롱, 2010, 서진원 역, p.45)

주7) 래스트(Nana Last)는 모더니즘 시대에 팽배하였던 "기능주의의 요구조건이 내용과 형식 양자를 불가분한 것으로 만들고 유용성을 우선으로 하는 제품을 만드는 반면에, 개념주의의 구성물들은 내용과 형식 사이, 미술 작품과 철학적인 것 사이, 논리적 자명한 이치와 전문적인 용역 사이 등의 구분을 근절시킬 가능성을 허용함으로써 그 세력구조를 뒤엎어 버린다"((ed.) 조야 코커, 사이먼 롱, 2010, 서진원 역, p.335)고 지적한다. 여기서 개념적 미학의 실천은 바로 내용과 형식의 1:1 관계에 도전할 수 있는 잠재력을 제공한다.

주8) 아이젠만은 형태에는 우리가 이해할 수 있는 근본적인 구조가 있지만, 텍스트는 하나의 근본적인 구조를 갖지 않는다고 강조한다. 이것은 그가 시각적이거나 미적인 형태성이 아닌 텍트스성에 대한 탐구를 더 중시한데 기인한 것이다. 흔적의 조직, 존재하기도 부재하기도 하며 비어있거나 채워지기도 한 텍스트는 다양한 해석이 가능하기 때문이다.

주9) 아이젠만은 이를 다음과 같이 설명한다. "건축에 대한 독자의 능력은 '앎의 감각' 과 '믿음의 감각' 을 구분할 수 있는 능력으로 정의될 수 있다고 말한다. 새로운 능력은 그 자체로서 무엇인가를 읽어내고 어떻게 읽어낼 것인가를 아는, 그리고 더 중요하게는 건축을 어떻게 하면 하나의 텍스트로서 읽을 것인가를 아는(하지만 반드시 해석하는 것은 아닌) 가능성으로부터 나오기 때문이다. 아이젠만은 텍스트성을 갖는 " '비고전적인(non-classical)' 건축은 스스로가 사용자 또는 관찰자로서가 아니라 독자로서의 자기 동일성을 의식하고 있는 독자라는 개념과 적극적으로 관계를 맺기 시작한다고 보았다. 이것은 외부의 가치 시스템(특히 건축적-역사적 시스템)으로부터 거리를 두고 있는 새로운 독자를 제안하는 것이다. 그는 이와 같은 독자는 독자로서의 자기 동일성 이외에는 독해의 행위를 위한 다른 어떤 선험적인 능력도 지니고 있지 않다. 다시 말해, 이와같은 독자는 (비례, 질감, 스케일 등의 측면에서) 건축이 어떠해야 하는가에 대해 미리 주어진 지식을 갖고 있지 않으며, '비고전적인' 건축 또한 그 자체가 이러한 편견을 통해 이해될 수 있도록 만들려 하지 않는다..."((ed.) K. Michael Hays, p.715)고 설명한다.

주10) 아이젠만은 '구성(composition)' 개념은 고전주의 시대의 신본주의나 인본주의에서 도출된 원리와 기준에 근거하고 있어 시대에 뒤떨어진 것으로 간주한다. 그는 '구성' 의 고전적 경계에 잠재적이고 대안적이며, '다른' 감정을 제공하고 잠재적 균열을 제안하는 '구성 이상(extracompositional)' 의 건축적 존재를 탐색한다, 구성 이상의 건축은 '탈구성' 을 포함하는 건축의 선례이다, 이러한 탈구성은 고전적 구성의 역전이거나 그 반대에 근거하는 프로세스를 제안함으로써, 프로세스는 이전 고전적 감성에 의해 특정 대상과 자체 구조에 숨겨져 있던 본질적인 관계를 드러내거나 해체한다.(R. Moneo, 2004 , pp.169-171) 이와는 달리 '미리 구성된 (precompositional)' 의 개념은 고전건축의 지배적인 오더의 초기 구조이다.

주11) 아이젠만은 시공간적 유예상태를 뜻하는 데리다의 '차연' 개념은 흔적 또는 부재의 현존과 같은 개념과도 연결된다고 보았다. "건축에서 차연은 시공간적 경험과 이해의 단절을 의미한다. 사람은 걸을 때 시간 속의 공간을 경험한다. 내게 있어서 차연은 그 시간 속 공간의 경험이 이해의 가능성으로 연결되지 않는 것을 의미한다. 고전적인 팔리디오 빌라의 경우 그 공간을 경험하고 동시에 이해할수 있기 때문에 평면을 그리는 것이 가능하다. 그러나 내가 추구하는 것은 경험과 개념이 단절된 불만을 만들어내는 것이다. 이것은 전체와 부분의 관계를 부인하는데서 발생한다."

주12) 아이젠만에 따르면,『고전적인 것의 종말 : 시작의 끝, 종말의 끝 The End of the Classica l: The End of the Beginning, the End of the End, Perspecta21, 1984』에서 흔적은 문자 그대로 읽힐수 있는 것이 아니다. 이것은 독해의 이벤트가 있음을, 독해가 일어나야 함을 표시하는 것 이외에는 흔적이 더 이상의 가치에 매여있지 않기 때문이다. 다시 말해 흔적은 읽어낸다는 개념을 암시하는 것이다. 따라서 흔적은 부분적이거나 단편화된 기호이다. 그것은 개방성을 갖지 않는 것이며, 과정 중에 있는 행위를 의미한다. 이와 같은 의미에서 보면 흔적은 실제의 시뮬라시옹(시뮬라르크)이 아니다. 그것은 스스로를 그 이전의 실제와는 뚜렷이 구분되는 것으로서 드러내고 있기 때문에 오히려 하나의 '위장(dissimulation)' 이다. 그것은 실제적인 행위를 모사하는 것이 아니라 오히려 그 이전 또는 이후의 실재에 내재해 있는 행위를 재현하고 기록한다. 그리고 이 행위는 흔적 자체보다 더하지도 덜하지도 않은 실제적인 가치를 갖는다. 이 말은 흔적이 앞서 등장한 건축 또는 사회적인 관습과 용도의 재현인 이미지를 만들어내는 일과는 무관하다는 뜻이다. 오히려 그것은 그 자체의 내부적인 프로세스들에 대한 표지(標識)에 관한－문자그대로 형상화에 관한－것이다. 아이젠만은 흔적으로 대지를 해석하는 인공적 발굴의 개념은 프로이트의 '문명속의 불만' 에서 얻은 개념이라고 말한다. 프로이드는 로마에 대해 얘기하며, "로마에 대해 생각하는 것과 실제 로마에 있는 것은 무의식의 층(layer)을 파내는 것과 같다고 했다. 그러므로 인공적 발굴은 개인의 억압된 무의식에서 무언가를 끄집어내려는 심리학자와 유사하다. 여기서 그가 의미하는 고고학자로서의 건축가는 대지와 주체에 억압된 것을 파내는 것을 뜻한다.(공간 2004. 8월호, p.125), 이에 대한 상세한 논평은 마이클 헤이즈(ed.) K. Michael Hays, 1998, p.720)을 참조할 것.

주13) 아이젠만은 '접목(graft)' 의 개념을 인위적인 기원을 보여주는 사례 중의 하나로 새로운 결과를 제공할 목적으로 낯선 실체를 포괄적으로 삽입하는 경우에서와 같다고 설명한다. "접목은 맥락 속에 놓여있으면서 기원을 암시하고 있는 꼴라쥬나 몽타주와는 달리 하나의 새로이 고안된 장으로서, 그것은 대상으로서의 성격보다는 오히려 프로세스로서의 성격을 갖는다. 접목은 그 자체가 발생학적으로 무작위성을 띠는 것은 아니다. 그 임의성은 그것을 허용하지 않는 고전적인 가치 체계로부터의 자유에서 비롯된 것이다. (그것은 프로세스에 외부의 가치를 더 이상 부여하지 않는 해석의 선택을 제시함으로써 임의성을 띠게 된다). 그것의 인위적이고 상대적인 속성으로 인해 접목은 그 자체로 반드시 성취 가능한 결과가 되지는 않는다. 오히려 그것은 단순히 행동을 위한 동기를－즉 프로세스의 시작을－수반하는 배경일 뿐이다." ((ed.) K. Michael Hays, 1998, p.712)

주14) 철학자 베르그송(Henri Bergson)은『물질과 기억, Matter and Memory, 1912』에서 객체의 시간과 주체의 경험적 시간에 대한 차이가 있을 수 있다는 가능성을 제시하였다. 그는 시간을 연대기적(서사적)인 시간과 지속성의 시간 두 가지로 구분한다. 연대기적 시간은 정도의 차이라고 부를 수 있는 것과 관련되며, 지속성의 시간은 종류에 있어서의 차이를 제시한다. 아이젠만은 이를 근거로 하여 대개 건축이 연대기적 시간으로 경험되는 반면에, 베르그송의 시간에 대한 개념은 지속성의 시간과 인지의 시간을 분리할 수 있다는 가능성을 제안한다고 보았다. (예를 들어, 물 속에서 각설탕이 용해되는 경우, 각설탕의 지속성에 대한 시간은 그 사건이 일어나는 것을 인지하는 주체의 시간과는 아무런 상관이 없다.) 아이젠만은 "이 기념비의 시간 (즉, 이 기념비의 꼭대기 면에서부터 지면까지의 지속성)은 우리가 그것을 경험하는 시간과는 동떨어진 개념" 이며, 이런 맥락에서는 "향수도 과거의 기억도 존재하지 않으며, 오직 기념비를 통한 개인적 경험의 살아있는 기억만이 숨쉬고 있을 뿐" 이라고 말한다. 이러한 잠재성은 프로젝트의 시간, 다시 말해 내재적인 시간과 이 프로젝트의 주체가 경험하는 시간상에 명확한 구분이 된다." (Cynthia C. Davidson (ed.) Anytime, Cambridge, Mass.(MIT Press), 1999, pp.250-257, … Peter Eisenman, Time Warps : the Monument 권영민역 2011, p.288-289)

주15) 갈라시아 문화센터는 문화의 도시 스페인 서북부 갈라시아 자치주에 들어서게 될 6개의 건물 프로그램(갈라시아 박물관과 국제 아트센터, 음악 및 공연 예술센터와 중앙서비스센터, 갈라시아 도서관과 갈라시아 기록보관소 등 3쌍으로 짝을 이룬 건물군)으로 이루어져 있다. 아이젠만은 작업과정의 첫 단계로 먼저 도시가 내려다 보이는 산비탈에 위치한 부지의 지형도 위에 중세시대의 산티아고 중심가로를 겹쳐놓는다. (이것은 기독교 3대 성지중 하나인 산티에고라는 장소에서 과거의 순례자 루트와 현재의 움직임에 의한 흔적이다) 그리고 이러한 중세식 가로에 여전히 존속해고 있는 직교 격자를 배치한다.(이것은 부지 근처에 위치한 오래된 종교적 도심센터와 중세도시임에도 불구하고 여전히 중심지에 존재하는 직교 그리드의 흔적이다) 마지막으로 컴퓨터 모델링 소프트웨어로 현장의 언덕 지형이 앞에서 언급한 두 개의 평평한 기하학적 구조를 왜곡시키도록 한다.(이러한 다이어그램이 엮이면서 기존의 격자 자체는 물론 그것에 대응하는 거리와 건물들이 변형된다,

주16) 페로는 1970년대의 포스트모던 건축가들이 역사를 재발견하거나 분석하여 과거의 역사를 장식적이나 내러티브하게 사용한 것, 그리고 사회학을 현재의 역사의 요소로 사용한 점을 비판한다.

주17) 페로는 다음과 같이 말한다. "구축한다는 것은 거친 행위이다. 그것은 보존이라는 동정적인 행위가 아니다. 무언가를 구축한다는 것은 그것을 이전보다 더 나은 상태로의 변형을 희망하는 것이다. 환언하면, 그것은 궁극적인 목적을 갖는 그 무엇이 아니라 침입인 것이다. 왜냐하면 과거에 길 저편을 내다 볼 수 있었던 사람이 새로 지어진 시청 건물때문에 그 뒤를 더 볼 수 없게 된다거나....과거에는 시청 건물의 뒷면에 있는 자연을 볼 수 있었던 사람

이 지금은 단지 시청건물만 볼 수 있는 경우가 생기기 때문이다... 이러한 요소들에 비추어볼 때, 무언가를 구축한다는 것은 우리의 감각을 변형시키는 침입행위를 수용하는 것이다. 우리는 랜드스케이프와 장소의 변형을 통해서 보다 큰 행복감을 제공하기 위해 감각, 느낌, 감흥 등을 도입한다. 우리가 이러한 것을 할 수 있다는 것, 이것이 흥미로운 것이다." (CA, 2006.1. Vol. 64, p.10)

주18) 페로의 사고는 1960-70년대에 미국, 영국, 독일 등을 중심으로 한 대지미술 운동의 영향을 보여준다. 이 운동은 랜드스케이프를 전체적인 주변환경과의 관계 속에서 변화하는 장(場)으로 인식하며, 오브제를 바라보고 지각하는 관찰 주제와의 관계에 관심을 보여왔다. 따라서 고정된 시각적 이미지보다는 시간에 따라 변화하는 관계의 설정과 적극적 개입 행위과정의 개념들이 강조된다.

주19) 이것은 기능적 프로그램별로 대응하는 건축적 공간구성의 유형으로, 입구-로비 : 박스1, 도서실 : 박스 2 기획전시공간 : 박스 3, 상정 : 박스 4, 정보센터 : 박스5 등으로 구성된다. 빼로는 이러한 아이디어는 '20세기에 이 지역에서 발생한 아방가르드 예술운동인 다다(DADA) 운동에 대한 21세기의 건축적인 경의의 표현이며, 전통적인 박물관의 건축을 공원처럼 변형시키는 것' 이라고 말한다.

주20) 한 예로 하디드는 까르디프 오페라하우스(Cardiff Opera House, 2004)에서 무대외의 공간들이 외부로 드러나지 않는 전통적인 유형학적 구성과는 달리, 리허설 룸과 같은 공간들을 외부의 도시공간과 연계하여 상호작용할 수 있도록 공간배치에서 개방적 구성방식을 택하였다. 이처럼 오페라 하우의 프로그램을 도시 맥락에 연결시키고 가시화하여 건물 안의 공간이 도시속의 또 다른 공간으로 만들어냄으로써 사람들을 끌어들이는 역할을 한다.

주21) 하디드의 이러한 사고는 입체파, 미래파로부터 유래된 러시아 구성주의 건축가 말레비치(Kasimir Malewitsch)의 절대주의적 회화의 형태 언어에서 발견되는 아이디어에 사선구도, 원색적인 색채를 가미하여 역동적인 형태의 조형적 긴장감과 강한 시각적 자극을 제공하는 해체주의적 실험을 한데서 시작된다. 하디드는 AA스쿨 졸업 작품인 '말레비치 텍토닉(Malevich's Tektonik)'(1976-1977)에 관한 연구에서 반중력적인 형태구성의 구축방식을 치수, 스케일, 맥락, 위치가 주어진 호텔이라는 프로그램과 통합하여 새로운 유형의 건축을 만든 아이디어를 도출하였다. 그녀의 건축적 감성을 지닌 특별한 형태들은 절대주의자의 형태구성 방식을 해석하여 나온 것이다.

주22) 하디드는 유클리드 공간개념에 기초한 전통적인 건축표현 방식은 수평, 수직 단면과 이것들을 중첩하여 '나선형의 공간' 을 창조하는데 상당히 제한적이라고 지적한다. 왜냐하면 이러한 재현 양식은 이상적인 관찰점에서 고정된 눈을 갖는 투시도법처럼 오브제에 대한 선형적인 관계를 갖고 있기 때문이다.

주23) 하디드는 이러한 개념을 홍콩 도시의 지도와 축척을 조사하는 과정을 통해서 '도시속의 거대한 방' ((ed.)Tom Avermaete, 2009, 2011, p.169) 이라는 공간성의 개념을 유추하였다. 그리고 이것을 투상도를 통해서 도시의 공간과 압축된 스카이라인이라는 아이디어가 도시의 공간에 미치는 영향을 보여주려고 의도하였다.

주24) 지상층의 바닥풍경(floorscape)의 절단된 부분이 가로에 있는 보행자의 시선을 유도하여 그보다 낮은 레벨에 있는 건물의 계단과 공연공간으로 유도하고 있다. 수평과 수직, 바닥과 벽으로 구성된 어반 카펫은 공공보행로에서 센터 안으로 확장되며, 건물 후면에서 위로 곡면으로 휘어져 지상의 면과 후면의 벽이 연속적인 표면을 만들어낸다.

주25) 뉴라직 현대예술박물관은 바다에서 카글리아리(Cagliari)로 도착을 알리는 랜드마크이자 문화적 교환의 접점(node)으로 계획한 것으로, 건물은 바다의 축을 면하여 배열되었고 건물의 양익부는 산 엘리아(San Elia Stadium) 스타디움을 향해 뻗어나가 대지 자체에 동화하는 형식으로 전개되어 새로운 스카이라인을 형성하는 랜드스케이프를 만들어내고 있다. 하디드는 이 건물 형상의 디자인을 "내부가 비어있는 단단하고 구멍이 많아 침투성 있어 외부 대기와 함께 지속적인 삼투교환 과정에서, 생동적으로 변화하는 환경에서의 문화적 활동들을 수용할 수 있는 산호빛의 응집체" (P.Jodidio, 2009, p.421)로 비유한다.

주26)여기서 페로가 자연과 랜드스케이프를 해석하고 접근하는 방식은 꼬르뷔지에가 피로티를 통해 건물을 대지에서 분리하는 방식과 사뭇 대조를 이룬다는 점이 흥미롭다. 이 두 사람은 모든 건축과 자연의 공존관계 대해서는 인식을 같이하지만, 그것을 수용하는 방식에서 대립되는 태도를 보여주고 있기 때문이다. 건물이 대지로 침투하여 소멸되어야 한다고 주장한 페로는 꼬르뷔지에가 대지에서 분리되는 방식을 제시한 피로티 건물에 대해서 비판적이다. 꼬르뷔지에가 지향한 대지로부터의 분리 방식, 페로가 지향한 자연(대지)으로의 침입방식 등은 건물을 대지와 접촉시켜 유기적인 관계를 갖도록 자연(대지)과 건물의 일체를 강조한 라이트의 자연-건축의 관계와 비교해보면 대조적이다. 이런 맥락에서 보면 페로가 주장한 대지에의 침입과 분리의 행위로서의 디자인, 또 자연으로 소멸되어가는 건축의 개념은 라이트보다는 오히려 꼬르뷔지에의 자연에 대한 태도에 더 근접한다.

04 / 041

주1) 샤프(Dennis Sharp, 1966, pp.3-4)는, 표현주의 운동의 문학적 기원은 19세기 독일 철학자 니체(Frirdrich Nietzsche, 1844-1900)와 네덜란드 사상가 키에르케고르(Sören Kierkeggard, 1813-1855)에까지 거슬러 올라간다고 지적한다. 니체는 『비극의 탄생 The Birth of Tragedy, 1872』에서 빈켈만, 괴테 등이 이상화된 그리스 문학예술의 '고귀한 단순성과 변함없는 위대성'만을 찬양하는 기존의 아폴론적인 관점(Apollonian view)－그리스 예술에서 이성에 의한 의식적인 자기 통제의 표현－을 거부하고, 그 반명제로 운명과 절망이라는 디오니소스적인 관점(dionysian view)－참된 예술은 디오니소스적인 것으로 황홀경이나 무아의 경지로 빠져드는, 순간적인 영감이나 번뜩이는 시각(감각)을 과정으로 한다－을 강조하였다. 니체는 예술적 창조성은 예술가의 내적인 에너지가 분출되고 디오니소스적인 광기에 몰두하여 '되어감(becoming)에의 영원한 갈망'에 심취하는 열광적인 도취(Rausch)로 묘사한다. 니체에게 인간에게 있는 영적 특질과 창조적 특질은 동일한 하나로 간주되었다. 그것은 기독교적 의미로 개인적인 신을 찾는 것이 아니라 삶의 표현으로서의 위대한 예술작품을 만드는 것을 의미한다. 이것은 인간의 원초적 본능과의 조화 속에서 예술을 탐구하고자 한 것으로 예술은 외적인 미와 관련되어 있다는 기존의 정적인 개념을 전복시켰다. 오늘날 이성과 감성의 대립개념은 니체가 제시한 아폴론적 예술과 디오니소스적 예술이라는 대립적 원리에 근거한 것이다. 또 그가 제시한 천재의 숭배와 초인의 개념은 사회에서의 구세주로서 대중을 새로운 행복의 세계로 이끄는 예술가(건축가)의 역할을 제시하는 자극제가 되었다. 이러한 사실은 건축가 멘델존(Erich Mendelsohn)이 "회화에서 표현주의는 삶에 대한 감성적 개념(emotional conception)이라는 새로운 형태를 재현하여 예술적 혁명에 이르게 하고 있다. 내적 표현은 외적 세계에 대한 인상보다 훨씬 더 중요하게 되었다"(Dennis Sharp, p.16 재인용)고 언급한데서 잘 나타난다.

주2) 일반적으로 마음 속의 생각을 의미하는 심상(心像, mental image)은 기억, 상상, 또는 외적 자극에 의하여 의식에 나타난 감각적인 표상(表象)을 뜻한다. 심상의 의미는 비록 건축가 개인의 기억, 상상, 또는 외적 자극에 의하여 의식에 나타난 감각적인 표상(表象)을 포함하지만, 건축가가 아닌 수용자(독자) 관점에서 쉐마, 인지, 기억 등을 의미하는 개념의 측면에서도 해석될 수 있다. 필자는 이러한 개념상의 구분을 위해서 건축가의 주관적 관점에서의 기억, 이미지, 영감과 관련하여 심상을 사용하고, 이것을 수용자가 총체적으로 그 문화권 내에서 공유하는 집단적 이미지, 기억 등과 관련된 신체상(body image)와 구별하여 해석하고 있다(이에 대해서는 3권 06을 참조할 것)

주3) '고유의 분위기'의 개념인 아우라는 지각 대상의 주위에서 발현되는, 역사-이전(pre-history)시대의 숨결로 에워싸인 연상의 의미를 내포하고 있다. 따라서 이 개념은 05의 유형학에서 언급되고 있는 연상의 개념과는 달리, 대상의 형식으로부터 느껴지는 인간 본연의 감정과 관련되어 있는 주관적이고 감정적인 연상을 의미한다. 예술로서의 건축이 지닌 감정적 내용을 중시한 건축가들은 실체(reality)에 대한 주관적, 관조적인 해석을 중시한다. 객관적 실체의 단순한 묘사가 재현(표상)이 아니라 분석적이고 주관적인 해석을 통해 주제의 추상화에 이르게 되기 때문이다.

주4) 톰센(Christian W. Thomsen, 1994, p, 46)은 피라네시의 예술에서 공포와 고뇌의 개념으로 유발되는 미적 감성은 그 당시의 숭고미(sublime)의 효과를 위한 전제조건으로 인식되었으며, 무한성의 묘사를 통해 현실의 속박을 타파하는 자유를 부여해 주는 감성을 유발하는 방향으로 나가는 계기가 되었다. 또한 계몽시대의 문학과 프랑스 낭만주의에도 영향을 끼쳤는데, 고딕 소설(Gothic novel)의 저자 윌리엄 백포드(William Beckford), 그리고 20세기의 꼴라쥬와 병치기법으로 독특한 문학 쟝르를 개척한 제임스 조이스(james Joyce)등의 소설에 영향을 주었다. 피라네시의 기법은 몽상적이거나 유토피안적인 건축가들에게 영향을 주었으며, 현대건축들 중에 알도 로시와 찰스 W. 무어 등에게도 영향을 끼쳤다.

주5) 피라네시는 그리스 건축보다 로마건축의 우월성을 절대적으로 신봉하였다. 그는 엄격하게 기능적인 이집트 예술에서 출발한 에투르스칸(Etruscans) 양식과 고대 로마 양식이 풍부한 장식에도 불구하고 기능적인 예술 형태를 창조하는데 성공하였다고 주장한다. 이에 반해 그리스 건축은 본래의 기능성을 순순한 장식화로만 전환하였다고 지적한다.

주6) 기하학적 관점에서 보면 섬유질은 직선에 해당된다. 그리고 직선으로 구성된 공간에서 구부러진 곡면은 통제기하학(regaulated/tempered geometry)이라고 불리는 것을 정의한다. 모선(generatrices)이라 불리는 직선들의 무한한 접선으로 기질기하학(regaulated/tempered surfaces)이 이루어진다. 여기서 나선체는 유카리 나무의 줄기모양으로 가우디는 이것을 테레시아노 학교(Colegio Teresiano, 1888-1889)의 동체만 연결하는 기둥에 사용하였다. 쌍곡선은 대퇴골의 형태로 가우디는 이것을 성 가족 성당의 기둥에 사용하였다. 원추체는 마무 잎사귀의 모양으로 가우디는 이것을 성가족 성당의 임시학교 천장에 사용하였다. 쌍곡선의 포물선체는 손가락 사이의 힘줄모양으로 가우디는 이것을 구엘 교회의 납골당과 현관의 둥근지붕의 건축양식으로 사용하였다.(Joan Bassegoda Nonell, 1997, PA, Vol. 02. pp.13-14) 특히 수곡선(垂曲線) 아치(catenary arch)는 사슬의 양 끝을 잡고 늘어뜨렸을 때 나오는 모양을 거꾸로 뒤집은 모양의 아치를 가리킨다. 이 수곡선은 먼저 완전 원형으로 된 지붕에 작은 구멍을 잔뜩 뚫어 끈을 매달고 중력이 작용해 자연스럽게 늘어진 모양이 잡히면 아치 형태를 만들기 시작한다. 아치의 정점에 끈을 더하면, 원래 아치는 더 팽팽하게 늘어진다. 꼭대기에 잡아 맨 끈을 조절하여 종 모양을 만들다보면 건물 모형이 차츰 탄력을 받는 것이 관

건이다. 즉 끈은 차츰 바닥에 가깝게 늘어뜨림에 따라 외부 원형은 당겨진다. 그 결과 장력이 튼튼한 놀라운 구조가 만들어진다.(Gijs van Hensbergen, 2001, p.232)

주7) 가우디는 고딕건축의 필수적인 요소인 플라잉 버트레스(flying buttress)를 단지 아치의 무게를 지탱해주는 보조 수단으로에도 간주하여 이것을 조롱적으로 "crutches(목발, 脇杖)"이라고 불렀다. 그는 이러한 고딕건축 디자인의 결함을 극복하기 위해서 목발없이 지탱하는 법을 원했다. 이 형상은 나무에 대롱대롱 메달려 역현수곡선으로 지어지는 벌집형상에서 발견된다. 여기서 리브들은 각 부재가 전달해야 할 하중에 비례하여 매달려 있다. 이 리브들이 만드는 선들에서 생기는 현수선은 건물의 기둥 형상이 반전되어 마치 매어달린 것처럼 보인다. 여기서 모든 추력(推力)들이 적당히 기울어진 대각(臺脚, pillar)과 결합되어 있다. 이 때문에 어떤 종류의 버트레스(버팀벽)도 사용하지 않고 볼트된 구조물을 이룰 수 있다. 이러한 새로운 시도는 테레시아노 학교의 상부 홀에 사용된 솟아오르는 수곡선 아치, 사선으로 경사진 벽기둥(slanted pillars) 등 에서 찾아볼 수 있다.

주8) 가우디는 이 건물에서 건설을 위한 확정된 평면(fixed plans)을 만들어 시작하는 대신, 자연에서는 식물이 성장하면서 변화를 겪어가듯이 건물 또한 점진적인 프로세스의 결과가 되도록 의도하였다. (예를 들어 작은 음악실이 처음에는 건물의 주변에 배치되었지만, 건설과정의 매 새로운 단계마다 매력을 끈 탓에 건물의 중심부로 다시 옮겨지게 경우가 이에 해당된다.) 또 지하의 가족 예배실에서 천장까지 카톨릭의 섬세한 터치로 완벽하게 우주질서를 표현—지하실은 지옥을, 위층과 연결되는 중앙 홀은 견고한 땅을, 옥상은 천국을 상징하는 세속의 성스러운 궁전으로—하여 건물 전체의 분위기는 건물 내부를 바라보는 관찰자가 느끼는 감정과 상호작용하도록 의도하였다.

주9) 신성화된 기하학적 개념에 몰두한 가우디는 수곡선의 기하학적 표면을 성 삼위일체(Holy Trinity)에 비유하여 해석하였다. 가우디의 작품에서 발견되는 판타지뿐만 아니라 종교적 상징성의 요소들은 20세기 초 슈타이너(Rudolf Steiner)가 상징적이고 영적인 의미를 지닌 형태를 탐구하는데서도 발견되고 있다.

주10) 여기서 주택을 유기적 기관인 신체로 보는 관점은 유고 해링과 유사하다. 그러나 해링은 이러한 개념을 대상의 본질과 작업성능에서 이끌어낸 반면, 가우디는 이것을 작업성능과는 무관하게 자연의 상상력에서 이끌어내었다. 그러나 두 사람 모두 직각적인 면들의 구성으로 이루어진 미스나 바우하우스의 추상적 공간보다는 인간의 심리적 차원이 배태된 유기적 공간을 추구하였다는 점은 흥미롭다. 여기서 우리는 20세기 초 표현주의 건축가들이 추구한 동굴과 같이 솟아오르는 공간 개념의 전조를 발견하게 된다.

11) 헨스베흐헌(Gijs van Hensbergen, 2001, p.266)은, 이러한 영감의 원천은 카파도니아에 있는 바람에 마모된 돌로 지어진 교회 건물로부터 페트라와 잘츠부르크 언덕 아래 숨어 있는 성 베드로 카타콤 지하 동굴, 그리고 수단 남부에 있는 사암으로 만든 탑, 토고의 점토로 된 원뿔형 탑과 산산누와 크레이스-세겔라의 이슬람 사원 등 이국적이며 원시적인 것들에 이르기까지 다양하다고 지적한다. 이러한 무정형의 절제된 표면장식의 외관은 마치 아프리카 부족들이 산의 측면을 절단하여 만든 동굴주거를 상기시킨다.

042

(주1) 샤프(Dennis Sharp, 1966, p.167)는 20세기 초 1910-1925년 경까지 모더니즘 시기에 독일을 중심으로 활동한 표현주의 건축에서 공통적으로 발견되는 기본적인 원리들을 다음과 같이 정리하고 있다. 표현주의 건축가들은 "형태의 조형성과 움직임(이동)을 추구한 아르누보-유겐스틸과의 연속성"을 지니며, "역사적 선례(전통과 유형학적 규범)로부터의 자유롭다"는 점이다. 테크놀러지의 측면에서 이들은 "새로운 재료와 구축적 기법을 실험적으로 활용하는데서 자유로왔을 뿐만 아니라", "콘크리트의 이음매없는 일체식의 성질과 그 탄성적인 특성에 대한 신념, 그리고 조소적 소재로서의 그 유용성"을 중시하였다. 이들은 "건물의 내부공간과 외부형상은 유기적이고 생물학적인 목적을 갖는다는 개념"에 기초하고 있으며, "공간의 경계가 거대한 다양한 색채의 유리면의 도입으로 제거된다는 점과 건물의 볼륨이 무한하며 우주적 공간의 일부라는 개념"을 강조된다. 또 "개개 건물은 종합예술작품이며 그자체로 완전한 인공물로 의미있는 대상, 즉 이미지라는 개념과 "건물은 형태의 명료함이나 강조점을—두드러진 수평성, 수직성, 예각 등—을 보여주어야 한다는 개념"을 강조한다. 또 "건물의 각 부분은 전체를 구성하는 통합된 부분으로서 건축적으로 명료하게 정의되며, 엄밀하게 조직된다는 개념"과 "유토피안적 사회의 비전이라는 개념의 구현"등을 중시하였다.

주2) 립스는『미학, 미와 예술의 심리학 Äesthetik, Psychologie des Schonen und der Kunst, 1903-1906』에서 미적 감각의 첫 단계로 형태, 대상, 생물에의 정신적인 감정이입(Einfulung, Empathy)의 개념을 강조한다. 이 개념은 건축가와 관찰자 공동의 입장에서 자아의 확장을 과학적으로 분석하고 건축의 (구조) 형태를 인간화 하여 생명을 불어넣으면서 감정의 상태를 거기에 옮겨 놓은 미적 기반을 제공하였다. 이것은 공간과 형태가 인간에게 심리적 효과를 야기하도록 하기 위해서 관찰자가 지각한 형태에 자신을 동일시하여 그것이 신체와 마음에 친화되도록 해주는 수법으로 활용되었다. 보링거는 유기적인 것과 관계된 감정 이입과 대립되는 것으로 '추상화에 대한 충동'이 인간이 외부 세계의 다양성 앞에서 느끼는 공간의 공포와 내적 불안감에 의해 유발된다고 보았다. 미적 체험의 전제로서 감정이입 충동이 유기적인 것의 미 중에서 자기 만족을 찾아내는 것처럼, 추상 충동은 자기의 미를 생명을 부정하는 무기적인 것이나 결정체적인 것, 즉 모든 추상적인 합법칙성과 필연성에서 찾아내는 것과 관계된다. 보링거가 제시한 이러한 이론은 추상에 대한 인간의 욕구와 이 추상을 비

유기적인 세계와 연결시키고자 하는 건축가들의 사고와 표현방법에 영향을 주었다.

주3) 괴테, 니체의 영향을 받은 슈펭글러는 서양문화의 공간개념에 대한 연구에서 공간 개념을 건축이나 다른 예술 창조의 가장 중요한 요소로 간주하였다. 그는 '인과관계(casuality)' –자연현상의 발전이나 일반적인 과학이나 인간의 발달 중에서 관찰되는 직선적인 진보로서–와 '운명(destony)' –문화 그 자체의 역사적인 질서에 내재한 비극적인 힘으로서–이라는 대립 쌍의 개념을 적용하여 자신의 이론을 전개한다. 그는 '문화는 살아있는 생명체' 로 생성되고, 번창하고 성숙하며 결국에는 쇠퇴한다고 보았다. 또 그는 반명제의 대립 쌍의 개념으로 칸트와 괴테를 설정한다. 칸트는 순수한 직관을 상정한 추상적 사상가로 '존재(being)의 철학' 을 대변하는 반면, 현실적이며 생명 그 자체를 의인화한 괴테는 '생성(becoming)의 철학' 을 대변한다. 전자는 고전 문화에 흐르는 아폴론적 세계 감정으로 정적이며 기하학적인 반면에, 후자는 역동적인 북부문화의 전통에 흐르는 파우스트적인 세계 감정으로 역동적이다. 슈펭글러는 공간이 모든 실체를 경험하는 기초가 되는 선험적인 직관의 개념을 수용하여 이것을 정적인 개념에서 동적이며 파우스트적인 것으로 변환시킨다. 그에 의하면, 공간은 생명 그 자체의 가장 기본적이며 힘찬 상징의 표현으로서 인간적 표현의 주제가 된다. 그것은 객관적인 과학에서 주관적인 예술의 영역으로 발전되어 왔다는 것이다.(Van de Ven, 1980, p.166)

주4) 시어바트는『유리 건축(Glasarchitektur, 1914)』이라는 책을 통해서 유리와 색채로 이루어진 세계를 다음과 같이 묘사한다. "만일 우리의 문화를 보다 높은 경지로 고양시키려면, 좋던 나쁘던 간에 유리는 우리의 건축을 변화시킬 수 밖에 없다. 이러한 변화는 우리가 거주하는 실들의 경계를 제거할 때만 가능하다. 이는 유리의 건축을 도입함으로써 실현될 질 수 있다. 이러한 유리 건축은 창을 통해서 뿐만 아니라 완저히 채색된 유리면들로 구성된 많은 벽들을 통해서 태양광선과 달빛, 별빛 들을 실내로 유입한다. 이렇게 함으로써 반드시 새로운 문화가 도래할 것이다" (P.Scheerbart, Glass Architecture / D. Sharp, 1966, p.88에서 재인용)

주5) 전후 1929년 타우트는 자신이 추구해 온 이상향적인 표현주의 건축에서 벗어나 기능적인 실용성과 이러한 원리에 기여하도록 채택된 재료와 구축(시공)을 중시하는 합리적인 '근대 건축' 의 사회적 흐름에 편향한다. 그는 "건축의 목적은 완벽하고 또한 아름다운 효율성을 지닌 창조물이다"(Dennis Sharp, p.96)고 주장한다. 따라서 타우트는 건축 미를 건물과 목적 상호간의 직접적인 관계, 재료의 자연적인 속성, 그리고 구축의 우아함으로부터 나온 것으로 정의한다. 그는 파사드와 평면, 도로와 중정 상의 경계의 부재, 건물의 전면과 후면 사이에 구별이 없으며, 기능적으로 잘 작동하는 것만이 좋게 보여진다고 말한다. 디테일은 그 스스로의 목적을 위해서가 아니라 보편적 평면에 필요한 부분으로 기여하도록 디자인 되어야만 한다고 보았다.

주6) 샤프는, 같은 시기에 "미스가 유리로 된 마천루 건축(1919)을 탐구한 것은 타우트가 주장한 바의 거대한 유리로 된 도시의 왕관의 개념을 구현한 것"(Dennis Sharp, 1966, p.92)이라고 지적한다. 그러나 우리가 02에서 살펴본 바처럼 미스는 이러한 개념을 조형의지의 표현성의 차원에 머물지 않고 근대적 테크놀러지를 활용하여 구축성의 차원에서 접근하였다는 점을 주목할 필요가 있다.

주7) 이것은 오늘날 컴퓨터 기술의 발달로 가능해진 비선형적인 형상의 건축의 예표처럼 보인다. 그가 이러한 혁신적인 건축 형태를 제시할 당시만 하여도 기술적 한계 때문에 건축적 판타지(architectural fantasy)를 실제 건물로 전환하는 것이 불가능 하였다. 그러나 오늘날 테크놀러지의 비약적인 발전으로 많은 건축가들(프랭크 게리, 자하 하디드, 그렉 렌 등)의 비선형적인 조소적 형상에서 이러한 개념과 유사한 형상 이미지를 발견할 수 있다.

주8) 슈타이너가 1912년에 창시한 인지학은 인류를 뜻하는 안트로포스(Anthropos)와 지혜를 뜻하는 소포스(Sophos)의 합성어로 인류의 지혜를 의미하며, 인간을 모든 사고의 중심에 두고 물질적 세계 이면의 영적 존재의 인식을 추구하는 신비주의 학파의 하나이다. 슈타이너는 인지학을 "인간에서 존재하는 영성을 우주 속에 존재하는 영성으로 인도하는 지식의 통로"(Dennis Sharp, 1966, p, 147)라고 주장한다. 그것은 마음의 욕구, 즉 감정이 담긴 생의 욕구로서 발생하며 이러한 내적인 욕구를 만족시키는 것이다. 인지학자들은 조화로운 형태를 경험한 사람은 조화로운 삶을 살 수 있다고 믿었다. 또한 모든 형태들에는 그것이 상징하는 의미들이 존재한다고 보았다. 예를 들면 날카로운 화살 모양이나 형태는 복수심을, 꽃의 형상은 온화한 생각을 상징한다고 해석하는 형태, 표현, 상징의 이론들은 조화로운 형태를 가진 건축물의 중요성을 높이 평가하는 동기가 되었다.

주9) 슈타이너는 자신을 한편으로는 '자연의 영적 실체에 대한 과테의 개념' 과 다른 한편으로는 '영적 신화에 대한 니체의 비전' 을 중재하는 자로 생각하였다. 자연에는 물질적 속성과 영적인 속성이라는 이중성이 존재한다는 괴테의 인식에 공감한 스타이너는, 이러한 인식을 수학과 미학의 영역으로 확장하였다. 슈타이너는 자신이 기학학에서 인간이 만들어낸 지식의 종류이기는 하지만 그 자체로 독립적인 타당성을 지닌 영적 세계의 지식을 발견하였다고 주장한다. 특히 그는 원, 선, 삼각형 등과 같은 드로잉을 통해 기하학적 디자인을 연구하는데 깊히 심취하였으며, (마치 가우디처럼) '자연' 으로부터 영감을 이끌어내어 그 법칙을 수학, 물리학, 기하학 등의 측면에서 수용하고자 하였다.

주10) 슈타이너는 이러한 에로티시즘(관능성)은 원시 사회의 종교적 및 상징적 조형물에서 발견할 수 있으며, 원시 예술에서 발견되는 형태들은 그것이 근원적인 예지력 있는 의식의 결과라는 사실을 깨달은 사람에게만 이해될 수 있다고 지적한다. 그는 이러한 원시적인 형태를 자신의 철학에 적응하여 그 형태가 지닌

영속적인 타당성을 암시하고자 하였다.

주11) 슈타이너는 아르누보 운동의 장식에 내재한 자연주의적인 요소들에 대해서는 거부하였다. 그의 작품은 "구조적 및 자기동력계적(dynamographic) 장식과 표면의 형태와의 관계는 본질적이어서 장식이 형태를 결정한 것처럼 보여져야 한다"고 주장한 앙리 반 드 벨데(Henri van de Velde)의 형태와 장식의 개념에 더 근접한다.

주12) 이 건물이 보여주는 콘크리트의 조소성과 외부 표면의 마감되지 않은 질감(texture)은, 이 건물을 방문하여 직접 본적이 있는 꼬르뷔지에가 입을 다물고 있지만 그의 후기 작품인 롱샹 교회 등에서처럼 형태의 조소성과 조각적인 단일형상(sculptural monolithy)의 이미지를 만들어내는데 영향을 주었을 것이라고 에벨(Ebbell)은 지적한다.

주13) 멘델존은 자동차 생산을 위한 공장은 실제로 그 형상에서 이동(motion)과 유선형의 정신을 지니고 있으며, (교회와 같은) 신성한 건물은 존엄과 경외심을 유발하는 특성으로 사람들에게 신성을 연상시킨다고 보았다. 샤프는 이것은 인간의 육체적 삶과 정서(감정) 양자가 지닌 내적인 의미를 형태의 측면으로 상징화하려고 하는 화가들과 작가들의 목적을 건축분야에 확대하여 적용한 것(Dennis Sharp, 1966, p, 100)이라고 지적한다. 이것은 실질적인 건물의 관점에서 '상황의 실체(the reality of the situation)'를 무시하였다는 점에서 유토피안적이다.

주14) 멘델존은 이 점을 네덜란드 건축계의 두가지 흐름을 유비하여 다음과 같이 설명한다. "..오우드(Oud)는 기능적이며, 그로피우스에 대응한다. 암스테르담은 역동적이다. 분석적인 로테르담은 상상력(vision)을 거부한다; 공상적인 암스테르담은 냉정한 객관성을 이해하지 못한다. 확실히 제1의 요소는 기능이다. 그러나 감성 없는 기능은 단순한 구조물의 상태로 남게 된다. 이전보다 더욱 나는 화해시키려는 프로그램을 견지한다. 양자는 필요하다. 그러므로 양자는 서로를 발견해야만 한다. 만일 암스테르담이 좀 더 비례(ratio)를 향해 한걸음 나아가고, 로테르담의 피가 얼어붙지 않는다면, 그때 이 양자는 통합될 것이다. 그렇지 않다면, 로테르담은 그 혈관 속에 죽음과 같은 냉정함을 갖는 단순한 구조물이 되는 길을 추구할 것이며, 암스테르담 학파는 그 자신의 역동성의 불로 파괴될 것이다. 역동성과 더불어 기능을 통합하는 것이 당면과제이다."(E. Mendelsohn, 1961, pp.124-125)/(Dennis Sharp, 1966, pp.124-125 재인용)

주15) 멘델존은 모든 건축형태는 정적이며 합리적인 구조(고전시대), 동적이며 감성적인 구조(고딕시대), 그리고 탄성적이며 생명력 있는 구조(새로운 시대)로 분류할 수 있다(Van de Ven, 1980, p.171)고 주장한다. 그는 자신의 작품을 (뒤떼르와 꽁따민의 기계관에서 발견되는) 철재의 구조적 가능성, (앙리 벤드 벨데의 작품에서 발견되는) 형태적 가능성, 그리고 재료, 시공(구축), 형태의 통합을 보여주는 '기술적 가능성'이 담겨 있는 것으로, 창조성의 부활이라고 보았다.

주16) 샤프(Dennis Sharp, pp.120-123)에 따르면, 꼬르뷔지에는 『건축을 향하여, 1923』에서 조형적 형태의 창조는 부분적으로 문제의 실용적인 요구와 부분적으로는 상상력의 지배를 받는다는 사실을 보여주었다. 특히 이러한 상상력은 평면-정적인 조건(static condition)으로서-에서 유래하며, 건축가들이 조소적으로 작업하는 매스와 표면을 포함하고 있다. 꼬르뷔지에는 형태를 외부지향적 측면의 특수한 양상(빛 속에서 드러나는 매스로서의 건축이라는 정의에서처럼)이라고 말한 반면에, 멘델존은 엄격한 기하학적 규율아래 원초적인 형태로 구성되는 건축처럼 순수하게 지적인 구성에 내재한 위험성을 인식하고 '역동적인 조건(dynamic condition)'에 대해 언급하였다고 지적한다.

주17) 이 탑의 전체적인 형상은 그가 새로운 건축의 조건들으로 언급한 것처럼 먼저 '윤곽과 움직임'이라는 첫 번째 조건으로 지배되며, 그 디테일(특히 주 표면에서 절단되어 창문 위에 눈썹 모양으로 나온 돌출부)은 리듬이라는 두 번째 조건으로 지배된다. 반면 정적인 세 번째 조건은 평면들, 단면, 그리고 축성의 배치에서 발견된다),

주18) 이 점에서 샤프(D. Sharp, 196, p.110)는 멘델존의 표현주의적 형태에도 불구하고 건축을 '유일하게 감지될 수 있는 공간의 표현'으로 언급하고 건축을 조소적인 형태보다는 공간 그 자체로 인식한 건축가였다고 지적한다.

주19) 그러나 아이러니컬하게도 사리넨 자신은 이 건물에서 새의 이미지보다는 "여행의 즐거움을 창조하기를 원했으며, 정적이고 폐쇄적인 장소가 아니라 이동과 전이의 장소로서 터미널을 암시하는 건축"(J.Joedicke, 1969, p.149 재인용)을 만들기를 원했다는 사실이다. 도상학적 형태에 특성을 부여한 그의 작품에는 특이하고 진기한 것의 추구보다는 프로그램과 관련된 '개별적인 특성'을 부여하려는 의도가 담겨있다. (이러한 의도는 해링과 마찬가지로 개별적인 형태는 대상의 성질에서 나와야 한다고 생각한 유기적 기능주의의 사고와 매우 유사하다.)

주20) 화가이자 조각가인 로버트 어윈(Robert Irwin)과 함께 한 공동작업 경험과 당시의 미니멀리스트 예술가들과의 접촉은 게리가 지각 주체의 관찰을 물리적인 오브제에 중첩함으로써 개념과 지각이라는 두가지 앎의 시스템을 비합리적인 경험방식 안에서 해체하는 실험 작업에 영향을 끼쳐 왔다. 1969-73년 동안 Easy Edges 가구를 공동으로 작업해 온 어윈은 현실 속의 주체와 일상성에 담긴 초월적 내용에 주목하고 지각 주체와 지각 대상이 객체간의 상관적 효과에 대한 탐구해 왔다. 그의 작품은 각 개개인의 주체적인 의식이 지닌 일상적인 의식의 상황뿐만 아니라, 지각 그 자체를 예술의 본질적인 내용으로 고립시키려고 시도해 왔다. 이것은 환경 속에 존재하지만 보여지지 않아서 특정한 경우에 비(불)가시적인이지만 그럼에도 불구하고 다소간 지각되어지는 것으로 시작한다.

주21) 게리는 주택 설계의 경우, 프로그램별로 해체된 거실, 부엌, 침실, 작업실 등에 정육면체, 실린더, 피라미드, 반구형 등과 같은

독특한 형태를 부여하고, 이러한 추상 기하학적인 형태들을 거실의 공적인 공간을 중심으로 주변부에 자유로운 형식으로 다시 모아 전체 건물로 완성하는 방식을 사용하고 있다. 캐롤 번스(Carol Burns)는 게리의 작품에서 보여지는 자율적인 프로그램의 부분들의 첨가(자기증식)는 미국의 현대도시를 만들어내고 프로세스-도시와 준도시 환경으로 무계획적으로 건물이 확산되는 과정-를 표상하고 있다고 지적한다. 프로그램이 부분들로 해체되고 점점 작아져 변형되면서, 건물은 자시 자기증식(덧붙임)의 과정을 통해 도시 속에 존재하는 사회 정주지, 마을, 지면의 텍스처의 연속성 등처럼 이루어져 간다. 이러한 결과로 주택은 도시 그 자체의 모호한 형태학을 취하게 된다. 이것은 건축주를 위한 자서전적인(autobio-graphical)조합이라는 측면에서 편집을 의미하며, 그것은 확장된 가족, 커뮤니티, 도시공간의 파편화를 언급하고 반응한다는 점에서 분열을 의미한다고 지적한다.((eds.) K. Michael Hays & Carol Burns, 1990, p.82-83) LA라는 도시구조 속에서 게리의 작품은 항상 그 자체로 적극적인 형상이 되는 오브제이면서, 동시에 특성이 없는 도시구조 패턴 안으로 소실되어 가는 특징을 갖는다.

주22) 게리는 이러한 행위에는 추상적 형태나 재현적 형태 어느 것도 배타적으로 의미를 지니는 것이 아니며, 건축의 전통과 그 과거는 포스트-모던 건축가들의 그것처럼 직접적인 인용(차용) 행위없이도 유발가능하다는 것을 보여준다.

주23) 게리는 도면을 가지고 건축물의 실체를 예견한다는 것은 건축을 접근하는 올바른 방식이 아니라고 말한다. 기존 사고의 논리와 규칙, 질서에 얽매이지 않는 자유로운 형태를 생성하기 위해서 먼저 주어진 프로그램이 대지에 미치는 시각적 영향을 탐색한다. 그리고 나서 프로그램별로 색칠해져 코드화 된 목재 블럭들을 갖고 탐색하면서 여러 가지 다양한 방식으로 스케치 하는 작업방식을 택하고 있다.(EL Croquis Vol.117, 2003, p.12)

주24) 게리는 우주항공 분야에 사용하는 3차원 컴퓨터 모델링 프로그램인 카티아(CATIA, The Computer-Aided three-Dimentional Interactive Application)를 2차원 캐드(CAD) 프로그램과 함께 활용하여 복잡한 유선형 형태의 설계도면을 작성하고, 입찰, 시공 등을 합리적으로 시행하기 위해 한 수단으로 사용한다. 그러나 게리는 컴퓨터가 아이디어를 메마르게 하는 장애물이기 때문에 자신은 컴퓨터를 직접 사용하지 않는다고 말한다. 컴퓨터 스크린 상에서 조작하는 동안 마음 속의 참신한 이미지(gream image)는 나쁜 이미지(bad image)로 변질될 가능성 때문이다.(EL Croquis Vol.117, 2003, p.14).

주25) 젤러(Peter Zeller)는 『혼성적 공간Hybrid Space, 1999』에서 이러한 공간성은 디지털 미디어 시대의 글로벌화, 액상화(liquid)된 '소프트 건축' 이 현대 도시의 국지적이고 구체적인 '하드 건축(hard architectuere)' 에 넘쳐 흘러 가면서 결국은 대중과 개인, 집단과 개체, 지역성과 지구성 사이의 인터페이스인 '미확정적이고 유동적인' 환경을 만들어내는 것이라고 설명한다.

주26) 게리는 디존(Dijon)을 방문하였을 때 있는 조각가 슬러터(Claus Sluter)의 모세의 우물(The Moses Well)에 새겨진 조각상이 주는 드레이퍼리의 감정적 깊이감을 주는 효과에 깊은 영향을 받았다.) 역사적으로 이 드레이퍼리 형상은 르네상스 조각가 베르니니(Bernini)가 드레이퍼리로 조각을 위장함으로써 재료(물성)을 조각으로 정교하게 변형한 경우처럼 생동감과 깊이감을 부여하는 수법이다. 말머리 형성의 드레이퍼리형상은 실제로는 카루투지오 수도회의 회개자들이 쓰는 두건의 형상에서 참조한 것으로, 여기서 머리는 내부 깊숙한 곳에 감추어져 있다. 머리를 내부 깊숙히 감추기 위해 두건으로 덮는다는 아이디어는 텅빈(empty) 효과를 만들어낸다. 이 건물에서 말 머리의 두개골 형상은 외부에서 보면 내부가 신비로 감추어진 지적행위를 연상시키며, 내부에 잇는 방문자는 자연목재로 된 신경-구조물(neuro-structure)안에 거주하면서 마치 어머니의 자궁속에 있는 것처럼 망토로 가져진 수도사의 소뇌와 동등한 존재가 되어가는 경험을 하게 된다.(EL Croquis Vol.117, 2003, p.45)

주27) 빌바오의 바스끄 Basque 당국과 구겐하임 미술관 재단측은 F. L. 라이트가 설계한 뉴욕의 구겐하임 미술관과 동등할 정도의 충격적이고 독특한 인습 파괴적인 건물이자 예술계의 국제적 관심을 끌어 도시의 상징이 될 만한 작품을 찾고자 했다.이 건물의 곡선 형상의 티타늄 소재로 마치 화염(火炎)과 같은 형상의 미술관 형태 이미지는 프릿츠 랑(Fritz Lang)의 영화 '메트로폴리스(Metropolis)' 에서 나오는 장면들, 브랑쿠지(Brancusi)의 조각, 그리고 빌바오의 채석장의 이미지-무엇보다도 생동감과 통제된 힘-에서 얻은 것이며, 개념적으로는 별모양이라는 기본적인 구성에서 출발한 것이다.(Francesco Dal Co, Kurt W. Forster, 1998, p.494) 이에 대해 게리는 다음과 같이 말한다. "나는 매우 기본적인 구성에서 시작한다 : 이 경우에 예를 들면 하나의 별이 바로 그것이다. 그것은 중심에서 출발해서 3개의 돌출점을 갖는다. 만일 강이 없었다면 또 하나의(4번째) 돌출점이 있었을 것이다." "이 프로젝트를 포함해서 나는 모든 프로젝트에서 우리가 첫 단계 작업을 시작할 때 거기에는 어떤 조각적인 측면도 존재하지 않는다 : 다만 우리는 건물의 기능을 나타내는 색칠한 목재 불럭들을 본다. 이 뮤지엄의 경우, 어떤 조각적 형상도 없는 이 블록들은 일종의 퍼즐 조각처럼 결합된다. 프로젝트가 진척됨에 따라 우리는 기술적인 측면을 연구한다." (F.A. Cerver, 1998, p.15에서 재인용)

주28) 보자르 양식의 구관(1897)과 모더니즘 양식의 증축관(1928) 사이에 삽인된 아트리움은 그 주변에 전통적인 방식으로 디자인된 갤러리 공간들이 상자들처럼 적층되어 있다. 여기서 기하학적으로 배열된 구조물들은 부분적으로 입방체의 형상으로 분절되어, 여러 바닥 층의 공간에 걸쳐 있는 홀을 에워싸는 벽들에 대응한다. 이렇게 구현된 공간은 지상층과 리드미컬하게 휘어진 벽들을 유동한다.

주29) 프릭스는 이 점을 다음과 같이 설명한다. "열린 건축"이란 무엇인가? 아마도 일상적으로 점점 더 파편화 되어가고 있는 세

계에서 우리는 어떻게 사고하고 계획하며 건설해야 하는지를 묻는 것이 더 타당할지도 모른다. 우리는 이러한 파편화를 보지 못하는 장님이 된 채로 "이상적인" 건축의 세계에 피난처를 마련해야 하는가? 실무를 하는 비엔나 건축가로서 우리는 무언가를 장님과 같은 눈으로만 본다는 것은 엄청난 에너지와 상상력, 프로젝트에 투입되어야 하는 에너지와 상상력의 대가를 요구한다는 사실을 누구보다도 잘 알고 있다: 그러나 이러한 사실과는 별도로, 이상적인 건축의 세계는 더 이상 존재하지 않으며, 앞으로도 다시는 존재하지 않을 것이다.

주30) 이러한 사실은 다음과 같이 말한데서도 알 수 있다. "건축가는 대중을 억압해서는 안된다. 건축가는 대중이 그 자신들을 인식하도록 공간을 창조하여야만 한다. 그들의 경험과 감정은 건축가 자신의 그것과는 다를 수 있기 때문이다." (Coop Himmelblau, 1988, p, 20, 성홍철 역, 2010, p.30 재인용) 그는 개발업자들의 손에서 주물러지고 있는 건축은 생명력 없는 전문 생산품으로서의 건축을 만들어내는 것이며, 이것을 공간개념의 대학살이 될 것이라고 비판한다.

주31) 프릭스는 그레스델 강연(1995)에서 이 점을 다음과 같이 표현한다. "바다에서 튀어오르는 고래를 본적이 있습니까? 나는 샌프란시스코에서 한번 본적이 있습니다. 정말 환상적이었습니다. 나는 이렇게 튀어오르는 고래와 우리의 드로잉을 비교해 보고 싶습니다..... 갑자기 커다란 동물이 나타나나 15미터 높이로 솟아오르는 것을 상상해 보십시오... 30톤이 넘는, 날고 있는 아니 떠있는 물체를 말입니다." ((Coop Himmelblau, 1988, p, 20)

주32) "많은 사람들은 우리가 특이하게 공격적이며, 우리의 건축을 파괴한다고 말한다. 이것은 그릇된 것으로, 그것은 마치 해체주의(Deconstructivism)과 파괴(destruction)를 혼동하는 것과 같다. 나는 파괴를 말하는 것은 나쁘다고 믿는다. 만일, 우리가 어떤 것을 파괴한다면, 한 예를 들어 이 오래된 건물(Rooftop Remodeling Falkestrasse, Vienna, Austria, 1983/ 1987-1988)처럼 그것은 새로운 공간, 즉 전에 있던 것보다 더 자극적이고 차별화된 공간을 창조하기 위해서이다." (Wolf D. Prix, (ed.)Peter Noever, 1991, p.24)

주33) 프릭스는 "디자인 행위의 프로세스는 매우 복잡하고 역동적인 행위"라고 정의한다. 그가 이끄는 디자인 팀은 디자인 방법론의 하나로 우선적으로 상황에 내재하는 모든 부수적인 요소들(상투적인 생각, 설계지침, 규칙과 제약조건, 모범적인 기준, 기능 등)을 제외시킨 상태에서 작업을 진행하고, 그 이후 다음단계로 실제 건물을 짓는데 필요한 개념의 합리화와 체계화 과정을 진행하는 방식을 취한다.

주34) 이것은 "예술이 건물 밖으로 흘러 나갈 수 있어야 하며, 도시가 건물 안으로 유입될 수 있어야 한다"는 것을 의미한다. 이러한 유출의 영역은 다양한 종류의 사람들이 만날 수 있고, 또 예상밖의 이벤트가 발생가능한 '혼성의 공간(hybrid space)' 이 되는 것을 말한다. 이 건물은 신, 구 건물의 연결공간의 역할을 하는 공적 공간인 크리스탈 영역, 넓은 무주공간으로 융통성 있는 전시공간이자 광범한, 유동적인 도시 조각공원인 갤러리 영역, 그리고 건물위에 부유하는 듯한 형상으로 건물에 통일감을 부여하는 장치로 랜드마크적인 역할을 하는 옥상 구름(Roof Cloud) 영역으로 구성되어 있다.

주35) 여기서 도시의 면을 향해 솟아오르는 크리스탈은 도시의 공공광장(urban forum)과 방문객들을 위한 입구 홀로 고안된 것으로, 쉽게 읽혀질 수 있는 그 형상은 일상생활을 대변하는 하드 스페이스(hard space)이다. 이와는 대조적으로 미래에 대한 지식을 가리고 있는 구름은 감추어진 흐름이자 끊임없는 전이라는 부드러운 공간(soft space)을 의미한다. 따라서 이 건물관 내부에서 현재와 미래, 기지의 것과 미지의 것들은 '대중의 호기심을 자극하는 공간적 배치' 로 고안되었다. 전시 홀의 교차된 공간적 구조로 인해 이러한 역동적인 공간적 연속 이벤트와 움직임이 계속된다. 이처럼 두 개의 복잡하게 연결된 건축적 단위들이라는 개념은 건물 부지의 인터페이스와 같은 상황에서 도출된 결과이다.

주36) 이러한 비선형적, 유기적인 감각적 형상들은 게리를 포함하여 하디드, 아이젠만, 이토, 세지마 등과 같은 현대 건축가들이 디지털 툴을 활용해 만들어내고 있는 최근의 작품들에서 공통적으로 발견할 수 있다. (게리는 디지털 툴을 자신의 독특한 형상 이미지를 구체화하여 실현시키는 창조적 도구로 사용하는 반면, 아이젠만이나 하디드 등은 디지털 툴을 자신의 개념을 구축하기 위한 논리적 프로세스의 도구로 사용하는 경향이 강하다.

05 / 051

주1) 여기서 유형학은 건축 형태를 분류화나 추상화에 의해 유형을 탐구하는 것이라기 보다는 사회의 역사적 공동 기억의 산물과 이러한 공동 의식의 표현물로 정의된다.(I.M.Elkaddi, 1983, p.72) 유형의 개념은 우리가 흔히 의미의 구분 없이 사용하고 있는 원형(原形, archetype), 전형(典刑, prototype)과 구별하여 이해할 필요가 있다. 어의(語義)적으로 '전형' 은 본(本), 표준 등 어떤 부류의 본질적 특성을 나타내는 제작물의 근본이 되는 본보기, 모범 등으로 해석되기 때문에 '원형' 과 동의어적인 의미를 지닌다. 반면, 유형의 개념은 '보편적인 것을 모범적으로 표시하는 대표적인 그 무엇' 을 의미한다. 일반적으로 유형은 원형과 전형의 의미를 포괄한다. 이러한 용어의 구분에 따르면, 로지에(Abbe Marc-Antonie Laugier)가 언급한 원시 오두막(primitive hut)은 건축의 원형이며, 파르테논 신전은 그와 유사한 형태들이 이 건물을 시초로 하여 발전해 온 최초의 모범적 형태인 전형이라고 할 수 있다.

주2) 퀸시는 모방되거나 복제할 수 있는 것으로서의 유형의 개념을 거부하였다. 그는 완전히 복제되어 반복되거나 외형 그대로 모사(模寫)될 수 있는 것은 모델(model)이라 하였다. 이것은 구체적인 것의 동일한 반복으로 여기에는 창조성이 존재하지 않는다. 반면에 유형은 복제 가능한 사물의 이미지라기 보다 모델을 위한 하나의 법칙으로 작용하는 '요소(element)' 의 개념으로 간주하였다. 따라서 유형은 비록 하나의 대상이긴 하지만 서로 유사하지 않은 모호성을 내포한다. 이 때문에 그것은 창조성의 잠재력을 지닌다.

주3) 모네오는 유형학의 중요성과 그 매개적인 잠재력을 일반화하여 다음과 같이 설명하고 있다. "유형의 문제를 이해한다는 것은 오늘날 건축적 대상이 갖는 본성을 이해하는 것이다. 그것은 피할 수 없는 문제이다. 건축적인 대상은 더 이상 하나의 단일하고 고립되어 있는 사건으로서 고려될 수 없다. 그것이 역사뿐 아니라 그것을 둘러싸고 있는 세계에 매여 있기 때문이다. 그것은 특정한 건축적 조건들로 인해 삶을 다른 대상들로 확대하고, 그럼으로써 서로 관련되어 있는 사건들의 연쇄를 이루어낸다. 그리고 그 속에서 공통된 형식의 구조를 발견하는 것이 가능해진다." (R. Moneo, 1978, p.44 / K. Micahel Hays, 1995, p.384재인용)

주4) 콜훈(A.Colquhoun, 1967, pp.395-396)은 언어가 복잡한 재현 체계이며 언어를 통해 전달되는 기본적 정서 구조가 지적으로 일관된 체계 안에서 구성되듯이, 건축과 같은 조형적인 재현 체계도 주어진 재현 체계의 틀을 전제로 하여야 한다고 지적한다. 특히 "형상(形象, form)"과 "도상(圖象, figure)"을 구분한 그는 형상은 사회적인 적절성의 의미가 결여된 기하학적인 형태나 추상적인 형태를 의미하는 반면에 도상은 재현적 의미를 내포하고 있다고 보았다. 형태가 의미의 문제와 관련되는 방식은 전통적인 도상의 개념에 바탕을 둔 조형적 재현 체계 내에서 이루어질 때 가능하다. 이미지와 재현의 개념을 중시하는 건축가들이 기하학적이고 추상적인 형상보다 재현 체계로서의 도상에 바탕을 둔 건축 언어가 건축 유형의 자율성을 보장해준다고 생각하는 것은 이러한 이유에서이다.

주5) 이러한 사회적 적절성의 개념은 18세기 계몽주의 시대의 건축가 블레(E-L. Boulée), 르두(C-N. Ledoux) 등이 탐구한 것처럼 그 시대의 사회적 관례에 따라 용인된 건축 언어의 '의미론적 적절성' 과 밀접한 관계가 있다. 그것은 19세기의 합리주의 건축 이론가 뒤랑(J-N-L. Durand), 비올레-르-뒤크(E.E. Viollet-le-Duc) 등이 강조한 것처럼 용도, 적합성, 효율성 등 프로그램과 관련된 '적합성(fitting)의 개념' 과는 의미가 다르다.

주6) 로지에의 『건축론 Observations sur l'architecture, 1755』에서 는 꼬르드무와(Abbé de Cordemoy), 로도리(Lodoli)의 기능주의적 사고에서처럼 적합성의 개념, 기능의 표현과 진실성의 문제, 건축미와 자연미의 관계, 진실성 등을 중시한 사고가 다분히 깃들어 있다. 그는 용도와 구조의 문제에 대해 이성적인 분석으로 접근하되, 이것은 수학적 균형의 기준–비례의 관계–에 따라 조정되어야 하는 건축의 형태이어야 한다(de Zurko, 1957, p.157)고 주장한다. 좋은 비례가 건축의 본질' 이라고 생각한 로지에게 비례는 단순한 오더(주범)의 비례만을 의미하기 보다는 '건물의 매스, 외부와 내부의 분절, 건물의 유형과 성격에 관련하여 질서(ordonnace)의 선택, 전체와 부분의 조화, 그리고 부분들 그 자체 사이의 조화 등과 관련된 것' (de Zurko, 1957p.160)이다. 꼬르드무와(Cordomoy)처럼 모든 장식을 거부하지는 않았다. 그는 장식이 건물의 용도와 일치하여야 한다고 생각하여 장식은 임의적인 것이 아니라 구체적이고 실용적인 목적을 위한 것으로, (고딕 건축에서처럼) 구조와 장식의 구별이 존재하지 않을 경우 건축에서 "진실성(truth)"이 얻어진다고 하였다. (고딕건축 양식을 가장 훌륭한 건축적인 이상으로 간주하는 로지에는 중세 시대의 건축을 투명한, 자연적인 구조라는 준거 틀로 일관되게 평가하였다. 이러한 사고 는 후에 비올레-르-뒤크가 고딕건축에서 구조와 장식의 일체를 주장하는 것으로 이어진다.

주7) 도시 디자인 측면에서 로지에의 『건축론』은 기념비적인 입구, 규칙적이지만 다양한 파사드를 따라 파리를 위한 광장과 가로의 포괄적인 도시기반시설을 개괄하고 있다는 점에서 embellissement에 관한 첫번째 텍스트였다. 또한 로지에는 프랑스 정원의 단조로운 형식성을 비판하고, 프랑스 예수파 회원인 에떼에르(Attiert)가 기술한 바처럼 중국풍의 정원의 방식을 따라 보다 '자연적(natural)' 이고 '단순한(simple)' 한 환경으로 꾸밀 것을 강조하였다.

주8) 뒤랑은 이 원시오두막은 4면이 열려 있어서 사람을 자연환경에서 보호해주지 못하기 때문에 쉘터로서 부적절한 모델이라고 비판하였다. 로지에는벽체는 노출된 채로 나타나지 않으며 피상적이고 서투르며 거치른 것이 존재하지 않아야 한다고 생각하였다. 그는 "개구부는 가장 편리하고 유리하게 배열되어 있으며, 모

든 기둥들 사이에는 위에서부터 아래까지 유리가 끼워져 있어야 한다"고 강조한다. 그는 벽기둥(pilaster)나 장식적으로 사용된 오더(주범)은 비논리적이라고 비판하였다. 박공(fronton)은 본질상 지붕의 경사와 그 밑에 있는 보의 수평면에 의해 형성된 삼각형이기 때문에, 지지부재의 표현없이 박공을 장식적이나 분절하여 사용하는 것을 비난하였다. 특히 벽(특히 벽기둥)의 남용이 없이 독립된 기둥의 형식으로 존재하는 방식은 "건축을 거의 무(無로) 환원"하려고 한 것으로 나타난다.

주9) 이 점에 대해 쉥켈은 다음과 같이 강조한다. "이러한 주제(과거의 형태를 임의적으로 사용하여 양식이나 특성이 결여되는 문제)에 대해 분명한 해답을 얻고자 하는 것이 내 일생의 과업이 되었다. 그러나 내가 이 문제에 더 깊이 탐구해가면 갈수록 나의 노력에도 불구하고 만나는 어려움은 점점 더 커졌다. 곧 바로 나는 임의적인 추상성이라는 오류에 빠져, 특정 작품의 모든 개념화 작업을 전적으로 당면한 사소한 기능과 구축이라는 데서 전개하였다. 이것은 건조하고 경직된 것을 만들어내었다. 그리고 자유함이 결핍되어 이것은 두가지 본질적인 요소들인 '역사적인 것(the historical)과 이상적인 것(the poetical)'을 전적으로 배제하였다." ((ed.) Michael Snodin, 1991, p.49에서 재인용)

주10) 쉥켈은 건물의 적합성을 1) 공간의 배분이나 평면계획의 적합성(공간의 최대한의 경제성, 분배에 있어서의 최대한의 질서, 설비의 최대한의 편리성이 이에 해당된다) 2)구조의 적합성 또는 평면계획에 대한 구조의 적절한 관계(가장 적절한 재료, 가장 좋은 재료의 이용과 조합. 최상의 재료, 최고의 기술, 그리고 재료의 사용을 확실히 가시화할 것 등이 이에 해당된다) 3)장식이나 꾸밈의 적합성(장식의 가장 좋은 배치, 최상의 장식의 선택, 최상의 장식의 취급이 이에 해당된다) 등의 3가지 측면에서 정의한다. 이 3가지는 건물의 형태, 비례, 그리고 특성(성격)을 결정한다고 강조한다(de Zurko, 1957, p.197)

주11) 특히 쉥켈은 '재료에 대한 진실성(Truth to Materials)'을 중시하였다. 그에게 건축 디자인과 건물 재료의 합리적인 상관성은 중요한 과제였다. 따라서 그는 무엇보다도 건축적인 디테일과 디자인, 건축의 예술성이 구조적인 형태를 은폐하여 거짓된 외관이나 가면처럼 보여져서는 안된다는 점을 강조한다. 그의 이러한 주장은 02에서 살펴본 바처럼 구조와 장식의 일치를 주장한 비올레-르-뒤크, 그리고 피복의 개념을 주장한 젬퍼의 이론과 같은 맥락에서 해석될 수 있다.

주12) 포티코를 오른 방문객은 내부로 들어갈 때 4개의 열주로 된 2번째 열을 통과하여 두 개의 경로(곧 바로 로툰다로 들어가는 경로와 계단을 사용하여 양측면에 있는 수장 전시실의 모든 방들로 접근하는 경로)중 선택을 하도록 의도하였다. 처음에 좁고 어두웠던 이 경로는 계단을 오르면서 점진적으로 조망을 열어주는 2층의 개방된 공간에서 절정에 이르게 된다. 쉥켈의 단순성의 개념은 후에 미스가 피막과 뼈대라는 개념으로 기둥사이를 단순히 유리창으로만 채움으로써 (로지에가 주장하였던 바처럼) 기둥과 보만으로 구성된 벽이 없는 이상적인 건축을 실현하는데 영향을 주었다.

주13) 합리적인 격자그리드로 구성된 도시계획을 주창한 꼬르뷔지에는 곡선도로로 구성된 지테의 도시이론이 전원도시풍의 회화성을 지니는 것으로 기능적인 도로인 직선도로로 이루어지는 현대적 도시에는 부적절하다고 비판한다.

주14) 밀라노 공과 대학 출신의 건축가 라르코(Sebastiano Larco), 쁘레떼(Guido Frette), 라바(Carlo Enrico Rava), 리베라(Adalberto Libera), 휘지노(Luigi Figino), 폴리니(Gino Pollini), 테라그니(Guiseppe Terragni)등으로 구성된 그룹 7(Gruppa 7)은, 이태리 고전주의라는 문화적 전통의 국가주의적 가치와 기계시대의 기능적이고 기계적 논리 상호간에 새롭고 보다 합리적인 종합을 달성하고자 추구하였다. 그룹 7의 건축가들이 추구한 근대성의 개념은 새로운 기능적 요구들과 변화하는 근대적 삶의 방식을 일치시키는데 따른 것으로, 이것은 일련의 "근대적 유형들의 창조에 목적을 둔 것"(W.G Lesnikovski, 1982, 박순관 역, p185)이다. 이들의 접근태도는 엄격하게 논리적이고 지적인 합리주의에 의존하는 반(反)개인주의적인 성향을 띠었다. 따라서 전통과 단절하고 단지 기계 미학만을 찬양한 미래파 건축의 주관주의적 성향에 대해서는 비판적인 태도를 취하였다. 무솔리니 파시즘의 정치적 미션을 모더니즘의 새로운 양식으로 표방하려고 시도한 이들은 같은 시기에 신고전주의 전통 양식으로 파시스적 열망을 표현하려고 했던 피아첸치니(M. Piacentini)를 중심으로 한 신고전주의를 역사주의적이며 아카데미즘적인 것으로 간주하여 비판하였다. 프램톤은 이 그룹의 멤버들은 기계 시대에 대한 열정에도 불구하고 현대성 그 자체보다는 전통의 재해석에 더 비중을 두었다고 지적한다. 이러한 사실은 다음과 같은 그룹 7(Gruppa 7)의 선언에서 잘 나타난다. "우리의 과거와 현재는 서로간 양립할 수 없는 것이 아니다. 우리는 우리 자신의 전통적 유산을 무시하고 싶지는 않다. 전통 그 자체를 변형시키고 단지 소수에게만 인식 가능한 새로운 측면으로 나타나는 것은 바로 전통 자신이다." (Group 7, "Note", 『이탈리아 잡지(Rassegna Italiana)』, 1926년 12월호 / K.Frampton, 1980, p.203 재인용))

주15) 이러한 사실은 테라그니가 파시스트의 집(Casa del Fascio, 1932-36)과 같은 프로젝트에서 실내 다자인을 위해 몬드리앙과 순수파 중의 추상적인 화가와 공동작업을 하였을 뿐만 아니라, 팔라조 리토리오(Palazzo Littorio Solution A, 1934)의 파사드에 부조(reliefs)를 디자인하기 위해서 구상적인 화가들과도 공동작업 한데서 알 수 있다.

주16) 지중해성 중심의 신화는 서양의 건축이 이집트와 그리스에서 탄생하여 이탈리아에서 코드화되었으며 중세 시대에 롬바르디(Lombardy)와 터스칸(Tuscany) 지방에서 재탄생되었다는 신념이다. 이것은 로마 건축과 문화의 풍부성과 기원을 상징한다. 롬바르디의 중세의 숙련된 석공의 신화는 이 지역에서 14세기에 시작된 "근대적 세계"는 코모의 거장들(the Masters of Como,

The Maestri Comacini)에 의해 베니스에서 파리에 이르기까지 새로운 건축을 창조해온 옛 신화의 평판에서 유래한 것이다.

주17) 테라그니의 건축은 미국의 뉴욕 5(New York 5)의 작가 중 특히 아이젠만이 건축을 개념화 하여 접근하는 방법에 큰 영향을 끼쳤다. 테라그니의 수천 장에 달하는 도면을 분석한 아이젠만은 그의 건축을 '통사론적 창조의 과정' 이라고 평가한다.

주18) 파시스트 집에서 이런 연계성의 목적은 파시스트 당원들이 아트리움에 집결한 후 광장으로 행진해 나가는 것인 반면, 이 건물에서 내부와 외부의 연계성은 유아들을 위한 공간으로 작용한다.

052

주1) 소쉬르는 인간을 동물과 구별짓는 언어 능력을 랑가주(Langage)라 보았고, 이것을 다시 사전의 역할과 문법서의 기능을 하는 랑그와 개인에 의한 언어 활동인 파롤로 구분하였다. 랑그는 공동체 언어 활동의 규범이 되는 것으로 사전적 역할(말의 창고)과 문법서(의미 형성의 규칙)의 기능을 수행하며 각 나라의 모국어의 언어가 이에 해당된다. 파롤은 랑그가 구체화된 것으로 개인의 발화(發話), 또는 문장의 기술을 의미한다. 랑그는 파롤의 활동을 제한하지만, 파롤의 변형을 서서히 받아들임으로써 랑그도 변하는 변증법적인 관계를 지닌다. 그는 구조적 속성을 지닌 랑그의 힘을 발견함으로써 문화 성립의 구조를 탐구하는 과학인 기호학(Semictics)을 고안해냈다. 기호는 하나의 단어(word)를 의미한다. 시니피앙 능기(能記)는 음성 또는 문자적 상징(symbol)을 의미하며, 시니피에 소기(所記)는 이것이 드러내는 개념(concept)을 의미한다. 05에서 다루는 알도 로시의 유형에 대한 탐구는 구조주의 언어학의 랑그와 빠롤의 개념에 바탕을 두고 있으며, 06에서 다루는 알도 반 아이크, 헤르만 헤르츠베르거 등은 구조주의 인류학의 사상에 바탕을 두고 있다.

주2) 로시는 『합리적 건축 Architecttura razionale, 1973』에서 "합리적 건축은 1920년대의 이태리 합리주의의 단순한 재생이나 계승을 목표로 한 것이 아니라 건축을 재발견하려고 하기 때문에 이 양자에는 차이가 있다" 고 강조한다. 1960년 대에 로시를 중심으로 한 이태리 신-합리주의 건축 운동인 텐덴자(Tendenza)는 이태리의 도시와 역사적 도시에 관심을 갖고 건축과 도시 모두를 회복하고자 시도 하였으며, 프로그램에 구속되지 않는 건축적 질서의 상대적 자율성을 강조하였다.

주3) 비들러(Anthony Vidler, 1977)는 18세기 계몽주의의 합리주의 철학에 뿌리를 두고 '자연' 을 건축의 모델로서 설정한 제1의 유형학, 근대적 테크놀러지에서 건축 생산을 위한 모델로 19세기의 공업화의 생산물을 제2의 유형학으로 명명한다. 그는 모더니즘 건축의 여명기에 건축가들은 건축의 기원에 대한 탐구로부터 이끌어낸 자연의 모델에 근거하여 건축을 자연 자체의 근본적인 질서를 모방하는 것(제 1유형학)으로 해석하여 왔으며, 모더니즘 건축의 성숙기에는 기계시대의 표준화된 대량생산과 효율성, 경제성논리에서 건축을 단순히 대량생산의 대상이라는 범주와 동일시한 오브제-유형(제 2의 유형)이라는 기술의 문제로 해석하여 왔다고 지적한다.

주4) K. 융의 "집단적 무의식" 의 개념을 언급한 바 있는 로시는 유형화 과정이 집단의 또는 자신의 무의식적 기억을 통한 것이기 때문에 자의적이지 않고 객관적이라고 강조한다. 로시의 객관적이고 공감할 수 있는 이러한 작업이 생소화 수법과는 무관하다는 비판이 있을 수 있다. 그러나 이러한 비판은 생소화 수법을 비객관적이고 주관적인 차원으로 본데서 기인한다. 지각과 생소화 수법은 피카소의 화법이 사물을 보고 지각하는 새로운 개념을 보여주었듯이 보편적이고 객관적인 것이 될 수 있다.

주5) 이러한 수법들은 로시의 스케치 그림에서 삶과 사물들을 병치시킴으로써, 로시 자신이 사물들을 새롭게(생소하게) 접근하고 생생하게 묘사하고 있는 데서 잘 나타난다. 그의 작품과 드로잉에서는 어떤 이미지 유형, 즉 아로나(Arona)에 있는 산 카를로 보로에오(S.Carlo Borroeo)의 커다란 형상, 창, 남포 갓, 움푹 패인 이상 고형체(platonic solids), 대각선으로 떠받혀진 투명한 골조, 원추형의 탑, 해변가의 토착적 오두막집, 원추형의 지붕, 삼각형과 반원형의 박공 등이 반복적으로 나타나고 있다. 또 그의 작품에 도입되고 있는 연속적인 벽면, 개구부, 기둥, 주택 유형, 탑형의 프리즘 등은 선적, 복합적인 부가, 축 혹은 좌우 대칭의 법칙에 따라서 기하학적으로 조정된 평면 형상으로 조합되고 있으며, 입면에서 무한하게 반복되는 동일한 창, 초현실주의적인 아케이드 등으로 나타난다.

주6) 모르톤(D.Morton, 1980, p.54)은 "특히 단조로운 외부 갤러리는 전통적인 밀라노 주택 건축에서 항상 체험되는 복도 유형학일 뿐만 아니라, 측면이 개방된 터널 시스템의 반복적 요소를 보여주는 공학적 구조물과도 유추적 관계를 보여 준다" 고 지적한다. 이에 대해 콜훈(A.Colquhiounp, 1976, p.72)은 거대한 피로티, 균제적 질서를 따르는 창문과 개구부의 고전적 배열 등은 프로그램보다는 일종의 무장식의 (인간이 염두해 두지 않은)공허한 의미를 지닌 '부재의 건축(absent architecture)' 으로 나타나고 있지만, 유형학적 형태의 이미지는 손상되지 않은 채 남아 있다고 지적한다.

주7) 이러한 구성은 고대 이집트의 분묘 신전에서 사자(死者)의 세계에 이르는 통로를 따라 공간을 에워싸는 여러 겹의 벽, 바닥면과 지붕 면의 레벨의 변화와 빛의 침투효과 등과도 매우 유사하다) 커티스(William J.R.Curtis, 1982, p.370)는 '이 공동묘지는 고대의 능묘(陵墓)와 18세기 후반의 불레, 르두가 취한 상징적 비젼이 혼합된 결과를 지니고 있으며, 결과적으로 건축과 도시의 유형을 통한 기념비의 상징성을 드러낸다' 고 평가한다.

주8) 로시는 지역적 특성과 사회적 특성을 포함하고 있는 도시의 특정 장소를 주거영역(residential area), 이상 도시 영역(ideal city), 기념물(monument), 성채(fortress)의 4가지로 구분짓는다. 이 중에

서 주거 영역은 가장 근원적인 도시의 형태구조로 간주된다.

주9) 로시는 이것을 자신의 기억에 저장된 이미지와 개념에서 유추하였다. 리베스킨드는 "로시가 원초적인 장소의 경험을 재현하기 위해서 회상의 힘을 넘어선 참조점(즉 결코 경험해 본 적이 없는 무의식의 심층에서 존재하는 이미지)을 점점 확장해 감으로써 얻어지는 유추적 경험의 힘에 상당히 매료되어 있다"(D. Libeskind, 1982, p.20)고 지적한다.

주10) 형태학의 개념은 동물과 식물의 형태 또는 구조를 갖는 형태의 관계를 살피는 생물학의 한 분야이다. 건축에서 형태론은 형태의 원형을 발견하고 이들의 관련성을 인식하는 것을 전제로 한다. 형태학의 관점에서 건물 유형의 탐구는 주로 건축이 어떠한 형태 요소들에 의해 성립되었으며, 그 요소들이 상호간 어떠한 관계로 통합되어 있고 또 그것에 부여되는 의미가 무엇인지 하는 문제에 관심이 있다.

주11) 융은 원형은 일반적으로 전해내려오면서 모든 사람들에게 보편적이라고 일컬어지는 원시시대의 이미지와 상징으로, '집단적 무의식' 속에 자리잡고 있다고 보았다. 웅거스는 로마 시대의 하드리안 빌라(Hadrian Villa)를 집합적 기억에 대한 첫 번째 증거로 제시한다. 이 빌라는 다양한 역사적 장소들과 신화에 대한 집합적 기억들로 가득찬 공간, 즉 장소들의 집합체로서, 이미지, 유추, 상징, 기호의 적용을 통해 서로 다양한 파편과 조작들을 현실로 개념화 하는 상상의 산물이라고 설명한다.

주12) 웅거스에 따르면, 은유는 현재 일어나는 사건을 비유적 표현 형태로 변형시킨 것이다. 이 변형은 명료성을 이끌어내고, 사건을 순수하게 추상적으로 지각하기 보다는 기술적이면서 삽화적으로 지각하는 성격을 지니고 있다. 서로 다르지만 명료한 방식으로 비교할 수 있는 두 사건의 비교는, 상이한 두 사물을 결합시켜서 이 두 사물의 성격이 흘러 들어가는 새로운 이미지를 만들어내는 창조적 생각을 모색하는데 기여할 수 있다.

주13) 웅거스(O.M.Ungers, 1982, p.10)에 따르면, 연구 가설이 과학적 연구에 있어서 사고의 방향을 결정하는 것과 마찬가지의 방식으로 테마는 건축에서 아이디어화, 내용, 예술적 표현을 규정한다는 것이다. 따라서 그는 과학적 연구가 가설의 검증이 없으면 무미 건조한 것처럼, 판타지와 아이디어(idea)가 없는 건축, 즉 순전히 경험적인 건축은 기능적인 각색이라는 극단적인 진부함에 빠지게 된다는 점을 경고한다. 회화가 그 자신의 언어를 사용하고 시학(詩學)이 이미지에 표현을 부여하고 음악이 운율적 구성으로 재현되는 것처럼, 건축도 건축의 언어를 사용하여 관념을 공간적 구성의 형태로 가시화하고 검증하는 것이 가능하며 또 그럴 필요가 있다는 것이다.

주14) 웅거스는 변형의 테마는 게스탈트의 형태학The morphology of the Gestalt으로, 조합의 테마는 대립의 일치The cioncidence of opposites로, 통합의 테마는 인형 속의 인형The doll within the doll으로, 동화의 테마는 "장소의 혼"에의 순응The adaptation of "genius loci"으로, 상상력의 테마는 관념으로서의 세계The world as idea 라는 말로 부제를 붙이고 있다. 웅거스에 따르면 변형의 개념은 자연계의 매 단계에서 일어나는 변화처럼, 건축을 포함한 모든 사건의 정형(formation)과 변형(transformation)의 과정에서 발생한다고 보았다. 이런 맥락에서 변형의 원리는 자연과 예술에서처럼 대립적이고 양립하기 어려운 요소들이 통합되는 정형적인 통일성의 상태를 이끌어내는 것을 가능하게 한다. 변형의 원리는 대립적 모순과 여러 대안들, 그리고 무엇보다도 상호의존성과 상관관계의 시각에서 사고하는 데 유용한 정보를 제공하기 때문에 창조적 사고에 결정적인 영향을 끼친다. 그러므로 변형에 입각해서 사고한다는 것은 상황과 개념들의 상호의존적인 조건들, 사건(events)에 담긴 상보적인 특성들을 인식하고 판타지에 바탕을 둔 것에 따라 자유롭게 행동하는 것이다. 그것은 항상 새로운 지식에 이르는 변증학적 사고의 모델이다.

주15) 이러한 예는 도시의 벽이 그 안에 건물과 광장이 배열되는 뼈대(shell)가 되고, 이 건물과 광장 안에는 다시 무수히 작은 단위들로 분할되는 내부 중정과 공간들이 담겨있는 중세 도시의 경우에서 찾아볼 수 있다. 따라서 인형 속의 인형의 테마, 즉 집 속의 집의 테마는 건축과 일련의 공간적 상관관계의 개념을 설명하는 데도 유용하다.

주16) 웅거스는 이 빌라를 리노베이션 하면서 빌라의 외벽을 정숙하고 명상적인 건물과 인접 도로의 교통소음을 분리하는 장치로 사용했다. 아울러 프라이버시의 제공, 강을 향한 조망과 공간감을 제공하기 위한 도구로도 사용했다. 이 건물에서 이러한 테마는 서로 상이한 여러 공간들의 시퀀스가 만들어 질 때까지 확장되고 변형이 이루어진다. 가장 안쪽에 있는 공간은 금선(金線) 세공한 창살문으로 경계를 이루고 있고, 이것은 다시 그물모양의 구조물로 만들어진 공간으로 에워싸인다. 그 바깥은 기존 빌라의 윤곽으로 처리된 벽(profiled wall)으로 이루어지며, 이것은 다시 에워싸는 벽으로 감싸인다. 이처럼 창살문, 그물모양의 구조, 벽－철, 시멘트, 플라스터, 돌－, 금선세공망, 구멍, 윤곽, 고형체 요소 등은 건축학적인 시퀀스를 이룬다. 이것을 '방들의 연속(a succession of rooms)' 이라고 평가하는 클로츠(Heinrich Klotz)는, 이 집의 구조를 이해하게 되면 웅거스가 '건축의 테마학' 을 만들고 있다는 점을 알게 된다((ed.) James Steele, 1994, p.245)고 지적한다. 이러한 관점에서 보면, 이 건물은 어떤 주어진 기능만을 충족시키기 위해 디자인 된 실용적 공간을 위한 추상적 용기가 아니라, '4개의 기둥으로 된 방, 즉 닫집형상(baldachin)' 이 어떻게 집으로 진화되어 왔는지를 보여주는 중심적 개념을 드러내고 있다.

주17) 스털링은 추상은 근대 운동과 관련된 양식으로 입체파, 구성주의, 데 스틸 등과 같은 전위적인 건축과 예술운동과 관련된 것이며, 이와는 달리 구상은 전통, 지역성, 역사, 친숙함, 건축적 유산들과 관련된 맥락 등과 관련된 것이라고 말한다. 스털링은 맥킨토시(Mackintosh), 호프만(Joseph Hoffman), 보와지(Voysey), 꼬르뷔지에 등 모더니즘 건축가 뿐만 아니라, 이탈리아 합리주의에도 관심을 보였다. 또 토착적인 건물과 신고전주의

건축가들을 참조한다.

주18) 1950년대에 (꼬르뷔지에의 자울 주택(Jaoul House, 1954-56)의 영향을 받아 설계한) 벽돌조의 풍토성과 현대성을 보여주는 햄코먼의 랭햄 주택(Langham House, Ham Commmon, London, 1955-1958), 60년대 초기에 유리의 피막과 타일로 된 건축과 프리케스트 공업화 건축인 세인트 앤드류 대학 기숙사 증축(Residential Expansion for St. Andrews University, UK, 1964-1968), 그리고 60년대 후반에 섬유 유리를 외장재로 사용한 하이-테크적인 조립식의 유연성(prefabricated plastic)의 건축을 실험한 올리베티 연수원(Olivetti Training Centre, Haslemere, 1969-1972) 등은 그가 모더니즘의 전통 안에서 다양하게 실험해 온 작품들이다.

주19) 특히 이 건물의 기능적인 요소들은 순환체계에 반영되어 단면을 중심으로 구성된 볼륨과 세부적인 형태요소들(벽돌 테두리, 나선형 계단실의 유리 프리즘, 타워형 코너 부분의 윤곽선, 날카롭게 돌출한 창 등)로 당혹감을 부여하는 모습으로 표현되었다.

주20) 여기서 입구의 입방체 건물은 도시의 축에 순응하도록 (포디움 위에서) 방향성을 갖으며, 상징적 입구로서 초점이 되는 기념비적 역할을 수행한다. 특히 보행자 통로를 밀집한 도시구조에서 정방형 안에 위치한 원형의 중정으로 끌어들여 기존의 보행자 가로에 즐거움을 부여하고자 의도하였다. 모네오(R.Moneo, 2004, p.37)는 이 프로젝트에서 요소들의 배열과 전개를 통해서 '건축적 산책로'라는 아이디어와 연결시킴과 동시에 이 형태들을 경로라는 용도에 맞추어 결합함으로써 '유동하는 움직임'이라는 개념을 동시에 탐구하였다고 지적한다.

주21) 스털링은 '경사진 대지를 관통하는 유보로의 설치'라는 현상설계 당시의 요구조건을 길 아래쪽으로 일련의 램프를 설치하고, 슁켈(K.F.Schinkel)의 베를린 알테스 뮤지엄(Altes Musium, Brlin, 1824-1828)을 연상시키는 오픈 드럼(open drum)의 형태인 로툰다를 뮤지엄 중앙에 배치하는 방식으로 해결하였다.

주22) 다양한 역사적 형태를 참조하여 연상, 이미지, 상징의 개념을 도입하는 방식은 쉘던 메모리얼 예술관(Sheldon Memorial Art Gallery, Lincoln, Nebraska, USA, 1960-1963), 지붕없는 교회(Roofless Church, New Harmony, Indoana, 1960) 등에서 찾아볼 수 있다. 또 존슨은 1970년대에는 젱크스(C. Jencks, 1980)가 레이트-모더니즘으로 평가한 건물들—I.D.S 센터(I.D.S Center, Mineapolis, 1973), 펜조일 광장(Penzzoil Place, Huston, 1971-1976)—에서 미스의 규칙적인 구조적 리듬에서 벗어나 독창적 형상과 디테일로 모더니즘의 제한된 양식적 원리를 풍부하게 만드는 가능성을 탐구해 보여주었다.

주23) 이 건물은 여러 역사에서 참조한 다양한 이미지를 지닌다. 아치형의 입구는 르네상스 건축가 브루넬리스키(Brunelleschi_의 파찌 성당(Pazzi Chaple)을, 상부의 분절된 페디먼트는 칩펜달 가구(Chippendale Furniture)를, 가운데 부분은 롤스 로이스(Rolls Royce)의 라지에이터를 연상시킨다고 젱크스는 지적한다(C. Jencks, 1980, p.20) 특히 상부의 구멍은 18세기 르두와 불레의 환상적인 이미지를 보인다. 상부의 경사진 지붕 페디먼트는 뉴욕의 마천루 코드를 참조하여 디자인 한 것으로 도시의 스카이라인에 조화되도록 의도한 것이다. 로지아 부분의 공공 스페이스와 가로에서 바라본 Golden Boy는 행인에게 즐거움을 주는 요소이다. 가로에서 Golden Boy를 보기에는 충분한 넓이가 제공되어 있다. 가로—공공로비—스카리 로비에 이르는 추이(推移, Procession)가 훌륭하게 처리되었다.

주24) 간델소나스와 모르톤(Mario Gandelsonas & David Morton, 1972, pp.70-71)의 분석에 따르면, 그의 초기의 작품에서 안과 밖의 대립은 행동의 배경으로서의 건물의 실제적인 효용과 건물의 상징적 효용을 의미한다. 평면과 전개도의 대립은 설계된 평면과 그것이 다른 사람들에 의해 이해된 입면도(읽기 위한 입면도)의 대립을 상징한다. 그리고 모든 개념화 된 창이나 허공을 받치고 있는 기둥은 자연과 건축(인공), 이상과 현실 등의 대립을 상징한다. 또 낭만적, 직관적으로 이해될 수 있는 수평면은 추상적이고 개념적으로 이해되는 수직면과 대립하여 건축가와 사용자와의 대립을 상징하고 있다.

주25) 그레이브스는 "건축은 교양인 뿐만 아니라 대중에게도 의사 전달되어야 한다"고 선언하였는데, 이것은 건축가와 대중의 코드(code)를 모두 고려한 이중-코드화(dual-coding)를 시도하는 그의 태도를 보여주는 것이다.

주26) 꼬르뷔지에, 칸, 스카르파는 보타의 건축에 대한 사고에 강한 영향을 끼쳤다. 달코는 보타가 꼬르뷔지에에게 취한 것은 "자연의 빛"과 "배치(향)" 그리고 "기후", "재료"에 대한 관계로부터 건축적 형태의 논리에 대한 그의 교훈과 도시계획적 측면(Francesco Dal Co, 1985, p.34)이라고 지적한다. 건축적 형태요소의 반복으로 형태를 분절하고 질서를 부여하는 구성원리와 기념비적인 형상과 개구부를 처리하는 수법에서는 칸의 영향을, 그리고 빛의 연출과 물성의 표현에서는 칸과 스파르타의 영향을 볼 수 있다. 외츨린(Verner Oechslin, 1998, (ed.)Luca Molinari, 1998.p.30)에 따르면 는 모더니즘 건축의 시기에 오랫동안 잊혀져 온 기념비성과 신성의 주제 주제에 대한 탐구는 예술에의 심오한 욕구를 표방한 꼬르뷔지에와 특성(chracter)의 이론을 주장한 불레의 사고와 맥을 같이한다고 지적한다. 이들은 (비트루비우스가 말한 바처럼) 당시의 규약에 따라 건물을 세우는 차원을 넘어서 지각적 개념을 도구로 하여 인간의 영혼에 호소하는 건축을 추구하였기 때문이다.

주27) 보타는 전통이라는 개념을 칸이 강조한 '시원성'의 차원에서 시적 어휘로 해석한다. 그는 자신의 디자인 방향 설정에 영향을 끼친 두가지 본질적이 요소는 '로마네스크적인 전통을 반영하는 로마예술(Roman Art)을 표현하는 것과 자연발생적인 건축에 의해 나타나는 민속 예술(Folk Art)를 표현하고자 하는 것'((Francesco Dal Co, 1985, p.28)이라고 강조한다.

주28) 보타는 이것을 "빛에 대한 갈증(thirst for light)"이라는 의

미로 다음과 같이 표현하고 있다. "자연의 법칙에 연관되어 있는 주기성(사계절의 순환, 하루의 변화 등등)이 우리의 실존에 대한 '우주론적' 의미와 연관된 역동적인 요소의 지속성으로서, 건축을 표현하고 있습니다. 저는 확신합니다. 이러한 사실들을 인식하고 깨우치는 가운데 건축적 진실이 주위 맥락으로부터 생명력을 얻게 될 것입니다."(Francesco Dal Co, 1985, p.21에서 재인용) 보타에게 지구의 원천으로서 동굴의 이미지는 하늘로부터 난 자연스런 틈이며, 상부의 천창(sky light)을 통해 들어오는 빛에 의해 투명성의 내향적인 공간으로 인식된다. 그것은 실제 동굴에 자연의 침식과 이동의 수단을 통해 이루어가는 것과 같은 의미의 공간을 만드는 것이다.

주29) 보타의 초기 건축 작품은 (꼬르뷔지에의 영향을 보여주듯이) 사각형의 형상과 선적인 구성방식을 채택하여 전개되어 왔다. 평면은 유추적인 작업과정을 통해서 새로운 디자인 개념에 접근하는 도구가 된다. 그의 주택 작품에서 기능적인 사항들과 일치하는 공간의 분배보다는 (로스가 주장한 바처럼) 일종의 '라움 플랜' 이라는 형식에 의존한다. 여기서 L자형 평면의 분절과 계단실과 같이 자율적으로 연결된 수직요소는 건축적 질서를 부여해주는 장치이다. 계단실 주위의 개구부를 통해 들어오는 빛은 공간의 분위기를 조명한다.

주30) 이러한 수법은 후에 루가노 도심지에 세워진 란실라 빌딩 1(Rancila 1. 1881-1985)에서 건물의 모서리를 도심의 코너라는 상황의 맥락에 대응하여 '모서리 기둥(corner pillar)' 라는 독특한 방식으로 해결한데서 반복되어 나타난다.

주31) 여기서 평행하게 배치되어 두 면의 파사드를 이루는 외벽은 마을의 끝에 위치한 이 주택계획의 기본적 골격을 결정하는 원리로 나타나고 있다. 두 개의 벽체가 만들어내는 내부공간의 구성과 매개공간인 로지아가 만들어내는 내, 외부공간이 상호침투하는 복합성은 다양한 수법으로 나타난 개구부로부터 들어오는 빛에 의해 연출되고 있다. 여기서 기하학적 중심부가 주택의 핵심과 일치하고 있는 반면에, 측면 벽에서는 주택의 수직적 중심부인 벽난로까지 빛이 내려오도록 처리하였다.

주32) 보타는 1980년대 들어 이상적인 기하학적 형상을 적용하여 거주가능한 주거를 만들고자 해 왔다. 이러한 고전적이고 자율적인 형상의 구성은 유추화 과정을 통해서 공공건물에 적용된다. 프로가소나 주택(Single-Family House, Pregassona, Canton of Ticino, 1979-1980) 마싸그노 주택(Single-Family House, Massagno, Canton of Ticino, 1979-1981) 스타비오 주택(Single-Family House, Stabio, Canton of Tichino, 1980-1982)과 같은 단독 주택에 적용된 유추적인 작업과정을 통해서 얻은, 시원적인 원통형의 유형학과 전통적인 원형에 근거하여 수직공간 주변에 다양한 주거기능을 배치하는 순환적인 평면의 대칭적인 구성으로 이루어져 강한 형태적 자율성을 드러내는 원통형 볼륨은 땅(이 건물이 있는)과 하늘(채광창을 통해 지붕이 수직으로 열려 있는) 사이에 놓인 공간속에 그 존재의 당위성을 정당화한다. 이러한 원통형의 매스와 원형 평면은 이후에 보타의 종교건축에서 주요 테마로 반복하여 나타난다.

주33) 보타는 이 3가지 목적을 다음과 같이 설명한다. (1) 도시의 미술관은 자연채광으로 생명을 지녀야 한다. 이것은 마치 실험실 공간처럼 인공채광에만 의존하는 전통적인 미술관의 유형을 벗어나 하루의 시간에 따라 빛이 자연스럽게 변하는 공간을 만드는 것을 의미한다. (2) 미술관 같은 중요한 공공건물에서 건축은 방문자들에게 그 자신을 단순하고 직접적으로 이야기 함으로써 이들이 공간에 들어갔을 때 방향감각을 얻을수 있어야만 한다는 것이다. 이것은 그래픽과 싸인에 의지해서 방향과 길을 찾아야 하는 대다수의 현대건물과는 달리, 공간 안에 거주할때 자신의 위치와 방향을 쉽게 인식할 수 있도록 '거주가능한 건축(inhabitable architecture)' 이라는 본질적인 특성을 회복하는 것이다. (3) 도시의 상징으로 존재하는 독특하고 개성있는 건물의 형태이다.(Mario Botta, 1995, pp. 84-88)

주34) 새로운 채플은 경사진 산에서 출현하는 고가다리(viaduct)처럼 석축으로 만든 브릿지를 통해 공간 안으로 확장하고 최종적으로 원통형의 볼륨에서 견고성을 획득하게 된다. 채플을 향하는 2개의 통로 중 하나는 산의 자연스런 경사를 따라서 계곡 아래 전망이 가능한 전망대로 향하는 외부에, 또 다른 통로는 아래쪽 채플 입구방향으로 향하여 돌로 축조된 벽 내부에 위치한다. 이 채플의 도로 구조는 계단식 형태로 처리된 채플 지붕에서 연속적인 통로로 이어지는 전망대에서 절정을 이루며, 새로운 파노라마를 만들어내고 있다.

참고문헌

공통

- 길성호(1997), *현대건축사고론*, 서울: 미건사/Spacetime
- 길성호(2003), *수용미학과 현대건축*, 서울: Spacetime
- 森田慶一(1977), *建築論*, 양광용역(1985), 서울: 동명사
- 井上充夫(1991), *建築美論*, 임영배 외역(1994), 서울: 도서출판 국제

- Asensio, Françisco(1977), *The New Architecture : ATLAS 1.0*, Barcelona : Atrium Group
- Avermaete, Tom(eds.)(2009), *Architecture, Modernity and the Public Sphere(건축, 근대성과 공공영역에 대한 건축적 입장들)*, 권영민 역, 2011, 서울 : Spacetime
- Amsoneit, Wolfgang(1991), *Contemporary Eoropean Architecture*, Köln : Benedikt Taschen Verlag GmbH
- Banham, Rayner(1960), *Theory and Design in the First Machine Age*, New York : Praeger Publishers. Inc.
- Bertoni, Franco(2002), *Minimalist Architecture*, Basel; Birkhähser - Publisher for Architecture
- Biermann, Veronica & Klein, Barbara Borngässer(eds.) (2003), *Architectural Theory from the Renaissance to the Present*, Köln : Taschen
- Bonta, Juan Pablo(1979), *Architecture and its Interpretation*, New York : Rizzoli
- Cañizares, Ana G.(2005) *Great New Buildings of the World*, New York : Loft Publications and Harper Design.
- Castells, Manuel(2000), *The Rise of the Network Society (네트워크 사회의 도래)*, 김묵한 외 공역, 2003, 서울 : 한울
- Collins, Peter(1965, 1978), *Changing Ideals in Modern Architecture : 1750 - 1950*, Montreal : McGraw - Queen's Univ. Press.
- Conrads, Ulrich(ed.)(1970), *Programs and Manifestos on 20th - Century Architecture(건축선언문집)*, 이현호역(1981), 기문당 : 서울
- Cornelis van de Van (1980), *Space in Architecture, The Netherlands* : Van Gorcum Assen
- Curtis, William J. R.(1996), *Modern Architecture Since 1900*, Oxford : Phaidon Press
- Davis , Douglas(1990), *The Museum Transformed : Design and Culture in the Post - Pompidou Age*, New York : Abbeville Press Publishers
- de Solá-Morales, Ignasi(1995), *Differences ; Topographies of Contemporary Architecture*, (trans.) Thompson, Graham(1997), The MIT, Cambridge, MA.
- Doordan, Dennis P.(2002), *Twentieth - Century Architecture*, New York : Harry N. Abrams, Inc.
- Douglas, Davis(1990) *The Museum Transformed : Design and Culture in the Post-Pompidou Age,* New York ; Cross River Press
- Dunlop, Beth(ed.)(1999), *Lost Masterpieces : Architecture 3s*, London, Phaidon Press Limited
- Etlin, Richard A.(1994), *Frank Lloyd Wright and Le Corbusier : The Romantic Legacy*, Manchester, Manchester University Press
- Frampton, Kenneth(1980, 2007), *Modern Architecture : a Critical History*, London : Thames and Hudson.
- Frampton, Kenneth(1982), *Morden Architecture & Critical Present*, London : Architectural Design.
- Francesco Asensio Cerver(1977), *Later Works(1995 - 1998), Barcelona*, Francesco Asensio Cerver
- Francesco Asensio Cerver(1998), *Selected Architecture : Public Buildings - Private Resiednce*, New York, Whitney
- Frankle, Paul(1914), Principles of Architectural History, Cambridge : M.I.T Press
- Futagawa, Yukio(ed.) (2001), *GA Comtemporary Architeacture 01 Museum 1*, Japan : A.D.A. EDITA Tokyo Co., Ltd
- Futagawa, Yukio(ed.) (2003), *GA Comtemporary Architeacture 03 Library*, Japan : A.D.A. EDITA Tokyo Co., Ltd.
- Futagawa, Yukio(ed.) (2006), *GA Comtemporary Architeacture 05 University*, Japan : A.D.A. Edita Tokyo Co., Ltd.
- Futagawa, Yukio(ed.)(2006), *GA Comtemporary Architeacture 07 Public*, Japan : A.D.A. Edita Tokyo Co., Ltd.
- Gausa, Manuel & Guallart, Vincent(eds.)(2003), *the metapolis dictionary of advanced architecture ; city, technology and society in the information age*, Barcelona : ACTAR
- Gelernter, Mark(1995), *Sources of architectural form; A critucal history of Western design theory*, Manchester univ. Press, Manchester
- Giedion, Sigfried (1941,1973), *Space, Time and Architecture I, II*, *(공간, 시간, 건축 I, II)*, 최창규 역(1979), 서울 : 산업도서출판공사
- Goldsmith, Myron(1987), *"Structural Architecture"*, Building and Concepts (ed.) Blaser, Werner, New York : Rizzoli.
- Gösel, Peter & Leuthüser, Gabriele(1991, 2001), *Architecture in the Twentieth Century*, Köln : Taschen GmbH
- Gösel, Peter(2007)(ed.), *The A - Z of Modern Architecture*, Köln :

Taschen GmbH

- Gray, Susan(ed.)(2002), *Architects on Architects*, New York; McGraw - Hill
- Greub, Suzanne and Greub, Thierry(ed.) (2006), *Museums in 21st Century : Concepts Projects Buildings*, New York : Prestel Publishing
- Hartoonian, Gevork(1997), *Modernity and Its other : A Post-Script to Contemporary Architecture*, Texas A & M University Press, College Station
- Hays, K. Michael(1998), *Architecture Theory since 1968(1968년 이후의 건축이론)*, 봉일범 역(2003), 서울 : 시공문화사
- Hasan-Uddi Kahn(2001), *International Style Modernist Architecture from 1925 to 1965*, Taschen Gmbh
- Heyer, Paul(1978), *Architects on Architecture : New Directions in America*, New York : Waler and Company
- Jencks, Charles, & Baird, George(ed.)(1969), *Meaning in Architecture*, London : Barrie & Jenkins
- Jencks, Charles (1973), *Modern Movements in Architecture*, New York : Anchor Press.
- Jencks, Charles (1977), *The Language of Post - Modern Architecture*, New York : Rizzoli.
- Jencks, Charles (1980a), *Late - Modern Architecture*, London : Academy Editions.
- Jencks, Charles (1980b), *"Post-Modern Classicism : The New Synthesis" AD*, May - June 1980, pp. 3 - 135
- Jencks, Charles (1990), *The New Moderns : From Late to Neo - Modernism*, London : Academy Editions
- Jencks, Charles, & Kropf, Karl(ed.)(1997), *Theories & Manifestoes of Contemporary Architecture*, London : Academy Editions
- Jodidio, Philip(1993), *Contemporary American Architects*, Köln : Benedikt Taschen GmbH
- Jodidio, Philip(1997), *New Forms : Architecture in the 1990s*, Hohenzollernring : Benedikt Taschen Verlag GmbH
- Jodidio, Philip(2001), *Architecture Now*, Köln : Benedikt Taschen GmbH
- Jodidio, Philip(2006), *Architecture Now 4*, Köln : Benedikt Taschen GmbH
- Joedicke, Jürgen(1969), *Architecture since 1945 : Sources and Directions*, New York; Frederick A. Praeger Publishers.
- Joedicke, Jürgen(1998), *Architekturgeschichte des 20. Jahrhunderts(20세기의 건축역사)*, 김경환외 공역, 2001, 도서출판 이집, 서울
- Kahn, Hasan - Uddin(2001), *International Style : Modernist Architecture from 1925 to 1965*, Hohenzollernring : Benedikt Taschen Verlag GmbH
- Klassen, Winand W.(1980), *History of Western Architecture(서양건축사)*, 심우갑, 조희철 역(2003), 서울 : 아키그램
- Klotz, Heinrich(1984a), *Moderne und Postmoderne(현대 건축론)*, 양동양 편역(1995), 서울 : 기문당
- Klotz, Heinrich(1984b, 1988), *The History of Postmodern Architecture*, Cambridge, Mass. The MIT Press
- Kolb, David(1990), *Postmodern Sophistications; Philosophy, Architecture, amd Tradition*, The Univesity of Chicago Press, Chicago
- Lampugnani, Vittorio Magnago(1983), *The Thames & Hudson Encyclopedia of 20th - Century Architecture*, London : The Thames & Hudson Ltd.
- Lampugnani, Vittorio Magnago(1985a), *Architecture and City Planning in the Twentieth Century*, New York : Van Nostrand Reinhold.
- Lampugnani, Vittorio Magnago(1985b), *'The Gesture and Its Shadow'* , *A+U*, pp.47 - 54
- Lampugnani, Vittorio Magnago(1990), *Museum Architecture in Frankfurt 1980 - 1990*, Munich : Prestel
- Lang, Jon(1987), *Creating Architectural Theory : The Role of the Behavioral Sciences in Environmental Design*, New York : Van Nostrand Reinhold Company Inc.
- Lesnikowski, Wojciech G.(1982), *Rationalism and Romanticism in Architecture(합리주의와 낭만주의 건축)*, 박순관외 공역(1993), 서울 : 도서출판 국제
- Lym, Glenn Robert(1980), *A Psychology of Building : How we shape and experience our structured spaces*, Englewood Cliffs, New Jersey : Prentice - Hall Inc.
- Moneo, Rafael(2004), *Theoretical Anxiety and Design Strategies in the work of eight contemporary architects*, Cambridge, Mass. : The M.I.T. Press.
- Neisser, U.(1976), *Cognition and Reality*, Freeman, Sanfrancisco.
- Nesbitt, Kate(eds.)(1996), *Theorizing a New Agenda for Architecture : An Anthology of Architectural Theory 1965-1995*, New York : Princeton Architectural Press
- Norberg - Schulz, Christian(1968), *Intention in Architecture*, Cambridge, Mass. : The M.I.T. Press.
- Norberg-Schulz, Christian(1971), *Existence, Space and Architecture (실존, 공간, 건축)*, 김광현 역(1977), 서울 : 산업도서출판공사
- Norberg - Schultz, Christian(1986), *Architecture : Meaning and Place : Selected Essays(건축의 의미와 장소성)*, 진경돈, 이정국 공역(2000), 서울 : 시공문화사
- Norberg-Schulz, Christian(1988), *New World Architecture*, New York : Princeton Architectural Press.
- Ockman, Joan,(ed.)(1993), *Architecture Cultura 1943 - 1968 : A Documentary Anthology*, New York ; Rizzoli

- Papadakis, Andreas (ed.)(1992), *Free Spirit in Architecture*, New York : Academy Editions
- Porphyrios, Demetri(1982), *Sources of Modern Eclecticism*, London : Academy Editions
- Portoghesi, Paolo (1982), *After Modern Architecture*, New York : Rizzoli.
- Portoghesi, Paolo, (trans.) Erika G. Young(2000), *Nature and Architecture*, Milano : Skira Editore S.P.A.
- Pérez Gómez, A.(1983), *Architecture and the Crisis of Modern Science*, Cambridge : The MIT Press.
- Rapoport, Amos(1982), *The Meaning of the Built Environment : A Nonverbal Communication Approach, Beverly Hill : Sage Publication.Architecturally Speaking*, New York : Bloch Publishing Company.
- Rowe, Collin(1976), *The Mathematics of the Ideal Villa and Other Essays*, Cambridge, Mass. The MIT Press
- Schirmbeck, Egnon(1987), *Idea, Form, and Architecture : Design Principles in Contemporary Architecture*, (trans.) Cowan, Henry J., New York : Van Nostrand Reinhold
- Sharp, Dennis(ed.)(1999), *Twenthieth - Century Classics : Architecture 3s*, London, Phaidon Press Limited
- Simon Sadler(2005), *Archigram : Architecture without architecture*, Cambridge, MIT
- Smith, C. Ray(1977), *Supermannerism : New Attitudes in Post - Modern Architecture*, New York : E.P.Dutton
- Smithies. K.W.(1981), *Principles of Design in Architecture*, England : Van Nostrand Reinhold Company Ltd.
- Steele, James(ed.)(1994), *Museum Builders*, New York : Academy Editions
- Steele, James(ed.)(1995), *20th Century European Rationalism : Panos Koulermos*, New York : Academy Editions
- Steele, James(1997), *Architecture Today*, London : Phaidon Press Limited
- Tafuri, Manfredo(1976a), (trans.) Barbara Luigia La Penta), *Architecture and Utopia : Design and Capitalist Development*, Cambridge Mass : MIT Press
- Tafuri, Manfredo(1976b, 1980), *Theories and History of Architecture*, New York : Harper & Row, Publishers
- Tzonis, Alexander and Lefaivre, Liane(1992), *Architecture in Europe since 1968 : Memory and Invention*, London : Thames and Hudson Ltd.
- Tzonis, Alexander, Liane Lefaivre, Richard Diamond(eds.)(1995), *Architecture in North America Since 1960*, London : Thames and Hudsen Ltd.
- Vandenberg, Maritz(ed.)(1999), *Twenthieth - Century Museum 1 : Architecture 3s*, London, Phaidon Press Limited
- Wiebenson, Dora(ed.)(1982), *Architectural Theory and Practice from Alberti to Ledoux*, Architectural Publications, Inc.
- Wigley, Mark(1993), *The Architecture of Deconstruction : Drrida' s Haunt*, Cambridge, Mass : The MIT Press
- Wines, James(2000), *Green Architecture*, Köln : Benedikt Taschen Verlag GmbH

03

- Baker Geoffrey H.(1996), *Le Corbusier : The Creative Search*, New York ; Van Nostrand Reinhold
- Bard, Jean-Francois(1944), *Cities of Artificial Excavation : The Work of Peter Eisenman*, 1978-1988, Montreal ; Rizzoli International Publications
- Blackwell, William(1984), *Geometry in Architecture*, New York ; John Wiely & Sons
- CA *Contemporary architecture(현대건축) Vol.64(2006.1), Dominique Perrault*, 서울, CA Press
- CA *Contemporary architecture(현대건축) Vol.65(2006.4), Peter Eisenman*, 서울, CA Press
- Can'izares, Ana G.(2005), *Great New Builgings of the World*, New York ; HarperDesign
- Crespi, Giovanna(ed.) (2000), *Projects and Architecture Dominique Perrault(1990-2001)*, Milano ; Electa
- Devidson, Cynthia(eds.)(2005), *CODEX : The City of Culture of Galicia*, New York ; The Monacelli Press
- Davidson, Cynthia(ed.)(2006), *Tracing Eisenman*, London ; Thames and Hudson.
- Dobney, Stephen(ed.)(1995) *The Master Architect Series : Eisenman Architecture*, Victoria : The Images Publishing Group Pty Ltd.
- Eisenman, Peter, Gass, William and Gutman, Robert "*House VI*", *P/A*, June 1976, pp.57-67
- Eisenman, Peter(1987), "*Architecture and The Problem of the Rhetorical Figure*" *Architecture and Urbanism No.202*, July 1987
- Eisenman, Peter(1988), "*Architecture as a Second Language : The Texts of Between*", (ed.), Marco Diani &
- Catherine Ingraham(1989), Evanston ; Northwestern University Press
- Dobney, Stephen(ed.)(1995), *Eisenman Architects, Selection and Current Works(Master Awgote series Vol.9)*, The image publishing group
- Eisenman, Peter(1992), *Vision "Unfolding : Architecture in the Age of Electronic Media"*
- EL Croquis(1997), Vol.83, *Peter Eisenman(1990-1997)*, Madrid ;

Spain, ELCroquis

· Eisenman, Peter(1999), *Diagram Diaries*, London ; Thames and Hudson.

· EL Croquis(2002), Vol.103, *Zaha Hadid(1996-2001) : Landscape as a plan*, Madrid ; Spain, ELCroquis

· EL Croquis(2001), *Vol.104, Dominique Perrault(1990-2001) : The violence of neutral*, Madrid ; Spain, ELCroquis

· Etlin, Richard A.(1994), *Frank Lloyd Wright and Le Corbusier : The Romantic Legacy, Manchester*, Manchester University Press

· Ferré, Albert and Migayrou, Frédéric(eds.) (1999), *WITH Dominique Perrault(1990-2001)*, Barcelona ; Actar, Birkhäuser-Publishers for Architecture

· Ferré, Albert and Migayrou, Frédéric(1999), *Dominique Perrault Architect*, Barcelona ; Actar, Birkhäuser-Publishers for Architecture

· Futagawa, Yukio(ed.) (1995), *GA Document Extra : Zaha M. Hadid*, Japan ; A.D.A. EDITA Tokyo

· Gmbhier : Lyon, Dominique(ed.)(2000), *Le Corbusier alive*, Paris, Vilo Publishing

· Jencks, Charles (1973), *Le Corbusier and The Tragic View of Architecture*, Harvard Univ. Press, Cambridge, Ma.

· Jodidio, Philip(2009), *Zaha Hadid Complete Works 1979-2009*, Köln ; Benedikt Taschen GmbH

· Le Corbusier(1926), *Vers une Architecture*, (trans.)

· Le Corbusier(1929), *The City of Tomorrow and Its Planning*, (trans.) Frederick Etcheiis, New York ; Dover Publications, 1987

· Marcus, George H.(2000), *Le Corbusier : inside the machine for living*, New York ; The Monacelli Press, Inc.

· (1993), *RE : Working Eisenman*, London ; Academy Editions.

· (1995), *RE : Eisenman Architects : Selected and Current Works*, The Image Publishing Group.

· Rowe, Colin(1976), *The Mathematics of Ideal Villa and Other Eassys*, Cambridge ; The MIT Press, MA

· Rowe, Colin and Slutzky, Robert(1997), *Transparency*, Birkhäuser Verlag, Berlin

· *Spacetime*(2004) 8월호, 서울 : (주) 공간사

· Tzonis, Alexander(2001), *Le Corbusier : The Poetics of Machine and Metaphor*, London : Thames & Hudson Ltd,

· Von Moos, Stanislaus(1968), *Le Corbusier-Elemente einer Synthese(르 꼬르뷔제의 생애 : 건축과 신화)*, 최창길외 공역, 1995, 기문당, 서울

04

· Francesco Dal Co & Kurt W. Forster(ed.)(1998), *Frank O. Gehry : The Complete Works*, Milano ; The Monacelli Press

· Gijs van hensbergen(2001), *Antoni Gaudí(안토니 가우디)*, 양성혜 옮김, 2002, (주) 현암사, 서울

· Nonell, Joan Bassegoda(1997), "*Eusebio Guell Bacigalupi, The Caredra Gau야 and The Personality and Thought of the Architect Antonio Gaudí Cornet*", *Pro Architect(세계 건축가 시리즈 02)*, (1997), *안토니 가우디*, pp.6-25, PA, 1997, 3월호, 서울

· Ramírez, Juan Antonio(1998), *The Beehive Metapho From Gaudí to, Le Corbusier*, (trans.)(2000), Reaktion Books Ltd.

· Jennifer Bloomer(1995), *Architecture and The Text : The (Scripts of Joyce and Pranesi*, Yale University Press *건축과 텍스트 : 조이스와 피라네시의 각본)*, 임기택 역(2006), 서울;시공문화사

· Phent Wolfgang(1973), *Expressionist Architecture*, London ; Thames & Hudson

· Sharp Dennis(1966), *Modern Architecture and Expressionism*, New York ; George Braziller

· Stephens, Suzanne(1999), "*Gehry Ascendaunt*", *Architectural Record*, (May, 1999), New York ; Architectural Record Book

· Thomsen W. Chritian(1994), *Visionary Architecture : from Babylon to Virtual Reality*, New York ; Prestel

· Zerbst, Rainer(1993), *Antoni Gaudí*, Taschen, Benedikt Taschen Verlag GmbH, Köln

05

· AD(Architectural Design) Profile(1982), James Stirling, London ; Academy Edition

· Adjmi, Morris(ed.)(1991), *Aldo Rossi Architecture 1981-1991*(알도 로시), 이경훈역(1993), 서울 ; 영문출판사

· Aldo van Eyck(1962a), "*Doorste*", *Tean 10 Primer*, (ed.) Alison Smithson(1968), London ; Studio Vista

· Colquhoun, Alan(1967), "*Typology and Design Method*" (ed.),

· Architectural Design Profile(1982), *James Striling*, London ; Academy Editions/ St. Martin's Press

· Architectural Monographs No 32(1993), *James Striling + Michael Wilford*, London ; Academy Editions

· Arnell, Peter and Bickford, Ted(ed.)((1984), *James Stirling Building and Projects*, New York ; Rizzoli

· A+U (建築と 都市), November 1982, Extra Edition, "*Rossi, Aldo and 21 Works, 特輯*", A+U Publishing Co., Ltd.,

· A+U(Series No. 12) *Stirling since Stuttgart*, (편집부역, 1986), 서울 국제출판공사

· Botta, Mario(1996), *The Ethics of Building*, Basel ; Birkhäuser

· R. Gutman, *People and Building*, New York ; Basic Books, Inc., Publishers, 1972

· CA(현대건축), *Contemporary Architecture*, *Vol.67*, 2007.1, 서울 CA Press

- Cesare de Seta(1998), "*Mater Tellus*", Molinari, Luac(ed.)(1998), Mario Botta ; Public Buildings 1990-1998, Milan, SKIRA
- Colquhoun, Alan(1981), *Essays in Architecture Criticism : Modern Architecture and Historical Change*, Cambridge ; MIT Press
- EL Croquis(2003), Vol.117, *Frank Gerry(1996-2003) : from A to Z*, Madrid ; Spain, ELCroquis
- Francesco dal Co (1980) , "*Aldo Rossi*", "*Teatro del Mondo*", 須賀敦子(譯), *東京 : A+U*, 1980年 3月, pp.4-14, Geisort,
- Francesco dal Co (1985), *Mario Botta : Architecture 1960-1985*, New York ; Electa/Rizzoli
- Futagawa, Yukio(ed.) (1984), *GA Architect 03 Mario Botta*, Japan ; A.D.A. EDITA Tokyo Co., Ltd.
- Gili, S.A. Gustavo(ed.)(1991), *Mario Botta : Architectures 1980-1990*, Brcelona ; spain
- Helmut(1994), *Aldo Rossi Architect*, New York ; Academy Editions
- James, Kathleen(1997), *Erich Mendelsohn and The Architecture of German Modernism*, Cambridge ; Cambridge University Press
- Jodidio, Philip(1999), *Mario Botta*, Köln, Benedikt Taschen Verlag CmbH
- Marc-Antoine Laugier(1753), *Essai Sur L'Architecture(An Essay on Architecture)*, (trans. Wolfgang and Anni Herrman, 1997), Los Angeles ; Hennessey & Ingalls, Inc.
- Molinari, Luac(ed.)(1997), *Oswald Mathias Ungers The Dialectic City + Jean Nouvel Architecture and Design 1976-1995*, London ; Thames and Hudson Ltd.,
- Molinari, Luca(ed.)(1998), *Mario Botta : Public Buildings 1990-1998*, Milan, SKIRA
- Neumeyer, Fritz(1991), 「*Oswald Mathias Ungers Architektur 1951-1990(웅거스 · 건축이념과 작품)*」, 진경돈 외 역, 서울 ; 미건사, 1994
- Oechslin, Werner(1998), "*Mario Botta' : Vocation for the Sacred and The Monumental*", Molinari, Luac(ed.)(1998), *Mario Botta : Public Buildings 1990-1998*, Milan, SKIRA
- Porphyrious, Demetri(ed.)(1984), *Leon Krier : Houses, Palaces, Cities*, New York, Architectutal Design Editions Ltd.
- Progressive Architecture, "*Rossi, Aldo : Two Exhibits*", P/A October 1979, pp.
- PA(Pro Architect) *Mario Botta*(마리오 보타), 서울 ; 건축세계(주) ·
- Rossi Aldo : *Buildings and Projects*, New York ; Rizzoli
- Rossi, Aldo(1966, 1982), *The Architecture of the City*, Cambridge, The MIT Press.
- Rossi, Aldo(1976), *An Analogical Architecture*,
- Rossi, Aldo(1977), "*Analogien*" 「Bauer + Wohnen」, 제6호.
- Schumacher, Thomas L.(1994), *Giusseppe Terragui GA74(Global Architecture Document)*, Tokyo, A.D.A.EDITA
- Schumacher, Thomas L.(1980, 1985), *The Danteum Architecture, Poetics, and Politics under Italian Facism*, New York, Princeton Architectural Press
- Schumacher, Thomas L.(1991), *Surface & Symbol' Giuseppe Terragni and The Architecture of Italian Rationalism*, New York, Princeton Architectural Press
- Snodin, Michael(1991), *Karl Friedrich Schinkel : A Univeral Man*, New Haven & London ; Yale University Press
- Steel James(ed.)(1995), *20th Century European Rationalism Panos Koulermos*, London, Acadeny Editions
- Sudjic, Deyan(1986), *Norman Foster, Richard Rogers, James Stirling(포스터, 로저스. 스털링 : 영국건축의 새로운 흐름)*, 김인철 역, 1990, 집문사, 서울
- Ungers, Oswald Mathias(1982), *Architecture as Theme*, New York ; Rizzoli
- Ungers, O.M.(1985), "*Observation about My Designs and Buidings*", A+U.
- Wilford , Michael and Mulrhead, Thomas(1994), "*James Stirling Michael Wilford and Associattes Buildings & Projects*" *(1975-1992)*, London ; Thames & Hudson

도판출전

* A+U(1982 1984,1986) 도5-10a,b, 도5-11b, 도5-14, 도5-16,도5-35b, * Adjmi,Morris(ed.)(1991) 도5-17a,b,c, 도5-18, 도5-19c, * Arnell,Peter and Bickford Ted(ed.)(1985)도5-12b, 도5-13a, * Crespi, Giovanna(ed.)(2000) 도3-43, 도3-46a,b * Curtis, William.J.R.(1996) 도4-24b, 도5-31a,b, * Davidson, Cynthia(ed.)(2006)도3-40a,c,d 도3-41a,b * Dobney, Stephen(ed.)(1995)도3-35b, * Eisenman,Peter(1999) 도3-36a, 도3-37a,b,c, * EL Croquis(1997) 도3-39a,b, * EL Croquis(2001) 도3-42b, 도3-44a,b,c, 도3-46c, 도3-47a,b, * EL Croquis(2002) 도3-50a, 도3-51b,도3-53a,b, * EL Croquis(2003) 도4-34, 도4-35a,b, 도4-37a,b, 도4-38b,c, 도4-39a,b,c, 도4-40a,b, * Ferre', Albert and Migayrou,Fre'de'ric(ed.)(1999)도3-42a, * Go"ssel, Peter(2001)도3-4, 도3-5, 도3-6, 도3-12a,b,c.도3-50b,c, 도5-6c, 도5-35d, * Go"ssel, Peter(ed.)(,2007) 도3-3a,b, 도3-8c, 도3-10, 도3-11, 도 3-14, 도3-20, 도3-39c, 도3-53d, 도4-11a, 도4-15a,b,c, 도 4-24a, 도4-30c, 도4-31, 도5-5, 도5-26a,b, 도5-38a, 도5-53a, * Hadid, Zaha homepage 도3-52c, * Jennifer, Bloomer(1995) 도4-1a, * Jodidio, Philip(1999) 도5-46a,b, 도5-47a, 도5-48a,b,도 5-49b,c, 도5-50c, 도5-51b,c,d,e, 도5-52a,b, * Jodidio, Philip(2009) 도3-49a,b,c, 도3-51a,도3-54a,b,c, * Lyon, Dominique(2000)도3-23a,b, 도3-26c,d, 도3-27a,b,c,d, 도3-33, * Neumeyer, Fritz(1991) 도5-22,도5-25c,d, * Perrault, Dominique homepage 도3-42c,도3-48a,b, * Phent, Wolfgang(1973) 도4-9. 도4-22c, * Porphrious,Demetri(1984)도5-30a,b, * Schumacher,Thomas L.(1991)도 5-6a, 도 5-7a,b,c, 도 5-8a,b,c,d,e, * Sharph,Dennis(1966) 도4-11b, 도4-12a,b, 도4-13, 도4-17, 도4-18a,b,c, 도4-19b, 도4-20a, 도4-23, 도4-15, * Snodin, Michael(1991) 도5-2a,b,c, * Steel,James(1995)도3-23e * Thomsen W.Christain(1994) 도4-1b, * Tzonis, Alexander(2001)도3-31, * Ungers O.M & Vieths, Stefan(1997) 도5-27a,b, 도5-28a,b,c, * Zerbst,Rainer(1993)도4-2, 도4-3c, 도4-5a, 도4-6a,b, 도4-7a,d, 도4-8d, 기타(출전미확인)도3-7a,b, 도3-8a,b, 도3-23c,d,도3-34b, 도3-39d, 도3-40a, 도3-41c,d,e, 도3-45a,b,c, 도3-52a,b, 도4-4, 도4-7e, 도4-8c, 도4-20b, 도4-27b,c, 도4-28, 도4-29, 도4-30a, 도4-33a,b, 도4-36b, 도4-37c, 도4-41a,b, 도4-42a,b, 도4-43a,b, 도4-46b,c, 도4-47a,c, 도4-48a,c,d, 도4-49b,c, 도4-50c,d, 도4-51a,c, 도5-3a,b,, 도5-6b, 도5-11a, 도5-2a, 도5-13b,c, 도-15a,b, 도5-19a,b, 도5-32b, 도5-33b,c, 도5-34a, 도5-35c, 도5-37a, 도5-38b, 도5-39, 도5-40, 도5-45a,b, 도5-49a,(이상의 인용도판은 원저자를 확인할 길이 없어 사전 허락을 받지못하고 수록한 것으로, 추후 연락 가능한 경우에 소정의 비용을 지불하겠습니다)

찾아보기

서평

김선곤(서울대 박사과정 수료, 한밭대 강사)

《현대건축의 재발견 Vol 2》(이하 〈재발견2〉으로 약칭하고 인용은 쪽수만 표기)는 근·현대 건축의 흐름을 '패러다임' 개념에서 유추된 6가지 '건축적 사고의 모형' 으로 기술하는 저자의 "현대건축의 재발견 시리즈" 중 두 번째 권으로 '기하학적 질서와 개념의 건축', '심상의 표현과 감각의 건축', '유형의 탐구와 유추의 건축' 을 다루고 있다. 이 저작의 이론적 위상과 의미에 대해서는 이미 1권에 실린 서평에서 논한 바 있으므로 본 글에서는 2권에 실린 3가지 '건축적 사고의 모형' 을 중심으로 필자의 견해를 덧붙이고자 한다.

우선 중력과 기능에 의해 상상력의 제약을 받는 건축에 비해 회화가 상대적으로 자유로워 선행적이라는 측면에서, 근대건축 태동기인 19세기말에서 20세기 초 미술사에 대한 논의를 마중물 삼아 이 글을 시작해 보자.

모더니즘 회화는 이전의 회화가 작가가 대상(현실)을 작품을 통하여 '재현(표상)' 하려고 했던 소위 '리얼리즘' 에 대한 비판과 반대에서 출발한다고 볼 수 있다. 신고전주의까지의 회화가 대상의 '이데아' 를 재현했다면, 이후 사실주의는 있는 그대로의 '현실' 을, 후반의 인상파 회화는 끊임없이 변화하고 생성하는 현실의 운동인 '시뮬라크르' 를 재현했다.

그렇다면 이제까지의 이러한 회화의 메커니즘을 어떻게 하면 뒤집을 수 있을까? 그 대답으로서 첫 번째 계열은 회화를 대상의 재현이 아니라 반대로 작가가 가지고 있는 그 무엇의 표현으로 보는 것이다. 이른바 근대적 주체의 산물이기도 한 작가의 감정이나 무의식을 '표현' 하는 것인데, 전자가 독일과 오스트리아를 중심으로 한 '표현주의' 이고, 후자가 프랑스와 스페인이 중심이 된 '초현실주의' 이다. 두 번째 계열은 대상을 재현하는 것이 아니라 대상을 지워나가는 것이다. 즉 대상의 형상을 단순화시키고 기하학으로 환원하는 '추상' 의 계열이다. 세 번째 계열은 이 모든 것을 부정하는, 다시 말해 예술이 작가의 대상에 대한 재현이던, 작가가 가진 감정이나 무의식의 표현이던 그 무엇을 '창조한다는 것' 그 자체에 대한 부정으로 꼴라쥬나 레디메이드 방식을 사용한 '다다' 운동을

들 수 있다.

이 같은 모더니즘 회화의 문제의식은 그 시기에 다른 모든 예술과 공유하는 공통적 흐름이었고, 건축도 예외가 될 수 없었다. 그때까지 건축의 재현되어야 할 대상의 역할을 했던 것은 각 시대마다 갑옷처럼 존재했던 일컬어 '양식'이었다. 근대이후 건축의 역사는 바로 에밀 카우프만 『르두에서 르 꼬르뷔지에까지』이 '건축의 자율성'으로 요약한 '양식'이 사라진 시대의 역사이다. 물론 여기에는 지그프리트 기디온 『공간 · 시간 · 건축』이 주목했던 양질의 철, 철근콘크리트, 대형 판유리라는 근대적 재료의 대량생산과 이를 이용한 엔지니어의 기술이 결부되어야 한다.

요컨대, 근대 이후 건축의 역사는 대량생산되는 근대적 재료에 적합한 구축법과 형태를 찾아가는 과정의 역사라고 말해도 과언이 아닐 것이다.

여기에 다른 예술과 차별화되는 기능의 수용이라는 건축의 굴레에서 기인한 건축만의 고유 계열을 추가할 수 있다. 산업자본주의가 본격화되면서 이전의 역사에서는 볼 수 없었던 다양한 새로운 시설이 등장하고, 노동의 가치가 시간에 의에 측정되는 시대에 효율성과 경제성이 강조되면서 재현의 대상이 '양식'이 아니라 '기능'으로 대체되는 '기능주의 건축'이 그것이다.

건축에 있어서 앞서의 재현에 반하여 모더니즘 회화가 걸어갔던 길 중에 중요한 것은 첫 번째, 두 번째 계열인 표현주의(초현실주의 포함)와 추상에 의한 기하학이다. 우리는 근대건축사에서 이 두 계열의 대립을 곳곳에서 확인할 수 있다. 독일공작연맹 내에서의 앙리 반 데 벨데와 헤르만 무테지우스(피터 베렌스)의 충돌, 앙드레 브레통과 꼬르뷔지에의 대립, 휴고 헤링과 미스 반 데어 로에의 갈등이나 기디온과 니콜라스 펩스너 같은 근대건축사가들의 의도적인 표현주의 건축에 대한 무시 등이 그 대표적 예이다.

『재발견 시리즈』와 관련하여 기능주의 계열과 재료에 의한 구축성의 강조는 『재발견1』에서 '프로그램의 해석과 리얼리티의 건축'과 '구축성의 전통과 구조적 건축'으로 논의되었다면, 추상의 계열과 표현주의의 계열은 『재발견2』에서 '기하학적 질서와 개념의 건축', '심상의 표현과 감각의 건축'에서 다루어지고 있는 셈이다. 그리고 2차 세계대전 이후 현대건축에서 모더니즘 건축에 대한 반발로 근대이전의 '양식의 재현'이 '유형'이란 이름으로 좀 더 유연하고 확장된 방식으로 부활하는데, 『재발견2』에서 마지막으로 논의되는 '유형의 탐구와 유추의 건축'이 그것으로 볼 수 있다.

'기하학적 질서와 개념의 건축'에서 오해의 소지가 많은 '개념(concept)'에 대해 이 책이 견지하는 입장에 대해서 논의될 필요가 있다. '받아들여진', '파악된'을 뜻하는 라틴어 'conceptus'에서 유래되고, 철학에서 '추상적이고 일반적인 관념', '하나의 범주에 속하는 모든 개체에 공통되는 특성을 묶어주는 관념' 등으로 사용되는 '개념'이라는 용어가 건축에 사용되는 양상은 크게 3가지로 분류할 수 있다.

첫째는 '현대 건축의 재발견'에서와 같이 플라톤의 변화하지 않는 자기 동일적인 영원한 존재를 뜻하는 '이데아'의 가장 온전한 예인 기하학과 결부시켜 건축의 형태적 측면에서 논의하는 방식이다. 둘째는 루이스 칸이나 스티븐 홀의 예에서 볼 수 있듯이 건축을 이끌어 가는 원동력으로써 건축의 '프로그램'이나 '다이어그램'과 관련시켜 논의하는 방식이다. 셋째는 1960년대 말에 시작된 현대회화의 '개념미술(Conceptual Art)'과 결부시키는 논의이다. '개념미술'의 건축적 적용은 피터 아이젠만이 "개념건축에 대한 소고: 정의를 향해"(1971)에서 '개념미술'을 모델로 삼아 건축을 재구성하는 작업을 시도함으로써 이루어졌다.

이처럼 건축에 있어서 '개념'이라는 용어는 형태적, 프로그램적, 영역(경계)적 측면으로 다양하게 사용되지만, 『재발견2』의 '기하학적 질서와 개념의 건축'에서 '개념'이 뜻하는 바는 앞서의 논의 중 첫 번째 방식과 연관된다.

'기하학적 질서와 개념의 건축'에서 또 다른 이해가 쉽지 않은 부분은 요즘 한참 유행하고 있는 '랜드스케이프 건축'이 자하 하디드와 도미니크 페로와 결부되어 논의되고 있는 부분이다. 왜냐하면 '랜드스케이프 건축'에서 중요시되고 있는 풍경, 자연, 대지는 보통 건축에서 기하학과 대립되는 개념처럼 보이기 때문이다.

하지만 '건축과 자연의 통합적 관계'에 주목하는 『재발견2』에서 기하학이 자연에 대한 추상에서 나왔다면, 반대로 기하학의 원초적 모태는 자연이라는 차원에서 더 이상 '기하학'과 '자연'은 상충되는 것으로 간주되지 않는다. 꼬르뷔지에는 이 대립을 '건축적 산책로'를 통하여 봉합하려고 했고, 이후 피터 아이젠만, 자하 하디드와 도미니크 페로의 건축은 더 이상 이러한 대립이 무효한 통합된 하나의 대상이 된다.

『재발견2』의 피터 아이젠만이나 자하 하디드 건축에 대한 논의는 이 같은 사실을 잘 대변하고 있다.

앞서 지적했듯이 근대건축은 과거 양식의 재현으로부터 자유로워졌지만 곧 재현의 대상이 양식에서 기능으로 대체됨으로 온전하게 재현을 벗어나지 못했다. 아이젠만의 지속적이고 일관된 건축적 특징은 그의 유명한 '탈-기능주의(Post-Functionalism)'가 증명하듯이 이 같은 (형태의 기능에 대한) '재현'에 대한 반대라고 볼 수 있다. 즉 다른 예술이 모더니즘에서 성취했던 작업을 건축에서 끝까지 밀고나가는 것이다.

그렇다면 건축이 기능을 포기한다면 형태를 어떻게 만들 것인가? 이것이 아이젠만의 근본적인 질문이고 딜레마이다. 마치 화가가 현실(대상)을 재현하지 않는다면 도대체 무엇을 그린다는 말인가라는 질문처럼 말이다. 근대회화는 앞서 말한 것처럼 '표현'과 '추상'의 방향으로 나아갔다. 여기서 대상을 단순화하고 지워나가는 '추상'이 극단화되면, 그래서 흰 바탕(말레비치의 '흰 바탕위의 흰 사각형')만 남는다면 회화는 결국 몬드리안이나 말레비치, 칸딘스키의 그것처럼 형태와 색의 배열인 '구성'의 문제로 남게 된다. 마찬가지로 1960년 후반 '뉴욕5' 시기의 아이젠만의 건축은 쥬세페 테라니 건축의 통사론적 방법이나 노엄 촘스키의 '변형생성문법' 영향 하에 기둥, 벽, 매스(볼륨)와 같은 건축형태 구성요소의 부가, 삭제, 회전, 중첩 등의 조작을 통한 구성의 문제가 된다.

여기서 모더니즘 예술의 중요한 수단과 특징인 '자기 참조성(self-referentiality)' 또는 '자기 지시성'이 중요해진다. 종이접기를 예로 들면 종이를 접는데 무엇을 접는다는 목적(재현)의 대상이 없다면 결국에 종이접기는 왼쪽으로 한번, 오른쪽으로 한번과 같은 식의 이전 과정의 참조일 수밖에 없다. 자기 참조성, 자기 지시성은 현실의 재현을 포기한 그래서 내용이 부재한 형식만이 존재하는 모더니즘 예술의 당연한 결과이다. 그리고 아이젠만에게는 자기 참조적 과정의 기록이자 결과물이 바로 그의 책 제목 『Diagram Diaries』에 등장하기도 했던 '다이어그램'이다.

그렇기 때문에 아이젠만의 건축에 끊임없이 등장하는 것이 바로 프로세스의 기록인 다이어그램과 자신의 작품에 대한 글쓰기이다. 왜냐하면 자신의 작품의 형태가 어떻게 도출되었는지 설명해야 할 책임이 본인에게 있기 때문이다. 이는 또한 형태가 도출되는 자기만족적인 이유 찾기를 위해 아이젠만이 계속해서 다른 인문학을 기웃거리는 이유이기도 하다. 아이젠만에게 노엄 촘스키, 자크 데리다, 질 들뢰즈의 이론들은 바로 그에 대한 대답들이다. 형태적으로는 『재발견2』에서 확인할 수 있듯이 직선(수직)적인 형태—기울어진(사선) 형태—(건물과 대지가 통합된) 주름 접혀진 형태로 변화하고 있다. 특히 이것은 유클리드기하학-사영기하학-위상기하학으로 이어지는 기하학의 발전 궤도와 일치하고 우연하게도 몬드리안-반 되스버그(엘 리시츠키)-칸딘스키(클레)로 구별되는 '추상-구성' 계열의 모더니즘 회화적 특징과도 유사하다.

초기 자하 하디드의 건축은 말레비치나 엘 리시츠키의 러시아 절대주의 영향 하에 사선이나 기울어진 벽, 예각의 사용을 통한 역동적이고 무중력적인 하늘을 향에 뻗어 나가는 형태가 주를 이루었다. 반면에 2000년대 이후의 건축은 마치 땅에서 솟아 오른 듯한 형태와 유기체적 형상을 통해서 일종의 '인공적 자연'이 되려는 경향이 있다. 전자가 하늘에 대한 열망이라면 후자는 땅에 대한 지향이다.

형태적으로는 자하 하디드의 건축이 '심상의 표현과

감각의 건축'에서 다루어도 별 무리가 없을 정도로 보이지만, 『재발견시리즈』에서 중요한 것은 결과적 형태가 아니라 결과를 도출시키는 건축가의 사고유형이다. 하디드의 건축이 작가의 심상에 의한 표현이 아니라 대상에 대한 조작의 결과 즉 "수평 켜와 수직 켜의 중첩, 충돌에 의해 발생하는 볼륨을 '흐름'과 '장'의 개념으로 통합하여 생성한 결과"(107쪽)로 도출되었음을 주목할 필요가 있다. 전기의 작품이 유클리드 기하학과 정역학의 해체에 방점이 찍혀 있다면, 후기 자하 하디드의 작품은 유클리드 기하학을 넘어 비유클리드 기하학과 유체역학에 기반을 두고 있다고 볼 수 있다. 그렉 린의 '폴드 건축' 논의를 빌려 말하자면 전자가 형태분절을 통한 '모순과 충돌의 논리'를 수행한 '해체주의 건축'과 연관된다면, 후기의 작품은 '연속성의 유체역학적 논리'를 반영한 연속적인 '폴드 건축'과 관련된다.

도미니크 페로는 초기 프랑스 국립도서관부터 기존의 도서관 프로그램 방식과는 반대로 중요한 열람실 부분을 지하에 위치시키는 방식을 사용하였다. 이후 베를린 올림픽 사이클 경기장과 수영장에서는 아예 각각 원형과 사각형의 건물을 그라운드 레벨까지 묻어둠으로 대지에 숨기고 일체화시키는 방식을 쓰다가 이화여대 캠퍼스센터에서는 인공적 골짜기가 곧 건물이 되는 방식을 사용하게 된다. 즉 "건물이 대지로 '침입'하여 건축을 '분리'하고 궁극적으로는 '소멸'"(109쪽)되는 것이다. 특이한 것은 자하 하디드의 건축이 남근적 형상에 가깝다면 상대적으로 도미니크 페로의 방식은 오히려 여성적 표현에 가깝다는 점이 아이러니컬하다.

소위 건축사에서 '표현주의 건축'에 해당되는 부분이 『재발견2』에서는 '심상의 표현과 감각의 건축'이다. 근대건축시기에 '표현주의 건축'과 '기하학적 건축'의 대립은 산업자본주의의 팽창과 결부된 급속한 도시화와 1차 세계대전 이후 파괴된 주택의 빠른 복구의 필요성이 맞물려 자연스럽게 대량생산에 적합한 형태인 기학학적 건축의 승리로 귀결된다.
하지만 '표현주의 건축'은 후기자본주의 사회로 진입하게 되면서 그 특이하고 개성 있는 형태가 하나의 마케팅적 수단이 되면서 다시 부활하게 된다. 건축사적으로 보면 전후 가정 풍요로웠던 시기인 1950년대 후반에서 1960년대 전반, 1990년대 후반부터의 IT경제에 의한 경제호황과 뒤이은 세계적 부동산 버블기에 다시 유행하고 있다. 물론 2000년대 이후의 양상은 발달된 컴퓨터, 디지털기술에 의해 디자인되고 시공됨에 따라 이전과는 다른 양태를 보인다고 볼 수 있다.

한 가지 『재발견2』에서 간과되지 말아야 할 부분은 현대의 '심상의 표현과 감각의 건축'을 논하면서 방점은 '심상의 표현'이 아니라 '감각의 건축'에 있다는 점일 것이다. 건축가의 심상표현이 중요한 것이 아니라 그것을 받아들이는 사용자의 감각이 중요한 고려의 대상이 된다. 다시 말해 "오브제의 형식구조 보다는 그것을 경험하는 관찰 주체의 감성과 심리적 경험에 호소해 관찰자를 생소한 경험의 상황 속으로 몰입시키는 방식"(191쪽)에 주목해야 한다는 것이다.

들뢰즈는 『시네마 I : 운동-이미지』에 이은 자신의 두 번째 영화서인 『시네마 II : 시간-이미지』에서 2차 세계대전 이후 새로운 유럽영화의 기본적인 특징을 '시간-이미지'에서 찾고 있다. 여기서 시간은 근대의 운동에 종속되었던 시간이 아닌 운동에서 해방되고 그 관계가 역전된 시간이다. 들뢰즈에게 시간은 베르그송을 따라 '순수지속'으로서의 시간이고, 지속은 기억의 문제가 된다.

이 같은 들뢰즈의 시간에 대한 논의는 건축사에 있어서도 그대로 적용된다. 근대건축에서 시간은 기디온의 '시-공간' 논의의 예처럼 질적인 시간의 특성을 고려하지 못한 동질적이고 분할가능한 일종의 공간화된 시간일 뿐이다. 이러한 양적으로 환원된 측정가능한 시간이 효율성(시간절약)을 중시하는 '기능주의 건축'으로 귀결되는 것은 어쩌면 당연할 일인지도 모른다.

영화와 마찬가지로 2차 세계대전 이후 현대건축에서 기억은 중요한 문제가 된다. 특히 "역사적 기본 형태로서 집단적 기억, 이미지를 환기시키는 원형으로서 '유형'의 개념에서 출발"(292쪽)하는 '유형의 탐구와 유추의 건축'에서는 더욱 중요하다.

예컨대, "기억의 역사와 융합된 '유형-형태(type-form)'로 환원한 추상적 기본형태의 이미지를 탐구"한 알도 로시와 "형태학적 유형학을 바탕으로 도시의 공공공간과 기억을 담을 수 있는 건축"(291쪽)을 추구한 오스왈드 웅거스, "건축과 그것이 뿌리박고 있는 장소의 역사성, 기억 상호간의 긴밀한 연계성을 중시"하여 "기억은 건축의 진정한 영역"(275쪽)으로 간주한 마리오 보타가 대표적이다. 여기서 '유추(analogy)'는 기억을 되살리고 이미지화하는 과정을 뜻하는 데, 논리적이고 이성적이라기보다는 비논리적이고 직관적이며 주관적인 과정임을 유의할 필요가 있다.

또 다른 부류로는 동시대에 미국에서 '포스트모더니즘 건축'으로 불리는 흐름으로 나타난다. 물론 여기에 기억의 문제를 해체주의적이고 정신분석학적인 관점에서 접근하는 피터 아이젠만이나 다니엘 리베스킨트 등을 추가할 수도 있다.

유럽의 '유형학'이 엘리트(작가)적이고 도시적이고 장소성을 중시한다면, 포스트모더니즘 좀 더 대중적이고 개별 건물 중심의 형태적 측면이 강조된다. 전자가 물리적으로 존재하는 도시에 기반을 두기 때문에 건축가에게 일정한 구속력을 가진다면 후자는 물리적 실체가 부재함으로 쉽게 이미지화되고 꼴라쥬되며 키치화된다. 이 같은 차이는 오래된 역사와 도시를 지닌 유럽에 비해 이민자들이 세운 나라인 미국이 지닌 역사의 결핍(그에 따른 향수와 보상)과 상업자본주의가 맞물린 결과에 기인된다고 볼 수 있다.

하지만 베르그송이나 들뢰즈에게 예술에 있어서 기억의 문제가 단지 과거를 표상하는 것만이 아니라는 점에서 좀 더 많은 논의가 필요하다.

끝으로 〈재발견시리즈〉의 각각의 '건축적 사고모형'에서 공히 발견되는 현대건축의 특징은 '사용자 중심', '건축과 자연의 통합', '건축의 도시성과 공공성'으로 수렴되는 일관된 흐름이다. 따라서 현대건축의 다양한 건축적 흐름들에서 각기 '건축적 사고모형'과 개별 건축가들이 어떻게 자신들만의 방식으로 이 같은 거대한 흐름에 동참하고 합류되는지 따라가 보는 일도 이 저작을 읽는 유용한 방식이고 재미일 것이다.